21世纪高等学校规划教材 | 计算机应用

Java程序设计任务驱动式实训教程
（第二版）

王宗亮 编著

清华大学出版社
北京

内 容 简 介

本书围绕 Java 程序设计语言的基础知识和 JDK 1.8 版本的部分新特性，采用任务驱动与项目实训的方式，介绍如何在 Eclipse 开发环境下进行面向对象程序设计与应用开发。典型的实训项目有商场打折计价、学生成绩统计、可设置范围和人数的按号抽奖、运用多线程的龟兔赛跑、关于事件处理的鼠标测试、简易记事本、音乐播放、手动绘图、三层结构的学生信息管理、双人和多人聊天等程序。

本书概念清晰，层次结构合理，叙述简明易懂，融入了作者 31 年计算机软件专业学习、工作、项目开发和教学的全部经验。每章结束前都对知识点条分缕析并用表格归纳整理。无论是编程新手，还是具有 C、C++、C# 或 Visual Basic 基础的程序员，都可从本书中获取新知识。本书特别适合高职高专、应用型本科的学生使用。

本书封面贴有清华大学出版社防伪标签，无标签者不得销售。
版权所有，侵权必究。侵权举报电话：010-62782989　13701121933

图书在版编目(CIP)数据

Java 程序设计任务驱动式实训教程/王宗亮编著. —2 版. —北京：清华大学出版社，2016(2019.1重印)
21 世纪高等学校规划教材 · 计算机应用
ISBN 978-7-302-42017-0

Ⅰ. ①J… Ⅱ. ①王… Ⅲ. ①JAVA 语言－程序设计－高等学校教材 Ⅳ. ①TP312

中国版本图书馆 CIP 数据核字(2015)第 263171 号

责任编辑：刘向威
封面设计：傅瑞学
责任校对：梁　毅
责任印制：刘祎淼

出版发行：清华大学出版社
　　　　网　　址：http://www.tup.com.cn,http://www.wqbook.com
　　　　地　　址：北京清华大学学研大厦 A 座　　　邮　编：100084
　　　　社 总 机：010-62770175　　　　　　　　　　邮　购：010-62786544
　　　　投稿与读者服务：010-62776969，c-service@tup.tsinghua.edu.cn
　　　　质量反馈：010-62772015，zhiliang@tup.tsinghua.edu.cn
　　　　课件下载：http://www.tup.com.cn，010-62795954
印 装 者：北京富博印刷有限公司
经　　销：全国新华书店
开　　本：185mm×260mm　　印　张：25.25　　字　数：624 千字
版　　次：2012 年 1 月第 1 版　2016 年 2 月第 2 版　　印　次：2019 年 1 月第 4 次印刷
印　　数：10001～10600
定　　价：49.00 元

产品编号：064516-01

出版说明

随着我国改革开放的进一步深化,高等教育也得到了快速发展,各地高校紧密结合地方经济建设发展需要,科学运用市场调节机制,加大了使用信息科学等现代科学技术提升、改造传统学科专业的投入力度,通过教育改革合理调整和配置了教育资源,优化了传统学科专业,积极为地方经济建设输送人才,为我国经济社会的快速、健康和可持续发展以及高等教育自身的改革发展做出了巨大贡献。但是,高等教育质量还需要进一步提高以适应经济社会不断发展的需要,不少高校的专业设置和结构不尽合理,教师队伍整体素质亟待提高,人才培养模式、教学内容和方法需要进一步转变,学生的实践能力和创新精神亟待加强。

教育部一直十分重视高等教育质量工作。2007年1月,教育部下发了《关于实施高等学校本科教学质量与教学改革工程的意见》,计划实施"高等学校本科教学质量与教学改革工程"(简称"质量工程"),通过专业结构调整、课程教材建设、实践教学改革和教学团队建设等多项内容,进一步深化高等学校教学改革,提高人才培养的能力和水平,更好地满足经济社会发展对高素质人才的需求。在贯彻和落实教育部"质量工程"的过程中,各地高校发挥师资力量强、办学经验丰富及教学资源充裕等优势,对其特色专业及特色课程(群)加以规划、整理和总结,更新教学内容、改革课程体系,建设了一大批内容新、体系新、方法新、手段新的特色课程。在此基础上,经教育部相关教学指导委员会专家的指导和建议,清华大学出版社在多个领域精选各高校的特色课程,分别规划出版系列教材,以配合"质量工程"的实施,满足各高校教学质量和教学改革的需要。

为了深入贯彻落实教育部《关于加强高等学校本科教学工作,提高教学质量的若干意见》精神,紧密配合教育部已经启动的"高等学校教学质量与教学改革工程精品课程建设工作",在有关专家、教授的倡议和有关部门的大力支持下,我们组织并成立了"清华大学出版社教材编审委员会"(以下简称"编委会"),旨在配合教育部制定精品课程教材的出版规划,讨论并实施精品课程教材的编写与出版工作。"编委会"成员皆来自全国各类高等学校教学与科研第一线的骨干教师,其中许多教师为各校相关院、系主管教学的院长或系主任。

按照教育部的要求,"编委会"一致认为,精品课程的建设工作从开始就要坚持高标准、严要求,处于一个比较高的起点上。精品课程教材应该能够反映各高校教学改革与课程建设的需要,要有特色风格,有创新性(新体系、新内容、新手段、新思路,教材的内容体系有较高的科学创新、技术创新和理念创新的含量)、先进性(对原有的学科体系有实质性的改革和发展,顺应并符合21世纪教学发展的规律,代表并引领课程发展的趋势和方向)、示范性(教材所体现的课程体系具有较广泛的辐射性和示范性)和一定的前瞻性。教材由个人申报或各校推荐(通过所在高校的"编委会"成员推荐),经"编委会"认真评审,最后由清华大学出版社审定出版。

目前，针对计算机类和电子信息类相关专业成立了两个"编委会"，即"清华大学出版社计算机教材编审委员会"和"清华大学出版社电子信息教材编审委员会"。推出的特色精品教材包括：

（1）21世纪高等学校规划教材·计算机应用——高等学校各类专业，特别是非计算机专业的计算机应用类教材。

（2）21世纪高等学校规划教材·计算机科学与技术——高等学校计算机相关专业的教材。

（3）21世纪高等学校规划教材·电子信息——高等学校电子信息相关专业的教材。

（4）21世纪高等学校规划教材·软件工程——高等学校软件工程相关专业的教材。

（5）21世纪高等学校规划教材·信息管理与信息系统。

（6）21世纪高等学校规划教材·财经管理与应用。

（7）21世纪高等学校规划教材·电子商务。

（8）21世纪高等学校规划教材·物联网。

清华大学出版社经过三十多年的努力，在教材尤其是计算机和电子信息类专业教材出版方面树立了权威品牌，为我国的高等教育事业做出了重要贡献。清华版教材形成了技术准确、内容严谨的独特风格，这种风格将延续并反映在特色精品教材的建设中。

清华大学出版社教材编审委员会
联系人：魏江江
E-mail：weijj@tup.tsinghua.edu.cn

  Java 是一种功能强大的面向对象程序设计语言,是目前最流行的程序设计语言之一。本书旨在介绍 Java 语言基础知识,引导读者借助当前流行的 Eclipse 开发环境,学习 Java 语言的基本语法、学习面向对象程序设计的基本方法,开发运行在 JDK 1.8 版本的应用程序。学完本书之后,读者会对 Java 有一个全面的认识和理解,并能运用 Java 语言开发商场打折计价、学生成绩统计、按号码抽奖、三层结构的学生信息管理以及双人或多人聊天等应用程序。

  全书共 22 章,每章包含 1~2 个项目任务,均从任务预览开始,围绕任务层层展开,深入浅出地介绍与任务有关的基本知识和基本方法。在讲述基础知识的同时注重系统性、结构性和层次性。对一些知识点会作适当的深层扩展,但由于篇幅所限,一般不作长篇大论叙述,点到为止。特别是对于复杂难懂的 IO 流编程,本书采用直观简明的示意图进行剖析。

  每章结束前有一个小结,提炼本章知识点,与操作示例一起用表格分条列出,一目了然,方便复习和查阅。每章后面都有项目实训,读者学习完本章,可立即上机实践,以巩固所学知识。我们深知,知识可以学习,但技能不能单靠学习,要靠实际操作,才能逐步养成、积累和掌握。

  考虑到初学者学习过程的循序渐进性,在实训项目中,会给出框架性的代码供参考,而大部分代码需要读者在理解、融会本章知识点的情况下,自行编写、调试程序。

  本书既讲述知识点,又列举有价值、有代表性且容易明白的例子。每章尽可能围绕一个具体案例进行剖析。本书绝大部分项目和例子是编者多年应用开发和教学工作的积累和总结,融入了程序设计和软件开发的基本方法和技巧。

  总之,任务驱动和项目实训是本书第一个特色;对知识点条分缕析并用表格归纳整理是本书第二个特色。

  在本书编写过程中,得到各级领导和软件行业专家的大力支持、帮助和鼓舞,在此特别感谢 IT 行业教授级高工朱继文先生、技术总监叶世淳先生、高级经理洪立思先生、研究员蓝方勇先生,还有鱼滨教授和凌应标副教授!

  在编书过程中,笔者还得到不少学生的帮助和启发,他们朝气蓬勃、思维活跃,是未来 IT 行业的栋梁,感谢黄哲法、潘司然、梁瑞熙等同学的热情帮助!

  由于编者水平有限,书中难免有疏漏之处,敬请读者批评指正。编者的电子邮箱是 wangzl@gdsdxy.cn。

  本书配套网络资源包括 PPT 和项目源代码,使用本书的教师可直接登录清华大学出版社网站(www.tup.tsinghua.edu.cn)获取。

编　者
2015 年 6 月

目 录

第 1 章 您好——Java 入门 1

1.1 任务预览 1
1.2 Java 语言概述 1
1.3 建立 Java 开发环境 2
    1.3.1 Java 开发工具包 JDK 2
    1.3.2 集成开发环境 Eclipse 4
1.4 Java 开发步骤 7
    1.4.1 记事本加 JDK 开发步骤 7
    1.4.2 Eclipse 开发步骤 9
1.5 本章小结 13
1.6 实训 1：您好 13
1.7 实训报告样板 14

第 2 章 计算器——数据类型与表达式 16

2.1 任务预览 16
2.2 标识符 16
2.3 关键字 17
2.4 变量 17
2.5 基本数据类型 18
2.6 字符串及其与数值的转换 19
2.7 算术运算符及算术表达式、字符串连接符 20
2.8 赋值运算符、赋值表达式及赋值语句 22
2.9 运算符的优先级与结合性 23
2.10 自增和自减运算符 24
2.11 语句与方法 25
2.12 本章小结 26
2.13 实训 2：简易计算器 27

第 3 章 计算面积周长——方法与作用域 28

3.1 任务预览 28
3.2 方法定义 28

3.3 方法调用 …………………………………………………………………… 30
3.4 在命令行窗口输入输出数据 …………………………………………… 31
    3.4.1 输入数据 ………………………………………………………… 32
    3.4.2 输出数据 ………………………………………………………… 32
3.5 方法签名与方法重载 …………………………………………………… 33
3.6 方法参数值传递——单向传递 ………………………………………… 35
3.7 变量作用域 ……………………………………………………………… 36
    3.7.1 局部变量作用域 ………………………………………………… 36
    3.7.2 字段作用域 ……………………………………………………… 36
3.8 本章小结 ………………………………………………………………… 37
3.9 实训 3：计算圆、矩形面积和周长 …………………………………… 38

第 4 章 打折计价——逻辑值与分支结构 …………………………………… 40

4.1 任务预览 ………………………………………………………………… 40
4.2 逻辑值 …………………………………………………………………… 40
4.3 关系运算符与关系表达式 ……………………………………………… 41
4.4 逻辑运算符与逻辑表达式 ……………………………………………… 41
4.5 程序基本控制结构 ……………………………………………………… 43
    4.5.1 顺序结构 ………………………………………………………… 43
    4.5.2 分支结构 ………………………………………………………… 43
    4.5.3 循环结构 ………………………………………………………… 44
4.6 if 语句 …………………………………………………………………… 44
4.7 switch(多分支)语句 …………………………………………………… 48
4.8 三目条件运算符 ………………………………………………………… 50
4.9 本章小结 ………………………………………………………………… 51
4.10 实训 4：打折计价、显示星座、判断成绩等级 ……………………… 52

第 5 章 累加与阶乘——循环结构 …………………………………………… 54

5.1 任务预览 ………………………………………………………………… 54
5.2 while 语句 ……………………………………………………………… 54
5.3 复合赋值运算符 ………………………………………………………… 56
5.4 for 语句 ………………………………………………………………… 57
5.5 递归调用方法 …………………………………………………………… 60
5.6 do-while 语句 …………………………………………………………… 61
5.7 break 和 continue 语句 ………………………………………………… 62
5.8 多重循环 ………………………………………………………………… 63
5.9 本章小结 ………………………………………………………………… 64
5.10 实训 5：累加、阶乘与乘法表 ………………………………………… 65

第6章 除法运算——异常处理 … 67

- 6.1 任务预览 … 67
- 6.2 异常 … 67
- 6.3 异常种类与层次结构 … 68
- 6.4 异常处理代码块 try-catch-finally … 69
- 6.5 throw 语句与 throws 子句 … 72
- 6.6 自定义异常类 … 74
- 6.7 异常处理代码块嵌套 … 75
- 6.8 错误与断言 … 76
- 6.9 本章小结 … 78
- 6.10 实训6：除法运算程序 … 79

第7章 圆和矩形——类与对象 … 81

- 7.1 任务预览 … 81
- 7.2 定义类 … 81
- 7.3 构造方法及其重载 … 84
- 7.4 访问控制修饰符 … 86
  - 7.4.1 类修饰符 public … 86
  - 7.4.2 类成员修饰符 public、protected 和 private … 86
- 7.5 静态成员和实例成员 … 87
  - 7.5.1 使用 static 声明静态成员 … 87
  - 7.5.2 实例成员与关键字 this … 87
- 7.6 使用 final … 88
  - 7.6.1 使用 final 声明常量 … 88
  - 7.6.2 使用 final 声明方法 … 88
  - 7.6.3 使用 final 声明类 … 88
- 7.7 程序举例 … 89
- 7.8 本章小结 … 92
- 7.9 实训7：构建圆和矩形对象 … 93

第8章 动物类派生——继承与多态 … 94

- 8.1 任务预览 … 94
- 8.2 继承与派生 … 94
- 8.3 用 protected 声明受保护成员 … 97
- 8.4 关键字 super … 98
  - 8.4.1 用 super 调用父类构造方法 … 98
  - 8.4.2 用 super 访问父类字段和方法 … 99
- 8.5 类类型变量赋值 … 99

        8.5.1　子类对象的上转型对象 ………………………………………… 99
        8.5.2　子类变量不能直接引用父类对象 ……………………………… 101
        8.5.3　兄弟类对象不能相互替换 …………………………………… 102
    8.6　多态性 ……………………………………………………………………… 102
        8.6.1　方法重写 ……………………………………………………… 102
        8.6.2　方法重载 ……………………………………………………… 103
    8.7　本章小结 …………………………………………………………………… 103
    8.8　实训 8：学生类继承人类与动物多态性 …………………………………… 105

第 9 章　实现抽象图形——接口与包 ………………………………………………… 108
    9.1　任务预览 …………………………………………………………………… 108
    9.2　抽象方法与抽象类 ………………………………………………………… 108
        9.2.1　抽象方法与抽象类 ……………………………………………… 108
        9.2.2　对比抽象类（方法）与最终类（方法） …………………………… 110
    9.3　接口类型 …………………………………………………………………… 111
        9.3.1　接口定义与实现 ………………………………………………… 111
        9.3.2　通过接口来引用类——接口多态 ……………………………… 112
    9.4　接口多重继承与实现 ……………………………………………………… 113
        9.4.1　接口多重继承 …………………………………………………… 113
        9.4.2　类实现多个接口 ………………………………………………… 114
    9.5　包 …………………………………………………………………………… 114
        9.5.1　Java 系统 API 包 ………………………………………………… 114
        9.5.2　定义包 …………………………………………………………… 115
        9.5.3　引入包 …………………………………………………………… 117
    9.6　本章小结 …………………………………………………………………… 121
    9.7　实训 9：实现图形接口 …………………………………………………… 122

第 10 章　成绩统计——数组与字符串 ……………………………………………… 125
    10.1　任务预览 ………………………………………………………………… 125
    10.2　数组 ……………………………………………………………………… 125
        10.2.1　声明数组变量 ………………………………………………… 126
        10.2.2　创建数组实例 ………………………………………………… 127
        10.2.3　访问数组元素 ………………………………………………… 127
        10.2.4　数组声明、创建、元素赋值三合一 …………………………… 128
    10.3　多维数组 ………………………………………………………………… 129
    10.4　数组操作与数组封装类 Arrays ………………………………………… 130
        10.4.1　数组遍历 ……………………………………………………… 130
        10.4.2　数组排序 ……………………………………………………… 131
        10.4.3　数组复制 ……………………………………………………… 131

- 10.5 引用类型作方法参数——地址传递 ……………………………………… 133
- 10.6 数组参数与可变数目参数方法 …………………………………………… 134
  - 10.6.1 数组参数方法 ………………………………………………………… 134
  - 10.6.2 可变数目参数方法 …………………………………………………… 135
- 10.7 字符串类 …………………………………………………………………… 136
  - 10.7.1 不变字符串类 String ………………………………………………… 136
  - 10.7.2 字符串缓冲区类 StringBuffer ……………………………………… 137
  - 10.7.3 字符串生成器类 StringBuilder ……………………………………… 138
- 10.8 正则表达式与字符串匹配 ………………………………………………… 138
- 10.9 本章小结 …………………………………………………………………… 140
- 10.10 实训10：最大最小值与成绩统计 ……………………………………… 141

第11章 抽奖——随机数与枚举 144

- 11.1 任务预览 …………………………………………………………………… 144
- 11.2 随机数与 Random 类 ……………………………………………………… 144
- 11.3 枚举类型 …………………………………………………………………… 147
- 11.4 本章小结 …………………………………………………………………… 150
- 11.5 实训11：抽奖 ……………………………………………………………… 150

第12章 文件读写——输入输出流 153

- 12.1 任务预览 …………………………………………………………………… 153
- 12.2 数据流 ……………………………………………………………………… 154
- 12.3 文件输入输出流 …………………………………………………………… 155
  - 12.3.1 FileReader 与 FileWriter …………………………………………… 155
  - 12.3.2 FileInputStream 与 FileOutputStream …………………………… 157
- 12.4 文件对话框与常用对话框 ………………………………………………… 159
- 12.5 随机访问文件流 RandomAccessFile …………………………………… 162
- 12.6 序列化与对象输入输出 …………………………………………………… 164
- 12.7 缓冲输入输出流与格式化输出流 ………………………………………… 167
  - 12.7.1 缓冲流 BufferedReader 和 BufferedWriter ……………………… 167
  - 12.7.2 格式化字符输出流 PrintWriter ……………………………………… 169
- 12.8 本章小结 …………………………………………………………………… 169
- 12.9 实训12：文件复制与对象读写 …………………………………………… 171

第13章 龟兔赛跑——多线程 174

- 13.1 任务预览 …………………………………………………………………… 174
- 13.2 程序、进程与线程 ………………………………………………………… 175
- 13.3 多线程 ……………………………………………………………………… 176
  - 13.3.1 构建 Thread 子类对象 ……………………………………………… 176

　　　　13.3.2　用实现 Runnable 接口对象构建 Thread …………………… 177
　　13.4　线程类 Thread …………………… 178
　　　　13.4.1　Thread 类构造方法及线程名 …………………… 178
　　　　13.4.2　线程优先级与 Thread 相关字段 …………………… 179
　　　　13.4.3　线程生命周期与线程状态 …………………… 180
　　　　13.4.4　线程其他方法 …………………… 181
　　13.5　线程同步与互斥 …………………… 182
　　　　13.5.1　同步关键字 synchronized …………………… 183
　　　　13.5.2　生产者与消费者模型 …………………… 185
　　13.6　本章小结 …………………… 188
　　13.7　实训 13：龟兔赛跑、生产者与消费者 …………………… 189

第 14 章　元素增删检索——集合与泛型 …………………… 192

　　14.1　任务预览 …………………… 192
　　14.2　集合框架与泛型 …………………… 192
　　14.3　集合分类与元素增删改 …………………… 195
　　　　14.3.1　集合根接口 Collection<E>与元素遍历 …………………… 195
　　　　14.3.2　列表接口 List<E>与 Vector<E>和 ArrayList<E>类 …………………… 196
　　　　14.3.3　无重复元素集合接口 Set<E> …………………… 197
　　　　14.3.4　队列接口 Queue<E> …………………… 198
　　14.4　集合封装类 Collections …………………… 198
　　14.5　数据封装类与自动装箱拆箱 …………………… 199
　　　　14.5.1　基本类型与数据封装类 …………………… 199
　　　　14.5.2　自动装箱和自动拆箱 …………………… 200
　　14.6　键/值映射与映射类 …………………… 201
　　　　14.6.1　映射接口 Map<K,V> …………………… 202
　　　　14.6.2　哈希表 Hashtable<K,V>与哈希映射 HashMap<K,V> …………………… 202
　　　　14.6.3　树映射类 TreeMap<K,V> …………………… 206
　　14.7　本章小结 …………………… 207
　　14.8　实训 14：学生属性增删改与键/值检索 …………………… 209

第 15 章　爱好选择——图形用户界面 …………………… 211

　　15.1　任务预览 …………………… 211
　　15.2　图形用户界面及其组件 …………………… 211
　　　　15.2.1　java.awt 包与重量级组件 …………………… 212
　　　　15.2.2　javax.swing 包与轻量级组件 …………………… 213
　　　　15.2.3　组件类继承关系 …………………… 215
　　15.3　容器 …………………… 216
　　　　15.3.1　容器根类 Container …………………… 216

15.3.2　JFrame 窗体 　217
　　15.3.3　JDialog 对话框 　218
　　15.3.4　JPanel 面板 　220
15.4　常用组件 　221
　　15.4.1　JLabel 标签与 ImageIcon 图像图标 　221
　　15.4.2　JButton 按钮 　222
　　15.4.3　JTextField 文本框与 JPasswordField 密码框 　222
　　15.4.4　JCheckBox 复选框 　224
　　15.4.5　JRadioButton 单选按钮与 ButtonGroup 按钮组 　226
15.5　本章小结 　228
15.6　实训 15：兴趣爱好选择程序 　230

第 16 章　鼠标测试——布局与事件　233

16.1　任务预览 　233
16.2　布局 　233
　　16.2.1　BorderLayout 边界布局 　234
　　16.2.2　FlowLayout 流动布局 　235
　　16.2.3　GridLayout 网格布局 　236
　　16.2.4　CardLayout 卡片布局与幻灯片播放 　237
　　16.2.5　null 空布局 　241
16.3　事件 　242
　　16.3.1　事件处理模型 　242
　　16.3.2　事件类、监听接口/适配器类及方法 　243
16.4　事件适配器与鼠标事件 　244
16.5　选项事件与列表选择事件 　247
　　16.5.1　JComboBox<E>下拉组合框 　249
　　16.5.2　JList<E>列表框 　250
　　16.5.3　JTextArea 文本区 　251
　　16.5.4　JScrollPane 滚动窗格与 JViewport 视口 　251
16.6　本章小结 　252
16.7　实训 16：鼠标测试 　254

第 17 章　简易记事本——工具栏与菜单　258

17.1　任务预览 　258
17.2　JToolBar 工具栏 　258
17.3　菜单 　260
　　17.3.1　JMenuBar 菜单栏 　263
　　17.3.2　JMenu 菜单 　263
　　17.3.3　JMenuItem 菜单项 　264

17.4　JPopupMenu 弹出菜单 …… 265
17.5　简易记事本 …… 266
17.6　本章小结 …… 271
17.7　实训 17：简易记事本 …… 271

第 18 章　音乐播放——小程序 …… 274

18.1　任务预览 …… 274
18.2　小程序 …… 274
18.3　生命周期与常用方法 …… 276
18.4　播放声音 …… 278
18.5　网页传值 …… 281
18.6　绘制图像 …… 284
18.7　状态栏动态显示时间 …… 285
18.8　本章小结 …… 286
18.9　实训 18：音乐播放与时间显示 …… 287

第 19 章　绘图——窗体与画布 …… 289

19.1　任务预览 …… 289
19.2　窗体绘图 …… 289
　　19.2.1　图形上下文类 Graphics …… 291
　　19.2.2　工具包类 Toolkit …… 292
　　19.2.3　在窗体中手动绘图 …… 293
19.3　颜色与字体 …… 295
　　19.3.1　颜色类 Color …… 295
　　19.3.2　颜色选择器类 JColorChooser 及其对话框 …… 296
　　19.3.3　字体类 Font …… 297
19.4　Canvas 画布绘图 …… 299
19.5　光标类 Cursor …… 304
19.6　本章小结 …… 304
19.7　实训 19：手动绘图 …… 305

第 20 章　动画——图形界面综合应用 …… 307

20.1　任务预览 …… 307
20.2　气球飘飘 …… 307
20.3　图像幻灯片 …… 310
20.4　动画 …… 314
20.5　本章小结 …… 318
20.6　实训 20：编写动画程序 …… 319

第 21 章 学生管理——三层结构数据库编程 ········· 321

- 21.1 任务预览 ········· 321
- 21.2 建立数据库 ········· 322
  - 21.2.1 在 DBMS 上建立数据库 ········· 322
  - 21.2.2 运行 SQL 脚本建立数据库 ········· 322
- 21.3 连接数据库 ········· 324
  - 21.3.1 下载驱动 jar 包并加载 JDBC 驱动程序 ········· 324
  - 21.3.2 由 DriverManager 类建立数据库连接 ········· 324
  - 21.3.3 Connection 连接与创建语句方法 ········· 326
- 21.4 访问数据库 ········· 327
  - 21.4.1 数据库编程步骤 ········· 327
  - 21.4.2 Statement 语句及其执行方法 ········· 329
  - 21.4.3 PreparedStatement 预编译语句及其执行方法 ········· 329
  - 21.4.4 ResultSet 结果集 ········· 330
- 21.5 三层结构应用程序概述 ········· 334
- 21.6 三层结构学生信息管理程序 ········· 334
  - 21.6.1 对象/关系映射 ········· 335
  - 21.6.2 实体类与 JavaBean ········· 335
  - 21.6.3 数据层 ········· 338
  - 21.6.4 业务逻辑层 ········· 342
  - 21.6.5 表示层 ········· 346
- 21.7 打包发布程序 ········· 355
- 21.8 本章小结 ········· 357
- 21.9 实训 21：三层结构学生信息管理程序 ········· 359

第 22 章 聊天——网络编程 ········· 361

- 22.1 任务预览 ········· 361
- 22.2 基于 UDP 协议的网络通讯 ········· 362
  - 22.2.1 IP 地址类 InetAddress ········· 365
  - 22.2.2 数据报套接字类 DatagramSocket ········· 365
  - 22.2.3 数据报包类 DatagramPacket ········· 367
  - 22.2.4 基于 UDP 协议网络编程步骤 ········· 367
- 22.3 基于 TCP 协议的网络通讯 ········· 371
  - 22.3.1 基于 TCP 协议网络编程步骤 ········· 372
  - 22.3.2 服务器套接字类 ServerSocket ········· 380
  - 22.3.3 套接字类 Socket ········· 380
  - 22.3.4 TCP 协议和 UDP 协议通讯特征比较 ········· 381
- 22.4 本章小结 ········· 382
- 22.5 实训 22：编写网络聊天程序 ········· 383

第1章 您好——Java入门

能力目标：
- 能建立 Java 开发环境；
- 掌握编写简单 Java 程序的基本步骤；
- 能编写"您好"之类的简单应用程序；
- 能编写实训报告。

1.1 任务预览

本章实训要编写简单的 Java 程序，运行结果如图 1-1 所示。

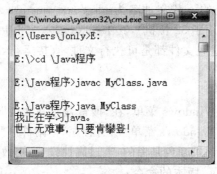
(a) 仅有输出的程序

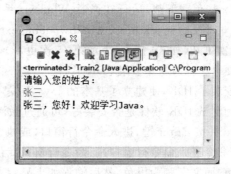
(b) "您好"互动程序

图 1-1 实训程序运行界面

1.2 Java 语言概述

Java 语言诞生于 1995 年，是美国 Sun Microsystems 公司在 C、C++ 语言的基础上创建的，最初用于开发电冰箱、电烤箱之类的电子消费产品，目前已广泛用于开发各种网络应用软件，成为最流行的程序设计语言之一，支撑起计算机软件世界的半壁江山。

注意： Java 诞生 15 年后，于 2010 年被美国 Oracle（甲骨文）公司收购。

Java 是面向对象的语言，具有安全、健壮、动态、多线程、跨平台等特性。跨平台就是与平台无关，即 Java 程序具备"一次编写，到处运行"的特点。

针对不同的应用领域，Java 分为 3 个不同的平台：Java SE、Java EE 和 Java ME，它们依次是：Java 标准版(Standard Edition,SE)、Java 企业版(Enterprise Edition,EE)和 Java 微型版(Micro Edition,ME)。其中 Java 标准版是基础，学习 Java 语言必须从标准版开始。本书就是讲述 Java 标准版的程序设计。

1.3 建立 Java 开发环境

使用 Java 语言编程，所编写的程序能正常运行的前提条件是：必须在计算机中建立 Java 开发和运行环境。

Java 开发软件有 JDK、Editplus、JCreator、UltraEdit、Eclipse、MyEclipse、NetBeans 和 JBuilder 等。其中 JDK 是最基本的开发软件，它本身没有编辑器，必须使用记事本等编写程序。Editplus、JCreator 和 UltraEdit 是增强型的编辑器。Eclipse、MyEclipse、NetBeans 和 JBuilder 则是集成开发环境(Integrated Development Environment,IDE)，集程序编写、编译和运行于一体。

1.3.1 Java 开发工具包 JDK

基本的 Java 开发环境是安装了 Java 开发工具包(Java Development Kit,JDK)的计算机。当前 JDK 的版本已达 1.8(或简称 8)，本书是使用 JDK 1.8(简称 JDK 8)版编程的。JDK 工具包可在 Oracle 公司官方网站 http://www.oracle.com/technetwork/java/javase/downloads 免费下载，运行在微软 Windows 系统的下载文件名为 jdk-8uxx-windows-x64.exe (用于 64 位机)或 jdk-8uxx-windows-i586.exe(用于 32 位机)，其中 8uxx 表示 1.8 版本中的第 xx 次更新(如 xx 是 45 表示第 45 次更新)，这些文件都是可执行文件，直接运行，按提示操作便可在计算机中安装 JDK 软件。

安装了 JDK，便建立了基本的 Java 开发环境。

为测试 JDK 软件是否安装好，可通过激活 Windows 菜单，在"搜索程序和文件"框中输入 cmd 并按 Enter 键，进入命令行窗口(或执行 Windows 菜单"所有程序"|"附件"|"命令提示符"命令进入命令行窗口)。命令行窗口默认背景颜色是黑的，通过属性设置，更改背景色为白色，而文字则为黑色，然后输入如下显示 Java 版本的命令：

```
java -version
```

显示结果如图 1-2 所示，表明成功安装了 JDK 工具包。

图 1-2 在命令行窗口中测试 JDK 版本

通常，开发和运行 Java 程序的环境变量系统会自动设置，无须人工干预。如果在命令行窗口中测试 JDK 版本时没有得到如图 1-2 所示的结果，则需要人工设置 Windows 系统的 Path 环境变量。

在 Windows 7 中设置 Path 环境变量的步骤：在桌面上右击"计算机"图标，弹出快捷菜单，执行其中的"属性"命令，出现资源管理器，再单击其中的"高级系统设置"节点，出现如图 1-3 所示的"系统属性"对话框，选择"高级"选项卡，单击"环境变量"按钮，出现"环境变量"对话框，如图 1-4 所示，选择系统变量 Path，单击"编辑"按钮，出现"编辑系统变量"对话框，在"变量值"文本框中，先按下键盘 Home 键把光标移到首位，再添加 JDK 安装目录的 bin 目录，如 C:\Program Files\Java\jdk1.8.0_45\bin，并加上英文分号，以分隔原来的值，然后单击"确定"按钮。

图 1-3 "系统属性"对话框

图 1-4 "环境变量"和"编辑系统变量"对话框

注意：环境变量 Path 各路径值之间要以英文分号分隔,其原来的值应保留,不要删除,否则会影响相关软件的运行。另外,关于设置环境变量 Path 还可这样进行:先设置一个 Java 安装目录的环境变量 JAVA_HOME,其值如 C:\Program Files\Java\jdk1.8.0_45,再添加路径 Path 值"%JAVA_HOME%\bin;"。

重新进入命令行窗口,输入如下显示编译程序版本号的命令:

```
javac -version
```

结果如图 1-5 所示,表明成功设置了 Path 环境变量,可以编译 Java 源程序了。也就是说,已成功建立 Java 基本开发环境,具备了编写、编译和运行 Java 程序的基本条件。

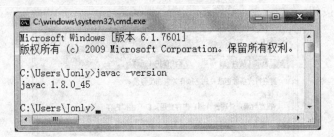

图 1-5 显示 Java 编译命令版本号

1.3.2 集成开发环境 Eclipse

Eclipse 软件是开源的、可扩展的集成开发环境,可从其官方网站 http://www.eclipse.org 免费下载。用于开发 Java 标准版程序的下载文件有 eclipse-java-luna-SR2-win32-x86_64.zip(64 位机)和 eclipse-java-luna-SR2-win32.zip(32 位机),文件大小约 158MB。

注意：安装 Eclipse 软件之前,必须先安装好 JDK 软件。

安装 Eclipse 软件很简单,直接把后缀为 zip 的文件解压到一个文件夹(如 D:\)即可。安装文件夹(如 D:\eclipse)内容如图 1-6 所示。

要进入 Eclipse 集成开发环境,请双击安装文件夹中的可执行文件 eclipse.exe,首先弹出如图 1-7 所示的运行标志图,然后出现如图 1-8 所示的选择工作空间对话框,选择完工作空间文件夹后,单击 OK 按钮便进入如图 1-9 所示的带 Welcome 窗格的主界面。

单击 Welcome 窗格里面的各个图标,可阅读里面的说明文档。关闭 Welcome 窗格,便出现如图 1-10 所示的开发界面。

Eclipse 是集成开发环境,集程序编写、编译和运行三步于一体。程序不论大小,都是以项目(Project)方式组织,因此编写应用程序,先要建立项目。具体编程步骤见 1.4 节。

在 Eclipse 开发环境下编写、运行程序,会生成后缀为 class 的字节码文件,这些字节码文件可脱离 Eclipse 环境、在安装了 Java 运行环境(Java Runtime Environment,JRE)的计算机命令行窗口中运行。

注意：安装了 JRE 软件的平台称为 Java 虚拟机(Java Virtual Machine,JVM)。安装了 JDK 工具包的计算机必定安装了 JRE,就是说,JRE 是 JDK 的一部分。

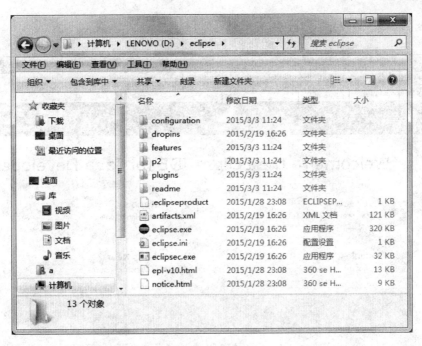

图 1-6 Eclipse 安装文件夹内容

图 1-7 Eclipse 运行标志

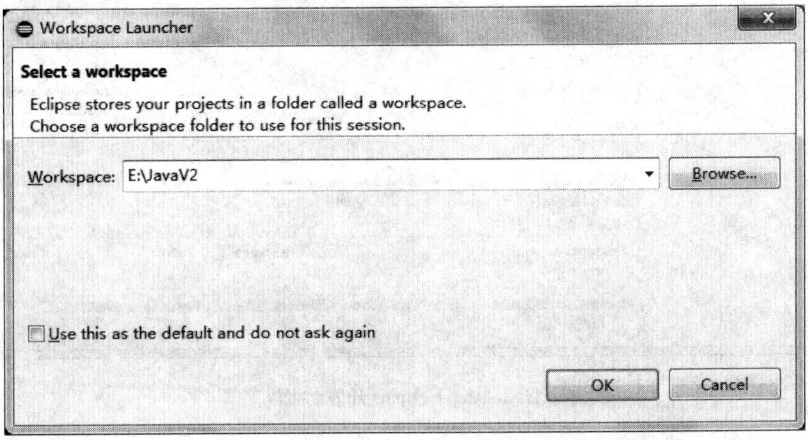

图 1-8 选择 Eclipse 工作空间

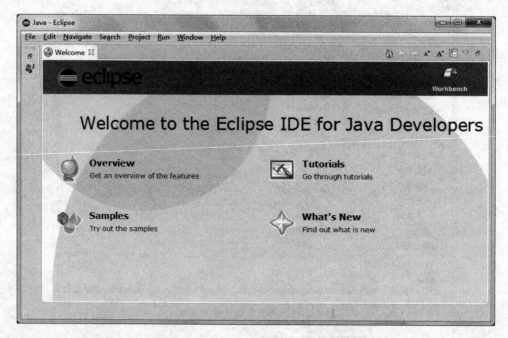

图 1-9　带 Welcome 窗格的 Eclipse 界面

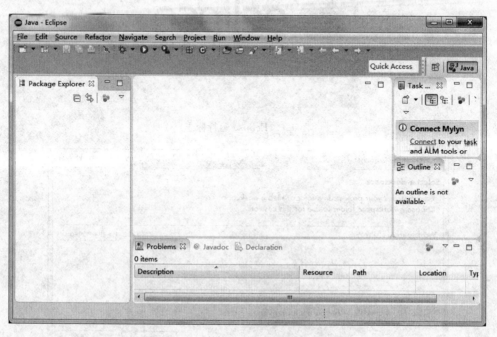

图 1-10　Eclipse 开发界面

1.4 Java 开发步骤

记事本加上 JDK，是最基本的 Java 开发环境。下面先介绍使用记事本加 JDK 编写 Java 程序的方法，然后再讲述如何使用集成开发环境 Eclipse 编写 Java 程序。

1.4.1 记事本加 JDK 开发步骤

通常，程序设计分三步：编写源程序文件(简称为"源文件")、编译源程序和运行编译后的代码。

1. 编写源文件

由于 JDK 不是集成开发环境，因此，编写源文件要借助记事本等文本编辑器，源文件必须以 java 作后缀名，如 Hello.java。

2. 编译源程序

在命令行窗口中编译源程序要使用编译命令 javac，字母 c 代表编译(compile)。编译程序就是把源代码翻译成 Java 虚拟机能够运行的字节码。

在命令行窗口中编译源程序的格式如下：

javac 源文件名

例如：

javac Hello.java

编译后产生后缀为 class 的字节码文件，而主文件名则与源文件中的类名相同。例如，设源文件 Hello.java 含有名为 Hello 的类，则经过编译，产生 Hello.class 文件。

注意：如果源文件包含多个类，将产生多个后缀为 class 的字节码文件。

3. 运行程序

Java 源程序不能直接运行，必须经过编译，生成字节码文件才能运行。

在命令行窗口中运行 Java 程序的格式：

java 主类名

例如：

java Hello

注意：Java 程序分为独立运行的 Application 程序和 Applet 小程序，后者不能独立运行，必须嵌入到 HTML 网页文件中才能运行。本书大部分程序均属于 Application 程序。

在命令行窗口中运行 Applet 小程序的格式：

appletviewer 网页文件名

【例 1-1】 使用记事本作编辑器,编写输出两行文字的Java程序。

操作步骤如下:

(1) 打开记事本,输入下面代码:

```java
public class Hello
{
    public static void main(String[] args)
    {
        System.out.println("您好!");
        System.out.println("我正在学习Java");
    }
}
```

代码说明:定义一个公共的类Hello,该类含有一个公共的、静态的、没有返回值的主方法main,该方法含有字符串数组参数,方法体有两条语句,各输出一行文字(字符串)。

以文件名Hello.java保存到某个文件夹中(如"E:\Java程序")中。

注意:Java源文件不能随意命名,主文件名必须与类名相同,后缀必须为java。类名就是代码中关键字class后面的名称,如上面的Hello。另外,使用记事本保存源文件时必须输入完整的文件名,如Hello.java,不能省略后缀,保存类型也应为"所有文件"。

(2) 打开命令行窗口。依次进行如下操作:

输入带冒号的盘符"E:",按Enter键,从默认的C盘转换到E盘。

输入如下改变目录的命令,按Enter键,进入"Java程序"文件夹:

```
cd java 程序
```

输入如下编译命令,按Enter键,编译Java源程序:

```
javac Hello.java
```

输入如下运行命令,按Enter键,运行编译后的Java程序:

```
java Hello
```

程序运行结果如下:

```
您好!
我正在学习Java
```

整个操作过程如图1-11所示。

注意:一旦打开命令行窗口,在其中运行过的命令,会自动存放在一个缓冲区中,可通过上下光标键↑↓调出来再次运行。因此,为节省时间,不要反复关闭/打开命令行窗口。

上介绍了使用记事本加JDK编写Java程序的基本方法。由于不是集成开发环境,故编写、编译和运行程序要分步进行。

图1-11 在命令行窗口编译运行Java程序

1.4.2 Eclipse 开发步骤

下面以一个简单程序为例,详细介绍使用集成开发环境 Eclipse 的编程步骤。

【例 1-2】 使用 Eclipse 编写输出两行文字的 Java 程序。

操作步骤如下:

(1) 运行 Eclipse 软件,进入开发界面。

双击 Eclipse 安装文件夹(如 D:\eclipse)下的可执行文件 eclipse.exe,选择工作空间文件夹(如: E:\JavaV2),单击 OK 按钮,进入如图 1-10 所示的开发界面(若出现 Welcome 窗格,则关闭)。

注意:可在桌面添加运行 Eclipse 的快捷图标,操作方法:在 eclipse.exe 文件上右击鼠标,单击"发送到"|"桌面快捷方式"命令即可。

(2) 新建 Java 项目。

选择菜单 File|New|Java Project 命令,出现如图 1-12 所示的 New Java Project(新建 Java 项目)对话框,在 Project name(项目名)文本框中输入项目名,如 ch01,单击 Finish(完成)按钮,便建立了一个空白的 Java 项目。

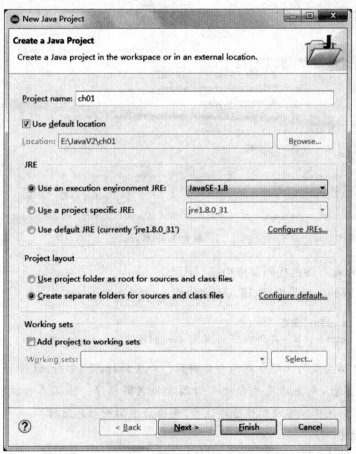

图 1-12 新建 Java 项目对话框

(3) 新建 Java 类。

在项目名(如 ch01)中右击,选择快捷菜单 New|Class 命令,出现如图 1-13 所示的 New Java Class(新建 Java 类)对话框,在 Name(名称)文本框中输入类名,如 Ex2Hello,并选中 public static void main(String[] args)复选框,最后单击 Finish 按钮,便建立了一个包含主方法 main 的类。编程界面如图 1-14 所示。

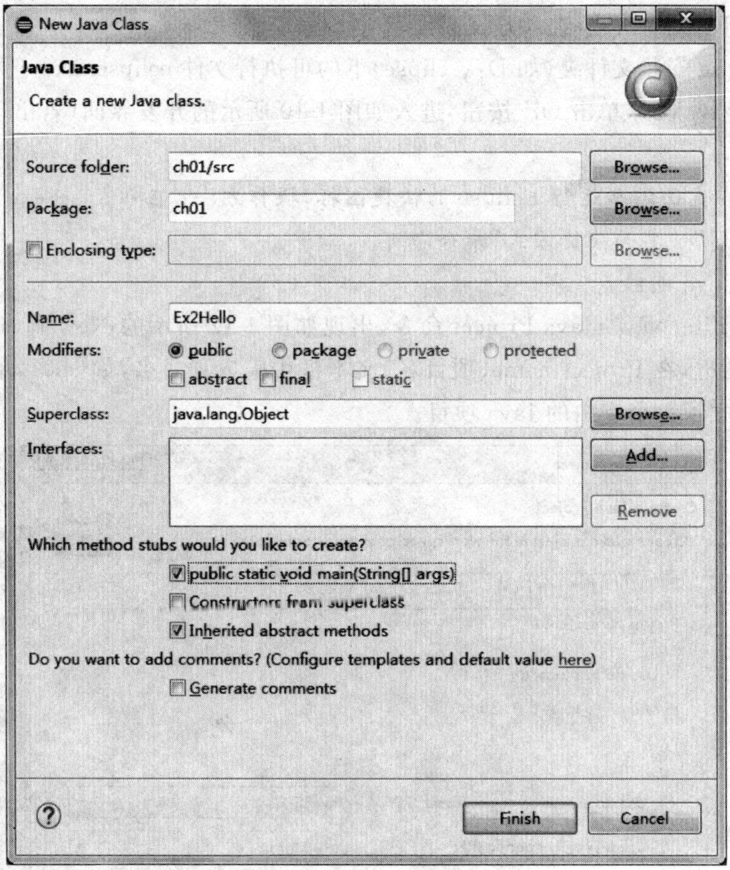

图 1-13 新建 Java 类对话框

(4) 在 Eclipse 界面的代码窗格中编写代码。

在 main 方法的大括号内部,输入下面代码:

```
System.out.println("您好!");
System.out.println("我正在用 Eclipse 编写 Java 程序.");
```

注意:在自动生成的代码中有两个反斜杠//开头的行,是(单行)注释行,属于代码的注解部分,不会被执行,主要作用是方便人们阅读和理解程序。除了单行注释,还有以/*开头、*/结尾的多行注释。可以删掉这些注释,删除后不影响程序运行。

(5) 运行程序。

单击 Eclipse 工具栏中的 Run(运行)按钮 ▶ (或按 Ctrl+F11 快捷键),出现如图 1-15 所示的 Save and Launch(保存并启动)对话框,选中 Always save resources before launching

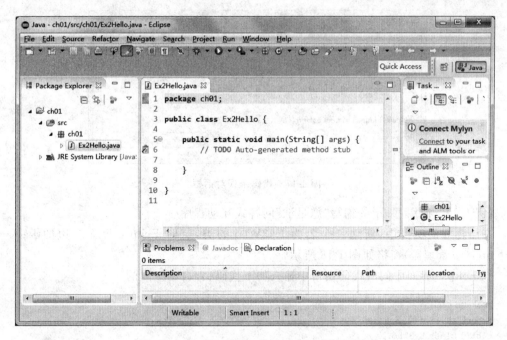

图 1-14 已建立项目和类的 Eclipse 编程界面

(在启动前总是保存资源)复选框,以便下次修改程序后运行时不再弹出该对话框,然后单击 OK 按钮,便可运行程序。

程序运行结果显示在 Eclipse 界面右下角的 Console(控制台)窗格中,如图 1-16 所示。

图 1-15 保存并启动对话框

图 1-16 控制台窗格显示运行结果

注意:在 Eclipse 集成开发环境中单击 Run 按钮(或按 Ctrl+F11 快捷键)运行程序,实质上是把编译和运行两步合成一步执行。如果所编写的程序代码有错,这时会弹出如图 1-17 所示的代码错误对话框,提示是否继续运行(出错之前的程序),通常情况下,要单击 Cancel (取消)按钮,返回编辑状态进行修改。

下面再举一个人机交互的编程例子。

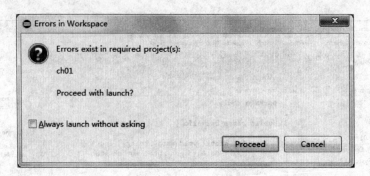

图 1-17 代码错误对话框

【**例 1-3**】 使用 Eclipse 编写"您是谁"问答式互动程序。

在已建立的项目中,新建一个名为 Ex3Who 的类,这时 Eclipse 界面左边的 Package Explorer(包管理器)窗格如图 1-18 所示。

在 Eclipse 界面中间的代码窗格中输入如下代码(含自动生成的):

```java
package ch01;
import java.util.Scanner;
public class Ex3Who {
    public static void main(String[] args) {
        Scanner scan = new Scanner(System.in);
        System.out.println("您是谁?请输入您的姓名:");
        String str = scan.next();
        System.out.println(str + ",您好,欢迎学习Java!");
        scan.close();
    }
}
```

代码说明:第 1 行用于建立名为 ch01 的(软件)包,第 2 行代码导入 java.util 包中的类 Scanner,第 3 行及以后的代码是定义了一个公共的类 Ex3Who,该类含有一个公共的、静态的、没有返回值的主方法 main,该方法含有字符串数组参数。方法体中,第 1 条语句是新建一个扫描器对象 scan,第 2 条语句用于输出一行字符串,第 3 条语句是利用 scan 对象读入一行字符串,第 4 条语句也是输出一行字符串,第 5 条语句则关闭 scan。

按 Ctrl+F11 快捷键运行程序,结果如图 1-19 所示,图中第 2 行文字"赵毅"是运行时输入的,其余两行文字是程序运行过程中输出的。

图 1-18 包管理器窗格

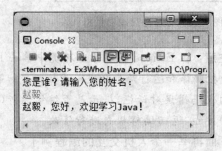

图 1-19 "您是谁"互动程序

注意：在 Eclipse 集成开发环境中，可用鼠标把 Console 窗格拖离主界面，成为一个独立的窗体，如图 1-19 所示。当然也可把该窗体再拖回主界面，合并为一个完整的窗体。

1.5 本章小结

本章概述 Java 语言，并介绍了如何建立 Java 开发环境。最基本的 Java 开发环境是安装了 JDK 工具包的计算机，这时要使用记事本或别的文本编辑器编写代码。最流行的 Java 开发环境是开源软件 Eclipse，它是集成的开发环境，集代码编写、编译和运行于一体。此外，Java 开发环境还有 NetBeans、MyEclipse 等。

编写 Java 程序主要分 3 步：编写源程序、编译源程序和运行编译后的程序。

其中集成开发环境含有程序编辑器，能直接在里面编写源程序。程序是以项目方式进行组织的，首先要建立项目，然后才能建立类文件、编写代码。在集成开发环境下，编译和运行能（自动）合成一步执行，因而编程者的主要工作是代码的设计和编写。而只使用 JDK 编程，必须按部就班地一步步进行：首先使用记事本编写源代码并存盘，其次使用 javac 命令编译源文件，编译通过后才能使用 java 命令运行程序。不过，任何 Java 开发环境都是以 JDK 作为基础的。

本章的知识点归纳如表 1-1 所示。

表 1-1　本章知识点归纳

知 识 点	操作示例及说明
Java 语言	纯面向对象程序设计语言，具有安全、健壮、动态、多线程、跨平台等特性
Java 开发环境	最基本的是 JDK 加记事本，集成开发环境有 Eclipse、NetBeans 等
Java 开发步骤	(1) 编写（源程序） (2) 编译（源程序） (3) 运行（编译后的程序） 其中，Eclipse 等集成开发环境，后两步合二为一
简单程序举例	```public class MyClass {`` `` public static void main(String[] args) {`` `` System.out.println("您好!");`` `` }`` ``}```

1.6 实训 1：您好

1. 实训题目

（1）安装 JDK 软件，编写一个输出几行文字的简单程序，运行结果如图 1-1(a)所示。

提示：部分代码参考如下。

```
public class MyClass {
    public static void main(String[] args) {
```

```
            System.out.println("我正在学习Java.");
            …
        }
}
```

(2) 安装 Eclipse 软件，编写一个问答式互动程序，运行结果如图 1-1(b)所示。

提示：部分代码参考如下。

```
import java.util.Scanner;
public class … {
    public static void main(String[] args) {
        Scanner scan = new Scanner(System.in);
        System.out.println(…);
        String str = scan.next();
        System.out.println(str + …);
    }
}
```

2. 实训要求

每次实训完，要用文字处理软件 Word 或 WPS 编写实训报告，并以"学号姓名实训序号报告"格式的文件名存放到教师机中，如："50 张三实训 1 报告.doc"。

实训报告内容如下：

① 实训标题、实训时间、地点、人物。

② 能力目标。

③ 实训题目、程序运行界面、关键代码——有多个题目的，请按序号依次列出。

④ 心得体会——收获、分析、疑问、难点、意见和建议等。

注意：课堂上来不及完成实训的，可课后完成，下次上课或上网提交实训报告。

1.7 实训报告样板

实训 1　您好

1. 实训时间、地点、人物

2015-3-9 上午 3-4 节、402 机房、张三。

2. 能力目标

- 能建立 Java 开发环境；
- 掌握编写简单 Java 程序的基本步骤；
- 能编写"您好"之类的简单应用程序；
- 能编写实训报告。

3. 实训题目、程序运行界面、关键代码

(1) 安装 JDK 软件，编写一个输出几行文字的简单程序。

① 程序运行界面如图 1-20 所示。

② 关键代码如下：

```
public class MyClass {
    public static void main(String[] args) {
        System.out.println("我正在学习Java.");
        System.out.println("世上无难事,主要肯攀登!");
    }
}
```

（2）安装 Eclipse 软件,编写一个问答式互动程序。

程序运行界面如图 1-21 所示。

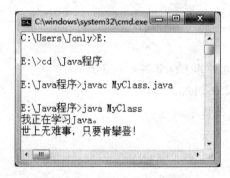

图 1-20　程序运行界面

图 1-21　程序运行界面

关键代码如下：

```
import java.util.Scanner;
public class Train2 {
    public static void main(String[] args) {
        Scanner scan = new Scanner(System.in);
        System.out.println("请输入您的姓名: ");
        String str = scan.next();
        System.out.println(str + ",您好!欢迎学习Java.");
        scan.close();
    }
}
```

4. 心得体会

实训结果符合预期,颇有成就感。但由于第一次上机,输入的代码常常出错,调试程序不够熟练,代码也不太理解,有待进一步强化训练。

通过本次实训,使我了解了程序设计的基本步骤：就是编写、编译和运行,其中,编写过程不是一蹴而就的,往往要经过反复修改、调试,程序才能通过编译、正常运行。

第 2 章 计算器——数据类型与表达式

能力目标：
- 理解数据类型，学会声明和使用变量，学会运用算术运算符和表达式；
- 理解语句，学会使用声明语句、赋值语句和方法调用语句；
- 能运用运算符、表达式和语句编写简单计算器程序。

2.1 任务预览

本章实训要编写简易计算器程序，运行结果如图 2-1 所示。

(a) 计算器1

(b) 计算器2

图 2-1 实训程序运行界面

2.2 标识符

Java 程序类似英文文章（但语法严格得多），由相当于英语单词的关键字和标识符、加减乘除等运算符、以及空格和分号等分隔符组成语句，若干条语句再组成相当于文章段落的方法，而方法和声明性语句又组成类。一个类相当于书的一章或一节，或一篇文章。由多个类（以及接口等类型）再构成一个软件包，相当于整本书、或一部主题文集。

Java 语言的标识符是按照一定规则定义、命名的符号名称。

Java 标识符命名规则：

(1) 只能使用字母(含汉字)、数字和下划线。
(2) 必须以字母或下划线开头。

例如：x、y、strX、strY、_age、studentCourseScore、CalculateArea、stu1、stu2、数 1、变量 2、计算面积，等等，均是符合语法规则(简称"合法")的标识符。

虽然汉字可作标识符，但为避免意外，建议不要用汉字命名标识符。

无效的标识符，如 2stu、x+y、n!、price＄等。

注意：Java 是字母大小写敏感的语言，一个字母的大写和小写视作不同的符号。因此 CalculateArea 和 calculateArea 是两个不同的标识符。

标识符的用途：对程序的各个组成元素如变量、方法、类等进行命名标识。

从内涵和外延的角度来看，标识符有两种：
(1) Java 预定义保留的、含义固定不变的系统性标识符，称为关键字。
(2) 编程者在一定范围内自定义的，即用户标识符。

一般情况下所说的标识符，是指用户标识符。

2.3 关键字

关键字是有特定意义的系统预定义保留的标识符。

Java 语言常见的关键字如表 2-1 所示。

表 2-1　Java 语言关键字

abstract	else	interface	static
boolean	extends	long	super
break	false	main	switch
byte	Final	native	this
case	finally	new	throw
catch	float	null	throws
char	for	package	true
class	If	private	try
continue	Implements	protected	void
default	Import	public	while
do	Instanceof	return	double
	Int	short	

注意：不能在程序中使用关键字作自定义的用户标识符。

2.4 变量

变量，是存放数据的标识符(名称)。变量可看作是容纳数据的一个存储单元(容器)的名称。

同一变量所存放的数据在不同时刻允许变更,即变量的值允许改变,但数据类型不变。故声明变量(也是定义变量)要指定数据类型。

声明、定义变量的语法格式如下:

数据类型　变量表;

例如:

```
double x;
```

表示声明变量 x 为双精度实数类型。声明变量后,就可对变量进行赋值。例如:

```
x = 12.3;
x = 5.6;                                      //变量 x 的值从 12.3 变为 5.6
```

可以一次声明多个变量,各个变量以英文逗号分隔,形成变量表。例如:

```
double x1, x2, y, z;
```

声明变量的同时允许马上对变量赋值。例如:

```
double a = 2.1, b, c = 3.4;
int i = 2;
```

后一条语句表示定义变量 i 为整数类型,其值为 2。

该语句相当于下面两个语句:

```
int i;
i = 2;
```

变量要"先声明,后使用"。不能使用没经过声明定义的变量。

方法内部的局部变量,要先赋值,再读取。因为局部变量没有默认(隐含)值。

变量属于标识符,起名必须遵循标识符的命名规则。此外,还建议:

(1) 变量要以小写字母开头,一般不使用下划线。

(2) 含多个英文单词的标识符,除了第一个小写外,其余单词首字母均大写。这种格式称为骆驼格式(Camel Case)。

(3) 为方便程序人员阅读理解,防止意外出错,不要创建只有字母大小写有区别的变量,如不要同时创建 myVariable 和 MyVariable、x 和 X 等。

注意:同一范围内不允许同名变量声明两次(及以上),即变量只能定义一次,但可多次使用。

2.5　基本数据类型

声明变量要使用数据类型。Java 数据类型有两大类:基本数据类型(值类型)和复合数据类型(引用类型)。基本数据类型包括布尔型、数值型(整型和浮点型)和字符型;复合类型有类、接口和数组。

Java 基本数据类型见表 2-2。

表 2-2 Java 基本数据类型

关键字	类型	类型说明	长度（二进位）	范围
boolean	布尔型	逻辑（布尔）类型		false 和 true
byte	字节型	1 字节长度整数	8	$-128\sim 127$
short	短整型	2 字节长度整数	16	$-32\,768\sim 32\,767$
int	整型	4 字节长度整数	32	$-2\,147\,483\,648\sim 2\,147\,483\,647$
long	长整型	8 字节长度整数	64	$-9\,223\,372\,036\,854\,775\,808\sim 9\,223\,372\,036\,854\,775\,807$
float	单精度浮点型	4 字节长度实数	32	$\pm 1.4E-45\sim \pm 3.402\,823\,5E+38$
double	双精度浮点型	8 字节长度实数	64	$\pm 4.9E-324\sim \pm 1.797\,693\,134\,862\,315\,7E+308$
char	字符型	单个字符	16	\u0000～\uFFFF

在表 2-2 中，长度是指存放该类型数据的二进制位个数。

每个基本类型，都用一个关键字表示。例如：关键字 int 表示 32 位的整型，double 代表双精度浮点型（实数）。int 和 double 是最常用的数值类型。

2.6 字符串及其与数值的转换

在编程时频繁使用的还有字符串类型，用 String 表示，字符串是一种类类型，它不是基本类型。

所谓字符串，就是若干个串在一起的字符。例如："abcd"、"123"、"张三"等。每个字符串常量都用英文双引号括起来。因此这 3 个字符串的有效字符个数（称为字符串长度）分别是 4、3 和 2。因为使用统一字符编码 Unicode，故一个汉字就是一个字符。

下面是声明字符串变量 str，同时把字符串常量"abcd"赋给 str：

String str = "abcd";

在代码中表示字符串常量必须使用一对英文双引号，它是字符串常量的定界符，属于形式化规格的一种符号。

注意：作为定界符的双引号，因本身不是字符串的有效部分，故不会被输出。

字符串长度可通过方法 length( )求出，例如：str.length( )为 4，又如："张三".length( )为 2。

如果字符串没有有效字符，则称为空串，表示为""。空串的长度为 0。

字符串使用广泛，在图形界面的文本框以及在命令行窗口内输入输出的数据，都与字符串有关。

如果输入的数据是字符串形式，要进行加减乘除等算术运算，则首先要转为数值形式；运算结果也要再转成字符串，以方便输出。

把字符串转换为数值的方法是 parseXxx(String) 的形式，其中 Xxx 对应不同的数值类型，方法前缀是基本数值类型对应的类名。例如，把字符串转换为 int 型和 double 型的代码：

```
int i = Integer.parseInt("168");
double d = Double.parseDouble("3.14");
```

把数值转换为字符串的方法是 String.valueOf。例如：

```
String s = String.valueOf(28.9);
```

【例 2-1】 编程，把字符串转成数值后相加，最后输出结果。

```
class Ex1 {
    public static void main(String[] args) {
        String s1 = "12.3", s2 = "4";
        double d1, d2, d3;
        d1 = Double.parseDouble(s1);
        d2 = Double.parseDouble(s2);
        d3 = d1 + d2;
        System.out.println(String.valueOf(d3));
        //System.out.println(d3);
    }
}
```

程序运行输出结果为：16.3

由于 println 方法可直接输出数值，故上面代码倒数第 4 行也可用其下一行语句替代（代替时要去掉注释符号 //）。

有些符号如回车符、换行符等，没法直接用有形字符表示，就用一个反斜杠 \ 加有形字符来表示，例如用 \n 表示换行符。这些以反斜杠开头的就叫转义符。

除了换行符，常用的转义符还有 \r（回车符）、\t（制表符，4 个空格的宽度）。

字符串可以包含转义符，例如：

```
String str = "abcd\n123";
System.out.println(str);
```

上面第 1 行语句，声明字符串变量 str，并赋予含换行转义符的字符串常量。第 2 行语句是在命令行窗口输出 str 的值，输出结果如下：

```
abcd
123
```

要输出反斜杠本身，则要使用两个反斜杠 \\。例如：

```
System.out.println("E:\\Java 程序");
```

输出结果为：

E:\Java 程序

2.7 算术运算符及算术表达式、字符串连接符

构成表达式的元素有运算符（operator）和操作数（operand）。例如 2+3 是加法运算表达式，其中 + 是运算符，2 和 3 是两个操作数。

由运算符和操作数按一定语法规则组成的式子,就是表达式。表达式必有值,这是表达式的重要特征。

含有两个操作数的运算符叫二元运算符(双目运算符)。以此类推,含有 1 个操作数的叫一元运算符(单目运算符),含有 3 个操作数的叫三元运算符(三目运算符)。

对数值类型数据进行加减乘除等运算,就是算术运算。

二元算术运算符有 5 个:加、减、乘、除、求余,列举如下:

+ - * / %

两个整数相除是整除,如果结果有小数,则去掉小数,只取整数部分(并非四舍五入)。

例如:5 / 2,按一般除法运算,结果应为 2.5,但因为是整除,只取整数部分,故该表达式的值为 2(也不是四舍五入后的 3)。而 5 / 2.0 或 5.0 / 2 结果都是 2.5,因为两个操作数中有一个不是整数,不属于整除,故结果带有小数部分。

求余也叫取余、取模,其运算符是%。例如:

```
int a = 5 % 2;
double x = 5 % 1.8;
```

第 1 条语句把 5 除以 2(结果 2 余 1)的余数 1 赋给整型变量 a,因此其值为 1。第 2 条语句把 5 除以 1.8(结果 2 余 1.4)的余数 1.4 赋给双精度型变量 x,故其值为 1.4。

注意:double 和 float 型的数据,除法运算允许除数为零,结果为 Infinity(无穷大)。也允许这种类型的 0(如 0.0)除以 0 而不出现语法错误,但结果为非数字(Not a Number,NaN)。例如:

```
System.out.println(2.3 / 0);
System.out.println(0.0 / 0);
```

输出结果如下:

```
Infinity
NaN
```

对于+运算符组成的表达式,当其中一个操作数或两个操作数都是字符串类型时,运算符+将前后操作数的字符串首尾相接(无缝)串联在一起。这时的+是字符串连接运算符,简称串接符(或串联符),所组成的表达式就是串接表达式。

串接表达式值就是字符串。例如:

```
System.out.println(12 + "34");
System.out.println("12" + 34);
System.out.println("12" + "34");
```

上述输出语句中包含的表达式都是串接表达式,表达式 12+"34"、"12"+34 和"12"+"34"的值均是"1234"。运行后均输出 1234 的结果。

又如:

```
double x = 4.7, y = 2.4, sum = x + y;
System.out.println(x + "+" + y + "=" + sum);
```

输出结果为:

4.7+2.4=7.1

上面代码第 1 行语句把 double 类型的 x、y 值相加再赋给变量 sum,结果得 7.1,该语句中的＋号是加法运算符。第 2 行语句在命令行窗口输出由 4 个＋构成的表达式的值,但这 4 个＋号都是串接运算符,而不是加法运算符。原因是:由于第 1 个＋号右边是一个字符串"＋",因此该＋号是串接符,而不是加法运算(数值也不可能与字符串相加)。这时,x 的值 4.7 自动转换为字符串,再与字符串"＋"相连接,得到"4.7＋"。然后又与后面 y 的值 2.4 (也是自动转换为字符串"2.4")相连,得到"4.7＋2.4"。再与字符串"＝"相连,得到"4.7＋2.4＝"。最后与 sum 的值 7.1(自动转为字符串"7.1")相连,得到值"4.7＋2.4＝7.1",这就是整个串接表达式的值。

2.8 赋值运算符、赋值表达式及赋值语句

声明变量后,就可对变量进行赋值,例如:

```
int i;
i = 2;
```

上面语句使用了赋值运算符＝对变量进行赋值操作。赋值运算符也叫赋值号,由其构成的表达式就是赋值表达式。

赋值表达式一般语法如下:

变量 = 表达式

赋值号的左边一定是变量,不能是常量或含有运算符的表达式。赋值号右边则可以是各种类型的表达式,包括最简单的常量,但其值要与赋值号左边的变量类型兼容。

赋值表达式与算术表达式一样,也有运算结果,其值就是左边变量的值。

例如:

```
double d;
System.out.println(d = 4.7 + 2.4);      //d 及赋值表达式的值均为 7.1
String str = "123" + d;                 //str 及赋值表达式的值均是 1237.1
```

第 2 条语句中,含有赋值表达式 d = 4.7+2.4,里面有两个运算符:赋值号＝、加号＋。其中加号和前后的操作数构成加法表达式 4.7+2.4。要先求加法运算,再把其结果 7.1 赋给赋值号左边的变量 d。因此,d 的值为 7.1,整个赋值表达式 d = 4.7+2.4 的值也是 7.1,当然输出结果也是 7.1。第 3 条语句的分析类似第 2 条语句,只是这时的＋为串接运算符。

在声明变量的同时,可用赋值号赋初值给该变量。一般语法如下:

数据类型变量 = 表达式;

例子见上面第 3 条语句。

注意:赋值号＝不能当成等号。Java 的等号＝＝是由两个符号组成的(一个运算符),赋值表达式必须先求赋值号右边表达式的值,再把结果赋给左边的变量,即求值顺序是从右到

左。而由等号构成的关系表达式的求值顺序则是从左到右。请对比：2==3 和 2=3,前者表示 2 等于 3,符合语法,结果为 false(假);后者则有语法错,因为赋值号左边是常量。又如 x==x+1 和 x=x+1,前者是结果为 false 的关系运算,后者是使得变量 x 增 1 的赋值运算。

由赋值表达式后面加上英文分号,就构成了赋值语句。一般语法形式如下：

变量 = 表达式;

例如：

i = 2;

2.9 运算符的优先级与结合性

已知,在进行算术运算时,先乘除、后加减。不同的运算符具有不同的运算次序,称为运算符的优先级。

算术运算符的优先级比赋值运算符高。在 5 个二元算术运算符中,又分为两级,其中 *、/ 和 % 同级,+ 和 − 同级,但前 3 个优先级比后 2 个高。

例如,表达式 d = 4.7+2.4,含有两种不同级别的运算符：+ 和 =,要先加然后才赋值。

可采用圆括号来改变运算符的执行次序。例如：

a = (b + c) * d

本来是先乘后加,因为有圆括号,而圆括号是优先级最高的运算符,故先算圆括号里面的运算 b+c,然后再与 d 相乘,最后把结果赋给变量 a。

Java 所有运算符的分类和优先级如表 2-3 所示,其中优先级按从高到低的顺序列出,其中每个组的运算符有相同的优先级。

表 2-3 Java 运算符及其优先级

优先级高→低	运算符分类	运 算 符
1	基本	() [] .
2	一元	+ − ! ~ ++ −− new
3	乘、除、求余	* / %
4	加减	+ −
5	移位	<< >> >>>
6	关系和类型检测	< > <= >= instanceof
7	相等、不相等	== !=
8	逻辑与、按位与	&
9	逻辑异或	^
10	逻辑或、按位或	|
11	条件逻辑与	&&
12	条件逻辑或	||
13	三目条件运算	? :
14	赋值	= += −= *= /= %= &= |= ^= <<= >>= >>>=

同等优先级的运算符通过结合性来控制运算顺序,有两种结合性:从左到右(称为左结合)和从右到左(称为右结合)。例如:

```
4 / 2 * 6
```

上面表达式有两个运算符/和*,都是同一优先级的,按左结合(从左到右)的顺序进行运算,先做4/2,结果为2,再乘以6,结果为12,于是表达式的值是12。

通常,算术、关系等二元运算符是左结合的,而一元运算符、三目条件运算符和赋值运算符则是右结合的。

运用赋值运算符的右结合,可用一个赋值语句将多个变量赋予同一值。例如:

```
int a, b, c, d;
a = b = c = d = 18;
```

最后一个语句相当于下面的语句:

```
a = (b = (c = (d = 18)));
```

2.10 自增和自减运算符

整型、浮点型等数值类型的变量可进行自增、自减运算,即对变量进行加1、减1操作。

自增、自减运算符是:++和--,均是一元的算术运算符。它们又分前、后自增,以及前、后自减。例如:

```
++x  x++  --x  x--
```

其中,前自增、前自减是运算符在变量前面,后自增、后自减是运算符在变量的后面。

对变量x的前、后自增都使得x的值增加了1,都相当于x=x+1。但两者的自增表达式的值是不同的。设x原来的值为3,则前自增表达式++x的值是4,而后自增表达式x++的值却是3,因为后自增运算表达式的值是操作数增1之前的值。不过,最终变量x的值都增加1而变成了4。

同样,对变量x的前、后自减都使得x的值减少了1,都相当于x=x-1。但两者的自减表达式的值也是不同的。若x值为3,则前自减表达式--x的值是2,而后自减表达式x--的值却是3,因为后自减表达式的值是操作数减1之前的值,尽管最后变量x的值都减了1而变为2。

注意:不能直接对常数进行自增、自减,如++2、2++、3.4--和--3.4等均是错误的。

【例2-2】 编程,测试自增自减运算。

```
public class Ex2 {
    public static void main(String[] args) {
        int a = 2, b;
        double x = 3.5, y;
        ++a;                            //a = 3
        --x;                            //x = 2.5
```

```
        System.out.println(a);              //输出 3
        System.out.println(x);              //输出 2.5
        b = a--;                            //b = 3, a = 2
        y = x++;                            //y = 2.5, x = 3.5
        System.out.println(a);              //输出 2
        System.out.println(b);              //输出 3
        System.out.println(x);              //输出 3.5
        System.out.println(y);              //输出 2.5
    }
}
```

程序运行时变量值的变化情况见每行代码右边的注释。请读者自行分析代码。

2.11 语句与方法

语句,是执行操作的命令,是驱动程序运行的一个具体指令,对应一个执行步骤。

语句的用途:声明变量、调用方法、创建对象、变量赋值(如赋值语句)、控制流程(循环和分支语句)等。这些也是语句的种类。

语句通常以英文分号结束。

一些表达式后面加上英文分号就构成了语句。这样的表达式有赋值、自增、自减和方法调用等。例如:

```
Scanner scan = new Scanner(System.in);    //声明并构建对象,分号结束
double x;                                  //声明语句,分号结束
System.out.print("请输入操作数: x = ");      //方法调用表达式加分号构成语句
x = scan.nextDouble();                     //赋值表达式加分号构成赋值语句
x++;                                       //自增表达式加分号构成自增语句
System.out.println("x = " + x);            //方法调用表达式加分号构成语句
scan.close();                              //方法调用表达式加分号构成语句
```

除了以分号结束的(简单)语句外,还可用大括号把若干条语句括起来,组成一个复合语句,这时,大括号后面无须再加分号。例如,下面 4 行代码组成了一个复合语句:

```
{
    System.out.println("您好!");
    System.out.println("我正在学习 Java.");
}
```

注意:Java 是一种书写格式自由的语言,为阅读方便起见,一般一行书写一条简单语句。为节省空间,复合语句的开大括号通常写在上一行代码的尾部,称为"行尾"风格。而上面复合语句的开大括号是单独占一行的,称为"独行"风格。另外,复合语句里面除了简单语句外,还允许再嵌入复合语句,构成嵌套的复合语句。

语句除了符合语法外,还要有明确的含义,即所谓"语义"。例如,上面复合语句的语义是在命令行窗口中输出两行文字。

一般来说,简单语句是运行过程的一个操作步骤,复合语句则对应多个操作步骤。复合语句如果要反复执行,则起一个名称,即把它定义成一个方法,以方便调用。方法就是命名

的语句集。

方法由方法头和方法体构成,其中,方法体即是一个复合语句。例如:

```
public static void main(String[] args) {
    System.out.println("您好!");
    System.out.println("我正在学习 Java.");
}
```

上面方法名是 main,称为主方法,它有特殊用途,是程序运行的入口(起点)。

注意:Java 的方法不能单独存在,要放在类内部,作为类成员出现。

2.12 本章小结

本章学习程序设计语言的基础知识:标识符、关键字、变量、数据类型、字符串、字符串与数值的转换、算术运算符与算术表达式、字符串连接符、赋值运算符、赋值表达式与赋值语句、自增和自减运算符等,知道了运算符具有优先级和结合性,方法体由语句组成,语句又分简单语句和复合语句。而方法则是命名的语句集。

几乎每一门程序设计语言都有上述知识点,因此,对于初学者来说,掌握了这些知识,就等于掌握了进入计算机编程世界的金钥匙。

本章的知识点归纳如表 2-4 所示。

表 2-4 本章知识点归纳

知 识 点	操作示例及说明
标识符	x,y,strX,strY,studentCourseScore,CalcArea
关键字	int,double,public,static,void 等
声明变量	double x; int i = 2;
基本数据类型	int,double 等

字符串及其与数值的转换	int i = Integer.parseInt("168");
	double d = Double.parseDouble("3.14");
	String s = String.valueOf(28.9);

二元算术运算符及其表达式	运算符: + - * / % 表达式:5/2,5%2
字符串连接符及其表达式	12 + "34","12" + 34,"12" + "34"
赋值运算符、表达式及赋值语句	= d = 4.7 + 2.4 d = 4.7 + 2.4;
运算符优先级与结合性	a = (b + c) * d a = b = c = d = 18;
自增与自减	++x,x++,--x,x--

语句与方法	public static void main(String[] args) {
	    System.out.println("您好!");
	}

2.13 实训2：简易计算器

注意：每章实训均要求提交实训报告文档，本章和后面各章也不例外，实训报告文档样板请参考1.7节。为节省篇幅，从本章开始，各章实训仅给出题目和提示。

(1) 编写字符界面版计算器程序，运行界面如图 2-1(a)所示：运行时提示输入两个操作数，然后输出加减乘除运行结果。

提示：部分代码参考如下。

```
import java.util.Scanner;                    //导入 java.util 包的 Scanner 类
public class … {
    … {
        Scanner scan = new Scanner(System.in);
        double x,y;
        System.out.print("请输入第一个操作数：x = ");
        x = scan.nextDouble();
        …
        System.out.println("运算结果如下：");
        System.out.println("x+y = " + (x+y));
        …
    }
}
```

(2) 修改第(1)题程序，使得程序输出的运算结果中，能直接显示所输入的数据，而不是 x+y 之类，运行界面如图 2-1(b)所示。

提示：部分代码参考如下。

```
System.out.println(x+ " + " +y+ " = " + (x+y));
```

第 3 章 计算面积周长——方法与作用域

能力目标：
- 学会定义方法和调用方法，理解变量和字段的作用域；
- 能编写方法，计算圆、矩形的面积和周长。

3.1 任务预览

本章实训要编写计算圆、矩形面积和周长程序，程序运行结果如图 3-1 所示。

(a) 计算圆面积和周长

(b) 计算矩形面积和周长

图 3-1 实训程序运行界面

3.2 方法定义

方法是命名的语句有序集，是一系列执行步骤的汇总。在一些计算机语言中，方法也称为函数、子程序或过程。

方法由方法头和方法体两部分组成。方法定义包括声明方法头、编写方法体。

方法定义的一般语法形式：

可选 public 等 可选 static 返回类型 方法名(可选参数表) {
　　… //语句构成的方法体
}

大括号前面是方法头,方法头可以声明方法的访问级别,级别有 public、private 等,分别表示公共的、私有的。Java 是面向对象的语言,方法必须在类或其他引用类型的内部定义,访问级别决定了方法的使用范围(作用域)。如果没有声明访问级别,则默认为包(package)范围,即包访问级别。

方法头还可添加关键字 static,用于声明静态方法(类方法)。静态方法是整个类(所有对象)共用的方法,调用时以类名作前缀。没有 static 的方法,是非静态方法(实例方法),调用时只能以对象名作前缀。

声明方法必须声明返回类型(构造方法除外)、方法名和圆括号。方法名属于标识符,圆括号是方法的重要标志,无论是否有参数,圆括号都不能省略。

方法的返回类型有 int、double、String 等,没有返回值的方法,其返回类型为 void,表示空类型。

参数表是可选的。方法可以没有参数,也可以有多个。如果有多个,则用英文逗号分隔。每个参数都要声明数据类型。方法声明中的参数,是没有确定值的,属于形式参数,简称"形参"。

方法体是方法的主体,由大括号括起的语句组成(是一个复合语句)。调用方法运行时,将按顺序逐个执行方法体的语句。因此方法体内各语句的顺序非常重要,不可以排错。

如计算圆面积的静态方法:

```
static double calcArea(double r){
    double area;
    area = 3.14 * r * r;
    return area;
}
```

又如计算圆周长的静态方法:

```
static double calcGirth(double r){
    return 2 * 3.14 * r;
}
```

上面两个方法的方法名为 calcArea 和 calcGirth。方法名属于标识符,要按标识符命名规则命名。方法是一系列动作的总称,建议命名时使用动词或动宾结构的词汇。

方法体中一般有返回语句,用于结束本方法,返回调用它的地方。返回语句格式如下:

return 可选的表达式;

返回语句中的 return 是关键字,后面的表达式不是必须的。即对于返回类型为 void 的方法,内部如果有 return 语句,则语句不带表达式;但对于返回类型非 void 的方法(如为 double),则返回语句必带表达式,并且表达式的值要与返回类型相符。

注意:返回类型为 void 的方法,执行时没有返回值,因此 return 语句不是必须的。

返回语句通常位于方法的尾部,因为它会结束方法的执行。

上述计算圆面积方法 calcArea 的方法体含有 3 条语句,最后一条语句返回局部变量 area 的值,该变量已在第 2 条语句中被赋值(其中参数 r 表示圆半径),因此,给出参数 r 的实际值,如 3.1,调用该方法,便可得到圆的面积,如 30.18。

试一试：计算圆周长方法 calcGirth 的方法体只有 1 个语句，能否在计算圆面积方法 calcArea 中也用 1 个语句替换那 3 个语句？

方法只需定义一次，允许多次调用。使用方法的目的，就是避免重复编码。

3.3 方法调用

定义方法就是为了调用（使用）它。方法每调用一次，方法体就被执行一次。

调用方法的语法形式：

方法名(可选实参表)

调用方法时，参数个数和类型必须与方法声明一致。参数用于传递数据。调用时参数必须有值，称为实际参数，简称"实参"。

如果方法声明没有参数（称无参方法），则方法调用也没有参数。

如果方法声明有参数，则调用时必须为每个参数（形参）提供一个参数值（实参）。

实参是一个能求值的表达式，可以是最简单表达式——常量，或有值的变量。如果是变量，则无须在调用时声明类型，因为在调用之前就已声明并赋值了。

例如，调用计算圆面积、周长方法：

```
calcArea(3.1)
calcGirth(3.1)
```

非 void 的方法，属于一个表达式，调用后有值，可直接输出，或赋给某一变量，或参与另一个表达式的运算，或作为另一个方法调用的实参。

例如，调用计算圆面积方法 calcArea，并把结果赋给一变量：

```
double radius, area;
radius = 3.1;
area = calcArea(radius);
```

又如，调用计算圆面积方法 calcArea，并把结果作为输出方法 println 的实参，即在控制台中输出圆的面积：

```
System.out.println(calcArea(3.1));
```

注意：方法调用必须包含一对圆括号，调用无参方法也不例外。记住，方法名和圆括号是方法的标记。

需要强调的是，上面方法调用的例子都没有使用前缀，是假定方法定义和方法调用均在同一个类内部进行。调用一个类内部声明的方法，无须加上前缀，当然，在非静态方法中调用非静态方法也可加上代表本类对象的关键字 this 作前缀，例如 this.method( )；对于静态方法，还可用类名作前缀。

下面给出一个完整的程序，用于说明方法声明和方法调用。

【例 3-1】 定义并调用方法，计算圆的周长和面积。

```java
public class Ex1 {
```

```java
    static double calcArea(double r){          //定义计算圆面积方法
        double area;
        area = 3.14 * r * r;
        return area;
    }

    static double calcGirth(double r){         //定义计算圆周长方法
        return 2 * 3.14 * r;
    }

    public static void main(String[] args) {
        double radius, area;
        radius = 3.1;
        area = calcArea(radius);               //调用计算圆面积方法
        System.out.printf("半径为3.1的圆的面积：%.2f", area);
        area = calcArea(10);                   //调用计算圆面积方法
        System.out.printf("\n半径为10的圆的面积：%.2f", area);
        System.out.printf("\n半径为3.1的圆的周长：%.2f", calcGirth(3.1));
        System.out.printf("\n半径为10的圆的周长：%.2f", calcGirth(10));
                                               //调用计算圆周长方法
    }
}
```

程序运行结果如图 3-2 所示。

图 3-2　计算圆面积和周长

在例 3-1 程序中，输出面积和周长时调用了格式化输出方法 printf，以保留两位小数点。该方法详细说明见 3.4.2 小节。

3.4　在命令行窗口输入输出数据

在程序运行过程中，通常要进行数据输入输出的互动操作。在图形界面下传输数据，是通过文本框和标签等控件进行的。在字符界面的命令行窗口内传输数据，则通过调用系统预定义的方法进行。

注意：Eclipse 开发环境的命令行窗口是开发界面右下角的 Console（控制台）窗格。如果 Console 窗格没有出现，则可选择菜单 Window|Show View|Console 命令显示出来。

3.4.1 输入数据

调用java.util包的Scanner类对象的nextBoolean、nextByte、nextShort、nextInt、nextLong、nextFloat、nextDouble、next和nextLine等方法,可分别在命令行窗口(或其他输入源)中读入布尔型、字节型、短整型、整型、长整型、单精度浮点型、双精度浮点型、字符串和一行字符串等数据。

上述方法执行时,程序将停下来,等待用户在命令行窗口中输入数据,直到按Enter键确认,程序才继续运行下去。如果上述方法连续调用,即要输入多个数据,则各数据之间除了用Enter键分隔,也可用空格分隔(nextLine方法除外)。

典型代码如下:

```
import java.util.Scanner;
…
    Scanner scan = new Scanner(System.in);
    double x = scan.nextDouble();
```

如果在命令行窗口中输入数据,则构建Scanner对象要使用标准输入流System.in作为构造方法的参数。使用next方法输入字符串时,由于空格用作分隔符,所以输入的字符串不能含有空格。不过,可调用nextLine方法输入一行(以Enter键)结束的字符串,这样该行字符串就允许存在空格了。

也可调用java.io包的BufferedReader类对象的readLine方法,输入一行允许存在空格的字符串。典型代码如下:

```
import java.io.*;
…
    BufferedReader br = new BufferedReader(new InputStreamReader(System.in));
    try{
        String str = br.readLine();
        …
    } catch(Exception e){}
```

构建BufferedReader类对象时要用到InputStreamReader对象,作为构造方法的参数。而构建InputStreamReader对象则以标准输入流System.in作为构造方法的参数。由于readLine方法会引发输入输出异常,故使用时要作异常处理,即编写try-catch代码块处理。

3.4.2 输出数据

调用标准输出流System.out的println和print方法,可在命令行窗口中输出字符串及各种基本型数据,其中,前一个方法名多了ln,它是line单词的缩写,表示输出完数据后自动换行,而后一个方法则不会自动换行。

这两个方法都带有一个参数,参数可以是表达式形式。如果是由运算符+组成的表达式,则只要有一个操作数是字符串类型,都不做加法运算,而是执行字符串连接运算。例如:

```
double x = 2.1, y = 4;
System.out.println(x + "+" + y + "=" + (x+y));
```

方法 println 的参数是由 5 个＋号组成的表达式,由于第一个＋号右边是字符串"＋",因此该＋号是串接运算符。最后的(x＋y)由于用小括号括起来,故里面的＋运算优先执行,其左右两边都是数值,因此该＋号才是加法运算符。其余 3 个＋号也都是串接运算符。需要强调的是:字符串"＋"里面的字符＋不是运算符,只是照原样输出的普通字符。于是输出结果为:

2.1＋4.0＝6.1

注意:println 方法也可不带参数,这时只输出换行符,即自动换行。

除了上述两个方法外,从 JDK1.5 版开始,新增了与 C 语言 printf 函数类似的格式化输出方法 printf,该方法调用格式如下:

System.out.printf("格式控制字符串",参数 1,参数 2,…,参数 n)

其中,格式控制字符串由普通字符和格式控制符组成,普通字符照原样输出,格式控制符有%d、%f、%e、%c 和%s 等,用以输出后面的各参数的值。除方法第一个参数外,后面参数的个数要与格式控制符的个数一致。

格式控制符简介如下:

%b:输出 boolean 型数。
%d:输出 int 型数。
%f:输出 float 或 double 浮点型数。
%e:以指数形式输出 float 或 double 浮点型数。
%c:输出 char 型数据。
%s:输出 String 型数据。
输出数据的同时还可以控制数据的宽度。例如:
%md:输出占 m 列的 int 型数。
%.nf:输出小数保留 n 位的浮点型数。
%m.nf:输出占 m 列、小数保留 n 位的浮点型数。
例如:

```
int radius = 10;
double area = 314;
System.out.printf("半径为%d的圆面积: %.2f", radius, area);
```

执行第 3 条语句,输出方法 printf 的第一个参数值,它是一个字符串,其中%d 位置用 radius 值替换,%.2f 位置用 area 值替换并保留 2 位小数。输出结果如下:

半径为 10 的圆面积:314.00

3.5 方法签名与方法重载

在一个类中允许定义多个同名的方法,条件是只要参数表不同就可以。
所谓参数表不同,是指参数的个数不同,或参数的类型和顺序不同。一个方法的方法名和参数表,构成了"方法签名"。所以,只要方法签名不同,就允许在一个类中定义多个方法。

当定义两个以上名称相同而签名不同的方法时,就称为"方法重载"。

【例 3-2】 重载两数相加的方法,以便求两个整数或实数之和。

```java
public class Ex2 {
    static int add(int a, int b){          //add方法签名 1
        return a + b;
    }
    static double add(int a, double b) {   //add方法签名 2
        return a + b;
    }
    static double add(double a, int b){    //add方法签名 3
        return a + b;
    }
    static double add(double a, double b) { //add方法签名 4
        return a + b;
    }
    public static void main(String[] args) {  //主方法
        System.out.println("整整相加:" + add(1, 2));
        System.out.println("整实相加:" + add(2, 2.3));
        System.out.println("实整相加:" + add(3.4, 2));
        System.out.println("实实相加:" + add(4.1, 5.2));
    }
}
```

由于两数相加共有整整、整实、实整、实实 4 种搭配,因此在上述代码中,对两数相加的 add 方法进行重载,共有 4 个方法签名,并在 main 方法中依次调用了这 4 个方法。程序运行结果如图 3-3 所示。

图 3-3 方法重载运行结果

需要说明的是,为了阐明方法重载的概念,例 3-2 特地编写了 4 个 add 方法,事实上,由于 int 型数能自动转换为 double 型数,因此只需最后一个 add 方法(签名 4),便能进行两个整、实数的混合加法运算。

Java 系统有很多方法重载的例子。例如 System.out.print 方法有 9 个签名,System.out.println 方法有 10 个签名,它们可直接输出布尔型、整型、浮点型、字符串型、字符型等数据,部分调用形式如下:

```java
System.out.println(true);
System.out.println(8);
System.out.println(3.14);
System.out.println("abc");
System.out.println('A');
```

不但一般方法可重载,构造方法(也叫构造函数)也可重载。构造方法是一种构建类对象的特殊方法。

注意:可以重载一个方法的参数,但不能重载方法的返回类型,因为返回类型不构成方法签名。例如,不能在一个类中同时重载下面两个"方法":

```
static int add(int a, int b){
    return a + b;
}
static double add(int a, int b) {           //出错：方法重复(而不是重载)
    return a + b;
}
```

3.6 方法参数值传递——单向传递

调用方法时，参数的传递方式都是值传递，即把实参的一个副本传给对应的形参。传递过来的参数，在执行方法过程中，方法体内部对参数的更改不会影响原来的数据。因此值传递属于单向传递：只从实参传给形参，不能从形参传回给实参。

【例 3-3】 测试方法参数的单向值传递。

```
public class Ex3 {
    static void change(int a){              //定义没有返回值的 change 方法
        a = 28;
    }
    public static void main(String[] args) {
        int age = 18;
        change(age);                        //调用 change 方法
        System.out.println(age);
    }
}
```

上述程序的运行结果是输出 18 而非 28，说明了在调用 change 方法时，只把实参 age 的值 18 传给方法的形参 a，在 change 方法执行完后，不会把 a 的值 28 再传回给 age，即只是单向传递参数。

即使把例 3-3 的 change 方法参数 a 换成 age(这时里面的语句变为 age=28;)，运行结果也是 18。这时虽然从表面上看，参数 age 与 main 方法内部的 age 同名，但它们分别是两个不同方法的局部变量，运行时存放在不同的内存空间中，main 方法内部调用 change 方法时仍是单向传值，故结果不变。

试一试：下面程序运行时输出什么结果？请上机验证您的判断。

```
public class Ex4 {
    static void change(String s){
        s = "123";
    }
    public static void main(String[] args) {
        String s = "abc";
        change(s);
        System.out.println(s);
    }
}
```

3.7 变量作用域

声明方法时可在方法头加上 public，使方法能被别的类（对象）调用，这时方法的作用域超出了其所在的类。但如果方法头用 private 声明，则方法的作用域只局限于它所定义的类，只能在类的内部调用。

方法具有作用域，变量也有作用域。作用域(Scope)就是能够使用的代码区域，是变量或方法发挥作用的领域和范围。

如果变量能在一个特定位置使用，该变量便具有那个位置的作用域。

变量与方法类似，只能在声明、定义之后才能使用。

变量根据所声明的位置和作用范围，分为局部变量和字段两种。

3.7.1 局部变量作用域

方法内声明的变量，包括圆括号内的方法参数，都是局部变量(local variable)。

局部变量只限于方法内部使用，作用域从变量声明开始，到方法体结束为止。

例如：

```java
class MyClass {
    void method1(int a) {
        double x;
        …
    }
    void method2() {
        x = 3.12;                    //出错：变量超出作用域
        a = 18;                      //出错：变量超出作用域
        …
    }
}
```

类 MyClass 中，声明了 method1 和 method2 两个方法，第一个方法声明了整型参数 a 和 double 型变量 x，它们都是方法的局部变量，只能在本方法内部使用，但却在第二个方法中对这两个变量进行赋值，显然超出了变量的使用范围，因而产生语法错误。

注意：方法内部的代码块（如复合语句），也可声明在其范围内使用的局部变量。

3.7.2 字段作用域

类体中，作为类成员声明的变量（不是在方法内部声明的），称为字段(field)。

方法体开、闭大括号之间建立了局部变量的作用域（方法范围内的作用域）；界定类主体的一对开、闭大括号也建立了一个作用域（类范围内的作用域）。

字段作用域在类范围内。使用字段能在方法之间共享数据。例如：

```java
class MyClass2 {
    void method1() {
        x = 3.12;                              //赋值字段 x
```

```
        …
    }
    void method2() {
        System.out.println("字段 x 的值为" + x);    //输出字段 x
        …
    }
    private double x;                               //声明字段 x
}
```

类的组成部分称为类的成员。类 MyClass2 中声明了 3 个成员：私有字段 x、两个方法 method1 和 method2。字段 x 在两个方法内均可使用，因为字段的作用域是整个类。

注意：语法上，字段除了使用 private（私有的）修饰，也允许用 public（公共的）修饰。其中，private 字段只局限于本类使用，public 字段则像 public 方法一样，作用域突破了本类范围，可被其他类引用。不过，对象封装性要求字段为 private，因此一般不声明 public 字段。

需要强调的是，在方法中，必须先声明才能使用局部变量，因为语句是顺序执行的。但字段有所不同，字段的声明可以放在引用它的方法后面（参见上面类 MyClass2 的字段 x）。表面上，好像是"先使用再声明"，实际上，程序运行之前经过了编译阶段，在编译时系统已得知字段的声明。也就是说，如果字段之间不存在相互引用，则类成员之间的声明顺序无关要紧，正所谓"排名不分先后"。但成员方法内部，各语句之间的顺序不可随意颠倒。

3.8 本章小结

本章学习了方法定义和方法调用，方法定义包括方法头声明和方法体的建立。简单而言，方法是有名称的代码块。定义方法目的是减少重复编码，方便调用。调用方法即使用方法。方法是模块化编程的最小单位，是面向对象程序设计中的小模块（类则是较大的模块）。定义和调用方法是代码重用的体现。方法一次定义，便可反复调用。在命令行窗口中输入输出数据，就是通过调用系统预定义的方法来完成的。

Java 属于面向对象程序设计语言，方法定义和方法调用都在类的内部进行。一个类允许定义多个同名的方法，只要方法签名不同即可。所谓签名不同，就要参数个数、类型或顺序要有所不同。一个类定义了两个以上同名（但签名不同）的方法，称为方法重载。

方法的参数传递是值传递，方法调用时，把实参值传递给方法定义中的形参，再执行方法体语句，执行完毕，不会把形参值反过来再传回给实参。因此，方法的参数传递是单向传递，只从实参传给形参。

方法有使用范围，变量也有使用范围，这就是变量的作用域。变量分为两种：局部变量和字段。局部变量限于方法的内部使用，字段则以类成员的身份出现，因而可以被所在类的各个方法来引用。

本章的知识点归纳如表 3-1 所示。

表 3-1 本章知识点归纳

知 识 点	操作示例及说明
方法定义	`static double calcGirth(double r){ return 2 * 3.14 * r; }`
方法调用	`System.out.printf("半径为 10 的圆周长：%.2f", calcGirth(10));`

在命令行窗口输入数据	`Scanner scan = new Scanner(System.in);`
	`double x = scan.nextDouble();` …
	`BufferedReader br =`
	`    new BufferedReader(new InputStreamReader(System.in));`
	`try{ String str = br.readLine(); … } catch(Exception e){ }`

在命令行窗口输出数据	`System.out.println(x + y);` `System.out.printf("圆的面积：%.2f", area);`
方法签名与方法重载	`static int add(int a, int b){return a + b; }` `static double add(int a, double b) {return a + b; }`

方法参数值传递——单向传递	`static void change(int a){ a = 28; }`
	…
	`    int age = 18;`
	`    change(age);`
	`    System.out.println(age);    //输出 18 而非 28`

局部变量作用域	`void method1(int a) {`
	`    double x;  …        //a 和 x 均只能在本方法内使用`
	`}`

字段作用域	`class MyClass {`
	`    void method1( ) { x = 3.12; … }`
	`    void method2( ) {System.out.println(x); … }`
	`    private double x;        //声明字段 x`
	`}`

3.9 实训 3：计算圆、矩形面积和周长

(1) 使用方法编写求圆面积和周长的程序，运行界面如图 3-1(a)所示，运行时提示输入圆半径，然后输出计算结果。

提示：部分代码参考如下。

```
import java.util.Scanner;
public class … {
    static double calcArea(double r){ return … }
    …
    public static void main(String[] args) {
        Scanner scan = new Scanner(System.in);
        double radius, area, girth;
        System.out.println("请输入圆的半径：");
        radius = scan.nextDouble( );
        area = …
        System.out.printf("半径为 %.2f 的圆的面积：%.2f", radius, area);
        …
```

　　　　}
　　}

（2）使用方法编写求矩形面积和周长的程序，运行界面如图 3-1(b)所示，运行时提示输入矩形的长度和宽度，然后输出计算结果。

提示：部分代码参考如下。

```
import java.util.Scanner;
public class Training2 {
    static double calcArea(double len, double wid){ return … }
    …
    public static void main(String[] args) {
        Scanner scan = new Scanner(System.in);
        double length, width, area, girth;
        System.out.println("请输入矩形的长度：");
        length = scan.nextDouble( );
        …
        area = calcArea(length, width);
        System.out.printf("长%.2f,宽%.2f 的矩形面积：%.2f", …);
        …
    }
}
```

第4章 打折计价——逻辑值与分支结构

能力目标：
- 理解逻辑值，能运用关系表达式和逻辑表达式作真假判断；
- 能使用 if 和 switch 语句编写分支结构程序，使用三目条件运算符作逻辑判断；
- 能运用分支结构等编写打折计价、显示星座、判断成绩等级应用程序。

4.1 任务预览

本章实训要编写的打折计价、显示星座、判断成绩等级程序，运行结果如图 4-1 所示。

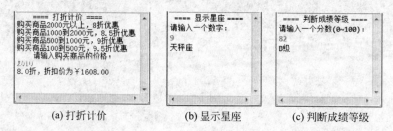

(a) 打折计价   (b) 显示星座   (c) 判断成绩等级

图 4-1 实训程序运行界面

4.2 逻辑值

日常生活中，通常需要对一个命题做真假判断，据此推出下一步结论。例如：如果明天天气晴朗，则去郊游。"明天天气晴朗"是一个命题，如果为真，则去郊游；如果为假，则不去郊游。又如：商场打折促销，如果顾客购买商品 2000 元以上，则 8 折优惠。假设某顾客购买 2010 元商品，符合条件，即条件为真，则可打 8 折，只需付 1608 元即可。

Java 提供了真假值关键字 true 和 false，它们是逻辑值，也称逻辑常量。

具有 true 或 false 值的数据类型称为 boolean 型，中文直译为"布尔"型，即逻辑型。

声明逻辑变量的语法：

boolean 变量表；

逻辑变量取值只有两个，不是 true 就是 false。声明变量的同时也可马上赋予逻辑值。

【例 4-1】 编写测试逻辑值程序。

```
public class Ex1 {
    public static void main(String[] args) {
        boolean clear = true;
        System.out.println("天气晴朗吗?—— " + clear);
        clear = false;
        System.out.println("现在天气晴朗吗?—— " + clear);
    }
}
```

程序运行结果如图 4-2 所示。

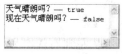

图 4-2 测试逻辑变量

4.3 关系运算符与关系表达式

进行相等、不等、小于和大于等关系比较的运算符,称为关系运算符。

关系运算符有 6 个,列举如下:

< > <= >= == !=

从左到右依次为:小于、大于、小于等于、大于等于、等于、不等于。

这 6 个关系运算符都是二元运算符,用于比较数值、字符等数据,其中,等于、不等于运算符还可用于两个字符串常量的比较,例如:"abc"=="abc"的结果为 true。

关系运算符的优先级分为两级:前 4 个同级,后两个也同级,但前者高于后者(参见表 2-3)。

由关系运算符构成的表达式,就是关系表达式,其运算结果为逻辑值 true 或 false,如表 4-1 所示。

表 4-1 关系运算符与关系表达式

关系运算符	名称与含义	关系表达式例子	结果(设 int age=18)
&lt;	小于	age<35	true
&gt;	大于	age>6	true
<=	小于或等于	age<=18	true
>=	大于或等于	age>=28	false
==	等于	age==60	false
!=	不等于	age!=3	true

再次强调:不要混淆等于运算符==与赋值运算符=。像 x==y 这样的代码会比较 x 与 y 是否相等而得出 true 或 false 的结果,而像 x=y 这样的代码只是把 y 的值赋给 x。

注意:还有一个运算结果是逻辑值的二元运算符 instanceof,其左边是对象,右边是类,用于检查对象是否是类的实例。例如:"abc" instanceof String 结果为 true。

4.4 逻辑运算符与逻辑表达式

进行条件判断时,条件往往不止一个,例如:"如果天气晴朗,并且是节假日,则我们去郊游。"这个命题包含两个条件,它们之间是"并"关系,要同时成立,才有后面的结论。这样的并列关系就是"逻辑与"。

又如:"如果他没钱,或没时间,就不会上街购物。"这个命题也包含两个条件,但它们之间的关系是"或"关系,只要其中一个成立,都能推出后面的结论。这样的关系就是"逻辑或"。

Java 逻辑运算符按优先级从高到低列举如下:

!   &   ^ | && ||

从左到右依次为:逻辑非、逻辑与、逻辑异或、逻辑或、条件逻辑与、条件逻辑或。

最简单的是逻辑非运算符,用于求一个逻辑值的相反值,由真变假、从假变真。它只有一个操作数,属于一元运算符。例如:

!clear

若变量 clear 原来的值为 true,则上式为 false;反之,若原值为 false,则上式为 true。

由逻辑运算符构成的表达式,就是逻辑表达式(如上式),也称布尔表达式。

逻辑表达式的运算结果不是 true 就是 false,只能取两者之一。

除了逻辑非,其余运算符都是带两个操作数的二元运算符。逻辑运算符含义和逻辑表达式例子如表 4-2 所示。

表 4-2 逻辑运算符与逻辑表达式

逻辑运算符	名称	含 义	逻辑表达式例子	结果(设 int age = 18)
!	逻辑非	一元运算符。真变假,假变真	!(age<35) !false	false true
&	逻辑与	两操作数同真,结果为真;否则为假	age>6 & age<35 false & age==18	true false
^	逻辑异或	两操作数一真一假,结果才为真;否则为假	age>=18 ^ age<6 true ^ true	true false
|	逻辑或	两操作数同假,结果为假;否则为真	age==18 | age>=28 age<14 | age>60	true false
&&	条件逻辑与	含义同 &,但当左操作数为假,不用计算右操作数的值,直接得出 false	age>6 && age<35 false && age==18 false && true	true false false
||	条件逻辑或	含义同 |,但当左操作数为真,不用计算右操作数的值,直接得出 true	age==18 || age>=28 age<14 || age>60 true || age>=80	true false true

相比之下,两个条件逻辑运算符 && 和 || 应用最多,它们均具备"短路求值"特性,意思是:某些时候,求出左操作数的值后,不必再求右操作数的值,即可马上得到结果。例如,对于 && 构成的表达式,若左操作数值为 false,则马上得到 false 结果,这时,不会再求右操作数的值,从而省去了不必要的运算。对于 || 表达式,若左操作数值为 true,也马上得到 true 结果,也不再求右操作数的值,从而节省运算时间。因此,称它们为"条件"逻辑运算符,即满足一定条件,才求右操作数的值。而普通的逻辑与、或运算符(& 和 |),就没有短路求值功能,无论左操作数的值如何,都必须求右操作数的值。

注意：运算符 & 有两种功能：除了 boolean 型操作数的"逻辑与"，还可作整型操作数的"按位逻辑与"。即：若 & 表达式的左、右操作数都是 boolean 型，则做逻辑与运算，得出 ture 或 false 结果。而对于两个都是整型的操作数，则计算它们的按位逻辑与，这时当两个操作数对应的二进制位同时为 1，结果位才是 1，否则为 0，表达式的结果也是整数。类似地，运算符 | 也有两种功能：除了 boolean 型操作数的"逻辑或"，也可作整型操作数的"按位逻辑或"，即当两个操作数都是整数时，计算操作数的按位逻辑或：当两个操作数对应的二进制位同时为 0，结果位才是 0，否则为 1。按位逻辑或的结果也是一个整数。

4.5 程序基本控制结构

面向过程的程序（如 C 语言程序）有 3 种基本控制结构：顺序、分支和循环结构。面向对象程序结构包含面向过程程序的结构，故也有这 3 种基本控制结构。

4.5.1 顺序结构

顺序结构按从上到下的顺序逐条执行语句，上一条语句执行完，才执行下一条语句。

顺序结构的程序流程图如图 4-3 所示。

例 4-1 的 main 方法中，4 条语句组成的结构就是顺序结构。

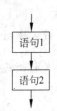

图 4-3 顺序结构

4.5.2 分支结构

分支结构也称选择结构，流程图如图 4-4 所示，典型的分支结构如图 4-4(a)所示，称为双分支结构，由两个分支组成，根据条件是否成立（为 true 或 false，分别用 yes、no 首字母表示），选择执行其中一个分支。各分支语句可以是多个语句组成的代码块（复合语句），也可以是不包含语句的"空语句"。双分支结构中有一个分支为空，则称为"单分支"结构，如图 4-4(b)所示。如果分支语句本身又是一个分支结构，则构成了"多分支"结构，并且各层分支都可以嵌入一个分支结构，如图 4-4(c)所示就是常用的多分支结构。

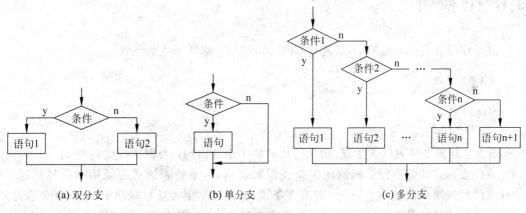

图 4-4 分支结构

条件(表达式)通常是返回逻辑值的关系或逻辑表达式。可以用一个关系表达式表示单个条件,也可以用多个关系表达式通过&&、||等运算符连接而构成逻辑表达式,形成组合条件,表达各种复杂的条件。

4.5.3 循环结构

当在 400 米田径场跑 800 或 1200 米时,就是一种循环运动:跑完一圈后,因为没达到预定的距离,满足继续跑步的条件,于是继续跑下去,直到跑完为止。

循环结构程序类似这种绕圈子式的跑步运动。循环结构内部可反复执行的代码块称为循环体,循环体通常由多个语句组成,是一个(大括号括起来的)复合语句。

循环结构有两种,程序流程图如图 4-5 所示,其中图 4-5(a)所示的是先判断后执行的循环,如果条件不满足,则不执行循环体,直接退出循环结构;若条件满足,则执行循环体,执行一次循环体后,重新判断条件以决定是否再次执行循环体。图 4-5(b)所示的是先执行后判断的循环,这种循环不管三七二十一,首先执行一次循环体,然后才判断条件,若条件满足,则继续执行循环体,如此循环往复,直到条件不满足,才退出整个循环结构。

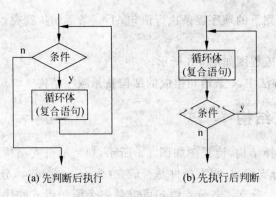

(a) 先判断后执行　　　　(b) 先执行后判断

图 4-5　循环结构

注意:后判断的循环结构至少要执行一次循环体,而先判断的则可能一次都不执行。

4.6 if 语句

最常用的分支语句是 if-else,简称 if(如果)语句。语法形式如下:

```
if (条件表达式)
    代码块 1
else
    代码块 2
```

含义:如果条件表达式为真,则执行代码块 1 中的语句;否则执行代码块 2。

条件表达式即是返回逻辑值的关系或逻辑表达式,条件表达式必须用圆括号括起来。各分支的代码块可以是一条语句;若有多条语句,则必须用大括号括起来,形成复合语句。

上述形式的 if 语句对应图 4-4(a)的程序流程,这是典型的双分支结构。

if 语句也可以没有 else 子句,成为"单分支"结构,语法形式如下:

```
if (条件表达式)
    代码块
```

这种形式的 if 语句对应图 4-4(b)的程序流程。

注意：为便于代码维护扩充，建议养成良好的编程风格，即使 if 语句分支中的代码块只有一条语句，也应该用大括号括起来。

【**例 4-2**】 编写打折计价程序，购物 2000 元以上打 8 折。

```java
import java.util.Scanner;
public class Ex2 {
    public static void main(String[] args) {
        Scanner scan = new Scanner(System.in);
        double price, discPrice;
        System.out.println("请输入购买商品的总价：");
        price = scan.nextDouble();
        scan.close();
        if (price <= 0){
            System.out.println("输入错误,应输入正数的总价!");
            return;
        }
        
        if (price >= 2000){
            discPrice = price * 0.8;
        }
        else{                                    // 相当于 price < 2000
            discPrice = price;
        }
        System.out.printf("打折后只需付￥%.2f 元", discPrice);
    }
}
```

程序的两次运行结果如图 4-6 所示，第一次运行输入－18，再次运行程序，输入 2001。

(a) 运行 1　　　　　　　　　(b) 运行 2

图 4-6　打折计价程序两次运行结果

例 4-2 代码中，第一个 if 是单分支语句，运行时如果输入零或负数(总价)，则输出错误信息，并执行返回语句。由于返回语句所在的方法是 main 方法，执行返回语句意味着退出程序，不再执行后面的语句。程序运行时如果输入正数(总价)，则跳出单分支语句(因 price<=0 为假)，按顺序执行后面第二个 if 语句。

第二个 if 语句表示：如果 price(总价)大于等于 2000，则打 8 折，即乘以 0.8；否则，即 price 小于 2000，就不打折。

例 4-2 的折扣只有一个(8 折)，加上不折扣，形成两个分支。通常，商场打折不只一个折扣，买得多打折越低，一般多个折扣，如 9 折、8.5 折、8 折等。这时，可以运用嵌套形式的

if 语句(多分支结构)来解决。

if 语句的嵌套形式不止一种,下面是常用的一种形式:

```
if (条件表达式 1)
    代码块 1
else if (条件表达式 2)
    代码块 2
…
else if (条件表达式 n)
    代码块 n
else
    代码块 n+1
```

这种 if 语句有 n 层嵌套,形成 n+1 个分支,对应图 4-4(c)的程序流程。

【例 4-3】 编写打折计价程序:购买商品总价 2000 元以上,打 8 折;1000~2000 元,打 8.5 折;500~1000 元,打 9 折;不到 500 元,不打折。

```java
import java.util.Scanner;
public class Ex3 {
    public static void main(String[] args) {
        double price, discount, discPrice;
        Scanner scan = new Scanner(System.in);
        System.out.println("请输入购买商品的价格:");
        price = scan.nextDouble();
        scan.close();
        if (price >= 2000) { discount = 0.8;}
        else if (price >= 1000) { discount = 0.85; }
        else if (price >= 500) { discount = 0.9; }
        else if (price > 0) { discount = 1; }
        else {
            System.out.println("输入数据有问题.");
            return;
        }
        discPrice = price * discount;
        System.out.printf("%.1f 折,折扣价为¥ %.2f", discount * 10, discPrice);
    }
}
```

该程序嵌套了 4 层 if 语句,因而有 5 个分支,即有 5 条不同的运行路线。多次运行程序,其中 4 次的运行结果如图 4-7 所示。

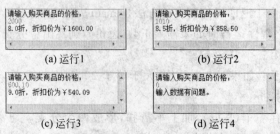

(a) 运行1 (b) 运行2

(c) 运行3 (d) 运行4

图 4-7 打折计价程序 4 次运行结果

注意：例 4-3 的程序只有一个 main 方法，其中计算折扣率也可用一个方法来实现。

【例 4-4】 修改例 4-3，通过方法调用实现计算折扣率。

```java
import java.util.Scanner;
public class Ex4 {
    static double calcDiscount(double price){    //定义计算折扣率方法
        double discount;
        if (price >= 2000) { discount = 0.8;}
        else if (price >= 1000) { discount = 0.85; }
        else if (price >= 500) { discount = 0.9; }
        else if (price > 0) { discount = 1; }
        else { discount = 0; }
        return discount;
    }
    public static void main(String[] args) {    //主方法
        double price, discount, discPrice;
        Scanner scan = new Scanner(System.in);
        System.out.println("请输入购买商品的价格：");
        price = scan.nextDouble();
        scan.close();
        discount = calcDiscount(price);        //调用计算折扣率方法
        if (discount == 0) { System.out.println("输入数据有问题."); }
        else{
            discPrice = price * discount;
            System.out.printf("%.1f 折,折扣价为￥%.2f", discount * 10, discPrice);
        }
    }
}
```

运行结果与例 4-3 完全一样，其中 4 次的运行结果如图 4-7 所示。

【例 4-5】 使用 if 嵌套语句编写多分支程序，输入一个数字，输出对应的星期几。

```java
import java.util.Scanner;
public class Ex5 {
    public static void main(String[] args) {
        Scanner scan = new Scanner(System.in);
        System.out.println("请输入代表星期几的数字：");
        int num = scan.nextInt();
        scan.close();
        if ( num == 0) { System.out.println("星期日"); }
        else if (num == 1) { System.out.println("星期一"); }
        else if (num == 2) { System.out.println("星期二"); }
        else if (num == 3) { System.out.println("星期三"); }
        else if (num == 4) { System.out.println("星期四"); }
        else if (num == 5) { System.out.println("星期五"); }
        else if (num == 6) { System.out.println("星期六"); }
        else { System.out.println("输入的数据超出范围!"); }
    }
}
```

程序两次运行结果如图4-8所示。

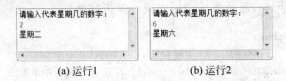

(a) 运行1　　　　　　　　(b) 运行2

图4-8　输出星期几程序两次运行结果

注意：例4-5程序也可定义一个方法来实现数字转星期几的功能。另外，可以将一个有值的逻辑变量当作条件表达式使用，例如：

```
boolean clear = true;
if (clear == true){ System.out.println("天气好"); }    //允许
if (clear){ System.out.println("天气好"); }            //更简洁
```

4.7　switch（多分支）语句

例4-4使用了嵌套形式的if语句，每个if语句都用同一个变量与不同的数进行比较，数是离散型的整数，即不是连续范围的数，这种情况运用switch多分支语句编程，将更加精炼。

【例4-6】 使用switch语句编程，根据输入的数字，输出对应的星期几。

```java
import java.util.Scanner;
public class Ex6 {
    public static void main(String[] args) {
        Scanner scan = new Scanner(System.in);
        System.out.println("请输入代表星期几的数字：");
        int num = scan.nextInt();
        scan.close();
        switch (num){
        case 0:
            System.out.println("星期日");
            break;
        case 1:
            System.out.println("星期一");
            break;
        case 2:
            System.out.println("星期二");
            break;
        case 3:
            System.out.println("星期三");
            break;
        case 4:
            System.out.println("星期四");
            break;
        case 5:
            System.out.println("星期五");
            break;
```

```
        case 6:
            System.out.println("星期六");
            break;
        default:
            System.out.println("输入的数据超出范围!");
            break;
        }
    }
}
```

程序运行结果与例 4-5 完全一样,参见图 4-8。

多分支语句 switch 也称开关语句,一般语法形式如下:

```
switch(离散型表达式){
case 常量 1:
    语句组 1
    break;
case 常量 2:
    语句组 2
    break;
…
case 常量 n:
    语句组 n
    break;
default:
    语句组 n+1
    break;
}
```

switch 语句涉及 4 个关键字:switch、case、break 和 default,分别是开关转换、情况、中断、默认的意思。switch 圆括号内的表达式,类型是整型、字符型、枚举型等离散型,不允许 double 和 float(连续的实数)类型。case 代表各分支的入口,case 常量加英文冒号,相当于语句标签。当离散型表达式的值与某个 case 常量相等时,就执行该 case 分支,直到遇到 break 语句,才跳出整个 switch 语句。若表达式的值与所有 case 常量都不相等,这时,如果有 default 部分,则执行 default 分支;否则直接跳过整个 switch 语句。因为 default 部分是可选的。

关于 switch 语句的注意事项:

(1) case 常量可以是常量表达式,如 1+2 等。

(2) case 常量必须具备唯一性,不允许两个 case 值相同,各分支只能成功匹配一次。

(3) 执行时进入一个分支后,就不再考虑与其他分支的匹配情况。

(4) 各分支中的 break 语句是可选的,如果没有 break 语句,将继续执行其后面的语句,直到遇到 break 语句或整个语句结束为止。即各分支允许贯穿。

(5) 各 case 块和 default 块之间的排列顺序没有特定规定。

因此,可以连续写下一系列 case 标签,以指定多种情况下运行相同的语句组。这时,最后一个 case 分支的代码适用于前面的所有 case。

【例 4-7】 把例 4-6 中的 switch 语句换成下面代码:

```
switch(num){
```

```
    default:
        System.out.println("输入的数据超出范围!");
        break;
    case 1:
    case 2:
    case 3:
    case 4:
    case 5:
        System.out.println("工作日");
        break;
    case 6:
    case 0:
        System.out.println("休息日");
        break;
}
```

程序运行时,输入 1~5 的整数,都输出"工作日",若输入 6 或 0,则输出"休息日";若输入其他数字,则输出"输入的数据超出范围!"。

注意:switch 语句表达式类型只能是 byte、short、int、char、enum(枚举类型)或 String 类型,不允许 double 和 float。其中,从 JDK 1.7 版以后才允许 String 类型。

4.8 三目条件运算符

先看下面有关打折计价的 if 语句:

```
if ( price >= 2000 ) { discPrice = price * 0.8; }
else { discPrice = price; }
```

表示:如果价格在 2000 以上,打 8 折,否则不打折。

该 if 语句表达的意思还可用下面更简略的方式表示:

```
discPrice = (price >= 2000 ? price * 0.8 : price);
```

这是一个赋值语句,赋值号右边圆括号内是一个包含运算符"?:"的表达式,其中"?"号和":"号分隔的又各是一个表达式。

"?:"称为条件运算符,用来进行条件求值运算,是唯一含有 3 个操作数的运算符,因此也称为"三目条件运算符"。三目条件运算符表达式的一般语法形式如下:

条件表达式?表达式 1:表达式 2

进行运算时,先计算"?"号前条件表达式的值,若为 true,则计算并返回表达式 1 的值;若条件表达式为 false,则计算并返回表达式 2 的值。因此,整个三目条件运算符表达式的值是"?"号后面两个表达式其中之一的值,并且也只能是它们之中的一个值。

注意:三目条件运算符的优先级比赋值运算符高,因此,在包含三目条件运算符的赋值语句中,赋值号右边的圆括号可省略。

从该赋值语句中也可看出,当进行赋值运算时,三目条件运算符的作用相当于一个浓缩的 if-else 语句。

使用嵌套的 if-else 语句,可形成多分支结构。三目条件运算符也可以嵌套,通过嵌套,也具备了多分支的功能。

【例 4-8】 使用三目条件运算符编程,实现例 4-3 的商品打折计价功能。

```java
import java.util.Scanner;
public class Ex8 {
    public static void main(String[] args) {
        double price, discount, discPrice;
        Scanner scan = new Scanner(System.in);
        System.out.println("请输入购买商品的价格:");
        price = scan.nextDouble();
        scan.close();
        discount = price >= 2000 ? 0.8 :
            price >= 1000 ? 0.85 :
            price >= 500 ? 0.9 :
            price > 0 ? 1 : 0 ;
        if (discount == 0){ System.out.println("输入数据有问题."); }
        else {
            discPrice = price * discount;
            System.out.printf("%.1f折,折扣价为¥%.2f", discount * 10, discPrice);
        }
    }
}
```

程序运行结果与例 4-3 完全一样,其中 4 次的运行结果参见图 4-7。

4.9 本章小结

本章学习了逻辑值、关系运算符与关系表达式、逻辑运算符与逻辑表达式。逻辑值只有两个,即 true 和 false。关系表达式和逻辑表达式的运算结果都是逻辑值,它们可用于 if 语句,作为语句的条件表达式。

程序有 3 种基本控制结构:顺序、分支和循环。本章主要学习分支结构。

使用最多的分支结构语句是 if 语句,该语句有两个分支,但通过嵌套,可构成多个分支。除了 if 语句外,还有多分支语句 switch,用于解决离散型数据的多分支问题。此外,关于条件赋值问题,也可使用含有(嵌套)三目条件运算符表达式的赋值语句解决。因为三目条件运算符起到了分支结构的作用。

本章的知识点归纳如表 4-3 所示。

表 4-3 本章知识点归纳

知 识 点	操作示例及说明
逻辑值	false、true
关系运算符与关系表达式	< > <= >= == != 设 int age = 18; age < 35、age > 6、age <= 18、age >= 28、age == 60、age != 3
逻辑运算符与逻辑表达式	! & ^ | && || age > 6 && age < 35、age < 14 || age > 60

续表

知 识 点	操作示例及说明
基本控制结构	顺序结构、分支结构、循环结构

分支语句 if	if (price>=2000){ diPrice = price * 0.8;}else{ diPrice = price;}
	if (price>=2000) { discount = 0.8;}
	else if (price>=1000) { discount = 0.9; }
	else if (price>0) { discount = 1; }
	else { discount = 0; }

多分支语句 switch	switch (num){
	case 0:
	    System.out.println("星期日");　break;
	case 1:
	    System.out.println("星期一");　break;
	…
	default:
	    System.out.println("输入的数据超出范围！");　break;
	}

三目条件运算符及其表达式	price>=2000 ? price * 0.8 : price price>=2000 ? 0.8 : price>=1000 ? 0.9 : price>0 ? 1 : 0

4.10 实训4：打折计价、显示星座、判断成绩等级

(1) 使用嵌套 if 语句编写打折计价程序：购买商品总价 2000 元以上，打 8 折；1000～2000 元，打 8.5 折；500～1000 元，打 9 折；100～500 元，打 9.5 折；不到 100 元，不打折。运行界面如图 4-1(a)所示。

提示：部分代码参考如下（也可考虑使用一个方法来计算折扣率）。

```
import java.util.Scanner
…
    System.out.println("　====  打折计价  ====");
    System.out.println("购买商品 2000 元以上,8 折优惠");
    …
    double price, discount, discPrice;
    Scanner scan = …
    System.out.println(" 请输入购买商品的价格：");
    price = …
    if (price>=2000) { discount = 0.8; }
    else if …
    …
    discPrice = …
    System.out.printf("%.2f 折,折扣价为￥%.2f", discount, discPrice);
```

(2) 使用 switch 语句编写显示星座程序：根据输入的数字输出对应的星座。12 个星座名称是水瓶座、双鱼座、白羊座、金牛座、双子座、巨蟹座、狮子座、处女座、天秤座、天蝎座、射手座和摩羯座。运行界面如图 4-1(b)所示。

提示：要求定义一个方法来实现数字与星座的对应关系。部分代码参考如下。

```
static void star(int num){                    //定义方法
    switch (num){
    case 1:
        System.out.println("水瓶座");
        break;
    case 2:
        …
    default:
        System.out.println("输入超出范围");
        break;
    }
}

public static void main(String[ ]args) {
    System.out.println(" ====  显示星座  ====");
    System.out.println("请输入一个数字：");
    …
    star(num);                                //调用方法
}
```

（3）使用嵌套的三目条件运算符编写判断成绩等级程序：根据输入的分数(0~100)，转换成 A、B、C、D、E 共 5 个等级的成绩,其中 A 级为 90~100 分,B 级为 80~89 分,C 级为 70~79 分,D 级为 60~69 分,E 级为 0~59 分。

提示：部分代码参考如下。

```
Scanner scan = new Scanner(…);
int score = scan…
String grade;
grade = score>100 ? "超范围" :
    score>=90 ? "A 级" :
    …
```

第5章 累加与阶乘——循环结构

能力目标：
- 学会使用 for、while 和 do-while 循环语句，理解递归调用方法；
- 学会使用加赋值、乘赋值等复合赋值运算符；
- 能运用循环结构编写计算累加、阶乘以及乘法表等应用程序。

5.1 任务预览

本章实训要编写计算累加、阶乘和乘法表程序，运行结果如图 5-1 所示。

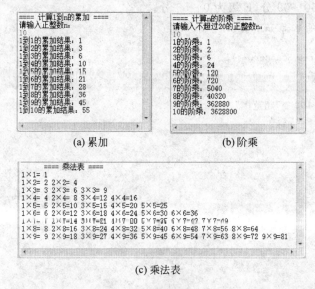

(a) 累加　　　　　　　　(b) 阶乘

(c) 乘法表

图 5-1　实训程序运行界面

5.2 while 语句

通过学习第 4 章，已知程序有 3 种基本控制结构：顺序、分支和循环。本章讲述关于循环控制结构的语句——循环语句。

Java 循环语句有 3 个：while、for 和 do-while。本节先介绍简单易懂的 while 语句。

while 循环语句语法形式如下：

while（条件表达式）
　　循环体

除关键字 while 外，该语句的语法与单分支 if 语句类似。其中，条件表达式是关系或逻辑表达式，它必须放在圆括号内，执行时首先判断条件表达式，若为 true（即条件成立），则执行后面称为循环体的代码块，否则就不执行。但其执行过程与 if 语句不同，每当执行完一次循环体，while 语句都会再次判断条件表达式，若为 true，则继续执行循环体。如此循环往复，直到条件表达式为 false，才结束整个 while 语句。

因此，while 语句的条件表达式和循环体都有可能执行多次，条件表达式必执行一次以上，但循环体也可能一次都不执行。因为首次执行条件表达式时，若结果为 false，则会退出该语句。

while 语句的程序流程图如图 4-5(a)所示。

【例 5-1】 编程，计算 1~10 的累加，即 1+2+3+…+10。

分析：该例总共要执行 9 次加法运算，为方便编程，可凑够 10 次，即 0+1+2+3+…+10。可把每次加法运算看成一个重复的运算步骤，下一次运算是本次的结果加上增加的序数。这便是典型的循环结构。

为清晰起见，下面使用算法来描述其解答步骤：

(1) sum ← 0(符号←表示赋值，按箭头方向把右边的值赋给左边的变量)。
(2) i ← 1。
(3) 当 i≤10 时，执行下一步，否则跳转到步骤(8)。
(4) sum ← sum + i。
(5) 输出中间结果 sum，即 1~i 累加结果。
(6) i ← i +1。
(7) 转回步骤(3)。
(8) 输出最后结果 sum。

其中第(3)~第(7)步，就是需要反复执行的循环结构。

为明确操作流程，上述算法输出了中间结果，当然也可省略步骤(5)，不输出中间结果，只输出最后结果。

下面使用 Java 语言编程来实现上面的算法，代码如下：

```java
public class Ex1 {
    public static void main(String[]args) {
        int sum = 0;                                            //算法步骤(1)
        int i = 1;                                              //算法步骤(2)
        while ( i <= 10 ){                                      //算法步骤(3)
            sum = sum + i;                                      //算法步骤(4)
            System.out.printf("1 到 %d 的累加结果：%d\n", i, sum); //算法步骤(5)
            i++;                                                //算法步骤(6)
        }                                                       //算法步骤(7)
        System.out.printf("最后结果：%d", sum);                  //算法步骤(8)
    }
}
```

请注意算法 8 个步骤与 main 方法内部各行语句之间的对应关系。程序运行结果如图 5-2(a)所示。

(a) 输出中间结果　　　　(b) 不输出中间结果

图 5-2　计算 1～10 累加程序运行结果

进行累加操作之前，要先声明存放累加结果的变量，如例 5-1 程序中的 sum 变量，并且要赋初值 0。使用循环语句时，涉及循环次数的控制问题，一般使用变量来进行控制，该变量就称为"循环控制变量"，如例 5-1 程序中的 i 变量。循环控制变量也要赋初值，例如 1，每循环一次，变量的值增加 1，在该例中使用了自增运算 i++。

例 5-1 中，执行 while 语句时，首先执行关系表达式 i<=10，第一次执行，i 为 1，故结果为 true，进入循环体，先执行赋值语句，把值为 0 的 sum 与值为 1 的 i 相加，结果为 1，再赋给 sum，然后调用格式化输出方法，输出"1 到 1 的累加结果：1"，再执行自增运算 i++，i 变为 2。至此执行完第一轮循环，然后回过来执行条件表达式，2<=10，成立，于是继续执行第二轮循环。如此执行下去，直到执行完第 10 轮循环，这时 i 的值变为 11，11<=10 不再成立，才结束整个 while 语句，执行其后面输出最后结果的语句。

例 5-1 中，如果不输出中间结果，则要删掉循环体内部调用 printf 方法的语句(或在语句开头加两个斜杠//注释掉)，这时程序的运行结果如图 5-2(b)所示。

注意：如果循环体有两条以上语句，则必须用大括号括起来，组成一个复合语句(代码块)。为规范和便于维护，建议不管循环体有多少条语句，均用大括号括起来。

5.3　复合赋值运算符

例 5-1 中，使用了赋值语句：

sum = sum + i;

该语句包含加法和赋值表达式，使用了运算符＋和＝，作用是把变量 sum 的原值加上 i 值，然后重新赋给 sum。

Java 语言允许把加减乘除等二元运算和赋值运算合并起来，变成复合赋值运算，用一个运算符来表示。例如，加赋值运算符用"＋＝"表示，这是由两个符号组成的一个运算符。这样，上述赋值语句就可用下面的语句替代：

sum += i;

除二元算术运算外，二元逻辑和移位运算也有对应的复合赋值运算符，列举如下：

+= -= *= /= %= &= |= ^= <<= >>= >>>=

这些运算符依次是：加赋值、减赋值、乘赋值、除赋值、求余赋值、逻辑与赋值、逻辑或赋值、逻辑异或赋值、左移位赋值、右移位赋值、算术右移位赋值。

复合赋值运算符组成如下形式的表达式：

变量 @ = 表达式

其中@代表＋、－、＊、/等二元运算符。执行运算时，先求右边表达式的值，再与变量进行@运算，最后才进行赋值运算。上式功能相当于下面的表达式：

变量 = 变量 @（表达式）

例如：sum+=i 相当于 sum=sum+(i)，又如 x*=3+2 相当于 x=x*(3+2)。

复合赋值运算实质上是两种运算（二元和赋值运算）的简化描述，对于像例 5-1 那样的累加操作 sum=sum+i，使用 sum+=i 描述更简练。

前面学过的自增自减运算也可表示为加赋值和减赋值，如 i++和 i--，可表示为 i+=1 和 i-=1。不过，对于变量加 1、减 1 运算，采用自增自减表示会更简洁。

注意：每个复合运算符由 2~4 个字符组成，字符之间不能含有空格。复合赋值运算符的优先级与普通赋值运算符相同，结合性也是右结合的。

已知＋运算符可用于字符串连接，同理，复合赋值运算符+=也可用于字符串的追加，即在字符串后面连接另一字符串。例如：

```
String str = "We";
str += " are";
str += " students.";
```

执行上述语句后，str 的值变为"We are students."。

5.4 for 语句

在循环语句中，for 语句最简洁，使用率也最高，对于初学者来说，有一定的难度。
for 循环语句的一般语法形式：

for（变量初始化；条件表达式；循环变量更新）
　　循环体

for 语句圆括号内，用英文分号分隔为 3 部分，其执行次序可用 while 语句描述如下：

```
变量初始化;
while（条件表达式）{
    循环体
    循环变量更新;
}
```

在 for 语句中，变量初始化部分只在开始时执行一次，然后判断条件表达式，若为 true，则执行循环体，然后执行循环变量更新，再回过头来判断条件表达式，以决定是否执行下一次循环。若条件表达式为 false,则结束整个循环语句。

因此,for 与 while 语句一样,如果首次执行条件表达式的结果为 false,则循环体一次都不执行。

【例 5-2】 编程,使用 for 语句计算 1~10 的累加。

```
public class Ex2 {
    public static void main(String[]args) {
        int sum = 0;
        for (int i = 1; i <= 10; i++){
            sum += i;                                          //加赋值运算
            System.out.printf("1 到 %d 的累加结果: %d\n", i, sum);
        }
        System.out.printf("最后结果: %d", sum);
    }
}
```

运行结果与例 5-1 完全一样,如图 5-2(a)所示。

【例 5-3】 阶乘程序 1:使用 for 循环语句计算 10 的阶乘。

分析:10 的阶乘等于 1×2×…×10,可在循环体中使用"乘赋值"进行运算。

```
public class Ex3 {
    public static void main(String[]args) {
        int factorial = 1;                                     //初值为 1(不能是 0)
        for (int i = 1; i <= 10; i++){
            factorial *= i;                                    //乘赋值运算
            System.out.printf("%d 的阶乘: %d\n", i, factorial);
        }
        System.out.printf("最后结果: %d", factorial);
    }
}
```

运行结果如图 5-3(a)所示。如果不输出中间结果,则要删掉(或注释掉)循环体中调用 printf 方法的语句,这时程序的运行结果如图 5-3(b)所示。

(a) 输出中间结果　　(b) 不输出中间结果

图 5-3　计算 10 的阶乘程序运行结果

也可采用方法调用的方式计算阶乘。为此,要定义一个带参数的计算阶乘方法。

【例 5-4】 阶乘程序 2:使用方法调用计算 10 的阶乘。

```
public class Ex4 {
    static long calcFactorial(int n){                          //计算 n 阶乘方法
```

```java
        long factorial = 1;
        for (int i = 2; i <= n; i++){                    //只需执行 n-1 次循环
            factorial *= i;
        }
        return factorial;
    }
    public static void main(String[ ]args) {
        System.out.printf("最后结果: %d", calcFactorial(10));    //调用阶乘方法
    }
}
```

程序运行结果如图 5-3(b)所示。

注意：阶乘结果递增很快，采用 int 型整数只能存放 12 以内的阶乘，即使是 long 型也只能存放 20 以内的阶乘，超过了就会溢出，造成所存放的数据与实际不符。

下面谈谈使用 for 循环语句的注意事项：

(1) 关于循环变量增减运算，若增减值为 1，一般使用＋＋、－－运算；若不是 1，则使用＋＝、－＝等复合赋值运算。

(2) for 语句圆括号内的 3 个部分都可以省略，但分号不能省略。如果省略了中间部分条件表达式，则默认为 true。

例如，求 1～10 的累加还可用下面代码实现：

```java
int sum = 0;
int i = 1;
for ( ; ; ){
    sum += i;
    System.out.printf("1 到 %d 的累加结果: %d\n", i, sum);
    i++;
    if (i > 10) { break; }
}
System.out.printf("最后结果: %d", sum);
```

上面代码的运行结果与例 5-2 完全一样，见图 5-2(a)所示。其中循环体内 if 语句中 break 语句的作用是跳出 for 语句。

(3) 一个 for 语句允许对多个变量进行初始化以及多个循环变量更新表达式（需逗号分隔），但条件表达式只能有一个，如需条件组合，只能使用 &&、|| 等运算符。例如：

```java
for (int i = 1, j = 10; i <= j && i <= 2 ; i++, j--) { … }
```

(4) for 语句变量初始化部分声明的变量，其作用域只限于 for 语句内部，一旦 for 语句结束，就不再使用。例如：

```java
for (int sum = 0, i = 1; i <= 10; i++) {
    sum += i;
    System.out.printf("1 到 %d 的累加结果: %d\n", i, sum);
}
System.out.printf("最后结果: %d", sum);                //编译出错，sum 超出作用域
```

5.5 递归调用方法

例 5-4 中,计算 n 阶乘方法的内部采用了 for 语句。已知,设 n 为正整数,则 n 的阶乘等于 n 乘以 n−1 的阶乘。数学上用 n! 表示 n 的阶乘,数学公式如下:

$$n! = n \times (n-1)! \quad (若 n > 1)$$
$$n! = 1 \quad (若 n = 1)$$

于是可运用递归调用方法计算阶乘。

【例 5-5】 阶乘程序 3:使用递归调用方法计算 10 的阶乘。

```java
public class Ex5 {
    static long calcFactorial(int n){                      //定义计算 n 阶乘的方法
        if (n>1) { return n * calcFactorial(n-1); }        //递归调用本方法
        else { return 1; }
    }

    public static void main(String[]args) {
        System.out.printf("最后结果: %d", calcFactorial(10));
    }
}
```

运行结果见图 5-3(b)。可见不用循环语句也可计算阶乘,因为递归调用隐含了循环功能。

所谓递归调用方法,就是在所定义的方法内部直接或间接地调用本方法。不过,递归调用不能无限次地调用下去,为此要求递归调用的参数(如例 5-5 中的实参 n−1)必须比方法定义的参数(形参 n)规模要小,并且小到一定程度时要返回一个确定值(如 n≤1 时返回 1),这样,程序运行才能正常终止。

【例 5-6】 计算 Fibonacci(斐波那契)数列项。设 n 为整数,有数学函数如下:

$$f(n) = f(n-1) + f(n-2) \quad (若 n \geqslant 3)$$
$$f(n) = 1 \quad (若 n < 3)$$

使用递归调用编写计算 f(n) 的方法,并调用方法计算 f(6)、f(7)、f(8) 的值。

```java
public class Ex6 {
    static int f(int n){                //计算 Fibonacci 数列的递归调用方法
        if (n>=3){ return f(n-1) + f(n-2); }
        else { return 1;}
    }

    public static void main(String[]args) {
        System.out.printf("f(%d) = %d\n", 6, f(6));
        System.out.printf("f(%d) = %d\n", 7, f(7));
        System.out.printf("f(%d) = %d\n", 8, f(8));
    }
}
```

程序运行结果如图 5-4 所示。

需要强调的是，使用递归调用编写方法，虽然代码简洁，但运行时资源消耗大，故不可滥用。

试一试：例 5-6 中能否不使用递归调用方法？能否用下面方法替换？

图 5-4 计算 Fibonacci 数列项

```
static int f(int n){                //计算 Fibonacci 数列的非递归调用方法
    if (n<3) { return 1; }
    int[]array = new int[n+1];      //创建整型数组
    array[1] = 1;
    array[2] = 1;
    for (int i = 3; i<=n; i++){
        array[i] = array[i-1] + array[i-2];
    }
    return array[n];
}
```

5.6 do-while 语句

循环语句 for 和 while 都是首先判断条件，条件成立才执行循环体。do-while 语句刚好相反，它首先执行循环体，然后才判断条件。

do-while 循环语句简称 do 语句，一般语法形式如下：

do
　　循环体
while（条件表达式）;

do 语句首先执行循环体，再判断条件表达式，若成立，则继续执行循环体，否则结束循环。因此，do 语句的循环体至少要执行一次。do 语句的程序流程如图 4-5(b)所示。

需要强调的是，由于 do 语句不是以闭大括号结束，因此必须在 while(条件表达式)后面加上英文分号，否则有语法错误。

【例 5-7】 编程，使用 do 循环语句计算 1~10 的累加。

```
public class Ex7 {
    public static void main(String[]args) {
        int sum = 0;
        int i = 1;
        do{
            sum += i;
            System.out.printf("1 到 %d 的累加结果：%d\n", i, sum);
            i++;
        } while (i<=10);
        System.out.printf("最后结果：%d", sum);
    }
}
```

程序运行结果如图 5-2(a)所示。

注意：循环体内要含有循环变量更新表达式，如 i++，否则是死循环，运行将不会自然终止。

5.7 break 和 continue 语句

已知，中断语句 break 可跳出多分支语句 switch，事实上，break 语句还可出现在 while、for 和 do 等语句内，用于跳出这些循环语句。

继续语句 continue 只能用在循环语句内，用来结束本次循环，继续下一轮循环。当然下一轮循环是否执行还要看条件表达式是否成立。

【例 5-8】 编程，求 1～10 的累加，要求在循环语句内部使用 break 和 continue 语句。

```java
public class Ex8 {
    public static void main(String[]args) {
        int sum = 0;
        int i = 1;
        while (true){
            sum += i;
            System.out.printf("1 到 %d 的累加结果：%d\n", i, sum);
            i++;
            if (i<=10) { continue; }
            else { break; }
        }
        System.out.printf("最后结果：%d", sum);
    }
}
```

程序运行结果如图 5-2(a)所示。

【例 5-9】 编程，计算 1～20 除 5、15 以外的所有奇数的平方，但若平方值超过 300，则终止。

```java
public class Ex9 {
    public static void main(String[]args) {
        int square;
        for (int i = 1; i<=20; i+=2){
            if (i==5 || i==15){ continue; }
            square = i*i;
            if (square>300) { break; }
            System.out.printf("%d 的平方：%d\n", i, square);
        }
    }
}
```

图 5-5 计算奇数平方

程序运行结果如图 5-5 所示。

5.8 多重循环

在前面的例子中,循环语句的循环体比较简单,没有包含另一个循环语句。这样的结构是单循环结构。

如果要输出二维表格,例如乘法表,则需要二重循环,即在一个循环语句的循环体内,嵌入另一个循环语句。

在所嵌入的循环语句循环体内,还可再嵌入第三个循环语句,于是得到三重循环。

二重以上的循环就是多重循环。

【例 5-10】 编程,使用二重循环,输出 8 行 4 列的表格。

```java
public class Ex10 {
    public static void main(String[]args) {
        for (int i = 1; i <= 8; i++){          //i 控制行
            for (int j = 1; j <= 4; j++){      //j 控制列
                System.out.printf("%d行%d列  ", i, j);
            }
            System.out.println();              //换行
        }
    }
}
```

程序运行结果如图 5-6 所示。其中内层循环的 printf 语句共执行了 8×4 即 32 次。

【例 5-11】 编程,使用二重循环,计算并输出乘法表。

```java
public class Ex11 {
    public static void main(String[]args) {
        for (int i = 1; i <= 9; i++){          //i 控制行
            for (int j = 1; j <= 9; j++){      //j 控制列
                System.out.printf("%d×%d=%2d  ", j, i, j*i);
            }
            System.out.println();              //换行
        }
    }
}
```

程序运行结果如图 5-7 所示。如果把控制列输出的内层 for 语句中的条件表达式改为 j<=i,则乘法表将变成下三角形状,参见图 5-1(c)。

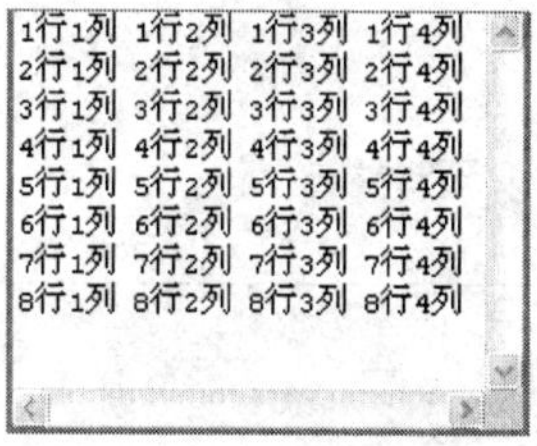

图 5-6 输出表格

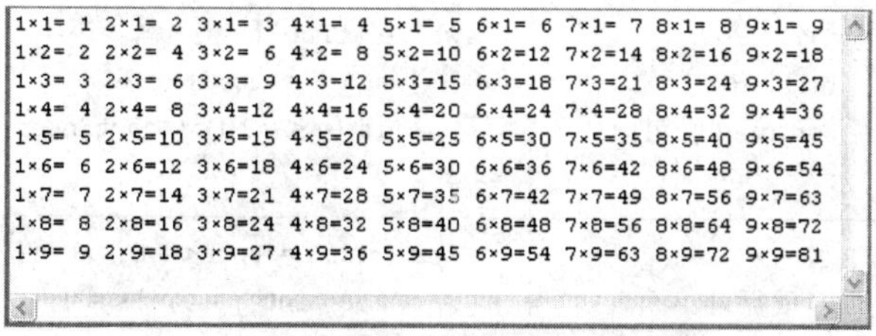

图 5-7 乘法表

注意：3种循环语句之间都允许相互嵌套，如while语句循环体可嵌入for、do或while语句，for循环体可嵌入while、do或for语句，do循环体也可嵌入while、for或do语句，并且嵌套层数没有限制。

5.9 本章小结

本章学习了循环结构。编写循环结构主要使用循环语句。Java有3个循环语句：while、for和do-while。其中for语句最精炼，因而使用频率最多。

循环语句能解决复杂的运算问题。一些递归形式的数学函数或公式，除了使用循环语句，也可以运用递归调用方法进行编程。这时虽然没有使用循环语句，但实质上递归调用隐含了循环结构。不过递归调用资源消耗大，不可滥用。

本章还学习了复合赋值运算符，例如加赋值、乘赋值等，这些运算符把两种运算合并成一种，显得非常简练。在循环语句中使用加赋值可进行累加运算，使用乘赋值可计算阶乘。

要终止循环语句，需在循环体中使用break语句；要中止本次循环而继续下一轮循环，则使用continue语句。这两个语句通常与if语句结合使用，即满足一定条件才这样做。

已知，if语句可以嵌套，3个循环语句也可相互嵌套，形成多重循环，如二重循环、三重循环等。输出二维表（例如乘法表）要使用二重循环。

本章的知识点如表5-1所示。

表5-1 本章知识点归纳

知 识 点	操作示例及说明
while 语句	int sum = 0, int i = 1; while (i <= 10) { sum = sum + i; i++; }
复合赋值运算	sum += i; factorial * = i; x * = 3 + 2;
for 语句	for (int sum = 0, i = 1; i <= 10; i++) { sum += i; }

递归调用方法	static long calcFactorial(int n){
	　　if (n>1) { return n * calcFactorial(n-1); }
	　　else { return 1; }
	}

do-while 语句	do{　　sum += i; i++; } while (i <= 10);

break 语句
continue 语句
	while (true){
	　　sum += i; i++;
	　　if (i <= 10) { continue; }　　else { break; }
	}

多重循环	for (int i = 1; i <= 8; i++){
	　　for (int j = 1; j <= 4; j++){ … } …
	}

5.10 实训5：累加、阶乘与乘法表

(1) 编写，计算 1～n 的累加程序。要求程序运行时输入正整数 n 的值，运行界面参见图 5-1(a)。

提示：部分代码参考如下。

```
import java.util.Scanner;
…
    int n, sum = 0;
    Scanner scan = new Scanner(System.in);
    System.out.println(" ====  计算 1 到 n 的累加  ==== ");
    System.out.println("请输入正整数 n: ");
    n = scan.nextInt();
    for (int i = 1; … ) {
        sum += …
        System.out.printf("1 到 %d 的累加结果：%d\n", i, …);
    }
```

(2) 编程，计算 n 的阶乘，运行时输入不超过 20 的正整数 n，运行界面参见图 5-1(b)。

提示：阶乘结果很大，要使用 long 或 double 类型来存放运算结果，否则会溢出。

```
long factorial = 1;
…
System.out.println("请输入不超过 20 的正整数 n: ");
…
if (n<1 || n>20){
    System.out.println("输入错误！");
    return;
}
for ( … ) {
    factorial *= …
    …
}
```

(3) 编程，使用二重循环，输出下三角形状的乘法表，运行界面参见图 5-1(c)。

提示：部分代码参考如下。

```
for (int i = 1; …){                  //i 控制行
    for (int j = 1; …){              //j 控制列
        System.out.printf("%d× %d= %2d", j, i, …);
    }
    …
}
```

(4) (选做)运用递归调用编写 1～n 的累加方法(即 1～n 的累加，等于 n 加上 1 至 n−1 的累加)，并调用该方法计算 1～100 的累加。

提示：部分代码参考如下。

```
static int sum(int n){
    if (n>1) { return  n + sum(n-1); }
    else …
}
```

(5)（选做）编程，使用循环结构计算 $1 + 1/2 + 2/3 + … + 99/100$。

提示：上面式子相加部分含有两个整数相除项，编写代码时要注意避开整除结果是整数的情况，否则程序运行结果与实际结果不符。最后运算结果应为：95.81262248236034。部分代码参考如下。

```
double total = 1;
for (double d = 1; d < 100; d++){   total += … }
```

第6章 除法运算——异常处理

能力目标：
- 学会使用 try-catch-finally 代码块处理异常；
- 学会使用 throw 语句主动抛出异常，使用 throws 子句从方法声明中抛出异常；
- 理解自定义异常类，了解断言语句；
- 能运用异常处理机制编写整数、实数除法运算程序。

6.1 任务预览

本章实训要编写整数相除、实数相除、自定义零除数异常的除法运算等程序，运行结果如图 6-1 所示。

(a) 整数相除

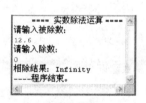
(b) 实数相除

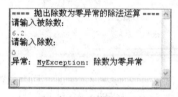
(c) 自定义异常除法运算

图 6-1 实训程序运行界面

6.2 异常

编写应用程序时，即使代码没有语法错误，在运行时也会出现意外情况，使得程序无法正常运行下去。这些"意外"情况，就称为异常（Exception）。

异常通常是程序运行时出现的问题或错误。编写程序时，为使程序出现异常后能按照预定的方式进行处理，必须进行异常捕获和处理。Java 提供了专门的异常处理机制。

先看下面的例子。

【例 6-1】 编写没有异常处理的除数为 0 程序。

```
public class Ex1 {
    public static void main(String[] args) {
        int x, y, z;
```

```
        x = 2;
        y = 0;
        z = x / y;
        System.out.println("整数除以 0,得:" + z);
    }
}
```

该程序没有语法错误,但运行时却发生了异常,输出异常信息如图 6-2 所示,表示发生了除数为零的算术运算异常,异常类名为 ArithmeticException。这是因为整数相除时,0 作为除数没有意义。程序在 z = x / y 中引发了异常,无法执行下一行输出语句而中途结束。

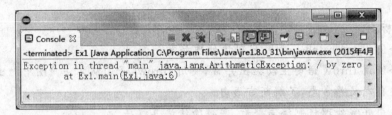

图 6-2　除数为零异常信息

【例 6-2】 改进例 6-1,编写带异常处理的除数为 0 程序。

```
public class Ex2 {
    public static void main(String[]args) {
        try{
            int x, y, z;
            x = 2;
            y = 0;
            z = x / y;
            System.out.println("整数除以 0,得:" + z);
        }
        catch (Exception e){
            System.out.println("发生了异常:" + e.getMessage());
        }
    }
}
```

在程序中加入了异常处理代码块 try-catch,把可能发生异常的语句放在 try 子块中,一旦发生异常,即由 catch 子块捕获处理。程序运行结果如图 6-3 所示。

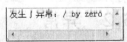

图 6-3　捕获异常信息

6.3　异常种类与层次结构

引发异常的原因,除了 0 除数的整除运算外,还有资源不可用(如打开一个不存在的文件)、索引(下标)越界、输入不匹配等。

异常的种类很多,最顶层的异常类是 Exception,它是所有异常的根类,其他所有异常类都由该类派生,或者说,各种异常都隶属于 Exception 类。

由 Exception 类直接派生的子类有 IOException(输入输出异常)、RuntimeException

（运行时异常）和 SQLException（数据库结构化查询语言异常）等。

其中 RuntimeException 异常出现最多，该类直接派生 NoSuchElementException（没有这种元素异常）、IndexOutOfBoundsException（索引下标越界异常）和 ArithmeticException（算术异常）等子类，而 NoSuchElementException 又有子类 InputMismatchException（输入不匹配异常），IndexOutOfBoundsException 则有子类 ArrayIndexOutOfBoundsException（数组下标越界异常）和 StringIndexOutOfBoundsException（字符串下标越界异常）。

这样，各个异常类的继承关系组成了一个树状的层次结构，部分异常类继承关系如图 6-4 所示。

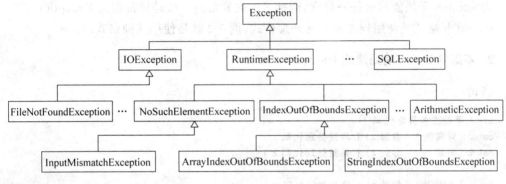

图 6-4　部分异常类继承关系层次图

异常根类 Exception 有一个重要的方法 getMessage()，用来获取异常消息，例如"/by zero"。由于其他所有异常均派生于 Exception，因此所有异常类也拥有该方法。

上面列出的都是系统预先定义好的(部分)异常类，除了系统定义的，编程者也可自定义异常类。不过，自定义的异常类也要继承 Exception。

注意：系统预定义的异常类都以 Exception 结尾，因此要求自定义异常类也以该单词结尾，例如 MyException。

异常一般是程序运行时自行引发的，也可使用 throw 语句在程序中主动抛出异常。

每引发一个异常，系统就创建一个异常类的对象。即一个具体异常就是相关异常类的一个对象。

6.4　异常处理代码块 try-catch-finally

程序运行时出现异常，便不能按预定的顺序正常执行下去。如果没有在程序中处理异常，往往会非正常地中断程序运行。如果编写了 try-catch 异常处理块，则发生异常时，程序转到处理块中进行处理，并按预定的步骤继续运行下去。因此，异常处理代码在应用程序中显得非常重要，程序是否健壮，是否一触即溃，就看异常处理是否处理得当。

异常处理代码块的格式有多种，下面逐个介绍。

1. 带参数的 try-catch

格式：

```
try { 可能发生异常代码 }
catch (异常类  参数) { 异常处理代码 }
```

其中,try 子块包含可能发生异常的语句(因而要尝试捕获),catch 子块的作用是捕获并处理异常。程序运行到 try 子块,若没有异常发生,则按顺序执行其中的语句,直到执行完毕,再离开整个 try-catch 块;若执行到 try 子块中某语句时发生异常,则跳转到 catch 子块,如果异常(对象)匹配 catch 子块圆括号中的异常类,则执行大括号内的异常处理代码,这时 catch 子块圆括号中的参数指向异常对象(就像方法参数的值传递一样,该参数接受一个异常对象)。

为使 catch 子块能捕获任一异常,圆括号内的异常类一般是异常根类 Exception。

try-catch 格式是使用较多的异常处理格式,例 6-2 就是使用这种格式。

2. 不同异常作不同处理的 try-catch…catch

格式:

```
try { 可能发生异常代码 }
catch (异常类 1  参数 1) { 异常处理代码 1 }
catch (异常类 2  参数 2) { 异常处理代码 2 }
…
catch (异常类 n  参数 n) { 异常处理代码 n }
```

使用多个带不同类型参数的 catch 子块,以便对不同类型的异常作不同处理。

程序运行到 try 子块,若没有异常发生,则按顺序执行其中的语句,直到执行完毕,然后离开整个 try-catch…catch 代码块。

若执行 try 子块过程中发生异常,则跳转到第一个匹配的 catch 子块(这时 catch 子块圆括号内的参数指向异常),执行其中的异常处理代码。执行完后,离开整个异常处理代码块。

所谓"匹配",就是发生的异常与 catch 子块圆括号内的异常类相符。

如果发生的异常与所有 catch 子块都不匹配,则应用程序无法捕获异常,只好由系统来处理,将出现类似图 6-2 所示的未处理异常信息。

需要强调的是,程序运行发生异常时,只执行第一个匹配的 catch 子块,不可能同时执行两个以上的 catch 子块。

因为按顺序检查 catch 子块,所以 catch 子块的排列顺序很重要,如果存在多种可能出现的异常,并且这些异常之间存在继承关系,则要将捕获层次较低异常的 catch 子块放在前面。通常,最后一个 catch 子块总是捕获异常根类 Exception。

【例 6-3】 编写整数除法运算程序,尝试对不同类型异常作不同处理。

```java
import java.util.*;
public class Ex3 {
    public static void main(String[] args) {
        try{
            Scanner scan = new Scanner(System.in);
            int x, y, z;
            System.out.println("请输入被除数:");
```

```
            x = scan.nextInt();
            System.out.println("请输入除数：");
            y = scan.nextInt();
            scan.close();
            z = x/y;
            System.out.println("整除结果：" + z);
        }
        catch(InputMismatchException e){
            System.out.println("输入不匹配异常：" + e.getMessage());
        }
        catch(ArithmeticException e){
            System.out.println("算术异常：" + e.getMessage());
        }
        catch(Exception e){
            System.out.println("异常：" + e.getMessage());
        }
    }
}
```

上面代码有 3 个 catch 子块，前两个 catch 子块所捕获的异常类之间没有继承关系，它们之间的放置顺序可任意，但均与第三个 catch 子块的异常类 Exception 存在（间接）继承关系。必须把捕获 Exception 异常的 catch 子块放在最后面。

多次运行例 6-3，每次输入不同的操作数，3 次运行结果如图 6-5 所示。

(a) 正常运行　　　　　(b) 除数为零异常　　　　(c) 输入不匹配异常

图 6-5　不同异常作不同处理的整除

3. 不处理异常的 try-finally

格式：

```
try { 可能发生异常代码 }
finally { 最终代码 }
```

该格式没有 catch 子块，发生异常时无法在应用程序中捕获处理，只能由系统处理，将出现类似图 6-2 所示的未处理异常消息。其中 finally 子块内部的"最终代码"，不管是否发生异常，都是要执行的。

这种不处理异常的格式使用相对较少。

4. 完整的异常处理块 try-catch…catch-finally

完整的异常处理块由一个 try 子块、一个或多个 catch 子块和一个 finally 子块构成。

格式：

```
try { 可能发生异常代码 }
catch (异常类 1   参数 1) { 异常处理代码 1 }
catch (异常类 2   参数 2) { 异常处理代码 2 }
…
catch (异常类 n   参数 n) { 异常处理代码 n }
finally { 最终代码 }
```

这种格式与格式 try-catch…catch 相比,多了最终执行的 finally 子块,因此,不管是否发生异常,最后总要执行该块。当然,catch 子块也可以只有一个。

【例 6-4】 在例 6-3 的 main 方法后面,增加 finally 子块,其余代码不变。

```
finally{
    System.out.println("——程序结束.");
}
```

两次运行程序,每次输入不同的操作数,运行的结果如图 6-6 所示。可见,每次运行,不管是否发生异常,都执行了 finally 子块的语句。

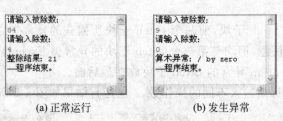

(a) 正常运行　　　　　　　(b) 发生异常

图 6-6 带 finally 子块的异常处理

6.5 throw 语句与 throws 子句

进行整数相除时,如果除数为零,或输入不匹配,系统会自动引发异常。除了自动引发异常,还可在程序中使用 throw 语句,主动引发异常,称为"抛出"异常。

throw 语句的语法形式如下:

throw new 异常类构造方法名(参数列表);

关键字 throw 后面是要抛出的异常对象,构建对象要用 new 运算符调用类的构造方法。例如:

throw new Exception("除数为零无意义");

表示抛出一个消息为"除数为零无意义"的异常(对象)。

另外,如果一个方法中有异常发生,但又不想在本方法处理,这时,可在方法声明中使用 throws 子句,把它交给调用该方法的代码进行处理。

使用 throws 子句在方法中抛出异常的格式如下:

```
可选 public 或 static 等   返回类型 方法名(可选参数表) throws 异常类名{
    自动或主动引发异常的方法体代码
}
```

注意：关键字 throw 和 throws 都与抛出异常有关，其中前者用于语句；后者用在方法头作声明，throws 后面紧跟的是异常类名称（而不是异常对象），它本身不是语句，而是方法声明的一部分，所以称作"子句"。

【例 6-5】 编写 double 型实数除法运算程序，测试实数除以 0，观察除数是否会引发异常。

```
public class Ex5 {
    public static void main(String[ ]args) {
        double x, y, z;
        x = 23.5;
        y = 0;
        z = x/y;
        System.out.println("正实数除以零结果：" + z);
        x = -52.6;
        z = x/y;
        System.out.println("负实数除以零结果：" + z);
        x = 0;
        y = 0;
        z = x/y;
        System.out.println("零除以零结果：" + z);
    }
}
```

程序运行结果如图 6-7 所示。

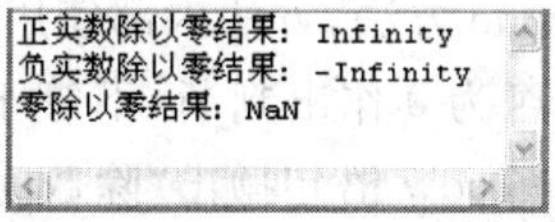

可见，double 型的除法运算允许除数为零，如果这时被除数是正数，则结果是 Infinity，表示（正）无穷大；如果被除数是负数，结果是 -Infinity，表示负无穷大；如果被除数也是零，则结果为 NaN(Not a Number，非数)。总之，double 型除数为零是不会引发异常的。

图 6-7 实数除以零不引发异常

已知数学上"除数为零没有意义"。为了与数学方面的思维一致，可改写例 6-5 代码，把 double 数据的"除数为零"当作异常来处理。这时，要用到 throw 语句。

【例 6-6】 编写一个 double 型除法运算的方法，要求抛出"除数为零无意义"异常，并且在除法运算方法中不捕获异常，而抛给调用该方法的代码来捕获。

```
import java.util.Scanner;
public class Ex6 {
    static double divide(double x, double y) throws Exception{    //抛出异常除法方法
        if (y!= 0){ return x/y; }
        else {
            throw new Exception("除数为零无意义");                //抛出异常语句
        }
    }

    public static void main(String[ ]args) {                      //主方法
        try{
            double x, y, z;
            String str;
```

```java
            Scanner scan = new Scanner(System.in);
            while(true){
                System.out.println("请输入被除数(直接按 Enter 键结束程序): ");
                str = scan.nextLine();
                if (str.equals("")) { break; }
                x = Double.parseDouble(str);
                System.out.println("请输入除数: ");
                str = scan.nextLine();
                y = Double.parseDouble(str);
                z = divide(x, y);                          //调用除法方法
                System.out.printf("相除结果(保留两位小数): %.2f\n", z);
            }
            scan.close();
        }
        catch(Exception e){
            System.out.println("异常: " + e);              //e相当于 e.toString()
        }
        finally{
            System.out.println("——程序结束.");
        }
    }
}
```

在程序中,定义了一个只抛出而不处理异常的 divide 方法,方法内部使用 if 语句对 double 型的除数是否为 0 作出判断,不等于 0 才做除法运算,否则使用 throw 语句抛出"除数为零无意义"异常,所抛出的异常由调用 divide 方法的 main 方法捕获处理,处理的结果是输出异常的类型和消息。程序的一次运行结果如图 6-8 所示。

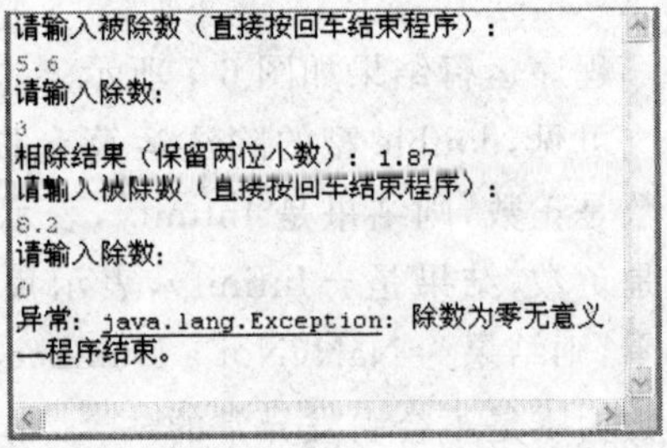

图 6-8 主动抛出除零异常

注意:异常类构造方法的参数如果只有一个,并且是字符串型,则该参数就是异常消息。异常消息可调用异常对象的 getMessage() 方法获得,也可调用 toString() 方法获取,调用后一方法还能同时得到异常类所在的包和异常类名称,例如 java.lang.Exception。在 println 方法参数中直接使用异常对象 e,相当于 e.toString()。

6.6 自定义异常类

除了系统预定义的异常类,也可在应用程序中定义自己的异常类。

自定义异常类要继承系统预定义的异常类,例如继承 ArithmeticException,或者继承 Exception 等。

【例 6-7】 自定义一个异常类,在 double 型除法运算方法中,遇到除数为零,便抛出自定义的异常类对象。

```java
import java.util.Scanner;
```

```java
class MyByZeroException extends ArithmeticException{        //自定义异常类
    public MyByZeroException(String message){
        super(message);                                      //调用超类构造方法
    }
}
public class Ex7 {                                           //主类
    static double divide(double x, double y) throws Exception{   //抛出异常除法方法
        if (y!=0){ return x/y; }
        else {
            throw new MyByZeroException("除数为零无意义");    //抛出自定义异常
        }
    }
    public static void main(String[ ]args) { … }
        //main方法体与例6-6相同,略
}
```

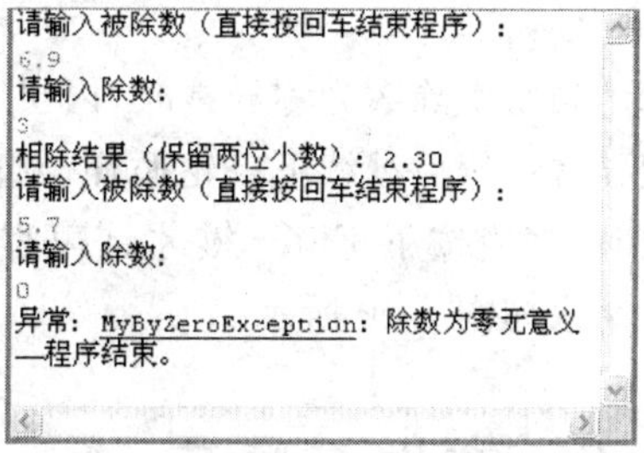

在程序中,定义了异常类 MyByZeroException,并且在主类 Ex7 的 divide 方法中,使用 throw 语句抛出该异常类对象。程序的一次运行结果如图 6-9 所示。

图 6-9 自定义 0 除数无意义异常

6.7 异常处理代码块嵌套

分支结构、循环结构可以相互嵌套,try-catch-finally 异常处理代码块也可以相互嵌套。例如,在 try 子块中嵌入 try-catch 块。

【例 6-8】 改进例 6-7,编写嵌套的异常处理代码块,使之发生除数异常时不终止程序运行。

只需在 main 方法外层 try 子块内部的 while 循环语句中,嵌入 try-catch 代码块。其余代码不变。下面只列出 main 方法的所有代码,其余代码与例 6-7 相同,略写。

```java
public static void main(String[ ]args) {                    //主方法
    try{
        double x, y, z;
        String str;
        Scanner scan = new Scanner(System.in);
        while(true){
            System.out.println("请输入被除数(直接按 Enter 键结束程序):");
            str = scan.nextLine();
            if (str.equals("")) { break; }
            x = Double.parseDouble(str);
            System.out.println("请输入除数:");
            str = scan.nextLine();
            y = Double.parseDouble(str);
            try{                                             //内层异常处理代码块
                z = divide(x, y);                            //调用除法方法
                System.out.printf("相除结果(保留两位小数): %.2f\n", z);
```

```
            }
            catch(MyByZeroException e){ System.out.println("异常：" + e);}
        }
        scan.close();
    }
    catch(Exception e){
        System.out.println("异常：" + e);
    }
    finally{
        System.out.println("——程序结束.");
    }
}
```

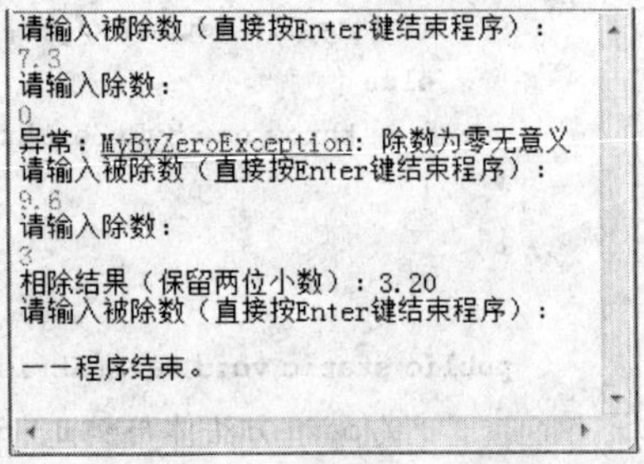

当发生除数为零异常时，内层 catch 子块捕获并处理异常。然后继续下一轮循环。直到在提示输入被除数时，直接按下 Enter 键才结束程序。程序的一次运行结果如图 6-10 所示。

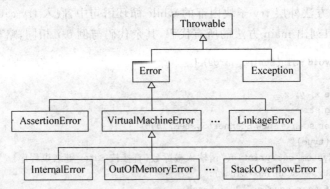

图 6-10　异常处理块嵌套

6.8　错误与断言

程序不能顺利运行，除异常(Exception)外，还可能发生了错误(Error)，例如：断言错误(AssertionError)、Java 虚拟机错误(VirtualMachineError)、类联接错误(LinkageError)等。其中，VirtualMachineError 又分内部错误(InternalError)、内存溢出错误(OutOfMemoryError)、栈溢出错误(StackOverflowError)等。

在 Java 中，Exception 和 Error 这两者既有区别，也有联系。它们都是 Throwable 类的子类，相互间是兄弟关系，如图 6-11 所示。区别是：错误比异常难处理，像 VirtualMachineError 这样的错误，一旦发生程序只能非正常终止。

图 6-11　Throwable 及其派生类关系图

Java 有一种特殊的语句，称为断言(Assert)语句。顾名思义，断言语句就是武断地宣称的语句，如宣称某条件必须成立。例如，断言"数必须大于等于零"(这个条件成立)才能计算平方根。程序运行时，如果断言的条件不成立，则发生 AssertionError(断言错误)。

遇到断言错误，有两种情况发生：第一，如果 Java 虚拟机处于启用断言状态，则程序只能非正常终止,因为错误不能像异常那样被捕获处理。不过,若有断言消息,则在终止程序之前,可把断言消息显示出来。第二,如果 Java 虚拟机处于关闭(禁用)断言状态,则不执行断言语句,这种情况下,断言语句被忽略掉。

断言语句使用关键字 assert 声明,有两种格式,列举如下:

assert 条件表达式;
assert 条件表达式:字符串型断言消息;

当 Java 虚拟机处于启用断言状态时,程序执行到断言语句,判断条件表达式是否成立,成立,即断言没有错,继续运行后面的语句;否则,发生断言错误,终止程序运行。如果是第二种格式的断言语句,终止之前显示相应的断言消息。

默认情况下,Java 虚拟机总是关闭断言。要开启断言,需要在运行命令 java 中加入选项-ea,表示 Enable Assertion(允许断言执行),命令格式如下:

java - ea 主类名

【例 6-9】 编程,输入数据计算平方根,要求加入"负数不能计算平方根"断言语句。

```java
import java.util.Scanner;
public class Ex9 {
    public static void main(String[]args) {
        Scanner scan = new Scanner(System.in);
        System.out.println("请输入要计算平方根的数:");
        double x = scan.nextDouble();
        assert x > 0 : "负数不能计算平方根";                    //断言语句
        double sqroot = Math.sqrt(x);
        System.out.printf("%.2f 的平方根是%.2f\n", x, sqroot);
    }
}
```

程序编译后,在命令行窗口运行,3 次运行结果如图 6-12 所示。第一次允许断言运行,当输入正数 9,运行正常,得到平方根 3。第二次也允许断言运行,输入-16,发生断言出错,在输出断言错误类名和消息后,程序中断运行;第三次禁用断言运行,输入-16,得到结果NaN,表示"非数"。

图 6-12　断言负数不能计算平方根

需要强调的是：断言错误显示 Exception in thread "main" java.lang.AssertionError，虽然开头是 Exception，但后面的确是 AssertionError，因而是"错误"而非"异常"。不过，断言等错误也可以使用 try-catch 代码块捕获处理，这时 catch 子块的参数类型设为 AssertionError 等类，或设为错误根类 Error 或 Throwable 类。请读者尝试在例 6-9 中加入 try-catch 代码块以验证该结论。

注意：断言语句适用于程序调试阶段，当发生错误时，立即停止运行，便于错误定位。正式运行时，在源代码中也可以保留断言语句，因为正式运行程序（默认）是关闭断言执行的。另外，在 Eclipse 开发环境下设置允许断言执行的方法是：执行菜单 Run|Run configurations 命令，出现对话框，选择 Arguments 选项卡，在 VM auguments 文本框中输入-ea，然后单击 Run 按钮运行。

6.9 本章小结

本章中学习了异常及其处理。异常是运行过程中出现了意外，无法按常规运行下去。典型的异常就是整数相除时以 0 作除数，这时可以使用 try-catch-finally 代码块捕获并处理异常。程序运行一旦发生异常，转到预先编写的代码中运行。如果不捕获处理异常，程序就会意外中止。

与分支和循环结构类似，捕获、处理异常的代码块也可嵌套，以满足复杂的需求。

预定义的异常种类很多，所有异常类的继承关系构成树状的层次结构，最顶层的异常类是 Exception，其余所有异常类（包括自定义的）都出自该类，都是它直接或间接派生的。

异常通常在程序运行时由于某种原因而自动引发，就像交通事故一样，很难估计何时何处发生。但也可使用 throw 语句主动精确地在某处抛出异常。出现异常一般要及时处理，否则影响程序正常运行，不过也可把在方法中出现的异常转给调用它的方法来处理，这时要在方法头部使用 throws 子句。

程序出现的问题除了异常外，还有称为 Error 的错误，例如断言错误、虚拟机本身的错误等。错误一般比异常严重。使用关键字 assert 可在程序中编写断言语句。在断言语句中，如果断言条件不成立，就发生了断言错误。断言语句默认是不执行的，一般只在程序调试阶段启用断言，程序正式交付运行则关闭断言。

本章的知识点归纳如表 6-1 所示。

表 6-1 本章知识点归纳

知 识 点	操作示例及说明
异常	int x = 2, y = 0, z; z = x / y; // 整除时除数为 0 引发异常
异常种类与层次结构	ArithmeticException → RuntimeException → Exception FileNotFoundException → IOException → Exception

异常处理代码块	try{
	    int x, y, z; …
	    z = x/y; …
	}

续表

知 识 点	操作示例及说明
异常处理代码块	catch(InputMismatchException e){ … } catch(ArithmeticException e){ … } catch(Exception e){ … } finally{ … }

用 throw 语句、throws 子句抛出异常	static double divide(double x, double y) throws Exception{
	    if (y!= 0){ return x/y; }
	    else { throw new Exception("除数为零无意义"); }
	}

自定义异常类	class MyByZeroException extends Exception{
	    public MyByZeroException(String message){ super(message); }
	}

异常处理块嵌套	try{ …
	    try { … }
	    catch(Exception e){ … }
	}catch(Exception e){ … }
	finally{ … }

断言语句	assert x > 0 : "负数不能计算平方根";

6.10　实训6：除法运算程序

（1）编写整数除法程序，运行时输入两个整数，计算整除结果，要求捕获除数为零等异常。运行界面参见图 6-1(a)。

提示：部分代码参考如下。

```
import java.util.*;
…
    try{
        Scanner scan = new Scanner(System.in);
        int x, y, z;
        System.out.println("　==== 整数除法运算 ====");
        System.out.println("请输入作被除数的整数：");
        x = scan.nextInt();
        …
    }
    catch(ArithmeticException e){
        System.out.println("异常：" + e.getMessage());
    }
    catch( … ){      …      }
```

（2）编写 double 型的实数除法程序，运行时输入两个实数，计算相除结果，要求捕获并处理异常。运行界面参见图 6-1(b)。

提示：可参考上题代码，要注意把 int 型改为 double 型。

(3) 编程,自定义一个异常类,在 double 型除法运算方法中,遇到除数为零,就抛出自定义的异常对象。运行界面参见图 6-1(c)。

提示:部分代码参考如下。

```java
import java.util.Scanner;
class MyException extends Exception{
    public MyException(String message){ … }
}
…
    public static double divide(double x, double y) throws MyException{ … }

    public static void main(String[]args) {
        try{
            Scanner scan = new Scanner(System.in);
            double x, y, z;
            …
            z = divide(x, y);
            …
        }
        catch …
}
```

第 7 章 圆和矩形——类与对象

能力目标：

- 学会定义类，编写字段、方法和构造方法等，学会使用 new 构建对象；
- 学会使用 public、private 等修饰符；
- 学会使用关键字 static、final 声明类成员；
- 能定义圆类和矩形类，构建对象，并计算它们的面积、周长和个数。

7.1 任务预览

本章实训要编写构建圆类、矩形类对象，计算面积、周长和个数的程序，运行结果如图 7-1 所示。

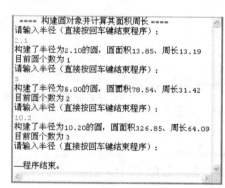
(a) 计算圆对象面积与周长

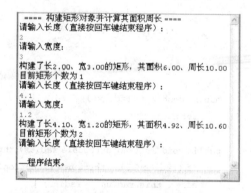
(b) 计算矩形对象面积与周长

图 7-1 实训程序运行界面

7.2 定义类

在计算机世界中，使用"类"对现实世界的实体进行抽象概括和分类，这就是面向对象程序设计（Object-Oriented Programming，OOP）。目前流行的 Java 和 C# 均是 OOP 语言。

现实世界中，每个类都具有一些共同的属性，例如人类有姓名、身高和体重等属性，圆类有圆心和半径等属性；类也有共同的行为，如人类有吃饭、睡觉和劳动等行为，圆类有计算周长和面积等行为。

计算机世界的"类"是一种类型,是对实体进行建模的一种机制。设计类就是对实体进行分类,并将实体的数据和行为封装在一个称为类(Class)的代码块中。类是具有共同性质的一群实体的统称。类的一个实例(Instance),就是对象(Object)。

类与对象的关系是总体和个体的关系。打个比方,犹如工程图纸,对象就是按图纸生产出来的产品,如汽车图纸和一辆黑色小轿车,鼠标图纸与所使用的鼠标。一个类可构建多个对象。

以圆为例。圆是一种平面几何图形,圆具有共同的性质:圆心、半径、固定的圆周率,通过半径及圆周率能计算周长和面积。

【例7-1】 定义圆类 Circle,把圆的性质和行为用一个代码块封装起来。

```java
class Circle{                                          //圆类
    private double radius;                             //半径字段
    private double x, y;                               //圆心坐标字段
    private static int num;                            //圆对象个数字段
    public static final double PI = 3.14159;           //圆周率常量字段

    public Circle(){                                   //构造方法1
        num ++;
    }
    public Circle(double radius) throws Exception{     //构造方法2
        if (radius < 0) { throw new Exception("负数不能做圆半径"); }
        else {
            this.radius = radius;
            num ++;
        }
    }

    public double getRadius(){                         //获取半径方法
        return radius;
    }
    public void  setRadius(double radius) throws Exception{   //设置半径方法
        if (radius < 0) { throw new Exception("负数不能做圆半径"); }
        else { this.radius = radius; }
    }

    public static int getNum(){                        //获取圆对象个数方法
        return num;
    }

    public double calcArea(){                          //计算面积方法
        return PI * radius * radius;
    }
    public double calcGirth(){                         //计算周长方法
        return 2 * PI * radius;
    }
}
```

第一行代码是类的头部(类头),由关键字 class 和表示类名的标识符 Circle 组成,其中 class 是类定义的标记,必不可少。类名是编程人员命名的,一般用英文名词作类名,通常以大写字母开头,类名要有含义,使人能够顾名思义。

类头后面大括号部分是类的主体(类体)。在类体内,定义组成类的各个成员。类成员有字段(Field)、构造方法(Constructor)和方法(Method)等。其中字段是数据成员,对应实体的属性,方法是行为成员,对应实体的动作。构造方法属于特殊成员,用于构建对象。

Circle 类体中,定义了 5 个字段:radius、x、y、num、PI,分别表示半径、圆心横坐标、纵坐标、圆对象个数、圆周率。除了 PI,其余 4 个字段都是以关键字 private 开头,表示私有的,即只能在类内部使用,其中 x、y 在同一个语句中定义。

声明字段 num 使用了关键字 static,表示静态的。静态字段属于整个类,能被本类的所有对象共同使用。num 用于存放圆对象的总个数。

由于圆周率是一个常量,因此声明 PI 字段时除了 static,还使用了关键字 final,表示该字段是最终的、不可更改的。字段本来是变量,使用 final 声明则只能赋值一次,不允许再更改。因此 final 变量实质上是常量,或者说,final 用于声明常量。常量习惯使用大写字母命名,如使用 PI 而不是 pi 命名圆周率。

在 Circle 类体中,除了字段,还定义 7 个方法,它们前面均有关键字 public,表示公共、公开的,可被别的类调用。

前两个的方法名与类名相同,称为构造方法。构造方法的作用是构建对象。第一个构造方法没有参数,是默认的构造方法。每构造一个圆对象,圆个数就增加 1,因此构造方法体中使用 num++。第二个构造方法有一个代表圆半径的参数 radius,当参数是负数时,在构造方法中抛出异常,否则使用赋值语句把参数值赋给字段 radius。由于方法参数和字段都使用了 radius 命名半径,为区分它们,字段使用关键字 this 作前缀,即 this.radius,表示所构建的"这个"对象的半径(字段)。还有,由于第二个构造方法内部会引发异常,但又没有捕获处理,因此在方法声明中使用 throws 子句抛出异常。

后 5 个方法不属于构造方法,是一般的方法,方法头部必须有返回类型,如 double、void 和 int 等(注意构造方法是没有返回类型的)。其中第一、第二个方法是关于半径字段的,一个用于获取半径字段,一个用于设置半径字段。第三个方法用于获取圆对象个数字段。最后两个方法用于计算圆周长和面积,请注意它们都没有参数,因为半径直接从字段 radius 中获取。

注意:请读者把例 7-1 计算圆面积、周长方法与第 3 章的例 3-1 作对比(例 3-1 是面向过程的程序设计),从中体会面向对象程序设计的思想。

需要强调的是,定义类时,字段成员一般声明为 private,这是类的封装性要求,字段一般只在类的内部使用。如果要在类外部使用字段,通常要定义与字段对应的 public 方法。即类一般只对外提供方法。类的方法成员声明为 public,即表明可提供给本类外部使用。方法是类与类之间关联的一种桥梁。

类分为类头和类体,定义类要声明类头,构筑类体,类定义的一般形式:

```
可选 public  可选 abstract  可选 final  class 类名{
    字段、方法等成员以及构造方法
}
```

在类头部,关键字 class 前面有可选关键字 public(公共的)、abstract(抽象的)和 final(最终的)。其中,声明为 public 的类可被所有类访问,否则,默认只能由同一个包中的类访问(包访问性)。声明为 abstract 的类是抽象的,不能构建对象。声明为 final 类是最终的,不能派生子类。

类体部分,有字段成员、方法成员和构造方法等,一般来说,各成员之间的排列次序没有关系(相互引用的字段除外)。为叙述方便起见,通常按字段、构造方法、方法的次序定义类成员。

注意:类允许嵌套定义,在类体中,允许以类成员的形式定义另外一个类,这时,内部类只能被包含它的外部类访问。此外,还可在类的成员方法里面定义类,即类与方法也允许相互嵌套。

7.3 构造方法及其重载

构造方法也叫构造函数,是创建对象时所执行的特殊方法,一般用于初始化新对象的字段。

构造方法只能在类中定义,构造方法的一般形式为:

```
可选 public 等   构造方法名( 可选形参表 )   可选 throws 子句{
    方法体代码
}
```

构造方法通常声明为 public,因为构造方法主要提供给其他类调用。

构造方法名必须与类名相同,可以不带参数,也可以有多个参数。构造方法不能声明返回类型,也不能使用 void 声明。

注意:因为调用构造方法能返回类的对象,所以构造方法的返回类型实质上就是其所在的类。由于构造方法与类同名,所以构造方法本身已包含返回类型信息,因此无须再声明返回类型。

例 7-1 定义的 Circle 类两个构造方法是:

```java
public Circle(){                                              //构造方法 1
    num ++;
}
public Circle(double radius) throws Exception{                //构造方法 2
    if (radius < 0) { throw new Exception("负数不能做圆半径"); }
    else {
        this.radius = radius;
        num ++;
    }
}
```

其中第一个构造方法不带参数。不带参数的构造方法称为"默认构造方法"。

调用构造方法构建对象时,必须使用关键字 new。它是个一元运算符。

例如,通过 new 调用 Circle 类构造方法构建一个圆对象:

```
Circle aCircle = new Circle(3.5);
```

该语句构建半径为 3.5 的圆对象,并赋给 Circle 类的变量 aCircle。这时,aCircle 引用半径为 3.5 的圆,或者说:aCircle 就是一个半径为 3.5 的圆。

又如,通过 new 调用 Circle 类不带参数的构造方法构建另一个圆对象:

```
Circle otherCircle = new Circle();
```

通常,每个圆都应该有半径,该构造方法没有参数,方法体也没有关于半径字段 radius 赋值的语句,那么所构建的圆半径是多少呢?答案是 0。因为 double 型字段的默认值是 0。

注意:类数值型字段默认为 0,逻辑型字段默认为 false,引用型字段默认为 null。

类总有一个构造方法。如果类定义中没有声明构造方法,编译器会自动生成一个不带参数的默认构造方法。

但如果显式声明了构造方法,编译器将不再自动为类提供默认构造方法。因此,如果在类中定义了带参数的构造方法,又需要调用无参数的构造方法,这时必须由程序员显式地定义无参数的构造方法。

允许在一个类中编写多个构造方法,称为构造方法重载。按照方法重载的规则,这时各个构造方法的参数类型、个数和排列顺序不能相同。例 7-1 的 Circle 类有两个构造方法,属于构造方法重载。

【**例 7-2**】 在例 7-1 基础上,构建若干个圆对象,并计算圆的面积和周长。

```java
public class Ex2 {
    public static void main(String[]args) {
        try{
            Circle c1 = new Circle(3.5);
            System.out.printf("构建了半径为%.2f 的圆,圆面积%.2f,周长%.2f\n",
                c1.getRadius(), c1.calcArea(), c1.calcGirth());
            System.out.printf(" ==== 目前圆对象个数为 %d ====\n",Circle.getNum());
            Circle c2 = new Circle(10);
            System.out.printf("构建了半径为%.2f 的圆,圆面积%.2f,周长%.2f\n",
                c2.getRadius(), c2.calcArea(), c2.calcGirth());
            System.out.printf(" ==== 目前圆对象个数为 %d ====\n",Circle.getNum());
            Circle c3 = new Circle();
            System.out.printf("构建了半径为%.2f 的圆\n", c3.getRadius());
            c3.setRadius(1);
            System.out.printf("圆半径更改为%.2f,这时圆面积%.2f、周长%.2f\n",
                c3.getRadius(), c3.calcArea(), c3.calcGirth());
            System.out.printf(" ==== 目前圆对象个数为 %d ====\n",Circle.getNum());
        }
        catch(Exception e){ System.out.println("异常:" + e); }
        finally { System.out.print("——程序结束."); }
    }
}
```

上述代码依次调用构造方法构建 3 个圆对象,并分别计算它们的面积和周长。程序的运行结果如图 7-2 所示。

图 7-2 构建圆对象计算面积和周长

7.4 访问控制修饰符

Java 访问控制修饰符有 3 个：public、protected 和 private，它们都是关键字，分别表示公共的、受保护的和私有的，用于声明类的成员，以限定其使用范围。其中 public 还可用于声明类本身。

7.4.1 类修饰符 public

类的访问控制方式有两种：一是不使用修饰符的（默认）包访问性；二是使用 public。

包访问性表示类的使用范围局限于其所在的（代码）包。一个包相当于一个"朋友圈"，在包的范围内，类与类之间默认是朋友关系，因而可相互访问。

而用 public 声明的类，表示其使用范围是公共、公开的，可以被其他包访问。

注意：类和接口（interface）都只能用 public 修饰，不能用 protected 或 private 修饰。一个源程序文件可以定义多个类和接口，但只有与文件主名同名的一个类或接口才能使用 public 修饰。

7.4.2 类成员修饰符 public、protected 和 private

这 3 个修饰符均可用于类的成员字段和成员方法，它们构成了 3 个访问级别，此外，类成员也有一个默认的包访问级别，因此，类成员共有 4 个访问控制级别，如表 7-1 所示。

表 7-1 类成员 4 个访问级别

访问级别	含 义
public	公共的成员，访问不受限制，访问级别最高，范围最大
protected	受保护的成员，能被所有派生类继承，但访问仅限于本包
默认的	包可访问的成员，访问限于所在的包
private	私有的成员，访问仅限于所在的类，访问级别最低，范围最小

注意：接口类型的成员默认为 public，不能使用 protected 和 private 修饰。

为了能从名称中得到访问性信息，推荐采用下面方式命名类及其成员：

（1）类名以大写字母开头，如圆类 Circle。

（2）类成员字段和成员方法名以小写字母开头，由多个单词组成的，第二个单词开始首字母要大写（即骆驼格式）。如计算面积和周长的方法名 calcArea 和 calcGirth。

（3）常量全部以大写字母命名。如圆周率 PI。

7.5 静态成员和实例成员

7.5.1 使用 static 声明静态成员

类的字段和方法均可选用关键字 static 修饰,这样的成员称为静态成员(静态字段和静态方法)。例如,例 7-1 中,Circle 类的静态成员有 PI、num 和 getNum,代码如下:

```
public static final double PI = 3.14159;            //圆周率常量字段
private static int num;                             //圆对象个数字段
public static int getNum(){                         //获取圆对象个数方法
    return num;
}
```

静态成员能被类的所有对象共享,如 PI、num 和 getNum 被所有 Circle 对象共享。

非静态成员只能被各个对象独占,非静态成员是不能共享的。例如,radius 是非静态的半径字段,每个圆对象都有自己的 radius,圆与圆之间不能共享 radius。

在类外部使用静态成员,要用类名作前缀。例如:Circle.getNum()。若使用对象名作前缀,则在 Eclipse 开发环境下会出现警告标志 。

使用类名作前缀引用静态成员的一般形式:

类名.方法名(实参表)
类名.字段名

在类的内部,既可直接引用静态成员,也可使用类名来引用。例如,例 7-1 的 Circle 类内部使用 num 和 Circle.num 的效果是一样的。

注意:Java 类不允许使用 static 声明构造方法,即不存在静态的构造方法。但可以使用 static 声明一个复合语句,例如 static{…},称为静态初始化代码块,它以类的成员形式出现,功能是对类本身进行初始化(而不像构造方法那样对类对象进行初始化)。每次加载类,静态初始化代码块会自动执行,且仅执行一次。

7.5.2 实例成员与关键字 this

与静态成员相对,没有用关键字 static 修饰的成员,称为实例成员(实例字段、实例方法)。实例成员就是非静态成员。

在例 7-1 的 Circle 类中,半径字段 radius、圆心坐标字段 x 和 y 都是实例字段;获取半径方法 getRadius、设置半径方法 setRadius、计算面积方法 calcArea()、计算周长方法 calcGirth 等都是实例方法。

实例成员为类对象所独占,每创建一个对象,就创建了该对象独有的实例成员。例如,每创建一个圆对象,该对象就拥有自己的实例字段 radius 和对特定实例数据进行操作的实例方法 getRadius 和 setRadius。

在类的外部使用非私有的实例成员时,只能使用对象(实例)名来引用,不能以类名作前缀引用。例如,Circle.getRadius()是错误的。只能通过对象调用实例方法。假设 aCircle

是一个 Circle 类对象,则 aCircle.getRadius()才是正确的。

使用对象(实例)名作前缀引用实例成员,一般语法形式如下:

对象名.方法名(实参表)
对象名.字段名

关键字 this 用于指代当前的对象。因此,类内部可以使用 this 作前缀引用实例成员。例如,例 7-1 的 Circle 类,可用 this.radius 引用实例字段 radius。

注意:如果方法(含构造方法)的局部变量(含参数)与字段同名,则在方法中使用实例字段时,必须以 this 作前缀;使用静态字段时,要用类名作前缀。因为按照"局部优先"的原则,没有 this 或类名引用的必定是同名的局部变量而不是字段。

7.6 使用 final

7.6.1 使用 final 声明常量

像圆周率这样的常量,具有固定值,且使用次数较多,因此可用一个简洁的标识符表示(如 PI),以方便使用。

使用标识符命名的常量,称为符号常量,简称常量。声明符号常量要使用关键字 final。例如,声明圆周率 PI:

```
public static final double PI = 3.14159;
```

在程序世界里,习惯使用大写字母来命名符号常量。

顾名思义,常量值是不能更改的。所以,符号常量只能赋值一次,并且作为字段的符合常量只能在声明时赋值,以后只能读取,不允许重新赋值。

关键字 final 既可声明字段,也可声明局部变量。声明字段时通常与 static 一起使用。

注意:由于圆周率使用广泛,Java 系统已在 Math(数学)类中预定义了。因此实际上不需要在例 7-1 中再定义。在程序的任何位置,都可以 Math.PI 方式使用圆周率。Math 类还定义了自然对数的底数 E,以及正弦函数 sin、余弦函数 cos 等,它们都是静态的,均以类名 Math 作前缀调用。

7.6.2 使用 final 声明方法

关键字 final 除了声明常量,还可声明方法,如在例 7-1 中 Circle 类的计算面积方法,可以改为如下定义:

```
public final double calcArea(){    return PI * radius * radius;    }
```

使用 final 声明的方法就是最终方法,意思是方法不允许再更改。它与类的继承有关(详见第 8 章),声明 final 的方法,不允许派生子类重写,即不允许更改方法内容。

7.6.3 使用 final 声明类

关键字 final 还可声明类,所声明的类就是最终类,也是不能再更改的意思。具体地说,最终类不能被继承,不能派生子类,类的传承脉络到此结束。

例如:系统类 System 就是一个最终类,其声明如下:

`public final class System { … }`

7.7　程序举例

为了深刻理解类与对象,下面再举两个例子。

【例 7-3】　编程,定义一个儿童类,构建若干个小朋友对象,并输出有关数据。

```java
class Child{                                          //儿童类
    private String name;                              //姓名字段
    private char sex;                                 //性别字段
    private int age;                                  //年龄字段
    private static int num;                           //小孩个数字段

    public Child(){                                   //无参数构造方法
        Child.num++;
    }
    public Child(String name, char sex, int age){     //有参数构造方法
        this.name = name;
        this.sex = sex;
        this.age = age;
        Child.num++;
    }

    public void like(String content){                 //爱好方法
        System.out.println(name + "爱好" + content);
    }

    public String getName(){                          //获取姓名方法
        return name;
    }
    public void setName(String name){                 //设置姓名方法
        this.name = name;
    }

    public char getSex(){                             //获取性别方法
        return sex;
    }
    public void setSex(char sex){                     //设置性别方法
        this.sex = sex;
    }

    public int getAge(){                              //获取年龄方法
        return age;
    }
    public void setAge(int age){                      //设置年龄方法
        this.age = age;
    }
```

```java
        public static int getNum(){                          //获取小孩个数方法
            return num;
        }
        public static void setNum(int num) {                 //设置小孩个数方法
            Child.num = num;
        }
    }

    public class Ex3 {
        public static void main(String[ ]args) {
            Child child1 = new Child("露丝", '女', 4);
            System.out.printf("%s小朋友：%c,%d岁\n",
                child1.getName(), child1.getSex(), child1.getAge());
            child1.like("唱歌、朗诵");
            System.out.printf("==== 报数：%d ====\n", Child.getNum());
            Child child2 = new Child("张华", '男', 5);
            System.out.printf("%s小朋友：%c,%d岁\n",
                child2.getName(), child2.getSex(), child2.getAge());
            child2.like("武术、打球");
            System.out.printf("==== 报数：%d ====\n", Child.getNum());
            Child child3 = new Child("佳妮", '女', 3);
            System.out.printf("%s小朋友：%c,%d岁\n",
                child3.getName(), child3.getSex(), child3.getAge());
            child3.like("跳舞、表演");
            System.out.printf("==== 报数：%d ====\n", Child.getNum());
        }
    }
```

程序运行结果如图 7-3 所示。

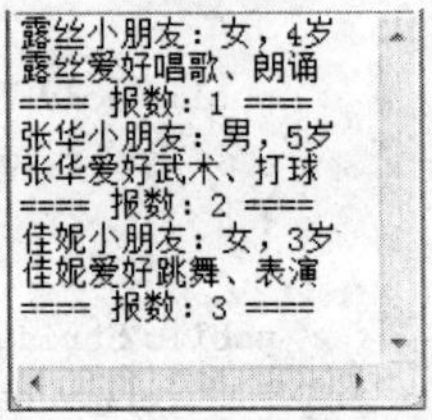

【例 7-4】 编程，定义一个住房类，构建若干套房子对象，并输出有关数据。

图 7-3 儿童类程序

```java
    class 住房{
        private double 面积;
        private int 房间数;
        private String 朝向;
        private int 房号;
        private static int 总套数;

        public 住房(double 面积, int 房间数, String 朝向, int 房号){
            this.面积 = 面积;
            this.房间数 = 房间数;
            this.朝向 = 朝向;
            this.房号 = 房号;
            住房.总套数++;
        }

        public String 获取住房信息(){
            return String.format("第%d套：%d号房,面积%.2f平方米,%d房,%s朝向",
                    总套数, 房号, 面积, 房间数, 朝向);
        }
    }

    public class Ex4 {
```

```
    public static void main(String[]args) {
        住房  房子;
        房子 = new 住房(112.3, 3, "东南", 501);
        System.out.println(房子.获取住房信息());
        房子 = new 住房(135.8, 4, "西南", 502);
        System.out.println(房子.获取住房信息());
        房子 = new 住房(112.3, 3, "东南", 601);
        System.out.println(房子.获取住房信息());
        房子 = new 住房(135.8, 4, "西南", 602);
        System.out.println(房子.获取住房信息());
    }
}
```

程序运行结果如图 7-4 所示。

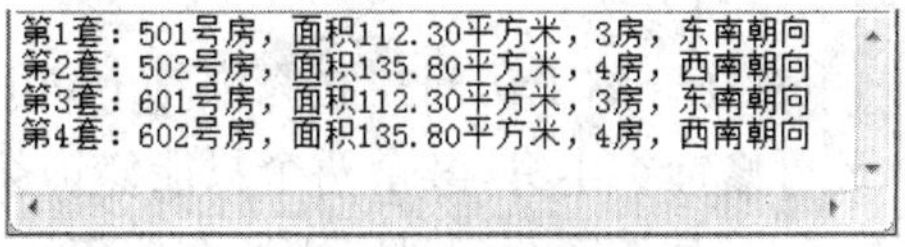

在住房类的获取住房信息方法中用到字符串类 String 的 format 方法，该方法是静态的，返回一个字符串，其调用格式如下：

```
第1套：501号房，面积112.30平方米，3房，东南朝向
第2套：502号房，面积135.80平方米，4房，西南朝向
第3套：601号房，面积112.30平方米，3房，东南朝向
第4套：602号房，面积135.80平方米，4房，西南朝向
```

图 7-4　住房类程序

```
String.format("格式控制字符串", 参数 1, 参数 2, …, 参数 n)
```

方法参数表格式与 System.out.printf 方法一样，详见 3.4.2 节。

注意：为便于理解，例 7-4 采用汉字作标识符。不过，正式编程时还是建议使用字母，以防出现意想不到的问题。另外，该例没有对住房类的私有字段定义相应的公共 get 和 set 方法，如果需要定义，除了手工编写代码外，也可在 Eclipse 开发环境下自动生成这些方法，具体操作是：在该类内右击鼠标，选择快捷菜单 Source|Generate Getters and Setters 命令，出现一个如图 7-5 所示的对话框，单击 Select All 按钮，然后单击 OK 按钮即可。

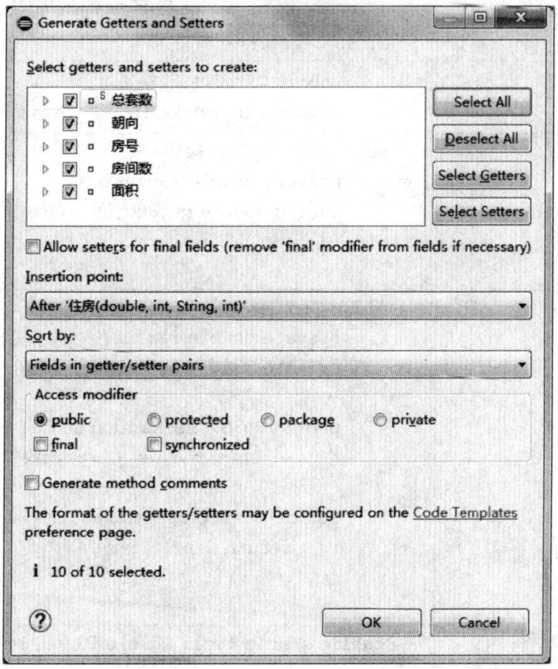

图 7-5　Eclipse 开发环境生成 get 和 set 方法对话框

7.8 本章小结

本章介绍了类与对象，类与对象之间的关系是总体和个体关系，一个类可以构造多个具体的对象。在计算机世界中，对象一般使用 new 调用构造方法来构建，一个类的构造方法可以不止一个，称为构造方法重载。构造方法是与类同名的特殊方法。

类的主要成员是字段和方法（构造方法是类的特殊成员）。类的字段成员和方法成员，也是每个对象的字段成员和方法成员。就是说：类拥有字段和方法，它的各个对象也拥有这些字段和方法。

本章还介绍了访问控制修饰符 public、protected 和 private，其中 public 除了修饰类成员，还可修饰类本身，其余两个只能修饰类成员。类与成员均有默认的访问控制方式，就是包访问性，其访问范围只限于所在的包。

除了访问控制修饰符，类成员还可使用关键字 static 声明静态成员。静态成员属于整个类的各个对象，所有对象拥有同一个静态成员。而没有用 static 声明的则是实例成员，实例成员为每个对象单独拥有，例如甲对象不能使用乙对象的实例成员。在类的内部，用关键字 this 指代实例成员。无论类的内部还是外部，静态成员都可用类名作前缀引用。

Java 使用 final 声明常量，常量是只可赋值一次的特殊变量。final 除了声明常量，还可声明方法和类。

本章知识点归纳如表 7-2 所示。

表 7-2 本章知识点归纳

知 识 点	操作示例及说明
定义类	class Circle{ ⋯ }
构造方法及其重载	public Circle(){ ⋯ } public Circle(double r) throws Exception{ ⋯ }

访问控制修饰符 public 和 private	public class Circle{
	    private double radius;
	    public double getRadius(){ ⋯ }
	    ⋯
	}

静态成员、实例成员与 this	class Circle{
	    private double radius; //实例成员
	    private static int num; //静态成员
	    ⋯
	    public void setRadius(double radius) {
	        ⋯ this.radius = radius;
	    }
	    public static int getNum(){
	        return Circle.num;
	    }
	}

用 final 声明常量	public static final double PI = 3.14159;
用 final 声明方法	public final double calcArea(){⋯}
用 final 声明类	public final class System { ⋯ }

7.9 实训 7：构建圆和矩形对象

（1）编程，定义圆类，构建若干个圆对象，输出它们的面积、周长和总个数。运行界面参见图 7-1(a)。

提示：部分代码参考如下。

```
class Circle{                                              //圆类
    private double radius;                                 //半径
    private static int num;                                //圆对象个数
    public Circle(double radius) throws Exception{         //构造方法
        if (radius < 0) { throw new Exception("负数不能做圆半径"); }
        else { … }
    }
    public double getRadius(){ … }                         //获取半径方法
    public void    setRadius(double radius) …              //设置半径方法
    …
}

public class … {                                           //主类
    …
    try{
        Circle aCircle;
        double radius;
        String str;
        Scanner scan = new Scanner(System.in);
        while(true){
            System.out.println("请输入半径(直接按回车键结束程序)：");
            str = scan.nextLine();
            if (str.equals("")) { break; }
            radius = …
            aCircle = …
            System.out.printf("构建了半径为 %.2f 的圆,圆面积 %.2f,周长 %.2f\n", … );
            System.out.printf("目前圆个数为 %d\n", … );
        }
    }
    catch(Exception e){ … }
    finally { … }
    …
}
```

（2）编程，定义矩形类，构建若干个矩形对象，输出它们的面积、周长和总个数。运行界面参见图 7-1(b)。

提示：部分代码请参考第 1 题的。

第 8 章 动物类派生——继承与多态

能力目标：
- 理解类的继承，能编写类及其派生子类；
- 理解多态含义，理解上转型对象，能在子类中重写父类的同名方法；
- 能运用继承与多态编写人类派生学生类、动物类派生马类等程序。

8.1 任务预览

本章实训编写继承人类的学生类和动物多态性程序，运行结果如图 8-1 所示。

(a) 继承人类的学生类

(b) 动物派生与多态

图 8-1 实训程序运行界面

8.2 继承与派生

设张三是一个学生，则他属于学生类的对象，具有学习能力，当然也属于人类，具备思考、语言表达、使用劳动工具等特征。这样，学生类与人类之间就存在继承（Inheritance）关系，即学生类继承人类，学生必定是人，具有人的特征。或者反过来说：人类派生（Derive）学生类。学生除了具备人类的一般特征外，还具有学习能力。继承与派生是互逆关系。

自然界中，继承与派生关系非常普遍。例如，动物类派生鸟类、马类和鱼类，鸟类又派生大雁和燕子等类。当然也可反过来说：大雁类和燕子类继承鸟类，鸟类、马类和鱼类又继承动物类。自然界中,充分运用继承与派生能简化分类工作的复杂度,达到举一反三目的。

计算机世界与自然界一样,类之间也有继承和派生关系,充分运用继承与派生能达到代码重用、简化编程的目的。

【例 8-1】 编程,编写具有姓名、性别和年龄字段,以及思考方法的人类。再编写继承人类的学生类,学生类还拥有学号字段和学习方法。然后编写主类,构造人类和学生类的对象,并输出有关数据。

```java
class Human1 {                                    //人类
    private String name;                          //私有的姓名
    private char sex;                             //私有的性别
    private int age;                              //私有的年龄

    public Human1(String name, char sex, int age){  //构造方法
        this.name = name;
        this.sex = sex;
        this.age = age;
    }
    public String getName(){                      //公共的获取姓名方法
        return name;
    }
    public void think(){                          //公共的思考方法
        System.out.println(name + "在思考…");
    }
}

class Student1 extends Human1 {                   //继承人类的学生类
    private String stuNo;                         //私有的学号

    public Student1(String stuNo, String name, char sex, int age){  //构造方法
        super(name, sex, age);                    //调用超类的构造方法
        this.stuNo = stuNo;
    }
    public void study(){                          //公共的学习方法
        System.out.println(this.getName() + "在学习…");
    }
}

public class Ex1 {                                //主类
    public static void main(String[]args) {
        Human1 person = new Human1("林冲", '男', 30);
        person.think();
        System.out.println();
        Student1 aStudent = new Student1("001", "李明", '男', 6);
        aStudent.think();
        aStudent.study();
    }
}
```

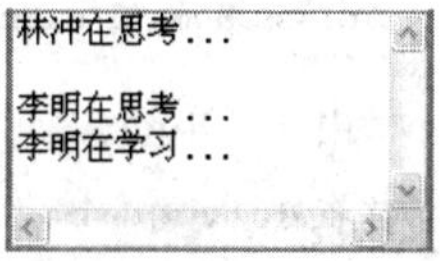

程序运行结果如图 8-2 所示。

图 8-2 人与学生类

在Student1类的头部,使用了关键字extends,关键字左右两边均是类名,表示左边的类(子类)继承右边的类(父类)。extends本是扩充、延伸的意思,这里用做"继承"。

定义继承父类的子类,一般语法形式如下:

可选public 可选abstract 可选final class 子类 extends 父类 { … }

被继承的父类又称为超类(因为指代超类对象的关键字是super),所继承的子类也叫派生类,即:子类继承父类,父类派生子类。或者说,派生类继承超类,超类派生子类。

先有父类,才有子类。在例8-1中,先定义人类Human1,后定义学生类Student1。实际上,在源代码的编排上,父、子类的先后次序无关紧要,子类也可排在父类前,编译时编译器会自动识别。即各个类的排列顺序与类成员的排列顺序一样,都是"排名不分先后"。

通过继承,子类拥有父类所有字段和方法成员,此外,子类还可定义自己特有的成员。例如,例8-1中,Student1类继承Human1类,除了拥有继承而来的getName和think方法外,还定义了自己特有的stuNo字段和study方法。因此,在类Ex1的main方法中,构造了Student1的对象aStudent,就可调用think和study方法。

注意:子类对象包含了父类对象的内核,即使是父类的私有成员,也在这个内核之中。虽然父类的私有成员不能直接被子类使用,但可通过非私有的方法来间接访问。如例8-1中的name字段虽然不能直接在子类Studnet1中访问,但通过继承而来的公共的getName方法可获取name的值。

在类的家族中,继承是单一的,即一个类只能有一个父类,不可能有两个以上的父类。不过,像动物的父子关系一样,一个父类可派生多个子类。

类的单一继承关系形成了非常清晰的层次结构,可用倒挂的树状图来描述,如图8-3所示。

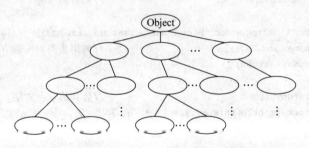

图8-3 类继承关系树状图

其中,最顶层的是树根,根类Object是所有类的祖先类,该类在java.lang包中。所有系统预定义的以及程序人员自定义的类,都直接或间接地继承Object类。

如果自定义的类没有显式继承别的类,就默认继承Object类。例如,例8-1中的Human1类,没有显式继承其他类,即默认继承了Object类,相当于下面的类声明:

class Human1 extends Object { … }

由于Object类是所有类的根,因此该类的非私有成员,如toString方法(返回对象的字符串表示)、equals方法(比较两对象是否相等)等,通过派生成为各个类的成员。即任何类及其对象都拥有这些方法,因此任何对象都可调用这些方法。

8.3 用 protected 声明受保护成员

关键字 protected(受保护的)可修饰类的字段和方法,这些成员能被所有派生子类直接或间接继承,即使本包以外的子类也可以继承。就像人类的家族财产受到法律保护一样,父辈的财产能被子孙辈继承拥有,不管后代是在本地还是在外地都拥有继承权。

此外,protected 修饰的类成员,还能被类所在的包访问,但只局限于本包内,而不能被其他包访问。

【例 8-2】 改写例 8-1 程序,用 protected 声明类的成员。

```java
class Human2 {                                      //人类
    protected String name;                          //受保护的姓名字段
    protected char sex;                             //受保护的性别字段
    protected int age;                              //受保护的年龄字段

    protected Human2(String name, char sex, int age){    //受保护的构造方法
        this.name = name;
        this.sex = sex;
        this.age = age;
    }
    protected void think(){                         //受保护的思考方法
        System.out.println(name + "在思考…");
    }
}

class Student2 extends Human2 {                     //继承人类的学生类
    protected String stuNo;                         //受保护的学号字段

    protected Student2(String stuNo, String name, char sex, int age){    //构造方法
        super(name, sex, age);                      //调用超类的构造方法
        this.stuNo = stuNo;
    }
    protected void study(){                         //受保护的学习方法
        System.out.println(this.name + "在学习…");
    }
}

public class Ex2 {                                  //主类
    public static void main(String[]args) {
        Human2 person = new Human2("林冲", '男', 30);
        person.think();
        System.out.println();
        Student2 aStudent = new Student2("001", "李明", '男', 6);
        aStudent.think();
        aStudent.study();
    }
}
```

程序运行结果与例 8-1 完成一样,如图 8-2 所示。

注意:虽然 protected 可以修饰字段,但类的封装性要求除 final 常量字段外,其他字段一律应为 private,所以不可滥用 protected 修饰字段。

8.4 关键字 super

8.4.1 用 super 调用父类构造方法

类至少有一个构造方法,如果没有显式声明构造方法,则系统自动生成无参数的构造方法。无参构造方法就是默认构造方法。

子类来源于父类,子类对象包含父类的内核。在类的定义中,子类的构造方法(默认)总是先调用父类的构造方法。

在调用子类构造方法构建对象时,首先执行父类的构造方法,然后才执行子类构造方法。

【例 8-3】 编程,验证执行子类构造方法会自动调用父类的构造方法。

```java
class Human3 {
    public Human3(){
        System.out.println("构造了一个人");
    }
}

class Student3 extends Human3 {
    public Student3(){
        //super();                                  //相当于执行了本语句
        System.out.println("构造了一个学生");
    }
}

public class Ex3 {

    public static void main(String[] args) {
        Student3 aStudent = new Student3();
    }
}
```

程序运行结果如图 8-4 所示。可见,执行 Student3 构造方法时,自动调用了 Human3 的构造方法,相当于执行了加注释的语句"super();"把该行前面的注释符"//"去掉,执行结果完全一样。

图 8-4 调用父类构造方法

使用关键字 super 在子类中显式调用父类的构造方法,语法形式如下:

```
可选 public 等  子类构造方法名(可选形参表)  可选 throws 子句{
    super(可选实参表);
    …
```

}

例 8-1 的 Student1 类以及例 8-2 的 Student2 类都使用了 super 显式调用其父类的构造方法，如例 8-1 的代码：

```
public Student1(String stuNo, String name, char sex, int age){    //构造方法
    super(name, sex, age);                                         //调用超类的构造方法
    this.stuNo = stuNo;
}
```

需要强调的是，显式调用其他构造方法的语句必须是本构造方法内部的第一条语句。即 super 调用语句不能放在构造方法体中间或后面，必须放在首位。

如果子类的构造方法没有显式调用父类构造方法，则会自动调用父类不带参数的默认构造方法。详见例 8-3。

注意：本类的构造方法也允许相互调用，可在构造方法中使用下面语句显式调用本类其他构造方法（也必须放在首位）：

```
this(可选实参表);
```

8.4.2　用 super 访问父类字段和方法

关键字 super 除了调用父类构造方法外，还可在子类中指代父类对象，用于访问被子类隐藏的父类字段和调用被子类覆盖的父类方法。使用形式如下：

```
super.父类方法名(可选实参表)
super.父类字段名
```

8.5　类类型变量赋值

8.5.1　子类对象的上转型对象

子类由父类派生，可以把子类对象赋值给父类声明的变量。例如学生类继承人类，学生是人，学生对象属于人类，因此可把学生对象赋给人类声明的变量。这时，学生对象上转为人类的对象。代码表示如下：

```
Human human = new Student();
```

或者：

```
Human human;
Student stu = new Student ();
human = stu;
```

这种由父类变量引用的子类对象就是上转型对象。例如，上面代码的 human 对象就是 Student 对象的上转型对象。上转型对象属于父类，形式上是父类的对象。

注意：推而广之，所有对象都可赋给根类 Object 声明的变量，因此所有对象都能成为

Object 类型的上转型对象。

上转型对象本质上由子类创建的,但形式上属于父类,相当于子类对象的一个简化版,因此会失去原对象的一些属性和功能。

上转型对象具有如下特征:

(1) 上转型对象不能操作子类新增的成员字段和成员方法。
(2) 上转型对象能使用父类被继承或重写的成员方法、被继承或隐藏的成员变量。
(3) 如果子类重写了父类的方法,则上转型对象调用该方法时一定是重写后的方法(多态性)。
(4) 如果子类重新定义了父类的同名字段,即隐藏了父类的字段,则上转型对象访问该字段时必定是父类本身的字段,而不是子类定义的字段。

注意:不要将父类本身的对象与上转型对象相混淆。另外,可以将上转型对象通过强制转换还原为子类对象,这时,该子类对象又具备了子类所有的特性和功能。

【例 8-4】 编程,测试子类对象的上转型对象以及还原后的子类对象。

```java
class Human4 {                                    //人类
    private String name;                          //姓名
    public static String kind = "人类";           //种类名字段

    public Human4(String name){                   //构造方法
        this.name = name;
    }
    public String getName(){                      //获取姓名方法
        return name;
    }
    public void think(){                          //思考方法
        System.out.println(name + "在思考…");
    }
    public void like(){                           //爱好方法
        System.out.println("爱好因人而异");
    }
}

class Student4 extends Human4 {                   //学生类
    private String stuNo;                         //新增学号
    public static String kind = "学生类";         //重新定义种类名字段(隐藏继承的)

    public Student4(String stuNo, String name){   //构造方法
        super(name);
        this.stuNo = stuNo;
    }
    public void like(){                           //重写爱好方法
        System.out.println(stuNo + "号" + getName() + "爱好文娱体育运动");
    }
    public void study(){                          //新增学习方法
        System.out.println(stuNo + "号" + getName() + "在学习…");
    }
}
```

```
public class Ex4 {
    public static void main(String[] args) {
        System.out.println("    ==== 学生的上转型对象 ==== =");
        Human4 human = new Student4("001", "李明");
        System.out.println("该对象属于" + human.kind);
        human.like();
        human.think();
        //human.study();                            //出错,只能((Student4)human).study();
        System.out.println("\n    ==== 上转型对象还原为学生对象 ==== =");
        Student4 stu = (Student4)human;
        System.out.println("该对象属于" + stu.kind);
        stu.like();
        stu.think();
        stu.study();
    }
}
```

程序运行结果如图 8-5 所示。注意 Ex4 类 main 方法的第 3 行语句,上转型对象 human 读取的字段 kind 是父类(而不是子类)定义的,因为它的值是"人类"而不是"学生类"。另外,不管是上转型对象还是子类对象,都调用了子类重写后的 like 方法,因为输出结果都是"001 号李明爱好文娱体育运动"(见 main 方法第 4 行和第 10 行语句)。还有,上转型对象不能直接调用子类新方法 study(见 main 方法第 6 行语句)。

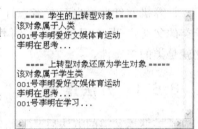

图 8-5 上转型对象及其还原对象

8.5.2 子类变量不能直接引用父类对象

子类对象有上转型对象,父类变量可以直接引用子类的对象,因为子类派生于父类,它属于父类,具有父类的内核。正如俗话所说,儿子像父亲,儿子是属于父亲的。

反之,父类是没有下转型对象的,子类变量不能直接引用父类的对象。

例如,设有动物类及其派生的鸟类和马类,则不能把动物类对象(或者是鸟或者是马)赋给鸟类变量。因为当动物是马时,把马说成是鸟显然不对。

因此,父类对象不能直接赋值给子类变量,子类变量不能直接引用父类对象。换句话说,父类对象没有下转型对象。

如果一定要引用,则必须使用强制类型转换。强制类型转换的语法形式如下:

(类型名) 变量

其中,变量的类型可以任意。若是类类型,则变量的值就代表该类的对象。

例如,例 8-4 中 main 方法的第 8 行语句就使用了强制类型转换,把上转型(父类)对象转为子类对象,其代码如下:

```
Student4 stu = (Student4)human;
```

注意:并不是所有强制类型转换都能成功,例如:把马类的动物强制转换为鸟,就无法转换。无法转换时会引发异常。

8.5.3 兄弟类对象不能相互替换

如果鸟类、马类和鱼类都继承动物类,则它们是同一层次的,是兄弟(姐妹)类。

显然,鸟不是马,鸟也不是鱼,因此,不能把鸟对象赋给马类或鱼类声明的变量。就是说:同一层次的兄弟类变量之间不能相互赋值,即兄弟类对象不能相互替换。

8.6 多态性

自然界万事万物表现形态丰富多彩,例如猫的叫声是"喵喵",狗的叫声是"汪汪",公鸡的叫声是"喔喔"。同一物质在不同的环境下表现形态也不尽相同,例如,水在0℃以下结冰(固态),100℃以上变成水汽(气态),在这两个温度之间才是水(液态)。这些便是自然界的多态性(Polymorphism)。

计算机软件世界也存在多态性。例如:类可以扮演多种角色:一是类本身,二是派生子类的父类,三是实现接口的实例类型。即一个类通过派生或实现接口可演化成其他类型,这就是类的多态性。

8.6.1 方法重写

子类继承父类的方法后又重新定义该方法,称为方法重写或方法覆盖(Override)。

多态性主要表现为类声明的变量能够指向不同的类型,即对象能够扮演多种类型的角色,因而呈现多种不同的运行结果。其中方法重写是类多态性的主要原因。

由于父类的方法可被不同的派生类重写,因此,一个(上转型)对象调用的父类方法,在实际运行时往往能调用到不同的子类方法,因而会产生不同的结果,呈现不同的形态。这种同一调用形式却能运行不同版本方法的现象,就属于多态性。至于具体调用哪个派生类方法,运行时由子类对象动态决定。

【例8-5】 编程,测试方法重写方面的多态性。

```
class Mammal{                                    //哺乳动物类
    public void Shout(){                         //呼叫方法
        System.out.println("不同类的动物叫声不同");
    }
}

class Cat extends Mammal{                        //继承哺乳动物类的猫类
    public void Shout(){                         //重写呼叫方法
        System.out.println("猫的叫声:喵…喵…");
    }
}

class Dog extends Mammal{                        //继承哺乳动物类的狗类
    public void Shout(){                         //重写呼叫方法
        System.out.println("狗的叫声:汪…汪…");
```

```
        }
    }
    class Tiger extends Mammal{                     //继承哺乳动物类的虎类
        public void Shout(){                        //重写呼叫方法
            System.out.println("虎的叫声：吼…吼…");
        }
    }
    public class Ex5 {
        public static void main(String[]args){
            Mammal animal;
            animal = new Cat();
            animal.Shout();                         //调用上转型对象的呼叫方法
            animal = new Dog();
            animal.Shout();                         //调用上转型对象的呼叫方法
            animal = new Tiger();
            animal.Shout();                         //调用上转型对象的呼叫方法
        }
    }
```

程序运行结果如图 8-6 所示。由于猫类、狗类和虎类均重写了父类的 Shout 方法，所以虽然 3 次都是同一调用形式 animal.Shout()，但由于每次调用上转型对象都不同，因此 3 次调用实际上调用了 3 个不同的方法，因而得到不同的结果，这就是多态。

图 8-6　方法重写的多态

注意：方法重写要遵循下列原则，否则有语法错：

（1）子类重写的方法不能比父类方法有更低的访问级别。例如父类方法是 public，则子类重写的方法不能是 protected 或 private。

（2）子类重写的方法不能比父类方法产生更多的异常。

8.6.2　方法重载

例 8-5 多态性的特征是派生子类重写了父类的方法。

除了方法重写，在一个类中定义多个同名但签名不同的方法——方法重载，也是一种多态，这种多态表现在一个（同名的）方法可以接收多种不同的参数组合。例如两数相加方法 add(a, b)，参数类型组合有 4 种：整整、整实、实整、实实，于是可以在一个类中利用方法重载定义 4 个同名但参数类型不同的方法（详见例 3-2）。

总之，方法重载和方法重写都属于类的多态性，前者是在一个类中定义多个同名的方法，后者是子类重写、覆盖所继承的父类同名方法。共同点是方法名称都相同。

8.7　本章小结

本章学习了类的继承与派生，继承与派生是一对互逆关系，子类继承父类，反之则父类派生子类。类通过继承与派生，形成一个庞大的家族，由于类的单一继承性，因此类的家族是层次分明的（倒挂）树状结构，最顶层是根类 Object，所有类都是它的子孙，由它直接或间接派生而来。

在第 7 章已学过类成员访问控制修饰符 public、protected 和 private。protected 主要用于声明能被所有派生子类继承的成员，这种成员也可被所在的包访问。

虽然可声明 protected 的字段，但由于面向对象程序设计封装性要求字段为私有的，因此一般只用 protected 声明方法。相对于 public 和 private 来说，protected 使用频率较小。

关键字 super 用于指代超类，即父类，可以用它调用超类的构造方法，也可用于访问被子类隐藏的父类字段，或调用被子类重写的父类方法。

把子类对象赋值给父类声明的变量，子类对象便转变为上转型对象。表明子类来源于父类，可以代表父对象履行职责。但反过来不行，即子类变量不能引用父类对象，兄弟类的对象也不能互相交换。

关于类多态性，主要表现在方法重写和方法重载上。前者涉及到两个类，是子类重写父类同名的方法，属于运行时多态，也叫动态多态性。而方法重载则是在一个类内部，编写一个方法的多个不同版本，属于编译时多态，也叫静态多态性。它们的共同点是方法名相同。

本章的知识点归纳如表 8-1 所示。

表 8-1　本章知识点归纳

知　识　点	操作示例及说明
继承与派生	class Human { … 　　　public void think(){ … } } classStudent extends Human { … 　　　public void study(){ … } }
用 protected 声明受保护成员	class Human { … 　　　protected String name; 　　　protected void think(){ … } }

以 super 调用父类构造方法	public Student(String stuNo, String name, char sex, int age){
	　　　super(name, sex, age); …
	}

以 super 作前缀访问父类变量和方法	super.父类方法名(可选实参表) super.父类字段名
上转型对象	Human human; Student stu = new Student(); human = stu;
方法重写的多态性	class Mammal { public void Shout(){ … } } class Cat extends Mammal { public void Shout(){ … } } class Dog extends Mammal { public void Shout(){ … } }

8.8 实训 8：学生类继承人类与动物多态性

(1) 编程，编写人类 Human，内含私有的姓名、性别和年龄字段，定义获取各字段的公共方法，再定义公共的构造方法和思考方法。编写继承人类的学生类 Student，增加私有的学号字段以及公共的获取学号方法，还有公共的构造方法、学习方法，并重写 toString 方法以获取学生数据。最后设计一个主类，构造若干个学生对象，并把他们的数据和行为显示出来。运行界面参见图 8-1(a)。

提示：部分代码参考如下。

```
class Human {                                       //人类
    private String name;                            //姓名
    …
    public String getName(){ return name; }
    …
    public Human(String name, char sex, int age){   //构造方法
        this.name = name; …
    }
    public void think(){                            //思考方法
        System.out.println(name + "在思考…");
    }
}

class Student … {                                   //继承人类的学生类
    private String stuNo;                           //学号
    public String getStuNo(){ … }
    public Student(String stuNo, String name, char sex, int age){   //构造方法
        super( … );
    }
    public void study(){                            //学习方法
        System.out.println(this.getName() + "在学习…");
    }

    public String toString(){                       //重写 toString 方法
        return String.format("所构造的学生是：%s 号%s，%c，%d 岁",
            stuNo, this.getName(), … );
    }
}

public class Train1 {                               //主类
    public static void main(String[]args){
        Scanner scan = …;
        Student stu;
        String stuNo, name;
        char sex;
        …
        System.out.println("  ==== 构造学生类对象 ====");
        try {
```

```java
            while (true){
                System.out.print("\n请输入空格分隔的学号、…\n(end 结束程序): ");
                stuNo = scan.next();
                if (stuNo.equals("end")){ … }
                name = scan.next();
                sex = scan.next().charAt(0);
                age = …
                stu = …
                System.out.println(stu.toString());
                stu.think();
                … ;
            }
        }
        catch (Exception e){ … }
        finally{System.out.println(" ---- 程序结束"); }
    }
}
```

(2) 编写测试多态性程序。首先编写动物类 Animal, 成员有: 私有的静态种类名字段 kind 及其公共的 get 和 set 方法, 公共的构造方法, 公共的呼吸和行走方法。然后分别编写继承动物类的鸟类 Bird、马类 Horse 和鱼类 Fish, 除定义构造方法外, 这些类均重写父类的行走方法。最后编写主类, 依次构造 Animal 类的各个上转型对象, 调用其呼吸和行走等方法, 看是否会得到不同的结果。运行界面参见图 8-1(b)。

提示: 部分代码参考如下。

```java
public class Animal {                                    //动物类
    private static String kind;                          //私有的种类名字段
    public Animal(){                                     //构造方法
        kind = "动物";
    }
    public static String getKind() { … }
    public static void setKind(String kind) { … }
    public String breathe(){                             //呼吸方法
        return kind + "在呼吸…";
    }
    public String go(){  return kind + … }               //行走方法
}

public class Bird … {                                    //继承动物类的鸟类
    public Bird(){
        Bird.setKind("鸟");
    }
    public String go(){                                  //重写行走方法
        return Bird.getKind() + "在飞翔…";
    }
}
…

public class Train2 {                                    //主类
    public static void main(String[]args){
```

```
        Scanner scan = …
        Animal aAnimal;
        int a = 0;
        System.out.println("  ==== 构造动物类对象 ====");
        try{
            while (true){
                System.out.print("\n请输入数字(1=鸟,2=马,3=鱼,其他=结束): ");
                a = …
                if (a == 1){ aAnimal = new Bird(); }
                else if (a == 2){ aAnimal = … }
                else if (a == 3){ … }
                else { break; }
                System.out.println("构建了一个" + Animal.getKind() + "对象");
                System.out.println(aAnimal.breathe());
                System.out.println( … );
            }
        }
        catch(Exception e){ }
        finally{ … }
    }
}
```

第9章 实现抽象图形——接口与包

能力目标：
- 理解关键字 abstract，能编写抽象方法和抽象类；
- 理解关键字 interface 及接口类型，学会定义并实现接口；
- 理解关键字 package、import 及包的作用，能定义和引入包；
- 能在一个包中定义含面积和周长方法的图形接口，在另一个包中编写实现图形接口的圆类和半圆类，在第三个包中编写实现图形接口的正方形类和正方体类。

9.1 任务预览

本章实训要编写的实现图形接口程序，运行结果如图 9-1 所示。

(a) 实现图形接口的圆和半圆类　　(b) 实现图形接口的正方形和正方体类

图 9-1　实训程序运行界面

9.2 抽象方法与抽象类

9.2.1 抽象方法与抽象类

在类中，可以声明只有方法头而没有方法体的方法，这时，要加上关键字 abstract，表明是抽象的。抽象的方法由于没有方法体，因而无法执行。

在类中声明抽象方法的一般形式为：

可选 public 等 abstract 返回类型 方法名(可选参数表)；

如果有 public 或 protected 等修饰符，则 abstract 可与之交换位置。由于没有方法体，故声明抽象方法必须以英文分号结束。

包含抽象方法的类，无法实例化，即不能构建对象，是抽象类。

抽象类也要用关键字 abstract 声明，声明抽象类的一般语法形式如下：

可选 public abstract class 类名 { 类成员 }

若有 public 修饰符，则 abstract 也可与之交换位置。

抽象类中除抽象方法外，还可有非抽象的成员。抽象类中的抽象方法可由派生类实现。所谓"实现"就是派生类重写继承而来的抽象方法，并增加方法体。因为只有方法体的方法才能执行，才能实现其功能。

注意：就语法而言，使用 abstract 声明的类都是抽象类，它可以没有抽象方法。即：含有抽象方法的类一定是抽象类，但抽象类不一定包含抽象方法。

【例 9-1】 定义抽象的图形类，内含抽象的计算面积和周长方法。定义继承该抽象类的圆类，重写计算面积和周长方法。再定义继承抽象图形类的正方形类，也重写计算面积和周长方法。最后定义一个主类，构建圆和正方形对象，并计算它们的面积和周长。

```java
abstract class Shape{                           //抽象的图形类
    public abstract double calcArea();          //抽象的计算面积方法
    public abstract double calcGirth();         //抽象的计算周长方法
}

class Circle extends Shape{                     //继承抽象图形类的圆类
    private double radius;                      //半径字段
    public Circle(double radius){               //构造方法
        this.radius = radius;
    }
    public double calcArea(){                   //重写计算面积方法
        return Math.PI * Math.pow(radius, 2);
    }
    public double calcGirth(){                  //重写计算周长方法
        return 2 * Math.PI * radius;
    }
}

class Square extends Shape{                     //继承抽象图形类的正方形类
    private double border;                      //边长字段
    public Square(double border){               //构造方法
        this.border = border;
    }
    public double calcArea(){                   //重写计算面积方法
        return Math.pow(border, 2);
    }
    public double calcGirth(){                  //重写计算周长方法
        return border * 4;
    }
}
```

```java
public class Ex1 {                                    //主类
    public static void main(String[]args) {
        Circle aCircle = new Circle(1);
        System.out.println("构建半径为1的圆");
        System.out.printf("圆面积: %.2f", aCircle.calcArea());
        System.out.printf("\n圆周长: %.2f", aCircle.calcGirth());
        System.out.println();
        Square aSquare = new Square(1);
        System.out.println("\n构建边长为1的正方形");
        System.out.printf("正方形面积: %.2f", aSquare.calcArea());
        System.out.printf("\n正方形周长: %.2f", aSquare.calcGirth());
    }
}
```

程序运行结果如图9-2所示。

抽象类的派生类只有重写并实现所有抽象方法,成为非抽象类,才能构建对象。

注意:抽象类的子类也可以是抽象类。而抽象类的非抽象子类,必须重写并实现所有抽象方法。另外,抽象方法不能用 private、final 或 static 来声明,一般用 public 声明。

图 9-2 实现抽象方法

抽象方法的作用是声明一些约定,属于"做什么"(What)的问题,例如,要计算图形的面积。至于"怎么做"(How),先不管。这是因为具体问题要具体分析,同样的问题,在不同的环境下有不同的解决方法。例如都是计算面积,但圆和正方形的面积,有不同的计算方法。抽象类的作用,就是将 What 与 How 分开,把怎么做交给下面的派生类。在分层的逻辑设计中,包含抽象方法的抽象类属于高层的代码,而非抽象类则是低层的。对于复杂的应用程序,适当运用抽象方法和抽象类,便于问题分解和分级管理,能提高软件开发效率。

9.2.2 对比抽象类(方法)与最终类(方法)

抽象方法只有被派生类重写,才能实现具体的功能。抽象类处于类继承层次结构中的上层。

与抽象方法、抽象类相对的是,使用关键字 final 声明的最终方法、最终类(请参见 7.6 节)。

最终类是不能被继承的类,表示类的继承层次到此为止,因此最终类处于类继承层次结构中的最底层。最终类与抽象类是水火不相容的,一个类不能既是抽象的,又是最终的,换句话说,不能同时使用关键字 abstract 和 final 修饰一个类。

最终方法是不能被派生子类重写的方法,意味着方法的定义是最后敲定的,不能再重写和更改。最终方法与抽象方法也是水火不相容,一个方法不能既是抽象的,又是最终的,即也不能同时使用关键字 abstract 和 final 修饰一个方法。

最终方法可以存于最终类,也可存于非最终类。事实上,最终类的所有方法都默认为最终方法,因为它们都不能被继承和重写。

由于不能被重写和更改,因此最终方法和最终类的安全性能最好,一些重要的代码通常使用 final 来声明,以防止非法篡改。事实上,Java 系统很多类都是 final 类,例如 String、StringBuffer、System 和 Math 等。

关于抽象方法、一般方法与最终方法的作用，总结如下：
- abstract 方法只引入方法的名称。
- 一般方法是方法的一个实现（因为通过类派生，方法可被子类重写）。
- final 方法是方法的最后一个实现。

9.3 接口类型

类类型是使用最多最广的类型。除了类类型，还有接口类型。

9.3.1 接口定义与实现

接口类型使用关键字 interface 定义。定义接口的一般语法形式如下：

可选 publicinterface 接口名 { 常量字段和方法成员 }

接口体中的成员主要是常量字段和非静态的抽象方法。接口成员均默认为 public，其中常量字段允许省略关键字 public、static 和 final，声明时一定要赋值。抽象方法允许省略 public 和 abstract。

注意：JDK8 版本允许接口含有静态的非抽象方法，即在接口内部可使用 static 声明有方法体的方法。

接口的作用类似抽象类。接口的抽象方法由类来实现。

实现接口要使用关键字 implements。声明实现接口的类，一般语法形式如下：

可选 public 等 class   类名 implements 接口表 { 含实现接口的类成员 }

实现接口就是定义一个类，为接口的所有抽象方法提供方法体，以便能够执行。

【例 9-2】 定义图形接口，内含常量字段和抽象的计算面积和周长方法。定义实现该接口的圆类，实现计算面积和周长方法。再定义实现图形接口的正方形类，也实现计算面积和周长方法。最后定义一个主类，构建圆和正方形对象，并计算它们的面积和周长。

```java
interface Shapeable{                        //能成形的图形接口
    double MIN_AREA = 0;                    //字段默认为 public static final
    double MIN_GIRTH = 0;                   //字段默认为 public static final
    double calcArea();                      //非静态方法默认为 public abstract
    double calcGirth();                     //非静态方法默认为 public abstract
}

class Circle2 implements Shapeable{         //实现图形接口的圆类
    private double radius;                  //半径字段
    public Circle2(double radius){          //构造方法
        this.radius = radius;
    }
    public double calcArea(){               //实现接口的计算面积方法
        return Math.PI * Math.pow(radius, 2);
    }
```

```java
        public double calcGirth(){                //实现接口的计算周长方法
            return 2 * Math.PI * radius;
        }
    }

    class Square2 implements Shapeable{           //实现图形接口的正方形类
        private double border;                    //边长字段
        public Square2(double border){            //构造方法
            this.border = border;
        }
        public double calcArea(){                 //实现接口的计算面积方法
            return Math.pow(border, 2);
        }
        public double calcGirth(){                //实现接口的计算周长方法
            return border * 4;
        }
    }

    public class Ex2 {
        public static void main(String[]args) {
            Circle2 aCircle = new Circle2(1);
            System.out.println("构建半径为 1 的圆");
            System.out.printf("圆面积: %.2f", aCircle.calcArea());
            System.out.printf("\n 圆周长: %.2f", aCircle.calcGirth());
            System.out.println();
            Square2 aSquare = new Square2(1);
            System.out.println("\n 构建边长为 1 的正方形");
            System.out.printf("正方形面积: %.2f", aSquare.calcArea());
            System.out.printf("\n 正方形周长: %.2f", aSquare.calcGirth());
        }
    }
```

程序运行结果与例 9-1 完全一样,如图 9-2 所示。

使用接口,将一个方法声明和方法实现彻底分离;即将做什么(What)与怎么做(How)完全分开,便于大型软件开发的分工协作与管理。

注意:接口的命名通常以 able 为后缀(例如 Shapeable、Cloneable、Comparable),表示"能够做的",至于具体怎么做,则留给实现该接口的类来完成。为与类区分起见,也可以 Interface 的首字母 I 作前缀命名接口,例如 IShape。另外,接口与类一样,允许嵌套定义,接口体内可以再定义接口或类,类体也可定义接口,总之,接口与类均可相互嵌套。

9.3.2 通过接口来引用类——接口多态

Java 系统预定义了不少接口,程序员也可自定义接口。总之,接口类型与类类型一样,是一个大家族。

接口类型家族与类类型家族是两大不同家族,但它们之间有关联,就像地球的非生物家族和生物家族一样,有区别,也有联系,如生物起源于非生物。

接口与类的关联体现在两个方面:一是类实现接口,二是接口类型的变量引用实现接口的类对象。

已知,在类继续关系的层次中,高层类的变量可以通过赋值引用低层类的对象。实现接口的类与派生类相似,也是处于低层的,接口则处于高层。因此,接口类型也可以声明变量,通过赋值来引用一个实现该接口的类对象。

在例 9-2 中,可使用接口 Shapeable 声明变量,然后把实现接口的 Circle2 类对象赋给该变量,也可把实现接口的 Square2 类对象赋给该变量,代码如下:

```
Shapeable aShape;                                //使用接口声明变量
aShape = new Circle2(1);                         //接口变量引用实现该接口的对象
System.out.println("构建半径为 1 的圆");
System.out.printf("圆面积: %.2f", aShape.calcArea());
System.out.printf("\n 圆周长: %.2f", aShape.calcGirth());
System.out.println();
aShape = new Square2(1);                         //接口变量引用实现该接口的另一对象
System.out.println("\n 构建边长为 1 的正方形");
System.out.printf("正方形面积: %.2f", aShape.calcArea());
System.out.printf("\n 正方形周长: %.2f", aShape.calcGirth());
```

把上述代码替换例 9-2 中主类 Ex2 的 main 方法代码,程序运行结果与原来的完全一样,如图 9-2 所示。

上述代码中,接口变量 aShape 引用了实现接口的圆对象后,就可调用被圆类重写的计算面积和周长方法。之后,变量 aShape 又引用了实现接口的正方形对象,于是也可调用被正方形类重写的计算面积和周长方法。这种接口回调现象与类的多态性相似,属于接口的多态性。因为同样形式的调用,如 aShape.calcArea(),aShape 指向的对象不同(圆或正方形),调用的方法也不同,得到的结果当然也不同。

9.4 接口多重继承与实现

接口类型与类类型一样,拥有一个大家族,接口之间也有继承与派生关系,不过,接口的继承比类复杂,类是单一继承,接口则是多重继承,一个接口可拥有多个父接口。一个类也可同时实现多个接口。

9.4.1 接口多重继承

定义多重继承的接口,其一般形式如下:

可选 public interface 接口名 extends 父接口表 { 常量字段和方法成员 }

当父接口表的接口超过一个时,各接口之间用英文逗号分隔。所定义的接口通过继承,拥有所有父接口的成员。

例如:

interface IA { ⋯ }

```
interface IB { … }
interface IC extends IA, IB { … }
```

接口 IC 同时继承接口 IA 和 IB。除了本身定义的成员,IC 也拥有从 IA 和 IB 继承过来的成员。

9.4.2 类实现多个接口

允许一个类同时实现多个接口,各接口之间用英文逗号分隔。

例如,定义实现接口 IA 和 IB 的类 D:

```
class D implements IA, IB { … }
```

已知,类是单一继承的,只能继承一个父类。不过,类单一继承的同时,还可以实现多个接口。例如:

```
class E { … }
class F extends E implements IA, IB { … }
```

类 F 继承父类 E,同时实现接口 IA 和 IB。

继承一个父类并实现多个接口的类,其定义形式如下:

可选 public 等 class 类名 extends 父类 implements 接口表 { 类成员 }

实现多个接口的类,必须重写所有接口的抽象方法,编写每个方法的方法体,这样类才不抽象。如果有一个抽象方法没有重写,该类都是抽象类。

至此,学习完抽象类和接口,它们均是抽象编程的机制,都支持分层设计,令声明(What)与实现(How)分离。由于接口具有多重继承与实现的特征,所以相对而言,接口使用率高于抽象类。

9.5 包

在学校里,如果一个班有两个同名的学生,例如都叫张三,则点名会非常不便。但如果他们分属两个不同的班,如甲班和乙班,则点名时就可用甲班张三、乙班张三加以区分。这时,班级就扮演了命名空间的角色。就是说,在同一个命名空间中,名字应该是唯一的。

大型软件的程序员不止一个,每个程序员往往需要命名多个类和接口等类型。为了避免名字冲突,Java 提供了存放代码的"包"管理机制,只要包名不同,即使类名相同,也能相互区分。通常,每个程序员都有自己特定的包名。

包就是类、接口等类型的命名存储空间,因此,包又称"类库",指的是存放类的仓库。

9.5.1 Java 系统 API 包

Java 系统提供了大量的类和接口类型,例如 System 和 String 类、Cloneable 接口等,供程序员编写应用程序调用,这些类和接口类型就称为应用编程接口(Application Programming Interface,API)。为了便于管理,API 分为多个包,表 9-1 列出了常用的 API 包。

表 9-1 Java 系统常用 API 包

API 包	功能和部分类型
java.lang	Java 基础类库,提供 Java 编程最基本的类和接口,例如 System、String、Math 和 Thread 类,Cloneable 和 Runnable 接口
java.util	实用工具包,提供 Arrays、Date、Random、Scanner 等类,以及 Collection＜E＞、Map＜K,V＞等接口
java.io	关于数据流与输入输出的包,提供 BufferedReader、BufferedWriter、FileReader、FileWriter 等类,以及 DataInput、DataOutput 等接口
java.awt	图形用户界面包,常用类有 Frame、Button、Label、TextField、Color 和 Graphics 等
java.awt.event	图形用户界面事件包,类有 ActionEvent 和 ItemEvent 等,接口有 ActionListener 和 ItemListener 等
java.applet	创建小程序的包,有 Applet 类和 AudioClip 接口等
java.sql	访问数据库的包,类有 DriverManager 等,接口有 Connection、Statement 和 ResultSet 等
java.net	网络包,有 Socke 和 ServerSocket 等类
javax.swing	提供"轻量级"图形用户界面组件,类有 JFrame、JButton、JLabel、JTextField、JApplet、ImageIcon 等,接口有 Icon 等

Java 系统常用包均以 java 或 javax 开头,后者的 x 是 extend(扩充)之意。包允许以分级分层的方式命名,例如 java.lang 和 java.awt 分两级,而 java.awt.event 则分 3 级。分级命名的优点是结构清晰,试对比地域名称:"中国·北京"、"中国·广东省"、"中国·广东省·广州市",就可以理解分级命名的作用了。

其中,java.lang 包是最基本的类库,最简单的 Java 程序都要使用该包的类,故在应用程序中无须显式使用关键字 import 引入,默认情况下系统会自动引入的。

包 java.awt 为抽象窗口工具集(Abstract Window Toolkit,awt)。该包用于图形用户界面编程,其组件是重量级的,不同平台有不同的实现方式。为建立平台无关性程序,建议编写图形用户界面程序首选轻量级的 javax.swing 包,该包的类本身就是用 Java 语言编写的。

注意:应用程序自定义的包不能以 java 作第一级包名,否则运行时会引发异常。

9.5.2 定义包

除了 Java 系统定义的包,程序员也可在应用程序中自定义包。
定义包要使用关键字 package,定义包也叫声明包,包语句的一般形式如下:

package 包名;

包语句必须放在源代码首行,作为第一条非注释的语句,一个源程序只能有一个 package 语句。

包名一般采用小写字母命名,包名允许分级命名,各级之间以圆点"."分隔。

自定义的包对应文件夹,就是说,定义了一个包,就要创建一个以包名命名的文件夹。如果包名是分级的,则每级包名对应一个子文件夹。

如果程序没有使用 package 语句定义包,则程序使用默认包,默认包对应当前文件夹。

例如,定义包语句:

package com.fancy;

这时,要创建对应的文件夹 com\fancy,包中的源程序文件就存放在该文件夹内。

在 Eclipse 等集成开发环境中,创建包时可自动创建对应的文件夹。如果使用记事本编写程序,则要手工创建文件夹。

注意:分级包的命名往往与网站域名相反,例如:网站域名为 www.fancy.com,则包名就是 com.fancy,其中 www 不作为包名的组成部分。

【例 9-3】 定义包 com.fancy,再在包中定义一个图形接口 Shapeable,内含抽象的计算面积和周长方法。程序代码如下:

```
package com.fancy;                //定义包

public interface Shapeable {      //图形接口
    double calcArea();            //抽象的计算面积方法,省略了 public abstract
    double calcGirth();           //抽象的计算周长方法,省略了 public abstract
}
```

在 Eclipse 环境下编写创建含有包的应用程序,步骤如下:

(1) 创建项目。选择菜单 File|New|Java Project 命令,在出现的对话框中输入项目名,如 ch09,创建 Java 项目。

(2) 创建包。在开发界面左边 Package Explorer 窗格的项目名中右击,选择快捷菜单 New|Package 命令,出现如图 9-3 所示 New Java Package 对话框,在 Name 文本框中输入包名,如 com.fancy,单击 Finish 按钮即可。这时 Eclipse 软件会自动建立与包名对应的文件夹,如 com\fancy。

图 9-3 New Java Package 对话框

(3) 创建接口。在 Package Explorer 窗格的包名中右击,选择快捷菜单 New|Interface 命令,出现如图 9-4 所示 New Java Interface 对话框,注意 Package 文本框自动输入了包名 (如 com.fancy)。若没有自动输入,则请手工输入。在 Name 文本框中输入接口名,如

Shapeable,然后单击 Finish 按钮即可新建接口。这时 Eclipse 软件会自动建立以接口名为主文件名的源程序文件,如 Shapeable.java。

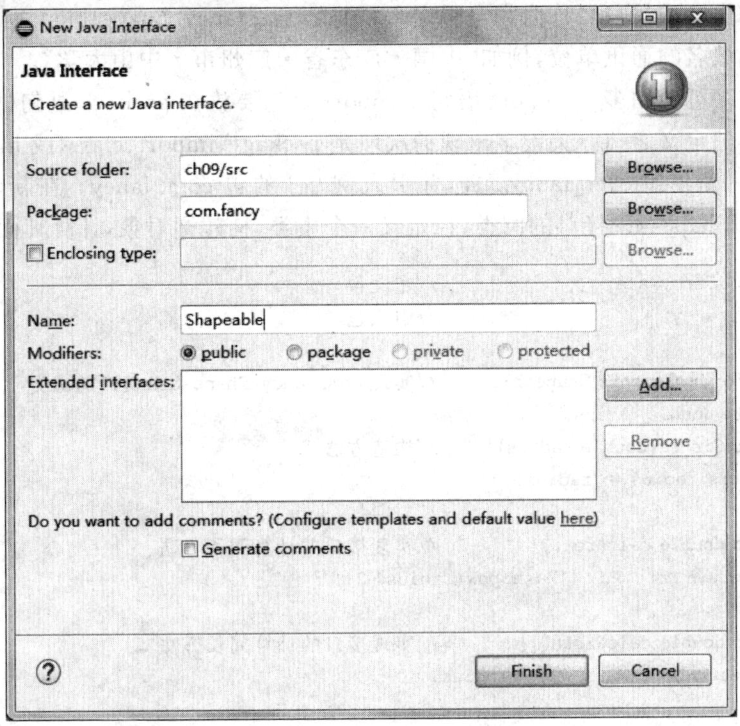

图 9-4 New Java Interface 对话框

如果要创建类,则在包名右击,选择快捷菜单 New|Class 命令。

(4) 在代码窗口中输入接口的成员代码,如抽象的计算周长和面积方法。

也可把上面第(2)、(3)两步合并为一步。即直接执行第(3)步创建接口(或类),这时必须在 New Java Interface(或 New Java Class)对话框的 Package 文本框中手工输入包名。

注意:一个包可以存放多个源文件,这时,每个源文件首行都要编写同样的包声明语句。在 Eclipse 开发环境下,包声明语句是自动编写的,只需在 New Java Interface(或 New Java Class)对话框中的 Package 文本框输入包名即可。

9.5.3 引入包

若 Java 程序需要使用其他包的类或接口,则要用 import 语句引入这些包。只有 java.lang 包是个例外,因为该包能自动引入。

使用关键字 import 引入包,引入包语句的一般语法形式如下:

import 包名.*;

其中,"*"号表示所有内容,即该包的所有类和接口。也可只引入包的一个类(或接口),这时,要用类名(或接口名)替换*号。一般语法形式如下:

import 包名.类名;

```
    import 包名.接口名;
```
分级的包名,各级之间以英文圆点"."分隔,包名与类名之间也是用英文圆点分隔。以包名作前缀的类名或接口名称为完全限定名,例如 com.fancy.Shapeable。完全限定名的作用犹如告知地域名的通讯单位,例如"中国·广东省·广州市·中山大学"。

一个源程序可使用多个 import 语句。import 语句要放在 package 语句(如果有)之后,以及类(接口)的定义之前。关键字出现的次序是 package、import、class(或 interface)。

【例 9-4】 新建包 com.fancy.aaa,并引入例 9-3 的包 com.fancy。在新建包中定义实现 com.fancy.Shapeable 接口的圆类,再定义一个主类,构建圆对象,计算其面积和周长。

```
package com.fancy.aaa;              //定义包
import com.fancy.*;                 //引入包

class Circle implements Shapeable{  //实现 com.fancy.Shapeable 接口的圆类
    private double radius;
    public Circle(double radius){   //构造方法
        this.radius = radius;
    }
    public double calcArea(){       //实现接口的计算面积方法
        return Math.PI * Math.pow(radius, 2);
    }
    public double calcGirth(){      //实现接口的计算周长方法
        return 2 * Math.PI * radius;
    }
}

public class Ex4 {                  //主类
    public static void main(String[]args) {
        Circle aCircle = new Circle(1);
        System.out.println("构建半径为 1 的圆");
        System.out.printf("圆面积: %.2f", aCircle.calcArea());
        System.out.printf("\n 圆周长: %.2f", aCircle.calcGirth());
    }
}
```

在 Eclipse 开发环境下可把新建包和新建类这两步合成一步完成,具体操作如下:

在开发界面左面 Package Explorer 窗格例 9-3 项目名中右击,选择快捷菜单 New│Class 命令,出现如图 9-5 所示 New Java Class 对话框,在 Package 文本框输入要建的包名 com.fancy.aaa,在 Name 文本框中输入主类名 Ex4,勾选创建 main 方法存根,然后单击 Finish 按钮,即可同时建立包和类。这时 Eclipse 软件会自动建立文件夹 com\fancy\aaa,以及源程序文件 Ex4.java。

最后在代码窗口中编写引入 com.fancy 包语句、定义 Circle 类(该类也可单独定义并存为 Circle.java 文件)、编写主类的 main 方法体,然后按 Ctrl + F11 快捷键运行程序,运行结果如图 9-6 所示。

注意:在一个源程序文件中允许定义多个类,只有与文件主名(不含扩展名)相同的类才能声明为 public,因此,一个源文件只能有一个 public 类。通常,包含 main 方法的主类声

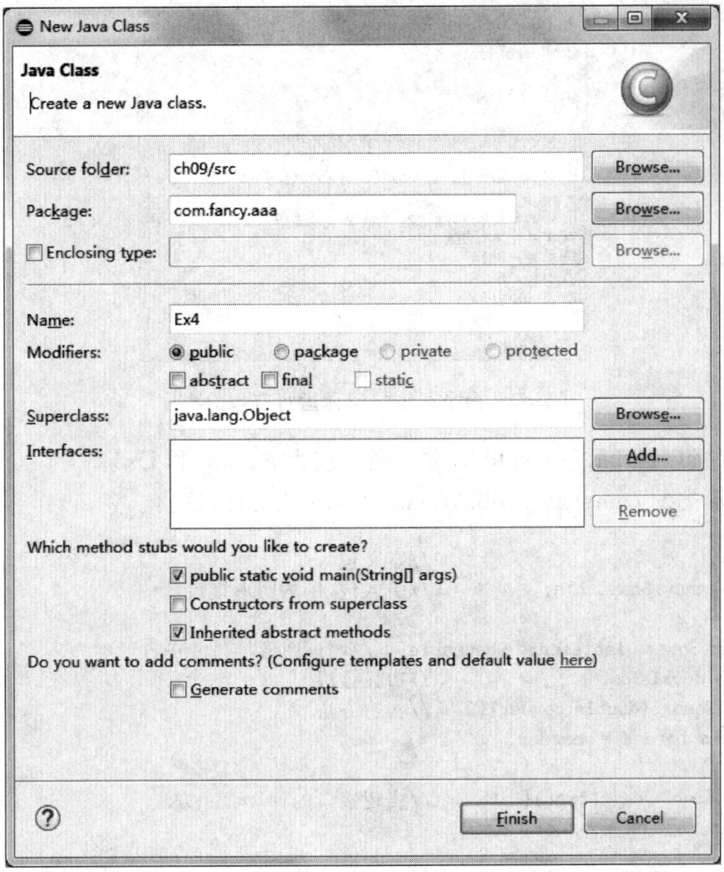

第 9 章 实现抽象图形——接口与包

图 9-5 在 New Java Class 对话框新建含包名的类

明为 public。为强化模块编程，建议一个源文件只定义一个类，且声明为 public 类。

如果使用记事本编写程序，涉及包的，必须手工创建与包对应的文件夹，并把包中的源程序文件放在对应的文件夹下，编译和运行都要在项目的根文件夹中进行。

图 9-6 定义并引入包运行结果

编译前，先进入项目的根目录（例如 E:\Java 程序），然后按照下面格式编译：

javac 文件夹*.java

所有源程序都要编译，编译成功，才能运行。运行格式如下：

java 包名.主类名

例 9-3 和例 9-4 中的程序，采用记事本编写，其编译和运行界面如图 9-7 所示。

【**例 9-5**】 新建包 com.fancy.bbb，在包中先定义实现 com.fancy.Shapeable 接口的正方形类（需引入例 9-3 定义的包 com.fancy），然后再定义一个主类，在 main 方法中构建正方形对象，计算其面积和周长。

下面把正方形类和主类分开定义，各存放在一个源程序文件中，如分别保存为 Square.java 和 Ex5.java 文件。在 Eclipse 开发环境下编程，要执行两次菜单 New|Class 命令，两

图 9-7 命令行窗口编译运行有包的程序

次均输入相同的包名 com.fancy.bbb,类名则分别为 Square 和 Ex5。

存放正方形类的 com\fancy\bbb\Square.java 源文件代码：

```java
package com.fancy.bbb;           //定义包
import com.fancy.Shapeable;      //引入包(中的图形接口)

public class Square implements Shapeable{   //实现图形接口的正方形类
    private double border;           //边长字段
    public Square(double border){    //构造方法
        this.border = border;
    }
    public double calcArea(){        //实现接口的计算面积方法
        return Math.pow(border, 2);
    }
    public double calcGirth(){       //实现接口的计算周长方法
        return border * 4;
    }
}
```

存放主类的 com\fancy\bbb\Ex5.java 源文件代码：

```java
package com.fancy.bbb;           //声明包

public class Ex5 {               //主类
    public static void main(String[]args) {
        Square aSquare = new Square(1);
        System.out.println("构建边长为 1 的正方形");
        System.out.printf("正方形面积: %.2f", aSquare.calcArea());
        System.out.printf("\n正方形周长: %.2f", aSquare.calcGirth());
    }
}
```

运行程序,结果如图 9-8 所示。

执行完例 9-3～例 9-5 后,Eclipse 开发界面的 Package Explorer 窗格显示如图 9-9 所示,从中可见同一个项目 ch09 已创建了 3 个包,分别是 com.fancy、com.fancy.aaa 和 com.fancy.bbb,每个包中都含有相应的源程序文件。该项目涉及

图 9-8 构建正方形运行结果

一个接口和 4 个类，其中 Circle 类和 Square 类均实现了图形接口 Shapeable，如图 9-10 所示。而 Ex4 类和 Ex5 类都是主类，分别用于测试 Circle 类和 Square 类。

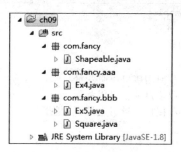

图 9-9　Package Explorer 窗格

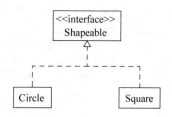

图 9-10　实现图形接口的类图

9.6　本章小结

本章学习了抽象方法与抽象类，抽象方法是没有方法体的方法，而抽象类则是使用 abstract 声明的类。抽象类中一般含有抽象方法，也允许没有抽象方法。抽象方法还存在于接口类型中。抽象与最终是方法的两个极端，不能同时存在于一个方法，一个方法不能既是抽象的又是最终的。同理，抽象类与最终类也不能兼容，它们分别处于类层次结构中的上部和底部。

接口是一种类型，接口的字段都是常量字段，接口的方法一般是抽象的，JDK8 版本也允许静态的非抽象方法。作为含抽象方法的类型，接口与抽象类有点相似。不过，接口本身是一个大家族，接口之间可以相互继承与派生，并且接口是多重继承的，一个接口允许有多个父接口。类通过实现接口与接口发生关联，一个类能同时实现多个接口。

接口声明的变量，能引用实现接口的各个类对象，于是能以同一形式调用不同类实现的方法。方法实现不同，得到的结果也不同。这就是接口的多态。

包是含有类、接口的软件仓库，故也称类库。Java 系统本身定义了不少 API（应用编程接口）包，供编程人员使用。程序员也可自定义包，并在其他包中引用。

从模块的角度来看，包属于大模块，内部可以包含多个类和接口，类或接口是中模块，内部允许含有多个方法和字段成员，方法则属于小模块，内部可包含多条语句。因此，包、类（接口）和方法，构成了三层模块结构。

本章的知识点归纳如表 9-2 所示。

表 9-2　本章知识点归纳

知 识 点	操作示例及说明

抽象方法与抽象类	`publicabstract class Shape{`
	　　`public abstract double calcArea();`
	`}`

接口定义与实现	`public interface Shapeable{`
	　　`double MIN_AREA = 0;`　　//字段默认为 public static final
	　　`double calcArea();`　　//非静态方法默认为 public abstract
	`}`

续表

知 识 点	操作示例及说明

接口定义与实现	class Circle implements Shapeable{
	　　private double radius;　…
	　　public double calcArea(){ … }
	}

接口的多态	Shapeable aShape;　　　　　　//使用接口声明变量 aShape = new Circle(1);　　　//接口变量引用对象 aShape = new Square(1);　　　//接口变量引用另一对象
接口多重继承	interface IA { … } interface IB { … } interface IC extends IA, IB { … }
类实现多个接口	class D implements IA, IB { … } class E { … } class F extends E implements IA, IB { … }
API 包	如 java.lang、java.util
定义包	package com.fancy;
引入包	import com.fancy.*;

9.7 实训9：实现图形接口

（1）新建一个Java项目,先创建com.dream包,在包中定义一个图形接口Shapeable,内含计算面积和周长的两个抽象方法。再创建第二个包com.dream.zhangsan,在该包中编写实现图形接口的圆类Circle和半圆类SemiCircle。最后在第二个包中新建一个用于测试的主类Train1,运行时能连续不断提示输入半径值,输出圆和半圆的面积和周长。类图和包窗格如图9-11和图9-12所示,运行界面参见图9-1(a)。

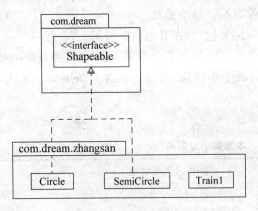

图9-11　有包的类图　　　　　　图9-12　包窗格

提示：部分代码参考如下。

① 源文件 com\dream\Shapeable.java：

package com.dream;　　　　　　　　　　　　　　//包1：梦公司包

```java
public interface Shapeable {                //图形接口
    double calcArea();                      //抽象的计算面积方法(省略 abstract)
    …
}
```

② 源文件 com\dream\zhangsan\Circle.java：

```java
package com.dream.zhangsan;                 //包 2：梦公司张三包
import com.dream.Shapeable;                 //引入包
class Circle implements Shapeable{          //实现图形接口的圆类
    private double radius;                  //半径字段
    public Circle(double radius) throws Exception{  //构造方法
        if (radius < 0) { throw … } else { … }
    }
    public double calcArea(){ … }           //实现接口的计算面积方法
        return Math.PI * Math.pow(radius, 2);
    }
    …
}
```

③ 源文件 com\dream\zhangsan\SemiCircle.java，略。

④ 源文件 com\dream\zhangsan\Train1.java：

```java
package com.dream.zhangsan;
import com.dream.Shapeable;
import java.util.Scanner;
public class Train1 {
    public static void main(String[]args) {
        System.out.println(" ====  实现图形接口的圆和半圆  ====");
        Scanner scan = …
        double radius;
        String str;
        Shapeable shape;
        while(true){
            try{
                System.out.println("\n请输入半径(直接按 Enter 键结束程序): ");
                str = scan.nextLine();
                if(str.equals("")){ … }
                radius = …
                shape = new Circle( … );
                System.out.printf("圆面积%.2f、周长%.2f\n", …);
                shape = …
                System.out.printf("半圆面积%.2f、周长%.2f\n", …);
            }
            catch(Exception e){ … }
        }
        System.out.print(" ---- 程序结束");
        scan.close();
    }
}
```

(2) 编程，在上题基础上，建立第 3 个包 com.dream.lisi，在该包中编写实现图形接口的正方形类 Square 和正方体类 Cube，再编写一个用于测试的主类 Train2，运行时能连续不断提示输入边长值，输出正方形和正方体的面积和周长。这时的类图和包窗格如图 9-13 和图 9-14 所示，运行界面参见图 9-1(b)。

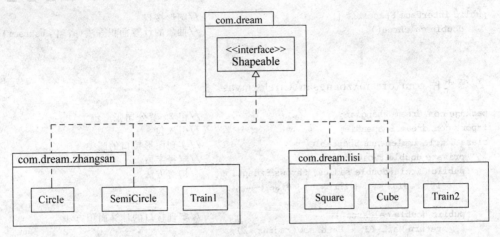

图 9-13 两个包共 4 个类实现另一包的图形接口(类图)

图 9-14 包窗格

提示：部分代码参考如下。
① 源文件 com\dream\lisi\Square.java：

```
package com.dream.lisi;                          //包 3：梦公司李四包
import com.dream.Shapeable;
public class Square implements Shapeable {      //实现图形接口的正方形类
    private double border;                       //边长字段
    public Square(double border) throws Exception{  //构造方法
        …
    }
    …
}
```

② 源文件 com\dream\lisi\Cube.java，略。
③ 源文件 com\dream\lisi\Train2.java：

```
package com.dream.lisi;
…
public class Train2 {
    public static void main(String[ ]args) {
        System.out.println(" ==== 实现图形接口的正方形和正方体 ==== ");
        …
    }
}
```

第 10 章 成绩统计——数组与字符串

能力目标：

- 掌握一维数组，包括数组声明、创建、元素访问、遍历和排序等，了解多维数组；
- 理解方法引用类型参数及地址传递方式，掌握定义参数数组方法和可变数目参数方法；
- 掌握 String 类，学会使用可变字符串类 StringBuffer 和 StringBuilder；
- 了解正则表达式与字符串的匹配；
- 能运用数组编写求最大最小值等方法，编写成绩统计程序。

10.1 任务预览

本章实训要编写的求最大最小值和成绩统计程序，运行结果如图 10-1 所示。

(a) 求最大最小值

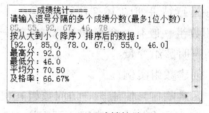
(b) 成绩统计

图 10-1 实训程序运行界面

10.2 数组

一个变量存放一个数据，例如，存放学生一门课成绩，声明一个变量便可做到。如果要存放一个班的成绩，假设该班有 50 人，难道要逐个声明 50 个变量吗？

回答是否定的，因为有数组类型。只需定义一个数组，便能存放多个数据。

数组（Array），是存放相同类型的多个数据的集合。数组的成员（数据项）称为元素，一个数组元素相当于一个变量，可以单独访问。数组元素的个数，称为数组的长度（Length）或大小。

数组元素按序号编排，从 0 开始，依次递增。数组元素序号称为下标或索引（Index）。

例如,设有数组 nums,内容为{71, 62, 93, 84, 95, 56, 87, 78, 69, 80 },则数组长度为 10,各元素索引依次为 0 1,2,3,4,5,6,7,8,9。可以通过索引来访问数组元素。

作为一种类型,数组与类、接口类型一样,属于引用类型(复合数据类型)。一个数组实例相当于一个对象。数组实例的所有元素连续存放在内存称为"堆"的空间中。

书写代码时,用数组名加上带索引的方括号来表示数组元素,例如:数组 nums 各元素分别用 nums[0]~nums[9]表示。数组尾元素的索引是数组长度减 1。

注意:数组元素内容不要求按大小顺序存放,但元素索引是按升序排列的。

【**例 10-1**】 编写统计平均成绩的程序:创建 10 个元素的整型数组,存放 10 个学生的成绩(分数),运行时列出所有元素值,并统计平均值。

```java
public class Ex1 {
    public static void main(String[]args) {
        int[]nums = {71, 62, 93, 84, 95, 56, 87, 78, 69, 80};    //创建数组
        int sum = 0;
        double average;
        System.out.println("数组各元素的值(学生成绩)如下:");
        for (int i = 0; i < nums.length; i++){                    //数组长度 length
            System.out.print(" " + nums[i]);                      //输出数组元素值
            sum += nums[i];                                        //各元素累加
        }
        average = (double)sum / nums.length;
        System.out.println("\n 元素平均值(平均成绩)是:" + average);
    }
}
```

程序运行结果如图 10-2 所示。

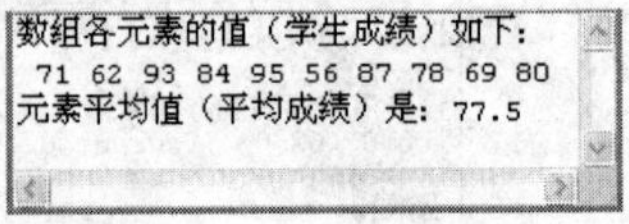

使用数组一般有 3 个步骤:

(1) 声明数组变量。

(2) 创建数组实例。

(3) 元素赋值与使用——访问数组元素。

图 10-2 统计平均成绩

这些步骤也允许合并使用。下面详细加以说明。

10.2.1 声明数组变量

在源程序中,采用方括号[ ]来标识数组。由于数组的所有元素都具有相同的数据类型,因此采用元素数据类型后跟方括号的形式表示数组类型。

声明数组类型的变量,有两种语法形式:

元素类型[ ] 数组变量;
元素类型 数组变量[ ];

建议采取第一种语法形式,以便与 C#等语言的表示形式一致。

例如,声明整型元素的数组变量 nums:

int[ ] nums;

上面只声明了一个数组变量,数组实例还没有建立,当然数组长度(元素个数)也不知

道,因此还得建立数组。

注意:数组长度不能声明。数组元素类型除了基本数据类型外,还可以是类、接口、enum(枚举)等类型。应该为数组变量起一个复数名称,如 nums、people 等,因为数组变量关联一个数组实例。

10.2.2 创建数组实例

一个数组实例相当于一个对象,创建数组实例与构建类的对象相似,也要使用关键字 new。创建数组实例的一般形式如下:

数组变量 = **new** 元素类型[数组长度];

表示创建了一个数组实例,并把数组实例在内存堆中的存放地址赋给数组变量。于是数组变量便引用了数组实例。被赋值后的数组变量相当于一个数组名。

例如,创建具有 10 个 int 型元素的数组,并用已声明的数组变量 nums 来引用:

nums = **new** int[10];

于是,nums 就相当于一个数组名。

已知,类类型允许使用一条语句在声明变量时构建对象,如设有圆类 Circle,则可使用下面一条语句声明变量并构建圆对象:

Circle aCircle = new Circle(5);

与之类似,也允许用一个语句声明并创建数组,这种二合一的语法形式如下:

元素类型[ ] 数组变量 = **new** 元素类型[数组长度];

例如,数组 nums 声明、创建步骤二合一的语句如下:

int[ ]nums = **new** int[10];

创建数组实例时,所有元素自动拥有默认值。其中 int、double 等数值类型的元素默认为 0,boolean 型的默认为 false,引用类型则默认为 null。

创建数组实例后,数组长度可以使用属性 length 获取,例如上面 nums.length 为 10。

注意:使用 new 创建数组时,方括号内的数组长度允许为含有变量的整型表达式,不过这些变量必须有值,并且整型表达式的结果只能是正数或零,而不能是负数,否则会引发异常。若变量的值在运行时确定,则可创建所谓运行时"可变长"的数组(需要强调的是,数组实例一经创建,是不能改变长度的,故上面的"可变长"3 字加了双引号)。

10.2.3 访问数组元素

创建数组实例后,就可使用各个数组元素。数组元素用代表数组名的数组变量、方括号和索引来表示。数组元素的一般表示形式如下:

数组变量[索引]

一个数组元素相当于一个普通变量,可以赋值,也可读取其中的数据。

注意：数组元素的索引从 0 开始，到数组长度减 1 为止，如果越界，则会引发 ArrayIndexOutOfBoundsException 异常。

【例 10-2】 编程，使用声明、创建、元素赋值 3 个步骤建立存放学生成绩的数组，并统计平均成绩。

```java
public class Ex2 {
    public static void main(String[]args) {
        int[]nums;                              //声明数组变量
        nums = new int[10];                     //创建数组实例
        nums[0] = 71;                           //数组各元素赋值
        nums[1] = 62;
        nums[2] = 93;
        nums[3] = 84;
        nums[4] = 95;
        nums[5] = 56;
        nums[6] = 87;
        nums[7] = 78;
        nums[8] = 69;
        nums[9] = 80;
        int sum = 0;
        double average;
        System.out.println("数组各元素的值(学生成绩)如下：");
        for (int i = 0; i < nums.length; i++){  //数组长度 length
            System.out.print(" " + nums[i]);    //输出数组元素值
            sum += nums[i];                     //各元素累加
        }
        average = (double)sum / nums.length;
        System.out.println("\n元素平均值(平均成绩)是：" + average);
    }
}
```

程序运行结果与例 10-1 完全一样，见图 10-2。

10.2.4 数组声明、创建、元素赋值三合一

使用数组有声明、创建、元素赋值 3 个步骤，除了前两个步骤可二合一外，还可把这 3 个步骤合而为一，用一个语句完成。如例 10-1 中创建数组的语句：

`int[]nums = {71, 62, 93, 84, 95, 56, 87, 78, 69, 80};`   //三合一语句

便是数组声明、创建、元素赋值三合一的语句。该语句隐含了创建数组实例的部分，也可显式给出，例如：

`int[]nums = new int[ ]{71, 62, 93, 84, 95, 56, 87, 78, 69, 80};`

因为数组长度可从大括号元素值表中统计而得，故创建数组实例部分的方括号中无须给出长度。

数组声明、创建、元素赋值三合一语句的一般语法形式：

`元素类型[ ] 数组变量 = new 元素类型[]{ 元素初值表 };`

其中，创建数组实例部分"new 元素类型[ ]"可以省略。
数组元素类型除基本数据类型外，还可以是类类型。例如，假设声明了类 Circle：

class Circle { }

则可编写下列语句，依次创建元素个数为 1、2、3 的 Circle[ ]类型数组：

```
Circle[ ]circles1 = new Circle[ ]{ null };
Circle[ ]circles2 = new Circle[ ]{ new Circle(), null };
Circle[ ]circles3 = {new Circle(), null, new Circle() };
```

10.3 多维数组

上面讲述的是一维数组，也可声明创建二维、三维等多维数组。
一维数组各元素布局成直线状，对应一维坐标；二维数组元素布局成平面状，对应二维坐标，由行和列组成；三维数组元素成立体状，对应三维坐标。
声明二维、三数组的一般语法形式如下：

元素类型[ ][ ]数组变量；
元素类型[ ][ ][ ]数组变量；

可见，方括号的对数对应数组的维数，2 对方括号是二维数组，3 对是三维数组。
二维、三维数组的元素表示形式如下：

数组变量[索引][索引]
数组变量[索引][索引][索引]

Java 语言的多维数组是元素为数组的数组，如二维数组是元素为一维数组的数组，三维数组是元素为二维数组的数组。其中，各元素数组的长度不尽相同，如组成二维数组的各个一维数组，其长度允许不同（参见例 10-3）。不过，每维的索引均从 0 开始。

【例 10-3】 编程，创建 int[ ][ ]类型的二维数组，计算每行元素的平均值。

```
public class Ex3 {
    public static void main(String[ ]args) {
        int[ ][ ]nums = new int[ ][ ]{              //声明、创建二维数组
            {71, 62, 93, 84},                       //第 0 行 4 个元素
            {95, 56, 87, 78},                       //第 1 行 4 个元素
            {69, 80}                                //第 2 行 2 个元素
        };
        System.out.println("二维数组所有元素值如下：");
        for(int i = 0; i < nums.length; i++){       //i 控制行
            double rowSum = 0;
            for(int j = 0; j < nums[i].length; j++){ //j 控制列
                System.out.print(nums[i][j]+ "   ");
                rowSum += nums[i][j];
            }
            System.out.println("\t\t本行平均值" + rowSum/nums[i].length );
        }
```

        }
    }

程序运行结果如图 10-3 所示。

例 10-3 定义了由 3 个一维数组作元素组成的二维数组 nums,其中 3 个一维数组(对应 3 行)的元素个数分别是 4、4、2,表明二维数组各元素数组的长度不尽相同。程序中使用了表示二维数组长度的 nums.length,由于二维数组有 3

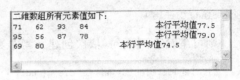

图 10-3 二维数组

个一维数组元素,因此其值为 3,即 3 行。而 nums[i].length 则表示各行(一维数组)的长度,各行的长度是每行的元素个数,即列数,依次是 4、4、2。

10.4 数组操作与数组封装类 Arrays

10.4.1 数组遍历

所谓遍历,就是从头到尾走一趟。遍历数组,即从头到尾逐个读出数组的各个元素。

循环语句除了第 5 章介绍的 for、while 和 do-while 外,还有专门用于遍历数组和集合的简化型 for 语句(相当于 C♯语言的 foreach 语句),该语句的一般语法形式如下:

```
for (元素类型 变量 : 数组或集合) { 循环体代码 }
```

其中,冒号":"是"属于"、"在……之中"的意思。整个语句的功能是对于数组或集合中的每一个元素,执行循环体中的代码,完成相应的功能。

数组常用操作有遍历各元素、输出元素值、元素累加、排序或复制等。这些都可用 for 语句完成。

除了使用循环语句遍历数组,还可使用 java.util 包中的数组封装类 Arrays,调用其中的 toString 方法获取数组的各个元素。该方法返回各元素的字符串表示形式,元素之间以逗号分隔。该方法头部的声明格式如下:

```
public static String toString(数组元素类型[] a)
```

其中数组元素类型包括 int、double 等基本类型以及根类 Object。即 Arrays 类的 toString 方法有多种重载形式。由于方法是静态的,故以类名 Arrays 作前缀调用,调用形式如下:

```
Arrays.toString(数组实例名)
```

注意:顾名思义,Arrays 是关联数组的类,该类封装了操作数组的多个方法(因而称为数组封装类或包装类),如对元素进行排序、搜索、数组相等比较和复制等方法。该类所有方法都是静态的,因而都可用类名 Arrays 作前缀调用。

【例 10-4】 依次使用 for 语句、Arrays.toString 方法遍历输出 int[]型数组各个元素。

```
import java.util.Arrays;
```

```
public class Ex4 {
    public static void main(String[]args) {
        int[]nums = {71, 62, 93, 84, 95, 56, 87, 78, 69, 80};
        System.out.println("(1)使用for语句遍历数组元素：");
        for (int n : nums){
            System.out.print(" " + n);                    //输出数组元素
        }
        System.out.println("\n(2)调用Arrays.toString方法获取所有元素：");
        System.out.println(Arrays.toString(nums));
    }
}
```

程序运行结果如图10-4所示。可见，使用Arrays.toString方法获取数组元素时，各元素之间以逗号分隔，并且自动加方括号把所有元素括起来。

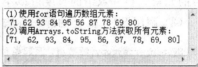

图10-4 遍历数组

10.4.2 数组排序

除了遍历输出数组元素，Arrays类还提供了对数组元素按升序（从小到大）排序的方法sort，调用形式主要有两种：

Arrays.sort(数组实例名)
Arrays.sort(数组实例名，起始索引，终止索引)

第一种形式是对数组的所有元素进行排序，第二种形式要指定元素的排序范围，即只对从起始索引到终止索引减1之间的元素排序，该范围不包括终止索引处的元素。

【例10-5】 编程，按升序输出int[]型数组的所有元素。

```
import java.util.Arrays;
public class Ex5 {
    public static void main(String[]args) {
        int[]nums = {71, 62, 93, 84, 95, 56, 87, 78, 69, 80};
        System.out.println("排序之前的数组元素：");
        System.out.println(Arrays.toString(nums));
        System.out.println("排序之后的数组元素：");
        Arrays.sort(nums);      //调用排序方法
        System.out.println(Arrays.toString(nums));
    }
}
```

程序运行结果如图10-5所示。

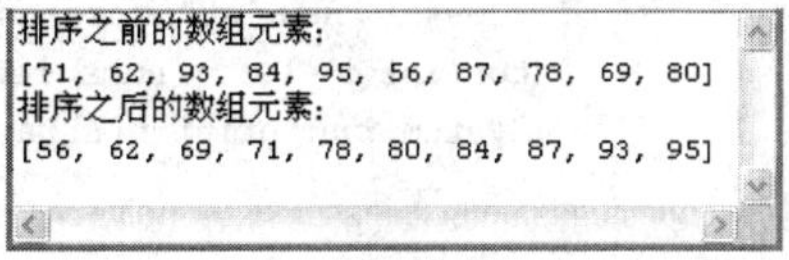

图10-5 数组元素排序

10.4.3 数组复制

数组复制方法有多种，列举如下：
（1）调用Arrays类的静态方法copyOf，调用形式：

Arrays.copyOf(源数组，目标数组长度)

该方法返回一个目标数组,目标数组的长度可以大于或小于源数组的长度。当目标数组元素多于源数组时,剩下的元素以默认值(0、false 或 null)填充。

注意:同类型的数组才能复制,复制后目标数组的类型与源数组完全相同。

(2) 调用 Arrays 类的静态方法 copyOfRange,调用形式:

`Arrays.copyOfRange(源数组,元素起始索引,终止索引)`

该方法也返回一个目标数组,内容是源数组指定范围(从起始索引到终止索引减 1 之间)的元素。目标数组的长度可以小于源数组的。

(3) 调用 System 类的静态方法 arraycopy,调用形式:

`System.arraycopy(源数组,源起始位置,目标数组,目标起始位置,长度)`

该方法没有返回值,所复制的数组元素保存在第三个参数"目标数组"中,目标数组要预先创建。该方法要指定源数组元素的起始位置、目标数组元素起始位置,以及要复制的元素个数(长度)。

(4) 使用 for 等循环语句编程,逐个复制数组元素。

【例 10-6】 编程,依次使用 4 种方法复制 int[]型数组,并输出复制后的元素值。

```java
import java.util.Arrays;
public class Ex6 {
    public static void main(String[]args) {
        int[]nums = {71, 62, 93, 84, 95, 56, 87, 78, 69, 80};
        int[]nums1, nums2, nums3, nums4;                         //声明数组变量
        System.out.println("  ==== 数组复制方法 ====");
        System.out.println("(1)调用 Arrays.copyOf 方法,得到: ");
        nums1 = Arrays.copyOf(nums, nums.length);
        System.out.println(Arrays.toString(nums1));
        System.out.println("(2)调用 Arrays.copyOfRange 方法,得到: ");
        nums2 = Arrays.copyOfRange(nums, 0, nums.length);
        System.out.println(Arrays.toString(nums2));
        System.out.println("(3)调用 System.arraycopy 方法,得到:");
        nums3 = new int[nums.length];
        System.arraycopy(nums, 0, nums3, 0, nums.length);
        System.out.println(Arrays.toString(nums3));
        System.out.println("(4)使用 for 语句,得到: ");
        nums4 = new int[nums.length];
        for(int i = 0; i < nums.length; i++){ nums4[i] = nums[i]; }
        System.out.println(Arrays.toString(nums4));
    }
}
```

程序运行结果如图 10-6 所示,可见 4 种数组复制方法均得到相同结果。

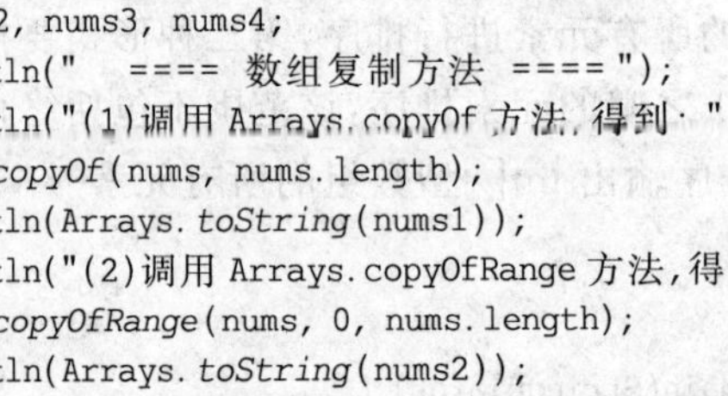

```
==== 数组复制方法 ====
(1)调用Arrays.copyOf方法,得到:
[71, 62, 93, 84, 95, 56, 87, 78, 69, 80]
(2)调用Arrays.copyOfRange方法,得到:
[71, 62, 93, 84, 95, 56, 87, 78, 69, 80]
(3)调用System.arraycopy方法,得到:
[71, 62, 93, 84, 95, 56, 87, 78, 69, 80]
(4)使用for语句,得到:
[71, 62, 93, 84, 95, 56, 87, 78, 69, 80]
```

图 10-6　数组复制

10.5 引用类型作方法参数——地址传递

通过使用 Arrays 类的 sort 和 toString 等方法,可知数组能作方法参数。

从 3.6 节中得知,Java 方法参数是值传递,属于单向传递,方法调用时只从实参传值给形参;方法调用后,不会反过来再从形参把值传回给实参。这个原则不仅对 int、double 等值类型成立,而且对于类和数组等引用类型的方法参数,仍然成立。

不过,对于引用类型的参数,由于存放的是对象或实例的引用(即地址),因此调用方法时从实参传给形参的是地址值,而不是值类型那样的数据本身。这时,在执行方法过程中,只要形参的(地址)值没有改变,即形参没有更改所引用的对象或实例,则对象或实例内容的变化能通过实参传回执行调用的代码。因为这时实参和形参实质上引用同一个对象(实例),就像李逵和黑旋风一样,本是同一人,黑旋风打仗受伤了,当然李逵也受伤了。

因此得出结论:方法调用时,引用类型的参数,只要形参(地址)值没有改变,就可实现对象(实例)内容"双向"传递。即对象(实例)内容从实参传递给形参,执行完方法后,能通过实参来获取,即所谓"能从形参传回给实参"。

需要强调的是:这里的"双向"传递、"能从形参传回给实参"加了双引号,因为是有条件的:在所调用的方法内部,引用类型的形参(地址)值不能更改,必须保证与实参引用同一个对象(实例)。

注意:对于 C# 语言,方法参数除了值传递外,还有用关键字 ref 声明的引用传递,属于真正的双向传递,即使形参引用了不同的对象,也能把该对象传回给实参。

再看看调用对数组进行排序的方法 Arrays.sort(nums),该方法传递的正是引用类型的数组(地址值),在执行 sort 方法过程中,数组参数没有改变,即数组实例没有更改,只是元素内容的顺序改变了,因此调用完 sort 方法后,能从参数 nums 中获取同一个(但内容改变了的)数组,即实现了形参和实参"双向"数据传递。

为了更好地理解引用类型参数的传递,下面给出一个传递类类型参数的例子。

【例 10-7】 编写以 StringBuilder 类为参数类型的两个方法,并依次调用它们。

```java
public class Ex7 {
    static void change(StringBuilder sb){        //空返回的方法 1
        sb = sb.append("xyz");                   //对象不变(sb 值不变),内容改变
    }

    static void noChange(StringBuilder sb){      //空返回的方法 2
        sb = new StringBuilder("xyz");           //对象改变(sb 值改变)
    }

    public static void main(String[]args) {
        StringBuilder sb1 = new StringBuilder("abc");
        change(sb1);
        System.out.println("调用 change 方法后,sb1 的值:" + sb1);

        StringBuilder sb2 = new StringBuilder("abc");
        noChange(sb2);
```

```
            System.out.println("调用noChange方法后,sb2的值:" + sb2);
        }
    }
```

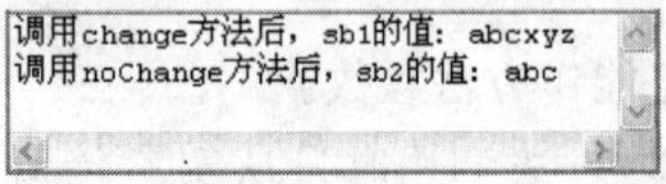

调用change方法后, sb1的值: abcxyz
调用noChange方法后, sb2的值: abc

图10-7 引用类型参数地址传递

程序运行结果如图10-7所示。

除main方法外,该程序还定义了两个方法,均使用可变字符串类StringBuilder作参数类型,因此参数属于引用类型。其中,change方法内部对参数sb的值不作更改,即sb所引用的对象不变,只是追加了对象的内容。因此调用该方法后,能使用sb1输出同一对象(被更改了)的内容abcxyz。表面上,好像是把形参sb值"传回"给实参sb1,实质上并没有传回,只是实参sb1和形参sb的值保持一致而已。而方法noChange内部则修改过了参数sb的值,使之指向另一对象。因此调用该方法后,形参sb和实参sb2不再引用同一对象,由于不能真正从形参传回数据给实参,因此sb2输出的仍是调用noChange方法之前的内容abc,而不是xyz。

10.6 数组参数与可变数目参数方法

10.6.1 数组参数方法

在一些项目中,通常需要对若干个数(如2个、3个或以上)进行求和、查找最大或最小值等,可定义数组作参数的方法,调用时传递一个数组实例到方法来完成这些功能。

【例10-8】 先定义一个数组作参数的方法sum,功能是对若干个数进行求和。然后在main方法中调用sum方法完成相应的功能。

```
import java.util.Arrays;
public class Ex8 {
    public static double sum(double[]nums){         //数组参数求和方法
        double tot = 0;
        for(double n: nums){
            tot += n;
        }
        return tot;
    }

    public static void main(String[]args){          //主方法
        double[]nums = {1, 2};
        System.out.println(Arrays.toString(nums) + "总和是:" + sum(nums));
        nums = new double[]{-1, 2.3, 5.4};
        System.out.println(Arrays.toString(nums) + "总和是:" + sum(nums));
    }
}
```

程序运行结果如图10-8所示。

[1.0, 2.0]总和是: 3.0
[-1.0, 2.3, 5.4]总和是: 6.7

图10-8 数组参数方法

10.6.2 可变数目参数方法

Java 还能在方法定义时声明数目可变的参数,调用方法时允许给出不同个数的实参。在方法中声明可变数目的参数,要使用 3 个英文实心圆点,一般语法形式如下:

类型... 形参代表

调用方法时允许给出类型兼容但数目不同的实数,例如 0 个、1 个、2 个或 3 个等,也可以使用元素为指定类型的数组作实参,因而上面的"形参代表"相当于一个数组变量。

【例 10-9】 先定义一个工具类,里面定义一些可变数目参数的方法,分别对若干个数进行求和、找最大值。最后在主类 main 方法中调用这些方法进行运算。

```java
//源文件 Tools.java:
public class Tools {                                    //工具类
    public static double sum(double...nums){            //可变数目参数求和方法
        double tot = 0;
        for(double n : nums){
            tot += n;
        }
        return tot;
    }
    public static double max(double...nums){            //可变数目参数求最大值方法
        double max = nums[0];                           //允许局部变量 max 与方法同名
        for(double n : nums){
            if(n > max){ max = n; }
        }
        return max;
    }
}

//源文件 Ex9.java:
public class Ex9 {                                      //主类
    public static void main(String[]args) {
        System.out.println("0 个数总和是 " + Tools.sum());
        System.out.print("1.3 这 1 个数总和是 " + Tools.sum(1.3));
        System.out.println(" 最大值 " + Tools.max(1.3));
        System.out.print("1, 2 这 2 个数总和是 " + Tools.sum(1, 2));
        System.out.println(" 最大值 " + Tools.max(1, 2));
        System.out.print("-1, 2.3, 5.4 这 3 个数总和是 " + Tools.sum(-1, 2.3, 5.4));
        System.out.println(" 最大值 " + Tools.max(-1, 2.3, 5.4));
        System.out.println("\n可变数目参数方法以数组实参调用:");
        double[]nums = new double[]{-1, 2.3, 5.4};
        System.out.print(java.util.Arrays.toString(nums) + "总和是 " + Tools.sum(nums));
        System.out.println(" 最大值 " + Tools.max(nums));
    }
}
```

程序运行结果如图 10-9 所示。可见,在调用可变参数方法时,允许给出个数不同的实参,甚至不给出实参,即个数为 0 的实参,如:Tools.sum( )。也允许以整个数组作实参,如

Tools.sum(nums)。

注意：一个方法只能有一个可变数目的参数，并且必须是方法的最后一个参数。

为清晰起见，例 10-9 把求和、找最大值等方法放在一个专门的 Tools 类中，这些方法都是静态的，无须构建对象，直接使用类名作前缀调用。这样的类犹如一个工具箱，里面的方法犹如一个个具体的工具，好比铁锤、扳手、钳子等一样，使用时直接从工具箱拿出。

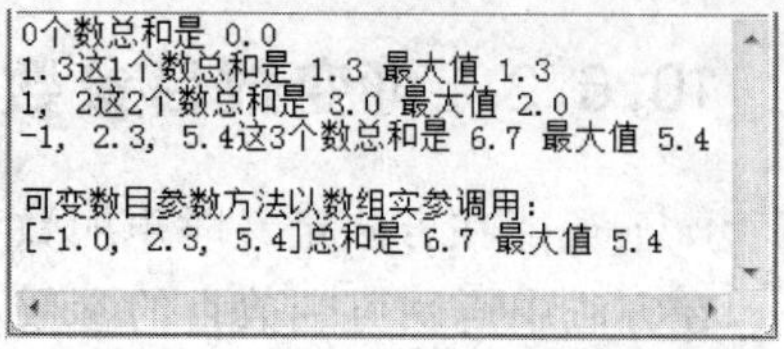

图 10-9　可变数目参数方法

10.7　字符串类

字符串是字符的序列，使用最多的是 String 类，这是不变字符串类（也称字符串常量类）。此外，还有可变字符串类 StringBuffer 和 StringBuilder。这 3 个类都实现了字符序列接口 CharSequence。

10.7.1　不变字符串类 String

从内容上看，字符串相当于元素是字符的数组，即类型为 char[]的数组。例如：

```
String str1 = "abc";
char[]charArray = {'a', 'b', 'c'};
String str2 = new String(charArray);         //由字符数组构造字符串对象
```

这时，str1 和 str2 内容相等，调用 str1.equals(str2)方法，将返回 true 值。

注意：不能用表达式 str1 == str2 比较两个字符串的内容是否相同。事实上，执行上述代码，str1 == str2 的结果为 false。因为 String 类属于引用类型，其声明的变量 str1 和 str2 都是引用变量，即变量 str1 和 str2 存放的是两个字符串对象的引用地址。虽然两个字符串对象的内容一样（都是"abc"），但不是同一个对象，因此存放位置不同，故地址不同，所以 str1 和 str2 的（地址）值不同。

String 类的对象是字符串常量，对象创建之后，内容（即里面的字符）不允许修改。例如：

```
String str = "abc";
str = "def";
```

字符串 str 开始是引用内容为"abc"的对象，后来改为"def"，实际上又创建了另一个内容为"def"的对象来引用，而不是对原对象的内容作更改。

String 类的常用方法有：

(1) char **charAt**(int index)：返回字符串指定索引处的字符。

(2) boolean **contains**(CharSequence s)：判断字符串是否包含指定的字符序列。

(3) int **compareTo**(String anotherString)：按字典顺序比较两个字符串。

(4) boolean **equals**(Object anObject)：将字符串与指定的对象进行比较。

(5) static String **format**(String format, Object...args)：格式化字符串。含可变数目

参数。

(6) int **indexOf**(int ch)：返回指定字符在字符串中第一次出现的索引。索引即编号，与数组类似，字符串的索引也从 0 开始。

(7) int **indexOf**(String str)：返回指定字符串在当前字符串中第一次出现的索引。

(8) boolean **isEmpty**()：判断字符串是否为空。长度为 0 的字符串""是空串。

(9) int **length**()：返回字符串的长度。

(10) boolean **matches**(String regex)：判断字符串是否匹配给定的正则表达式。

(11) String **replace**(char oldChar，char newChar)：字符替换，用 newChar 替换字符串中所有出现的 oldChar，返回一个新的字符串。

(12) String **replace**(CharSequence target，CharSequence replacement)：子串替换，使用指定的字符序列替换字符串中所有匹配的目标字符序列。

(13) String[] **split**(String regex)：根据给定正则表达式的匹配内容拆分字符串，返回字符串数组。关于正则表达式见 10.8 节。

(14) String **substring**(int beginIndex，int endIndex)：返回字符串中的一部分(子串)。子串范围从 beginIndex 开始，到 endIndex 减 1 为止。

(15) String **trim**()：截去字符串开头和末尾的空白，如空格、制表符"\t"等。

(16) static String **valueOf**(类型 x)：返回指定类型数据的字符串表示形式。

因为 String 类对象是字符串常量，所以，如果字符串内容需要频繁更改，就不要使用 String 类。因为每次内容更改都会新建一个 String 对象，而频繁创建对象会消耗较多资源，降低运行效率，这时应该使用可变字符串类 StringBuffer 或 StringBuilder。

10.7.2　字符串缓冲区类 StringBuffer

StringBuffer 类对象是可变的字符序列(可变字符串)，允许对其中的字符进行动态增、删、改操作而无须重新构建对象。这是由于存放 StringBuffer 对象的缓冲区容量可动态增长的缘故。对于那些需要频繁增删字符的字符串，使用 StringBuffer 比 String 效率高。

StringBuffer 对象的增删改方法有 append、insert、delete、deleeCharAt、replace、setCharAt 等，还有字符串反转方法 reverse，也有与 String 类相同的方法 substring、length 等。

注意：StringBuffer 对象与 String 一样，字符索引都是从 0 开始，并且，若方法涉及计算字符范围，则均是从起始索引到终止索引减 1 之间的字符，即不包含终止索引本身。

下面举例说明 StringBuffer 类及其方法的应用。

【**例 10-10**】 编程，创建 StringBuffer 类对象，执行字符增、删、改等操作。

```
public class Ex10 {
    public static void main(String[]args) {
        StringBuffer sb = new StringBuffer();      //可把 StringBuffer 改为 StringBuilder
        sb.append("I * * *");                       //追加字符
        sb.append("Java.");
        System.out.println(sb);                     //sb 相当于 sb.toString()
        sb.replace(2, 5, "喜欢还是讨厌?");           //替换索引从 2 到 5-1=4 的字符串 * * *
        System.out.println(sb);
        sb.delete(2, 9);                            //删除索引从 2 到 9-1=8 的字符
```

```
            System.out.println(sb);
            sb.insert(2, "loke ");                    //在索引 2 处插入字符串
            System.out.println(sb);
            sb.setCharAt(3, 'i');                     //设置(替换)索引 3 处的字符为 i
            System.out.println(sb);
            System.out.println("该字符串长度为：" + sb.length());
            System.out.println("第二个单词是：" + sb.substring(2, 6));    //子串
            System.out.println("整个字符串反转,变为：" + sb.reverse());
    }
}
```

程序运行结果如图 10-10 所示。

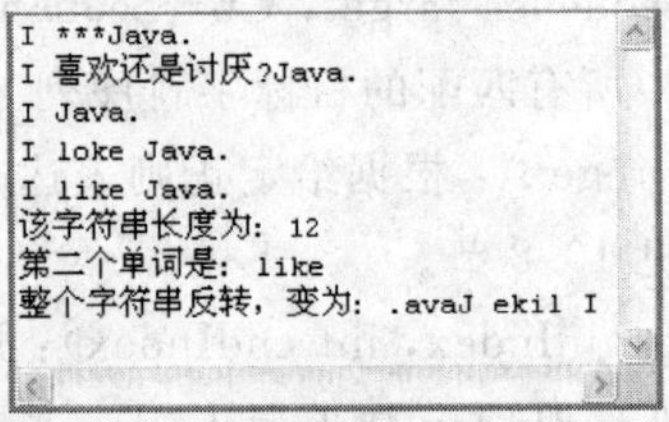

```
I ***Java.
I 喜欢还是讨厌?Java.
I Java.
I loke Java.
I like Java.
该字符串长度为: 12
第二个单词是: like
整个字符串反转,变为: .avaJ ekil I
```

图 10-10 可变字符串对象增删改

10.7.3 字符串生成器类 StringBuilder

StringBuffer 类能安全地用于多个线程。从 JDK 1.5 版开始，Java 语言增加了一个单线程使用的、功能与 StringBuffer 类等价的类，这就是字符串生成器类 StringBuilder。

由于 StringBuilder 类是单线程的，不用执行同步操作，所以速度更快。因此在单线程环境下，应该优先使用 StringBuilder 类。

StringBuilder 类的操作与 StringBuffer 类相同，即方法名称与调用方式均相同。把例 10-10 的 main 方法中的 StringBuffer 换成 StringBuilder，运行结果与原来的一样，参见图 10-10。

10.8 正则表达式与字符串匹配

String 类的 split 和 matches 方法，均涉及参数 regex，该参数是 regular expression 的缩写，表示正则表达式。

正则表达式就是 String 类型的、用于模式匹配的特殊字符串。

正则表达式的部分例子如下：

```
"."                        //匹配任一字符
"\\d"                      //匹配 0~9 任一数字,其中反斜杠要输入两次
",|;"                      //匹配英文逗号或分号,符号"|"表示或者
"[abc]"                    //匹配字母 a、b、c 中任一个,
                           //方括号括起来的内容表示一个字符
"[^abc]"                   //匹配除 a、b、c 外的任一字符
"[a-zA-Z]"                 //匹配从 a~z、A~Z 范围字符,即任一英文字母
```

```
"[a-z&&[aeiou]]"              //匹配从 a~z 与 aeiou 的交集,即 aeiou 中任一字母
"X?"                          //匹配出现 0 次或 1 次的 X
"X*"                          //匹配出现 0 次以上的 X
"X+"                          //匹配出现 1 次以上的 X
"X{n}"                        //匹配出现 n 次的 X
"X{n,}"                       //匹配至少出现 n 次的 X
"X{n,m}"                      //匹配至少出现 n 次,但不超过 m 次的 X
"[+|-]?[\\d]+[.]?[\\d]*"      //与整数部分有数字的实数匹配
"[+|-]?[\\d]*[.]?[\\d]+"      //与小数部分有数字的实数匹配
"[0-9]{1,2}([.][0-9]|)|([1][0][0])"
                              //匹配最多 1 位小数的成绩分数,即 0~100 范围数
```

因为正则表达式中圆点"."代表任一字符,所以要使用"[.]"表示普通意义的小数点。调用 String 类的 matches 方法,能判断字符串是否与给定的正则表达式匹配。

【例 10-11】 编程,通过匹配正则表达式来判断字符串型的成绩分数是否有效。设成绩以百分制表示,最多含一位小数。

```java
import java.util.*;
                                  //import java.util.regex.Pattern;
public class Ex11 {
    public static void main(String[]args) {
        System.out.println(" ====判断成绩分数是否有效==== ");
        Scanner sc = new Scanner(System.in);
        System.out.println("请输入逗号分隔的多个成绩分数(最多1位小数): ");
        String row = sc.nextLine();      //输入一行字符串
        sc.close();
        String[]strs = row.split(",|,");  //以中英文逗号作分隔符把一行字符串变为串数组
        for(int i = 0; i < strs.length; i++){
            String s = strs[i].trim();//剪掉字符串前后空格
            if(s.matches("[0-9]{1,2}([.][0-9]|)|([1][0][0])")){
                //if(Pattern.matches("[0-9]{1,2}([.][0-9]|)|([1][0][0])", s)){
                System.out.println(s + "有效");
            }
            else{
                System.out.println(s + "无效");
            }
        }
    }
}
```

程序的一次运行结果如图 10-11 所示。

注意:java.util.regex 包中提供了专门用于模式匹配的类 Pattern(模式)和 Mather(匹配器),其中模式(对象)是正则表达式的编译表示形式,是对正则表达式的封装。模式对字符序列执行匹配操作即产生 Mather 对象(匹配器),再调用其匹配方法便能判断是否成功匹配。也可直接调用 Pattern 的 matches(regex,str)方法判断 str 能否匹配 regex(见

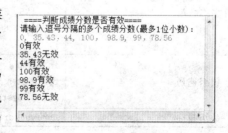

图 10-11 字符串匹配正则表达式

例 10-11 的注释行代码)。限于篇幅,本书不作详细介绍,有兴趣的读者请参看 JDK8 API 文档 jdk-8-apidocs.chm,该文件可在 Internet 上找到。

10.9 本章小结

本章学习了数组,数组作为一种类型,属于引用类型。使用数组分成 3 步:声明、创建和元素访问。可把前两步合二为一,用一个语句完成,甚至三合一,用一个语句就可以声明、创建数组并对元素赋初值。除了一维数组,还有二维、三维等多维数组。

数组操作有遍历、排序和复制等,这些操作均与 Arrays 类相关,因为可以直接调用该类方法,完成这些任务,而无须编写逻辑复杂的代码。

Java 方法参数除了基本类型(值类型),还有数组、类等引用类型。不管是什么类型,调用时都只是从实参到形参的单向传递。不过,引用类型参数所传递的是地址值,如果执行方法过程中没有改变形参的值,则调用完方法,也可从实参中获取所引用的对象或实例(更改的)内容,好像是"双向"传递一样。

使用数组作方法参数,可以编写若干个数求和、求最大最小值。也可定义可变数目参数的方法,这时,可变参数就相当于一个数组,而调用方法时除使用数组实参外,还可以给出任意个数的实参。

常用的字符串类是 String,不过其对象是不变的字符串,即字符串常量。如果需要频繁更改字符,则最好使用可变字符串类 StringBuffer 或 StringBuilder(单线程用),因为后两个类的对象允许变更里面的字符。这样,就无须频繁丢弃、创建对象,从而节省时间,提高执行效率。

正则表达式是用于模式匹配的。本章最后对正则表达式作了简单介绍,并举了一个字符串匹配正则表达式的例子。

本章的知识点归纳如表 10-1 所示。

表 10-1 本章知识点归纳

知 识 点	操作示例及说明

数组声明、创建、元素访问	int[]nums;　　　　　　　　　　　　　　　//声明数组变量
	nums = new int[10];　　　　　　　　　　//创建数组实例
	nums[0] = 71;nums[1] = 62; …　　　　 //数组各元素赋值
	int[]nums2 = {71, 62, 93, 84, 95, 56};　//三合一

多维数组	int[][]nums = new int[][]{　　　　　　　//声明、创建二维数组 　　{71, 62, 93, 84},　　　　　　　　　　//第 0 行 4 个元素 　　{95, 56, 87, 78},　　　　　　　　　　//第 1 行 4 个元素 　　{69, 80}　　　　　　　　　　　　　　//第 2 行 2 个元素 };
数组遍历	int[]nums = {71, 62, 93, 84, 95, 56, 87, 78, 69, 80}; for (int n : nums){ System.out.print(" " + n); } 或　　System.out.println(Arrays.toString(nums));
数组排序	Arrays.sort(nums);

续表

知 识 点	操作示例及说明

数组复制	`nums1 = Arrays.copyOf(nums, nums.length);`　　　//方法1
	`nums2 = Arrays.copyOfRange(nums, 0, nums.length);`　//方法2
	`System.arraycopy(nums, 0, nums3, 0, nums.length);`　//方法3
	`for(int i = 0; i < nums.length; i++){`
	　　`nums4[i] = nums[i];`　　　　　　　　　　　　//方法4
	`}`

引用类型作方法参数——地址传递	`static void change(StringBuilder sb){sb = sb.append("xyz"); }`
	…
	`public static void main(String[]args) {`
	　　`StringBuilder sb1 = new StringBuilder("abc");`
	　　`change(sb1);`
	`}`

数组参数方法	`public static double sum(double[]nums) { … }`
可变数目参数方法	`public static double sum(double … nums) { … }`
不变字符串类 String	`String str = "abc";` `str = "def";`

字符串缓冲区类 StringBuffer	`StringBuffer sb = new StringBuffer();`//可改为StringBuilder
	`sb.append("I * * * Java");`
	`sb.replace(2, 5, "喜欢还是讨厌?");`
	`sb.delete(2, 9);`
	`sb.insert(2, "loke ");`
	`sb.setCharAt(3, 'i');`

字符串生成器类 StringBuilder	操作同上面单元格,只需把StringBuffer改为StringBuilder即可

正则表达式与字符串匹配	`if(s.matches("[0-9]{1,2}([.][0-9]｜)｜([1][0][0])")){`
	　　`System.out.println(s + "是有效的成绩分数");`
	`}`

10.10　实训10：最大最小值与成绩统计

(1) 编写数据统计程序,要求运行时提示输入一行逗号分隔的数值,然后对这些数值按升序排序,并统计个数、求和、求最大和最小值。运行界面参见图10-1(a)。

提示:要求把求和、求最大值和最小值等方法单独放在一个工具类并单独存放在一个源文件中,以便第(2)题能直接调用。部分代码参考如下。

```
//工具类源文件 Tools.java:
public class Tools {                                //工具类
    public static double sum(double...nums){        //可变数目参数求和方法
        …
        return …;
    }
    public static double max(double...nums){ … }    //可变数目参数求最大值方法
    …
}
```

```java
//主类源文件 Train1.java:
import java.util.*;
public class Train1 {
    public static void main(String[]args){
        System.out.println("   ====求和及最大最小值====");
        Scanner sc = new …
        try{
            System.out.println("请输入逗号分隔的多个数值：");
            String row = sc.nextLine();              //输入一行字符串
            String[]strs = row.split(",|,");
            //以中英文逗号作分隔符把一行字符串转为字符串数组
            double[]nums = new double[ … ];          //由字符串数组构建实数数组
            for(int i = 0; i < strs.length; i++){
                nums[i] = Double.parseDouble( … );
            }
            Arrays.sort( … );
            System.out.println("按升序排序后的数值：");
            System.out.println(Arrays.toString( … ));
            System.out.println("总个数：" + … );
            System.out.println("总数和：" + Tools.sum( … ));
            …
        }catch(Exception e){ … }
    }
}
```

(2) 编程成绩统计程序，要求运行时提示输入逗号分隔的多个成绩分数，然后对这些分数按从大到小（降序）排序，并找出最高和最低分，统计平均分和及格率。运行界面参见图 10-1(b)。

提示：数组封装类 Arrays 只有升序而没有降序方法，于是可自编一个数组倒序方法，因为数组调用升序方法再调用倒序方法便得降序排序。可在第(1)题的工具类中增加两个方法：一个用于对数组各元素倒序，另一个统计高于 60 分的个数。部分代码参考如下。

```java
//在第(1)题工具类源文件 Tools.java 中增加两个方法：
public static void reverse(double[]nums){            //数组元素倒序方法
    int leng = nums.length;
    double[]nums2 = Arrays.copyOf(nums, leng);       //复制一个数组
    for(int i = 0; i < nums.length; i++){
        nums[i] = nums2[ … ];
    }
}
//下面是数组 nums 高于 num 的元素个数统计方法：
public static int bigCount(double num, double[]nums){
    int count = 0;
    for(double n:nums){
        if( … ){ count++;}
    }
    return … ;
}
```

```java
//主类源文件Train2.java：
...
Arrays.sort(nums);                                    //调用数组升序方法
Tools.reverse(nums);                                  //调用数组倒序方法
System.out.println("按从大到小(降序)排序后的数据：");
System.out.println(Arrays.toString(nums));
System.out.println("最高分：" + ...);
System.out.println("最低分：" + ...);
double average = Tools.sum(nums)/nums.length;
System.out.printf("平均分：%.2f", ...);
double passRate = (double)Tools.bigCount(60, nums)/ ...
System.out.printf("\n及格率：%.2f%%", passRate * 100);  //两个%%才能输出一个%
...
```

第11章 抽奖——随机数与枚举

能力目标：

- 学会使用随机数类 Random 产生随机数；
- 理解枚举类型，学会使用枚举类型；
- 能运用随机数等编写按号抽奖和人人有份抽奖的程序。

11.1 任务预览

本章实训要编写的按号抽奖和人人有奖程序，运行结果如图 11-1 所示。

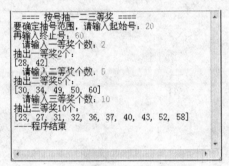
(a) 按号抽奖程序

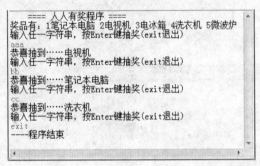
(b) 人人有奖程序

图 11-1 实训程序运行界面

11.2 随机数与 Random 类

随机数是指在一定范围内随意（无规律可言）产生的数据。例如，在 1～100 范围内抽奖，即是随机抽出该范围内的号码，所抽号码就是随机数。

位于 java.util 包中的 Random 是随机数（生成）类，其对象称为随机数生成器。如：

```
Random rand = new Random();                    //构建随机数生成器对象
Random rand2 = new Random(12345L);             //构造方法使用了 long 型的随机数种子
```

上面构建了两个随机数生成器（对象），其中第二行代码在构造方法中使用了 long 型的随机数种子。

注意：关于随机数种子问题，如果用相同的种子创建两个 Random 对象，则对这两个对象分别调用一系列相同的方法，将生成两组相同的随机数。因此 Random 随机数也叫伪随机数。不过，如果种子不同，所生成的两组随机数也不同。

一般情况下，无须在 Random 构造方法中给出随机数种子，因为系统会自动设定的，并且每次调用 Random 构造方法，系统都会给出不同的种子。

构建了随机数生成器对象，就可调用 nextInt 和 nextDouble 等方法生成随机数。如：

```
int ir = rand.nextInt(100);          //生成 0～99(不含 100,即 100-1)范围 int 型随机数
double dr = rand.nextDouble();       //生成 0.0～1.0(但不含 1.0)范围 double 型随机数
```

【例 11-1】 编程，随机抽取 1～100 范围内 10 个不同的数，并按升序输出。

功能分析：

(1) 如果是随机抽取 1 个数，则代码很简单，只需在主类 main 方法编写 3 条语句：

```
java.util.Random rand = new java.util.Random();
int rno = rand.nextInt(100) + 1;     //生成 1～100 的 int 型随机数
System.out.println("1～100 范围内的随机数：" + rno);
```

(2) 如果只是抽取 10 个不考虑重复的随机数，也不复杂。代码如下：

```
import java.util.*;
public class Ex1b {
    public static void main(String[]args) {
        Random rand = new Random();        //构建随机数生成器对象
        int[]nums = new int[10];           //构建存放 10 个随机数的数组
        for (int i = 0; i < 10; i++){
            nums[i] = rand.nextInt(100) + 1;   //生成 1～100 的随机数并存放到数组
        }
        Arrays.sort(nums);                 //数组元素按升序排序
        System.out.println("1～100 范围内的 10 个随机数如下：");
        System.out.println(Arrays.toString(nums));
    }
}
```

上述程序的一次运行结果如图 11-2 所示，可以看出，这次运行结果出现两次 66，说明随机数有重复。

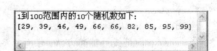

图 11-2 有重复的随机数

(3) 因此，要生成 10 个相互不重复的随机数，必须在每次生成随机数时，把它依次与保存在数组中的各个随机数(刚开始数组是没有随机数的)作比较，如果不重复，说明这个随机数有效，才把它保存到数组中；否则，再调用 nextInt 方法重新生成一次。上述过程可能出现多次，要直到随机数不重复为止。

这时代码相对比较复杂，程序如下(完成例 11-1 任务)：

```
import java.util.*;
public class Ex1 {
    public static void main(String[]args) {
        Random rand = new Random();
```

```java
        int[]nums = new int[10];                    //存放随机数的数组
    tag:for (int i = 0; i < 10; ) {                  //for 循环：抽取 10 个随机数
            int n = rand.nextInt(100) + 1;           //生成 1～100 之间的随机数 n
            for (int j = 0; j < i; j++) {            //与数组保存的随机数依次比较
                if (n == nums[j]) {                  //如果随机数有重复，
                    continue tag;                    //则继续执行 tag 标记的 for 语句
                }                                    //(注意这时没有保存该随机数)
            }
            nums[i++] = n;                           //若不重复,则保存随机数到数组并执行 i++
        }                                            //再执行外层 for 语句的下一轮循环
        Arrays.sort(nums);                           //数组元素按升序排序
        System.out.println("1～100 范围内不重复的 10 个随机数：");
        System.out.println(Arrays.toString(nums));
    }
}
```

测试程序,反复运行程序多次,均没有出现随机数重复的现象。一次运行结果如图 11-3 所示。

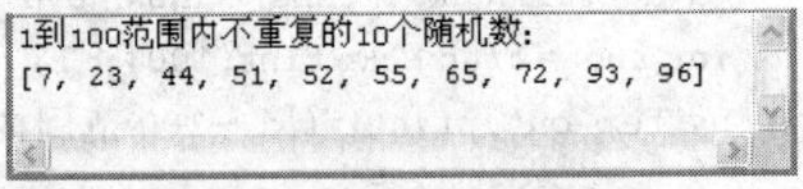

该程序使用了两重循环,外层使用语句标号为 tag 的 for 语句生成随机数,其内部又嵌入了一个 for 语句,用以比较所生成的随机数与先前保存在数组中

1到100范围内不重复的10个随机数：
[7, 23, 44, 51, 52, 55, 65, 72, 93, 96]

图 11-3 无重复的随机数

的随机数是否有重复。其中,语句标号是一种标识符,后面跟英文分号,用于标识语句,如标识外层 for 语句,这样就可使用 continue 加语句标号的方式继续执行所标识的 for 语句。

需要的话,也可在 break 语句中使用语句标号,以终止所标识的语句。

注意：除了使用 Random 类对象生成随机数外,还可调用 Math 类的静态方法 random()生成大于等于 0 且小于 1 的 double 型随机数,其调用方式为 Math.random()。该方法相当于 Random 对象的 nextDouble()方法。

【例 11-2】 编程,定义按号抽奖方法,参数有起始号、终止号、抽奖个数、排除号等 4 个,其中最后 1 个是可变数目的参数,用于排除 0 个以上不想抽到的号码(如抽了一等奖后,抽二等奖就要排除已抽的一等奖号码,否则可能出现一、二等奖重号)。最后调用该方法进行抽奖。

```java
import java.util.*;
public class Ex7 {
    //下面是按号抽奖方法,有 4 个参数：起始号、终止号、抽取数、排除号(可变参数)
    public static int[]raffle(int from, int to,
        int amount, int...out) throws Exception{     //按号抽奖方法
        if (to < from) {
            throw new Exception("终止号必须大于等于起始号");
        }
        if ((to - from + 1) - out.length < amount) {
            throw new Exception("抽取范围的数量必须大于等于抽取数");
        }
        Random rand = new Random();
        int[]nums = new int[amount];                 //定义存放随机数的数组
    tag:for (int i = 0; i < amount; ) {              //for 循环：抽取 amount 个随机数
            int n = rand.nextInt(to - from + 1) + from;  //随机抽 from 到 to 之间的数
            for (int j = 0; j < i; j++) {            //与数组保存的随机数依次比较
```

```java
            if (n == nums[j]) {           //如果随机数有重复,
                continue tag;              //则继续执行 tag 标记的 for 语句
            }                              //(注意这时没有保存该随机数)
        }
        for(int e : out){                  //与要排除的号码依次比较
            if (n == e) {                  //如果随机数有重复,
                continue tag;              //则继续执行 tag 标记的 for 语句
            }
        }
        nums[i++] = n;                     //若不重复则保存到数组并且 i++
    }                                      //再执行外层 for 语句下一轮循环
    return nums;                           //返回存放随机数的数组
}


public static void main(String[]args) {   //主方法
    try{
        System.out.println("抽取 10～20 范围内 3 个一等奖,得到: ");
        int[]ones = raffle(10, 20, 3);
        Arrays.sort(ones);
        System.out.println(Arrays.toString(ones));
        System.out.println("再抽取 10～20 范围内 5 个二等奖(需排除一等奖 3 个数),得:");
        int[]twos = raffle(10, 20, 5, ones);
        Arrays.sort(twos);
        System.out.println(Arrays.toString(twos));
    }
    catch(Exception e){
        System.out.println("异常: " + e.getMessage());
        e.printStackTrace();
    }
}
```

多次运行程序,所抽号码均不重复,其中一次运行结果如图 11-4 所示。

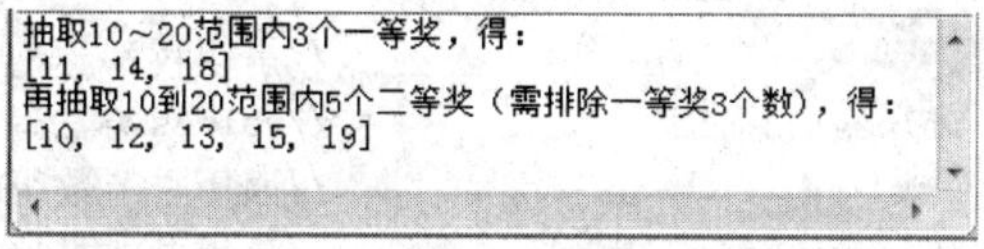

```
抽取10~20范围内3个一等奖,得:
[11, 14, 18]
再抽取10到20范围内5个二等奖(需排除一等奖3个数),得:
[10, 12, 13, 15, 19]
```

图 11-4　使用可变参数按号抽奖

在按号抽奖方法 raffle 中,使用了 4 个参数,其中最后 1 个是数目可变的参数,用以排除一些不想抽到的号码。调用该方法时,前面 3 个参数必须具备,但最后 1 个参数可有可无,也允许出现多个整数。当然也可用 1 个 int[]类型的数组作方法的第 4 个实参,如 ones。

11.3　枚举类型

"枚举"意思是一一列举。枚举类型通常由列出的若干个符号常量(枚举常量)组成。
使用关键字 enum 声明枚举类型,所有枚举常量用大括号括起来,常量之间用英文逗号分隔。

声明、定义枚举类型的一种简要语法形式如下：

enum 枚举类型名 { 枚举常量表 }

例如，声明一个名为 Season 的季节枚举类型：

enum Season { *Spring*, *Summer*, *Autumn*, *Winter* }

表示定义了一个名为 Season 的枚举类型，有 4 个枚举常量：Spring、Summer、Autumn 和 Winter。由 Season 类型声明的变量，可接收这 4 个枚举常量。使用枚举常量时，必须用枚举类型名作前缀，如 Season.Spring、Season.Summer 等。输出时只显示枚举常量名，如 Spring、Summer 等。

枚举常量是一种标识符，要按标识符命名规则命名。由于汉字是与英文字母相当的字符，故允许使用中文命名枚举常量。因为枚举类型名也是一种标识符，所以也可用中文起名（但不建议），例如：

enum 季节 { *春*, *夏*, *秋*, *冬* }

于是，季节类型的枚举常量是：季节.春、季节.夏等。

【例 11-3】 编程，定义表示季节的枚举类型，并输出有关枚举常量和序号。

```
enum Season { Spring, Summer, Autumn, Winter }    //定义季节枚举类型

public class Ex3 {                                 //主类
    public static void main(String[]args) {
        System.out.print("上半年有两季：");
        Season s1 = Season.Spring;                 //声明枚举类型变量并赋值
        Season s2 = Season.Summer;
        System.out.println(s1 + ", " + s2);        //可用 s1.name()替换 s1,s2 也可
        System.out.print("上半年季节序号：");
        System.out.print(s1.ordinal() + ", " + s2.ordinal());   //调用序号方法 ordinal
        System.out.println("\n一年 4 季是：");
        Season[]ss;                                //声明枚举类型数组变量
        ss = Season.values();                      //values 方法返回 Season[]数组
        for(Season s : ss){                        //遍历季节数组的每一个元素
            System.out.print(s + " ");             //输出其元素值(即枚举常量)
        }
    }
}
```

程序运行结果如图 11-5 所示。

由于枚举是一种类型，所有例 11-4 程序中，Season 与主类 Ex4 并列定义。当然也可把枚举类型放进类的内部，以类成员的面貌出现。因为类允许嵌套定义类型。

图 11-5 枚举类型应用

枚举类型常用的方法有下列 3 个：

(1) 返回序号的 ordinal 方法。调用该方法可获取枚举常量序号。枚举常量的序号与数组索引类似，从 0 开始。例如 Season.Spring 的序号为 0。

（2）返回枚举常量数组的 values 静态方法。调用该方法使用枚举类型名作前缀，返回值是所有枚举常量组成的数组，如例 11-3 执行 Season.values 方法，结果是 Season[]数组。

（3）返回枚举常量名的 name 方法。在例 11-3 主类 main 方法的第 4 行语句中，可把 s1 和 s2 分别替换为 s1.name()和 s2.name()，输出结果一样。

注意：不能把整数序号强制转换成枚举常量，如不能(Season)0；也不能把枚举常量强制转为序号，如不能(int)s1。即整型与枚举类型不能相互转换，这是因为 Java 枚举类型是基类为 Enum 的特殊类类型。相比之下，C#语言枚举类型是值类型，允许整数与枚举常量相互转换。

Java 枚举类型的成员除枚举常量外，还可以有字段、方法和构造方法。

声明、定义枚举类型的一般语法形式如下：

enum 枚举类型名 { 可选实参的枚举常量表；字段；构造方法；方法 }

【例 11-4】 编程，定义一个含有字段、构造方法和一般方法的奖品枚举类型，枚举常量除奖品名外，还包含奖品的价值和数量。最后在主类中输出这些奖品的名称、价值和数量。

```java
enum Award {                                    //奖品枚举类型
    笔记本电脑(5000, 1),                        //奖品枚举常量(价值,数量)
    电视机(3000, 2),
    电冰箱(1800, 3),
    洗衣机(1200, 5),
    微波炉(600, 10);

    private int worth;                          //价值字段
    private int amount;                         //数量字段
    private Award(int worth, int amount){       //私有的构造方法
        this.worth = worth;
        this.amount = amount;
    }
    public int getWorth(){                      //获取价值方法
        return this.worth;
    }
    public int getAmount(){                     //获取数量方法
        return this.amount;
    }
}

public class Ex4 {                              //主类
    public static void main(String[]args) {
        System.out.println("所有奖品如下：");
        Award[]as = Award.values();
        for(int i = 0; i<as.length; i++){
            System.out.printf("( %d) %s: 价值%d元,数量%d个\n",
                i+1, as[i], as[i].getWorth(), as[i].getAmount());
        }
    }
}
```

程序运行结果如图11-6所示。

在例11-4程序中，Award的枚举常量为"笔记本电脑"、"电视机"等，每个枚举常量后面都有圆括号括起来的两个实参，分别表示价值和数量，对应构造方法的两个形参。参数值存放在枚举类型的私有字段worth和amount中。该枚举类型还定义了两个公共方法getWorth和getAmount，以便提供给外面的类使用，用于获取各枚举常量的价值和数量。

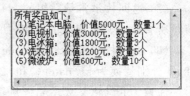

图11-6　有参数的枚举常量应用

注意：枚举类型的构造方法不能使用public声明，即不对外开放，因此不能显式地调用构造方法构建枚举对象。枚举对象即是枚举常量。除了枚举类型所给出的枚举常量外，不能再构建其他枚举对象。

11.4　本章小结

本章学习了随机类Random，调用其实例方法能生成一定范围内的随机数，数据类型有整型、实型等。

本章还学习了枚举类型，枚举类型是特殊的类类型，其对象就是列举在大括号内的枚举常量。枚举类型专门用于管理内容固定、数量有限的数据，如一年四季、一年中传统节假日、抽奖奖品等。枚举类型不同于数组类型，数组的元素相当于一个变量，而枚举元素则是常量。

本章的知识点归纳如表11-1所示。

表11-1　本章知识点归纳

知　识　点	操作示例及说明
随机数与Random类	java.util.Random rand = new java.util.Random(); intn = rand.nextInt(100) + 1;　　//生成1～100的int型随机数

枚举类型	enum Season { Spring, Summer, Autumn, Winter }
	enum Award {
	　　笔记本电脑 (5000, 1),
	　　电视机 (3000, 2),
	　　电冰箱 (1800, 3),
	　　洗衣机 (1200, 5),
	　　微波炉 (600, 10);
	　　…
	}

11.5　实训11：抽奖

（1）编写按号抽奖方法，其中抽号范围可随意设置，调用该方法抽取一、二、三等奖，各等奖的个数也可随意设置，但终止号必须大于等于起始号，且抽奖总数不能大于抽号范围数,并且中奖号码不能重复。运行界面参见图 11-1(a)。

提示：可参考例 11-2,编写一个抽号方法,含 4 个参数：起始号、终止号、抽取个数、排除号码,其中排除号码是数目可变的参数。部分代码参考如下：

```java
public static int[]raffle(int from, int to,
    int amount, int...out) throws Exception{ … }    //按号抽奖方法

public static void main(String[]args) {             //主方法
    try{
        System.out.println("  ==== 按号抽一、二、三等奖 ==== ");
        Scanner sc = new Scanner( … );
        int[]n1s, n2s, n3s;                         //存放一、二、三等奖数组
        int from, to, amount;
        System.out.print("要确定抽号范围,请输入起始号：");
        from = sc.nextInt();
        System.out.print("再输入终止号：");
        to = …
        System.out.print("  请输入一等奖个数：");
        amount = …
        n1s = raffle(from, to, … );
        Arrays.sort(n1s);
        System.out.printf("抽出一等奖%d个：\n",amount);
        System.out.println(Arrays.toString(n1s));
        System.out.print("  请输入二等奖个数：");
        …
        System.out.println( … );
        System.out.print("  请输入三等奖个数：");
        amount = …
        int[]n12s = Arrays.copyOf(n1s, n1s.length + n2s.length);   //合并一二等奖
        System.arraycopy(n2s, 0, n12s, n1s.length, … );
        n3s = raffle(from, to, amount, n12s);
        …
        System.out.println( … );
        sc.close();
    }
    catch(Exception e){ … }
    finally{    System.out.println(" ---- 程序结束"); }
}
```

（2）编写人人有奖的抽奖程序,设奖品有：笔记本电脑、电视机、冰箱、洗衣机、微波炉等家用电器（这里不考虑奖品数量,假设每人都能抽到,即人人有奖）。要求运行程序时输入标识抽奖者的任一字符串,便可抽到一种奖品,若输入 exit,则结束程序。运行界面参见图 11-1(b)。

提示：可专门编写一个奖品类,内含奖品枚举类型,抽奖方法等。部分代码参考如下。

```java
//奖品类文件 Prize.java：
import java.util.Random;
public class Prize {                            //奖品类
    private enum award{                         //内嵌奖品枚举类型
```

```java
        笔记本电脑,                              //5个奖品枚举常量
        电视机,
        电冰箱,
        洗衣机,
        微波炉;
    }
    public String raffle(){                      //抽奖方法
        award[] as = award.values();             //构建奖品数组
        Random rd = …
        int n = rd.nextInt( … );                 //随机抽号
        return as[n].name();                     //返回奖品名称
    }
    public String toString(){                    //列出所有奖品方法
        StringBuffer sb = new StringBuffer("奖品有: ");
        award[] as = …
        for(award a : as){
            sb.append((a.ordinal() + 1) + … );
        }
        return …
    }
}
//主类文件Train2.java主方法部分代码:
System.out.println("      ==== 人人有奖程序 ====");
Scanner sc = … ;
Prize p = …                                      //构建奖品对象
System.out.println( … );                         //输出所有奖品名称
while(true){
    System.out.println("输入任一字符串,按Enter键抽奖(exit退出)");
    String s = …
    if(s.equalsIgnoreCase("exit")){ break;    }
    System.out.println("恭喜抽到……" + p.raffle());
}
…
```

第12章 文件读写——输入输出流

能力目标：
- 理解输入输出流，理解字节流、字符流；
- 掌握文件字节和字符输入输出流、随机访问文件流、对象输入输出流；
- 能使用文件对话框和其他常用对话框；
- 理解类的序列化（Serializable），能进行对象输入输出操作；
- 理解缓冲输入输出流和格式化输出流，能运用这些流传输数据；
- 能编写文件复制、对象读写等应用程序。

12.1 任务预览

本章实训编写文件复制和学生对象文件读写程序，运行结果如图12-1所示。

(a) 文件复制程序

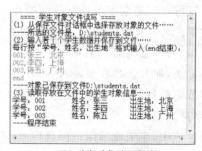
(b) 学生对象读写程序

(c) "打开"对话框

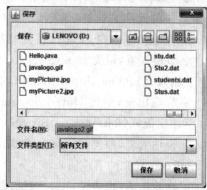
(d) "保存"对话框

图12-1 实训程序运行界面

12.2 数据流

在程序运行过程中,经常要进行数据传输,如从磁盘文件读取数据到内存,把内存数据存放到磁盘文件,从网络中下载数据,把数据上传到网络等。数据传输涉及两个端点:数据源和目的地。目的地即是数据的接收者。所谓数据传输,就是把数据从数据源输送到目的地。为了细化功能,把数据源和目的地之间这部分称作"流"。为便于理解,可把流看成一条传输数据的管道,犹如一条水管,但里面流淌的不是水,而是一些按序排列的二进制字节数据。

流是有方向的,关联数据源的流称为输入流(InputStream),用于读取数据源的数据;关联目的地(如目标文件)的流称为输出流(OutputStream),用于把数据写入目的地。

输入、输出流的示意图如图 12-2 所示。

图 12-2 输入输出流示意图

在面向对象程序设计中,但凡数据输入输出操作都涉及到流。流是传输数据的对象。流本质上是字节序列的封装,因此称为"字节流"。由于字节流包含二进制字节数据,于是通过字节流可对二进制字节进行读写操作。换句话说,字节流是读写二进制字节的对象。

注意:流对象提供了读/写数据的方法,不过,对于输入流,只有读方法,即只能读取其中的数据,而不能写数据到输入流(其数据由关联的数据源自动写入);同理,对于输出流,只有写方法,即只能把数据写入,而不能从中读取(其数据由关联的目的地自动读取)。

字节流是最基本、最原始的流。除了字节流,还有按一定编码格式以字符为单位进行操作的"字符流"。

两种流中,字节流适用范围最广,任何格式的数据,如声音、图像、视频、文本等文件,都可以字节流方式传输。字符流作用则有限,如不能以字符流传播声音、图像和视频。

每个具体的流都是对象,有关流的类(流类)大多在 java.io 包中。由于字节流和字符流都有输入和输出两个方向,于是两种流及其两个方向便组合出下面 4 种基本流:

(1) 字节输入流,根类 InputStream。对象由该类的子类构建,子类有 FileInputStream(文件字节输入流)、ObjectInputStream(对象字节输入流)等。

(2) 字节输出流,根类 OutputStream。对象由其子类构建,子类有 FileOutputStream(文件字节输出流)、ObjectOutputStream(对象字节输出流)等。

(3) 字符输入流,根类 Reader。对象其子类构建,子类有 BufferedReader(缓冲字符输入流)、FileReader(文件字符输入流)等。

(4) 字符输出流,根类 Writer。对象其子类构建,子类有 BufferedWriter(缓冲字符输出流)、FileWriter(文件字符输出流)等。

注意:上面 4 种基本流的根类都是抽象的,本身不能构建流对象。还有,FileReader 并不是 Reader 的直接子类，而是孙辈类，因为中间相隔一个 InputStreamReader(字节转字符输入流)类。InputStreamReader 类是字节流通向字符流的桥梁，该类使用指定的字符集读取字节并将其解码为字符。同理，FileWriter 也不是 Writer 的直接子类，中间也相隔了一个 OutputStreamWriter(字节转字符输出流)类。

不管是字节还是字符输入流，都具有读方法 read；同理，不管是字节还是字符输出流，都拥有写方法 write，并且这些方法都具有多种重载形式。一般情况下，按从头到尾的顺序读写流中的数据。

关于流的操作，通常有如下 3 个基本步骤：
(1) 构建流对象。即使用关键字 new 调用构造方法建立流对象。
(2) 读/写数据，即调用流对象的读/写方法依次读/写其中的数据。
(3) 关闭流，即调用 close 方法，目的是释放与流关联的资源。

在程序中，经常使用 System 类的两个静态字段 in 和 out，例如：

```
Scanner scan = new Scanner(System.in);
System.out.println("输出到显示器");
```

System.in 和 System.out 都是流，其中前者是标准输入流(属于 InputStream 类)，对应键盘输入；后者是标准输出流(属于 PrintStream 类)，对应显示器输出。

12.3 文件输入输出流

在 java.io 包中，关于文件操作的常用类有：
(1) File：含路径的文件类，是文件和目录路径名的封装。
(2) FileInputStream：文件字节输入流，从指定的文件中获取字节。
(3) FileOutputStream：文件字节输出流，从把字节输出到指定的文件中。
(4) FileReader：文件字符输入流，从指定的文件中读取一个或多个字符。
(5) FileWriter：文件字符输出流，把一个或多个字符写入指定的文件。
(6) RandomAccessFile：随机访问文件类，同时具备输入和输出功能，能读写字节、字符以及 int、double 等多种类型的数据，并且能指定读写位置。

为便于理解，下面先讲述 FileReader 和 FileWriter，当中涉及到 File 类，然后再讲述 FileInputStream 和 FileOutputStream。而把 RandomAccessFile 放在 12.5 节。

12.3.1 FileReader 与 FileWriter

【例 12-1】 编程，先使用 FileWriter 建立一个文本文件，再用 FileReader 读取文件内容并显示在屏幕上。

```
import java.io.*;
public class Ex1 {
    public static void main(String[]args) {
        try{
            File file = new File("D:\\abc.txt");      //构建文件对象
            FileWriter fw = new FileWriter(file);      //构建文件字符输出流
```

```
            fw.write("第 1 行文本内容 abcde");      //输出流写入字符串
            fw.write("\r\n 第 2 行 12345…");        //\r 回车符\n 换行符
            fw.write("\r\n 第 3 行结束 end");       //共写入 3 行字符串
            fw.close();                              //关闭输出流

            FileReader fr = new FileReader(file);    //构建文件字符输入流
            int code;                                //用于存放所读字符(编码)
            while ((code = fr.read())!= -1){         //循环读流字符并判断读完否
                System.out.print((char)code);        //在屏幕上输出该字符
            }
            fr.close();                              //关闭输入流
        }
        catch(Exception e){
            System.out.println("异常");
            e.printStackTrace();                     //输出异常栈跟踪信息
        }
    }
}
```

程序运行结果如图 12-3(a)所示,图 12-3(b)所示的是使用记事本打开的文本文件内容。

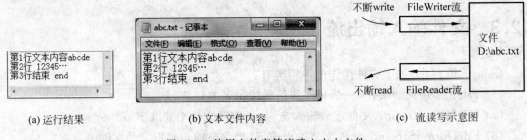

(a) 运行结果　　　　　(b) 文本文件内容　　　　　(c) 流读写示意图

图 12-3　使用文件字符流建立文本文件

该程序流操作示意图如图 12-3(c)所示,先使用 FileWriter 流向文件写数据,然后使用 FileReader 流读取文件内容。

程序由两部分组成。第一部分是建立文本文件,首先建立与文件路径 D:\abc.txt 对应的 File 对象(代码中要用两个反斜杠"\\"表示一个反斜杠,其中第一个代表转义符)。然后调用参数是 File 对象的 FileWriter 构造方法构建输出流,输出流的目的地就是文件 abc.txt。再调用输出流的 write 方法,调用 3 次依次把 3 行字符串写入到输出流中,由于该输出流与文件相连,因此自动把 3 行字符串写到 abc.txt 文件中。最后关闭输出流。

注意:如果文件名不包含绝对路径,如"abc.txt",则默认路径是项目路径,即文件位于当前项目的根目录下。

程序第二部分是读取文本文件 abc.txt 内容并显示到屏幕上,首先调用 File 参数的 FileReader 构造方法构建输入流,然后采用循环语句依次读取输入流的字符。由于输入流与 abc.txt 文件关联,因此实质上是读入该文件的字符。每次循环只读取输入流中的一个字符,注意 read 方法返回的是 int 型的字符编码,范围在 0～65535 之间(即十六进制 0x00～0xffff),输入流没有字符可读,则返回−1。由于字符编码不可能为−1,因此通过该值来确定是否到达流末尾。最后关闭输入流。

例 12-1 程序也可以不用 File 对象,而直接在 FileWriter 和 FileReader 构造方法中使用字符串形式的文件路径参数,例如:

```
FileWriter fw = new FileWriter("D:\\abc.txt");      //构建文件字符输出流
FileReader fr = new FileReader("D:\\abc.txt");      //构建文件字符输入流
```

这是因为 FileWriter 和 FileReader 构造方法均提供了多种重载形式的缘故。

注意:使用流读写方法 read 和 write 须在程序中捕获处理 IOException 异常。构造 FileWriter 对象时,如果构造方法参数中的文件还没有建立,则会自动创建;如果文件已经存在,则覆盖原来的内容,即重建文件。而构造 FileReader 对象时,要求构造方法参数中的文件必须存在,否则会抛出 FileNotFoundException 异常。

FileReader 流除了一次读一个字符外,也允许一次读多个字符。这时所读字符存放在 read 方法的字符数组参数中,方法则返回读取的字符数,如果已到达流的末尾,则返回 -1。

FileWriter 流除了一次写多个字符(字符串或字符数组)外,也允许一次写一个字符,这时,使用字符编码作为 write 方法的参数。

总之,无论输入还是输出流,均允许一次读/写一个或多个数据。

12.3.2 FileInputStream 与 FileOutputStream

【例 12-2】 使用 FileInputStream 和 FileOutputStream 编写文件复制程序。

```java
import java.io.*;
import java.util.Scanner;
public class Ex2 {
    //下面定义文件复制方法:
    public static void copy(String source, String target) throws Exception{
        FileInputStream fis = new FileInputStream(source);       //构建文件字节输入流
        FileOutputStream fos = new FileOutputStream(target);     //构建文件字节输出流
        byte[]bs = new byte[1024];                               //构建字节数组(缓冲区)
        int len;
        while((len = fis.read(bs))!= -1) {                       //循环读流字节直到末尾
            fos.write(bs, 0, len);                               //把所读字节写到输出流
        }
        fis.close();                                             //关闭输入流
        fos.close();                                             //关闭输出流
    }

    public static void main(String[]args) {                      //主方法
        try{
            Scanner scan = new Scanner(System.in);
            System.out.println("请输入含路径的源文件名:");
            String source = scan.nextLine();
            System.out.println("请输入含路径的目标文件名:");
            String target = scan.nextLine();
            scan.close();
            copy(source, target);                                //调用文件复制方法
            System.out.println("成功把源文件复制到目标文件");
```

```
        }
        catch(Exception e){
            System.out.println("异常");
            e.printStackTrace();                              //输出异常栈跟踪信息
        }
        System.out.println("---- 程序结束");
    }
}
```

文件复制过程示意图如图12-4所示,由源文件名建立FileInputStream对象,由目标文件名建立FileOutputStream对象,然后通过循环语句反复从输入流中读取字节,每次最多读取1024个字节,并依次写入输出流中,直到结束为止。最后关闭输入、输出流。

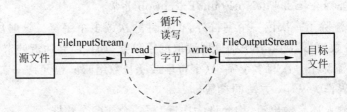

图12-4 使用文件字节流复制文件过程示意图

程序两次运行结果如图12-5所示。该程序不但能复制文本文件,而且能复制图像、声音、视频等非文本文件。运行过程中如果输入了不存在的源文件,则会抛出名为FileNotFoundException的异常,显示"系统找不到指定的文件"。

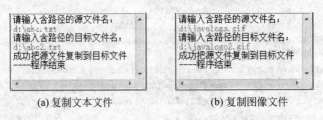

(a) 复制文本文件　　　　　　(b) 复制图像文件

图12-5 使用文件字节流复制文件

FileInputStream类(及其父类 InputStream)常用的流操作方法有:

(1) int **read**():从输入流中读取并返回一个字节。返回的是0~255范围内的int型字节值。若已达文件末尾则返回-1。

(2) int **read**(byte[] b):从输入流中读取多个字节存放到字节数组(缓冲区),并返回读取的字节个数。若有充足数据,则一次读b.length个字节;若已达文件末尾则返回-1。

(3) int **read**(byte[] b, int off, int len):从输入流中将最多len个字节读入字节数组b从off开始的元素中。方法返回读入的字节个数,若已达文件末尾则返回-1。

FileOutputStream类(及其父类 OutputStream)常用的流操作方法有:

(1) void **write**(int b):将指定字节写入输出流。字节参数b的类型为int型。

(2) void **write**(byte[] b):把字节数组(缓冲区)的所有元素写入输出流。

(3) void **write**(byte[] b, int off, int len):将指定字节数组中从偏移量off开始的len个字节写入输出流。

(4) void **flush**():刷新输出流,强制把缓冲区的所有字节写入输出流。

另外，FileOutputStream 类除了带 1 个参数的构造方法外，还有带 2 个参数的构造方法 FileOutputStream(File file 或 String name，boolean append)，其中第二个参数 append 用于确定是否向文件追加数据，若为 true，则首次调用 write 方法时将字节写到文件末尾，而不是写到文件开头。

注意：调用流操作方法均会抛出输入输出异常 IOException，因此要作相应处理。

12.4 文件对话框与常用对话框

在 javax.swing 包中，有一个文件选择器类 JFileChooser，调用其实例方法 showOpenDialog 会弹出一个如图 12-1(c)所示的打开文件对话框，而调用实例方法 showSaveDialog，则弹出一个如图 12-1(d)所示的保存文件对话框。

在打开（或保存）文件对话框中，选中文件后，单击"打开"（或"保存"）按钮，方法 showOpenDialog（或 showSaveDialog）将返回值 JFileChooser.APPROVE_OPTION，表明"通过"了（相当于"确定"）。如果单击"取消"按钮，则方法返回值为 JFileChooser.CANCEL_OPTION。这些返回值均是 JFileChooser 的静态常量字段，类型为 int。

【例 12-3】 编写使用打开文件对话框的程序。

```java
import javax.swing.*;
public class Ex3 {
    public static void main(String[]args) {
        JFileChooser jfc = new JFileChooser();         //构建文件选择器对象
        int option = jfc.showOpenDialog(null);         //显示打开文件对话框
        if (option == JFileChooser.APPROVE_OPTION) {   //若选择单击"打开"
            JOptionPane.showMessageDialog(null, "您选择打开文件 " +
                jfc.getSelectedFile());                //显示消息框
        }
        if (option == JFileChooser.CANCEL_OPTION) {    //若选择单击"取消"
            JOptionPane.showMessageDialog(null, "您选择"取消"打开文件");
        }
    }
}
```

该程序也用到消息框。程序的一次运行结果如图 12-6 所示：在图 12-6(a)的打开文件对话框中，选择了 D 盘的 abc.txt 文件，然后单击"打开"按钮，则弹出图 12-6(b)所示的消息框，其中含路径的文件名"D:\abc.txt"由文件选择器对象的 getSelectedFile 方法获取。

注意：在打开或保存文件对话框中，单击"打开"或"保存"按钮，并没有真正执行打开或保存文件功能，这些对话框只是起到传递文件信息的作用。要实现打开或保存文件，必须另外编写代码。

在例 12-3 中，通过调用 javax.swing 包中 JOptionPane 类的静态方法 showMessageDialog，能显示一个消息框。消息框是常用的对话框之一。除了消息框，还有输入框、确认框等，它们都是常用的对话框，均可通过调用 JOptionPane 类的静态方法显示，方法列举如下：

(1) showMessageDialog 方法：显示消息框。

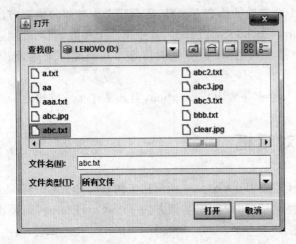

(a)"打开"对话框   (b)消息框

图12-6 使用打开文件对话框及消息框

(2) showInputDialog方法：显示输入框。

(3) showConfirmDialog方法：显示确认框。

这些方法均是静态的，因而可直接以类名JOptionPane作前缀调用。

【例12-4】 编程，使用常用对话框输入字符串，确认是否删除该串，显示删除消息。

```java
import javax.swing.JOptionPane;
public class Ex4 {
    public static void main(String[]args) {
        String str;
        str = JOptionPane.showInputDialog("请输入一个字符串: ");        //输入框
        int option = JOptionPane.showConfirmDialog(null,
            "确定要删除" + str +"吗?");                                //确认框
        if (option == JOptionPane.YES_OPTION){
            JOptionPane.showMessageDialog(null, "您选择了确定删除");    //消息框
            str = null;
        }
    }
}
```

程序的一次运行结果如图12-7所示。

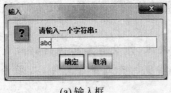  

(a)输入框   (b)确认框   (c)消息框

图12-7 常用对话框

JOptionPane类显示输入框、确认框和消息框的方法都有多种重载形式，其参数个数从1~7个不等。下面以显示确认框方法的一种重载形式为例，讲述各参数的作用。

JOptionPane 类显示确认框方法的一种典型重载形式如下：

```
public static int showConfirmDialog(Component parentComponent,
                                    Object message,
                                    String title,
                                    int optionType,
                                    int messageType)
```

该方法有 5 个参数，含义如下：

（1）parentComponent：本对话框依赖的父对话框或父窗口组件，可设为 null。
（2）message：要显示的消息，通常是一些文字，类型为根类 Object。
（3）title：对话框的标题，属于 String 类型。
（4）optionType：选项种类，即按钮种类，是整型数据。主要有如下选项：
- YES_NO_OPTION："是"和"否"组合按钮。
- YES_NO_CANCEL_OPTION："是"、"否"和"取消"组合按钮。
- OK_CANCEL_OPTION："确定"和"取消"组合按钮。

它们均是 JOptionPane 类的静态最终字段，即常量字段。

（5）messageType：消息种类，即图标种类，也是整型数据，主要有：
- ERROR_MESSAGE：显示红色交叉符号 。
- INFORMATION_MESSAGE：显示消息符号 。
- WARNING_MESSAGE：显示黄色警告符号 。
- QUESTION_MESSAGE：显示问号 。
- PLAIN_MESSAGE：不显示符号。

这些也是 JOptionPane 类的静态常量字段。

例如，调用带 5 个参数的 showConfirmDialog 方法，执行结果如图 12-8 所示：

图 12-8　带 5 个参数的确认框

```
JOptionPane.showConfirmDialog( null, "确认吗?","确认",
    JOptionPane.YES_NO_OPTION, JOptionPane.QUESTION_MESSAGE );
```

再看例 12-4 的代码：

```
int option = JOptionPane.showConfirmDialog(null, "确定要删除" + str + "吗?");
```

该方法只有两个参数，但却显示如图 12-7(b) 所示的带问号图标和 3 个按钮的确认框，这是因为问号图标和 3 个按钮都是确认框的默认设置。

方法 showConfirmDialog 的返回值也是整型的 JOptionPane 类静态常量字段，它们是：
- YES_OPTION：单击"是"按钮的返回值。
- NO_OPTION：单击"否"按钮的返回值。
- CANCEL_OPTION：单击"取消"按钮的返回值。
- OK_OPTION：单击"确定"按钮的返回值。
- CLOSED_OPTION：单击确认框右上角"关闭"按钮的返回值。

12.5 随机访问文件流 RandomAccessFile

在 java.io 包中,随机访问文件流类 RandomAccessFile 同时支持文件的读、写操作,即同时具备输入和输出功能,并且文件读写位置可按需要(随机)选定。

同时具备读、写操作的称为 rw 模式(Mode),其中 r 就是 read 的首字母,w 是 write 的首字母。如果是只读的,就是 r 模式。

RandomAccessFile 类的构造方法有两种重载形式:

```
RandomAccessFile(File file, String mode)
RandomAccessFile(String name, String mode)
```

表明文件既可通过 File 对象关联,也可直接使用字符串表示的文件名。常用的 mode 是 rw 和 r,此外,还有涉及同步更新操作的 rws 和 rwd 模式,但没有只写的 w 模式。

在"rw"模式下构建随机访问文件流,如果对应的文件不存在,则会自动创建。而在"r"模式下,如果对应的文件不存在,则会抛出 FileNotFoundException 异常。

注意:RandomAccessFile 处理文件功能最强,不但能同时读和写(双向),能读写字节、字符、字符串、int 和 double 等多种类型数据,而且还能调用 seek 方法随机确定读写位置。其他文件输入/输出流则只能按顺序单向读/写文件内容,而不能同时读写。不过,其他文件输入流也允许调用 skip 方法跳过若干个数据,其他文件输出流也允许写数据到已有文件的末尾。

【例 12-5】 编程,使用 RandomAccessFile 流进行文件读写操作。

```java
import java.io.*;
public class Ex5 {
    public static void main(String[ ]args) {
        try{
            RandomAccessFile raf = new RandomAccessFile("AAA.dat","rw");
            raf.writeInt(9);                          //写占 4 个字节的 int 型数
            raf.writeDouble(3.14);                    //写 8 字节的 double 型数
            raf.writeChars("abc");                    //1 字符占 2 个字节,共 6 字节
            raf.seek(4);                              //定位于文件第 4 字节
            raf.writeDouble(3.14159);                 //重写 double 数
            raf.seek(0);                              //定位于文件第 0 字节(首位)
            System.out.println(raf.readInt());        //读 4 个字节的整数并输出
            System.out.println(raf.readDouble());     //再读 8 字节的实数并输出
            System.out.println(raf.readLine());       //读剩下 3 字符组成的串并输出
            System.out.println("文件长度(字节数)是: " + raf.length());
            raf.close();
        }
        catch(Exception e){
            System.out.println("异常");
            e.printStackTrace();                      //输出异常栈跟踪信息
        }
    }
}
```

程序运行结果如图 12-9(a)所示。程序运行后,在项目根目录能看到文件 AAA.dat,使用记事本打开该文件,显示如图 12-9(b)所示,可见文件内容是乱码,不是文本文件。

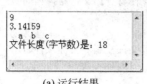
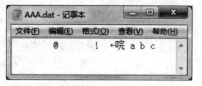

(a) 运行结果　　　　　　　　　(b) 使用记事本打开文件

图 12-9　随机访问文件程序

在例 12-5 中除使用 RandomAccessFile 的 writeInt 和 readInt 等读写方法外,还用到寻找读写位置方法 seek,该方法的参数是相对于文件开头的字节偏移量(类型为 long),与数组索引类似,也是从 0 开始的。程序还用到文件长度方法 length,它返回文件总字节数。

关于读写字节方法,RandomAccessFile 拥有与 FileInputStream 类格式相同的 3 个 read 方法,也拥有与 FileOutputStream 相同的 3 个 write 方法,详见 12.3.2 节。

【例 12-6】　使用 RandomAccessFile 编写文件复制方法(功能与例 12-2 等效),并使用文件对话框选择源文件和目标文件。

```java
import java.io.*;
import javax.swing.*;
public class Ex6 {
//下面使用 RandomAccessFile 定义文件复制方法:
    public static void copy(String source, String target) throws Exception{
        RandomAccessFile raf1 = new RandomAccessFile(source,"r");    //对应源文件
        RandomAccessFile raf2 = new RandomAccessFile(target,"rw");   //对应目标文件
        byte[]bs = new byte[4096];                                    //构建字节数组(缓冲区)
        int len;
        while((len = raf1.read(bs))!= -1) {                           //循环读流字节直到末尾
            raf2.write(bs, 0, len);                                   //把所读字节写到输出流
        }
        raf1.close();                                                 //关闭源文件流
        raf2.close();                                                 //关闭目标文件流
    }

    public static void main(String[]args) {                           //主方法
    try{
        JFileChooser jfc = new JFileChooser();                        //文件选择器
        String source, target;
        System.out.println("从打开文件对话框中选择源文件……");
        if(jfc.showOpenDialog(null) == JFileChooser.APPROVE_OPTION){
            source = jfc.getSelectedFile().toString();
            System.out.println("选中的源文件是: " + source);
            System.out.println("从保存文件对话框中选择目标文件……");
            if(jfc.showSaveDialog(null) == JFileChooser.APPROVE_OPTION){
                target = jfc.getSelectedFile().toString();
                System.out.println("选中的目标文件是: " + target);
```

```
                if (source.equalsIgnoreCase(target)){
                    JOptionPane.showMessageDialog(null,
                            "源文件与目标文件路径相同,无法复制");
                    throw new Exception("源文件与目标文件路径相同");
                }
                copy(source, target);              //调用文件复制方法
                System.out.println("成功把源文件复制到目标文件");
            }
        }
    }
    catch(Exception e){
        System.out.println("异常");
        e.printStackTrace();                       //输出异常栈跟踪信息
    }
    System.out.println("----程序结束");
    System.exit(0);
}
```

程序的一次运行结果如图12-10所示。

选择源文件是在打开文件对话框中进行的,选择目标文件是在保存文件对话框中进行的。本次运行是复制jpg图像文件,需要强调的是,该程序能复制任何类型的文件。

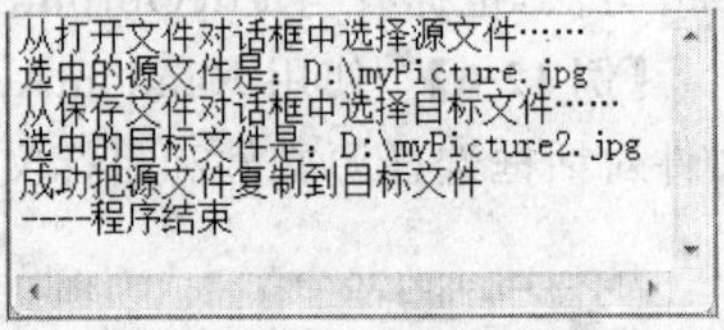

图12-10 使用随机访问文件流复制文件

12.6 序列化与对象输入输出

对象的生命周期存在于程序运行过程中。一旦停止运行,所构建对象也被销毁了。某些场合需要对象起死回生,就要求在对象生命结束之前将其状态数据记录并保存下来。但对象内涵广泛,可以很简单(如只含有一个整数的年龄对象),也可以很复杂(如一个国家也是一个对象)。一个复杂的对象犹如一碗"面条",内容错综复杂,难以清晰记录。

不过,对象一般都有属性值,对应于字段成员,可以记录对象的状态。可把对象的所有属性值按一定的线性顺序(像流那样)记录并保存下来,以便需要时能从保存的状态数据中还原对象,使之延续生命。这就是对象和类的序列化(Serializable),也称"串行化"。

注意:对象序列化写入的内容有:对象所在的类、类签名、非静态(实例)字段值等,但不保存静态字段值。

类要序列化,必须实现序列化接口Serializable。该接口没有任何成员,其作用就是表明实现本接口的类可以序列化。

序列化对象与对象的输入输出密切相关。只有实现了Serializable接口的类对象才能进行对象输入输出操作,才能记录、传输和保存对象。

对象输入输出涉及ObjectInputStream和ObjectOutputStream类及其两个重要方法:

(1) ObjectOutputStream类的**writeObject**(Object obj)方法:将指定对象obj写入该输出流,这便是"对象序列化"。如果对象输出流与文件关联,则对象保存到文件中。

（2）ObjectInputStream 类的 **readObject** 方法：读取该输入流中的对象（这个过程称为"反序列化"，即从线性顺序的字段值转为一碗"面条"状的对象）。如果对象输入流与文件关联，则能读取存放在文件中的对象。

除了 writeObject 方法，ObjectOutputStream 类还有写字节及字节数组 write、写字符 writeChar、写字符串 writeUTF 和 writeChars、写数值 writeDouble 和 writeInt 等方法。与之相应，ObjectInputStream 类除了 readObject 方法，还有读字节及字节数组 read、读字符 readChar、读字符串 readUTF、读数值 readDouble 和 readInt 等方法。

【例 12-7】 编程，先定义一个序列化的客户类 Customer，包含姓名和电话字段。再构建若干个客户类对象并保存到 cust.dat 文件。最后从文件中依次读取各个对象并将其属性显示在屏幕上。

```java
//Customer.java 文件：
import java.io.Serializable;
public class Customer implements Serializable {        //序列化客户类
    private static final long serialVersionUID = 1L;   //序列版本号
    private String name;                                //姓名
    private String phone;                               //电话
    public Customer(String name,String phone){          //构造方法
        this.name = name;
        this.phone = phone;
    }
    public String toString(){                           //重写 toString 方法
        StringBuffer sb = new StringBuffer();
        sb.append("客户名：" + name);
        sb.append("\t 电话：" + phone);                 //\t 制表符用于空 4 格
        return sb.toString();
    }
}
//Ex7.java 文件：
import java.io.*;
public class Ex7 {                                      //主类
    public static void writeObj(String file) throws Exception{   //写对象方法
        FileOutputStream fos = new FileOutputStream(file);       //文件输出流
        ObjectOutputStream oos = new ObjectOutputStream(fos);    //对象输出流
        Customer c1 = new Customer("张三","12345678");
        Customer c2 = new Customer("李四","87654321");
        Customer c3 = new Customer("王武","88888888");
        oos.writeObject(c1);                            //写对象到输出流
        oos.writeObject(c2);
        oos.writeObject(c3);
        oos.close();                                    //关闭对象输出流
        fos.close();                                    //关闭文件输出流
    }

    public static void readObj(String file) throws Exception {   //读对象方法
        FileInputStream fis = new FileInputStream(file);         //文件输入流
```

```java
        ObjectInputStream ois = new ObjectInputStream(fis);     //对象输入流
        while(true){
            try{
                Customer c = (Customer)ois.readObject();        //读取对象
                System.out.println(c.toString());               //显示对象信息
            }
            catch(EOFException ex){                             //遇到流末尾
                break;                                          //停止循环
            }
        }
        ois.close();                                            //关闭对象输入流
        fis.close();                                            //关闭文件输入流
    }

    public static void main(String[]args) {                     //主方法
        try{
            System.out.println("构建3个客户对象并保存到cust.dat文件……");
            writeObj("cust.dat");                               //调用写对象方法
            System.out.println("读取存于cust.dat文件中的客户对象信息：");
            readObj("cust.dat");                                //调用读对象方法
        }
        catch(Exception e){
            System.out.println("异常");
            e.printStackTrace();                                //输出异常栈踪迹
        }
        System.out.println("----程序结束");
    }
}
```

程序运行结果如图 12-11 所示。

在例 12-7 中，使用关联文件字节流的对象输入输出流实现对象的读写和保存功能。从对象输入流中读取各个对象，使用了循环语句，直到文件结束（流末尾）为止。通过捕获 EOFException 来判断文件结束，也就是到达了输入流的末尾。其中 EOFException 是文件（或流）结束异常，其中 EOF 是英文 end of file 的首字母。

图 12-11 对象序列化与输入输出

需要强调的是，由于 ObjectInputStream 流的 readObject( )方法返回类型是根类 Object，故要进行强制类型转换(Customer)ois.readObject( )，才能转化为 Customer 类型。

在例 12-7 中，有关文件、文件字节输入输出流和对象输入输出流之间的关系，可用如图 12-12 所示的示意图表示。

注意：Java 系统的大多数类都实现了 Serializable 接口，即大部分类及其对象是序列化的，如 String 和 Random 等类。运行时使用一个名为 serialVersionUID（序列化版本号）的字段与每个序列化类相关联。该字段在对象反序列化过程中用于验证其发送者和接收者是否相同或兼容。虽然该字段有默认设置，程序没有显式声明也能编译和运行，但不安全，在 Eclipse 开发环境下，没有显式声明该字段的序列化类将出现一个黄色警告符号 。因此，

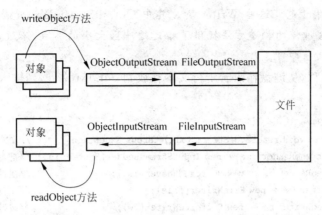

图 12-12　文件与对象输入输出流示意图

为避免出现异常,建议定义序列化类时显式声明 serialVersionUID 字段,字段必须是 static 和 final 的 long 类型。在 Eclipse 环境下还可通过单击快捷菜单自动生成该字段。

12.7　缓冲输入输出流与格式化输出流

12.7.1　缓冲流 BufferedReader 和 BufferedWriter

直接使用字符流 FileReader 和 FileWriters 读写文本文件开销大,为提高效率,可使用缓冲字符输入和输出流 BufferedReader 和 BufferedWriter 进行读写。顾名思义,缓冲流本身包含一个可存放多个字符的内存缓冲区。

对于 BufferedReader 流,它能一次从输入流中读取多个字符到其缓冲区,实现快速读取字符、数组或行操作。使用 FileReader 流构建缓冲流的语句如下:

```
BufferedReader  br = new BufferedReader(new FileReader("abc.txt"));
```

该语句将缓冲指定文件的输入。如果没有缓冲,则每次调用读方法 read 或 readLine 都会执行"从文件中读取字节再转为字符然后返回"这样的操作,因而效率低。有了缓冲,则不需每次都执行对底层字符或字节流作的操作,因而提高了读取效率。

也可用 BufferedReader 包装底层字节的读取,以避免频繁进行字节到字符的转换,如:

```
BufferedReader  br = new BufferedReader(new InputStreamReader(System.in));
```

其中 InputStreamReader 是字节流通向字符流的桥梁。这样,调用 br.readLine()方法,就能从标准输入流(键盘)中一次读取一行字符串。

同理,为提高效率,也可考虑在缓冲流 BufferedWriter 内包装 OutputStreamWriter,以避免频繁进行字符到字节的转换,如:

```
Writer  w = new BufferedWriter(new OutputStreamWriter(System.out));
```

注意:FileReader 和 InputStreamReader 的根类均是 Reader。BufferedReader 缓冲流就用于包装这些 Reader 流。相应地,FileWriter 和 OutputStreamWriter 根类是 Writer,

BufferedWriter 则用于包装这些 Writer 类。其中 OutputStreamWriter 是字符流通向字节流的桥梁。另外，缓冲流的构造方法提供了指定缓冲区大小的参数，不过，在大多数情况下无须指定，使用默认值即可。

【例 12-8】 编程，从键盘输入若干行文本存放到 out.txt 文件，当输入 exit 时终止。

```java
import java.io.*;
public class Ex8 {
    public static void readSave(String file) throws Exception{      //文本输入保存方法
        InputStreamReader isr = new InputStreamReader(System.in);   //键盘字节流转字符流
        BufferedReader br = new BufferedReader(isr);                //缓冲字符输入流
        FileWriter fw = new FileWriter(file);                       //文件字符输出流
        BufferedWriter bw = new BufferedWriter(fw);                 //缓冲字符输出流
        String row;
        System.out.println("从键盘输入若干行文本存到文件,exit 终止: ");
        while(true){                                                //循环读写,每次一行
            row = br.readLine();                                    //缓冲输入流读取一行
            if(row.equals("exit")){ break;}                         //输入 exit 时终止
            bw.write(row);                                          //写行字符串到缓冲输出流
            bw.newLine();                                           //写行分隔符(如"\r\n")
        }
        bw.flush();                                                 //(可选)刷新流缓冲
        bw.close();                                                 //关闭缓冲流
    }
    public static void main(String[]args) {                         //主方法
        try{
            readSave("out.txt");                                    //调用输入保存方法
        }
        catch(Exception e){
            System.out.println("异常");
            e.printStackTrace();                                    //输出异常栈踪迹
        }
        System.out.println("---- 程序结束");
    }
}
```

程序的一次运行结果如图 12-13(a)所示，图 12-13(b)是使用记事本打开的文件内容。

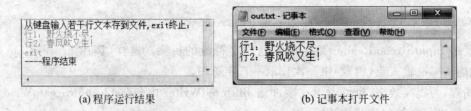

(a) 程序运行结果　　　　　　　　(b) 记事本打开文件

图 12-13　缓冲流应用程序

除了字符型的缓冲输入和输出流，还有字节型的缓冲输入流 BufferedInputStream 和输出流 BufferedOutputStream，其目标也是为提高数据传输效率。

12.7.2 格式化字符输出流 PrintWriter

如果需要向 FileWriter 等字符输出流写格式化的数据，使用 PrintWriter 更加方便。

【例 12-9】 编程，使用格式化输出流 PrintWriter 实现例 12-8 功能。

把例 12-8 程序的文本输入保存方法 readSave 改成下列代码，其余不变：

```java
public static void readSave(String file) throws Exception{        //文本输入保存方法
    InputStreamReader isr = new InputStreamReader(System.in);     //键盘字节流转字符流
    BufferedReader br = new BufferedReader(isr);                  //缓冲字符输入流
    PrintWriter pw = new PrintWriter(file);                       //格式化输出流
    String row;
    System.out.println("从键盘输入若干行文本存到文件,exit 终止: ");
    while(true){                                                  //循环读写,每次一行
        row = br.readLine();                                      //缓冲输入流读取一行
        if(row.equals("exit")){ break;}                           //输入 exit 时终止
        pw.println(row);                                          //写一行到流(含\r\n)
    }
    pw.flush();                                                   //(可选)刷新流缓冲
    pw.close();                                                   //关闭格式化输出流
}
```

程序运行结果与例 12-8 相同，一次运行结果如图 12-13(a)所示。

也可用缓冲输出流 BufferedWriter 包装 PrintWriter 流，如可把第 4 行代码改为：

```java
PrintWriter pw = new PrintWriter(new BufferedWriter(new FileWriter(file)));
```

将缓冲 PrintWriter 流对文件的输出操作。如果没有缓冲，则每次调用 println 方法会导致立即写入文件，效率不高。

PrintWriter 类除了提供输出各种类型数据的 print 和 println 方法外，常用的方法还有：

（1）PrintWriter **printf**(String format，Object... args)：格式化输出方法。使用指定格式将一个格式化字符串写入该流。如果启用自动刷新，则本方法将刷新输出缓冲区。本方法的使用格式与 System.out 的 printf 方法和 String 的 format 方法相同。

（2）**PrintWriter**(OutputStream 或 Writer out，boolean autoFlush)：构造方法。构建在第二个参数中指定是否自动行刷新的字节或字符流。如果为 true，则调用 println、printf 或 format 方法将自动刷新输出缓冲区。

（3）**PrintWriter**(String fileName)：构造方法。构建指定文件名但不自动行刷新的流。

注意：与格式化字符输出流 PrintWriter 对应，有格式化字节输出流 PrintStream。这两种流都提供了输出多种类型数据的 print、println 和 printf 方法，并且调用这些方法不会抛出 IOException。

12.8 本章小结

本章学习了流，这里的流(对象)是指像水管那样的通道，不过里面流淌的不是水，而是字节等数据，即数据流就是流淌数据的管道。在面向对象程序设计中，流也是对象。最基本

的数据流是字节流,此外,还有字符流、文件流、对象流等。

按一定编码格式以字符为单位进行操作的数据流就是字符流,与文件有关的流就是文件流,与对象有关的流就是对象流。

流有两个互反的方向:输入/输出。与文件关联,就是文件输入/输出流;与对象关联,就是对象输入/输出流,等等。

比较重要的两种流是字节流和字符流。由于流有两个方向,于是这两种流就组合成 4 种基本流,即 InputStream、OutputStream、Reader 和 Writer,它们均是抽象类。

文件流是与文件读写有关的流,如果文件是字符组成的,则有文件字符输入与输出流;但更一般的是文件字节输入与输出流,这样的流能处理各种类型的文件,包括文本、声音、图形、图像、视频等。

在文件操作过程中,通常使用文件对话框选取文件名,通过调用 JFileChooser 对象的相应方法能显示打开或保存文件对话框。不过,这些方法只是提供选择文件,具体的文件操作必须另行编程实现。

除了文件对话框外,还通常使用输入框、确认框和消息框等常用对话框,这些对话框是由 JOptionPane 类的相应静态方法实现的。

一般情况下,流的操作是单方向的,只能输入或输出,但 RandomAccessFile 例外,该流同时具备输入和输出功能。

对象是很复杂的数据,并且具有生命周期。有时需要把瞬间出现的对象内容保存起来或传输到另一个地方,这时要对对象进行序列化操作,即把复杂的数据转换成有序的串。能序列化的类必须要实现 Serializable 接口。

对象输入/输出操作涉及到对象输入/输出流,调用对象输出流的写对象方法,可进行序列化操作。反之,调用对象输入流的读对象方法,则是反序列化。若对象输入/输出流与文件关联,则把对象保存到文件中,并能从文件中再读取出来。

为提高读写效率,可使用缓冲输入输出流进行数据传输,以避免频繁进行读写文件、字节与字符的转换等操作。Java 也提供了格式化输出流,能指定格式输出多种类型的数据。

除了文件流、对象流外,还有数据流、字节/字符数组流等,均具有输入和输出两个方向。数据流有 DataInputStream 和 DataOutputStream,它们与底层的字节流关联,能直接读写各种基本类型数据。字节数组流有 ByteArrayInputStream 和 ByteArrayOutputStream,字符数组流有 CharArrayReader 和 CharArrayWriter,数组流的源或目标是内存中的数组,而不是外存中的文件,即对数组进行读/写操作。

本章的知识点归纳如表 12-1 所示。

表 12-1 本章知识点归纳

知 识 点	操作示例及说明
数据流	4 种基本流是字节输入流、字节输出流、字符输入流和字符输出流,其根类依次是 InputStream、OutputStream、Reader 和 Writer
文件字符输入输出流	FileWriter fw = new FileWriter("D:\\abc.txt"); FileReader fr = new FileReader("D:\\abc.txt");
文件字节输入输出流	FileInputStream fis = new FileInputStream("abc.gif"); FileOutputStream fos = new FileOutputStream("abc2.gif");

续表

知 识 点	操作示例及说明

文件对话框	JFileChooser jfc = new JFileChooser();
	int option = jfc.showOpenDialog(null);
	option = jfc.showSaveDialog(null);

常用对话框	Stringstr = JOptionPane.showInputDialog("请输入一个字符串："); int option = JOptionPane.showConfirmDialog(null,"确定删除吗？"); JOptionPane.showMessageDialog(null,"您选择了确定删除");
随机访问文件	RandomAccessFileraf = new RandomAccessFile("abc.dat","rw");
对象和类的序列化	class Customer implements Serializable{ … }
对象输入输出	FileOutputStreamfos = new FileOutputStream("customer.dat"); ObjectOutputStreamoos = new ObjectOutputStream(fos); Customer c = new Customer("张三","12345678"); oos.writeObject(c); FileInputStreamfis = new FileInputStream("customer.dat"); ObjectInputStreamois = new ObjectInputStream(fis); Customer stu =(Customer)ois.readObject();
缓冲流与格式化输出流	InputStreamReader isr = new InputStreamReader(System.in); BufferedReader br = new BufferedReader(isr); FileWriter fw = new FileWriter(file); BufferedWriter bw = new BufferedWriter(fw); PrintWriter pw = new PrintWriter(file);

12.9 实训 12：文件复制与对象读写

（1）编写文件复制程序，要求使用文件对话框选择源文件和目标文件。运行界面参见图 12-1(a)。

提示：进行文件复制，既可用文件字节输入输出流，也可用随机访问文件流。下面是使用文件字节输入输出流复制文件的部分代码，仅供参考。

```
import java.io.*;
import javax.swing.*;
public class Train1 {
//下面定义文件复制方法：
public static void copy(String source, String target) throws Exception{
    FileInputStream fis = …              //构建文件字节输入流
    FileOutputStream fos = …             //构建文件字节输出流
    byte[]bs = …                         //构建字节数组(缓冲区)
    while(…) {
        …                                //每次循环从输入流中读字节
        …                                //把所读字节写到输出流
    }
    …                                    //关闭输入、输出流
}
```

```java
    public static void main(String[]args) {                  //主方法
        try{
            System.out.println("  ==== 文件复制 ==== ");
            JFileChooser jfc = …                             //文件选择器
            String source, target;
            System.out.println("\n(1)从打开文件对话框中选择源文件……");
            if(jfc.showOpenDialog(null) == JFileChooser.APPROVE_OPTION){
                …
            }
        }
        catch(Exception e){ … }
        …
    }
}
```

(2) 编程,定义一个序列化的学生类,有学号、姓名、出生地等字段。然后构建若干个学生对象并保存到文件中,要求使用保存文件对话框选择文件,并且学生的学号、姓名和出生地要求在运行时动态输入。最后从文件中依次读取这些对象并把其属性显示在屏幕上。运行界面参见图 12-1(b)。

提示:使用 ObjectOutputStream 和 ObjectInputStream 流写读对象,先写后读。循环读取流中的数据,通过捕获 EOFException 异常来判断是否到达流末尾。部分代码如下。

```java
//Student.java 文件:
import java.io.Serializable;
public class Student implements … {                          //序列化学生类
    private static final long serialVersionUID = … ;         //序列化版本号
    private String stuNo;                                    //学号
    …
    public Student(String stuNo, … ){ … }                    //构造方法
    public String toString(){                                //覆盖 Object.toString 方法
        StringBuffer sb = …
        sb.append("学号:" + …);
        …
    }
}
//Train2.java 文件:
import java.io.*;
import java.util.Scanner;
import javax.swing.JFileChooser;
public class Train2 {
    public static void writeObj(File file) throws … {        //写对象到文件的方法
        FileOutputStream fos = …                             //文件输出流
        ObjectOutputStream oos = …                           //对象输出流
        Scanner scan = …
        System.out.println("每行按"学号,姓名,出生地"格式输入(end 结束): ");
        while (true){                                        //每次循环输入 1 个学生数据
            String row = …
            if (row.equalsIgnoreCase("end")){ … }
```

```java
            String[]cols = row.split(",|,");           //以中文或英文逗号分隔
            if( cols.length != 3 ){
                System.out.println("输入不对!应输入 3 列属性值,请重输……");
                …
            }
            Student stu = new Student(cols[0], … );
            oos.writeObject( … );                      //写该学生对象到输出流
        }
        System.out.println(" ---- 对象已保存到文件" + file);
        …                                              //关闭流
    }
    public static void readObj(File file) throws … {   //读文件对象方法
        FileInputStream fis = …                        //文件输入流
        ObjectInputStream ois = …                      //对象输入流
        while(true){
            try{
                …                                      //读取并显示对象信息
            }
            catch(EOFException ex){ … }                //遇到流末尾
        }
        …                                              //关闭流
    }
    public static void main(String[]args) {            //主方法
        try{
            System.out.println("   ==== 学生对象文件读写 ====");
            //步骤(1):
            System.out.println("(1) 从保存文件对话框中选择存放对象的文件……");
            JFileChooser jfc = …
            …
            //步骤(2):
            System.out.println("(2) 输入若干个学生数据并保存到文件……");
            …                                          //调用写对象到文件方法
            //步骤(3):
            System.out.println("(3) 读取存放在文件中的学生对象信息……");
            …                                          //调用读文件对象方法
        }
        catch(Exception e){ … }
        …
    }
}
```

第13章 龟兔赛跑——多线程

能力目标：

- 理解多线程、掌握线程的创建、启动、运行等方法；
- 掌握线程优先级及其设置方法；
- 理解线程状态，线程中断和线程同步等概念；
- 能使用多线程编写龟兔赛跑程序和生产者消费者程序。

13.1 任务预览

本章实训要编写龟兔等动物赛跑和同步生产与消费程序，运行结果如图 13-1 所示。

(a) 龟兔赛跑

(b) 同步生产与消费

图 13-1 实训程序运行界面

13.2 程序、进程与线程

线程与程序、进程密切相关,在介绍线程之前,首先要明确程序和进程这两个概念。

程序,是为了解决问题而编写的、最终在计算机上运行的代码,表现出来的是显示在屏幕上的字符,或书写、打印在纸上的文字。相对于进程和线程而言,程序是静态的,是还没有被计算机运行的符号代码。

进程,是程序在计算机的一次运行过程,进程是动态的。在多任务环境下,一台计算机既可同时运行多个不同的程序,如既运行 Excel 又运行 Word,也允许一个程序同时运行多次,如同时打开 3 个记事本。当前计算机都是多进程的,都允许一个程序同时执行多次。

线程也是动态的,是比进程更小的概念,它是进程(程序运行过程)的一条执行路线。一个程序的一次运行过程有可能不止一条执行路线,如在因特网上下载图片,可以一边下载图片、一边显示图片,还能同时播放音乐。就是说,上网进程至少有 3 个线程,每个线程都有独立的执行路线,相互之间不受干扰。

Java 语言拥有多线程机制,使用 Java 语言很容易编写多线程的程序。在 java.lang 包中,提供了线程类 Thread,只要定义继承 Thread 类的子类,并重写线程运行方法 run,在方法内部编写线程的执行路线(执行步骤),则 Thread 子类就属于多线程的类,简称"线程类"。线程类的每一个对象都是一个线程,调用启动方法 start 后都能按指定的步骤各自运行。

【例 13-1】 编写龟兔赛跑多线程程序,设跑道长 100 米,赛跑过程中,每跑完 10 米显示一次里程。

```
//Animal.java 文件:
public class Animal extends Thread {                //动物线程类
    public Animal(String name) {                    //构造方法,参数是线程名
        super(name);
    }
    public void run() {                             //重写线程运行方法
        for(int i = 0; i <= 100; i += 10) {
            System.out.println(this.getName() + "跑" + i + "米");
            try{                                    //必须处理休眠异常
                Thread.sleep((long)(Math.random() * 1000));  //线程休眠不超过 1s
            }
            catch(InterruptedException e){ }
        }
    }
}

//Ex1.java 文件:
public class Ex1 {                                  //主类
    public static void main(String[] args) {
        Animal rabbit = new Animal("兔子");          //线程(对象)1
        Animal tortoise = new Animal("\t\t乌龟");    //线程(对象)2
        rabbit.start();                             //启动线程 1
```

```
        tortoise.start();                                          //启动线程2
    }
}
```

程序的两次运行结果如图 13-2 所示,其中图 13-2(a)表示兔子赢,因为兔子先跑完 100 米,而图 13-2(b)则是乌龟赢,这次乌龟首先跑完。

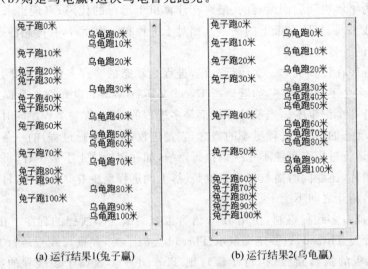

(a) 运行结果1(兔子赢)　　　　　　　　(b) 运行结果2(乌龟赢)

图 13-2　龟兔赛跑

由于兔子和乌龟每跑完 10 米,调用 Thread 类 sleep 方法执行线程休眠的时间不确定,有长有短,故每次运行程序,谁胜谁负,结果不尽相同。线程休眠的时间在 0~999ms,因为方法参数含有表达式(Math.random() * 1000),而 Math.random()是产生 0 到小于 1 之间随机数的方法。该表达式的类型是 double,而 sleep 方法参数的类型必须为长整型,因此前面要使用(long)进行强制类型转换。

注意：sleep 是 Thread 类的静态方法,因此可以用类名作前缀调用。调用该方法必须处理 InterruptedException(中断异常),否则程序无法编译运行。

例 13-1 中,为了分开两列输出兔子和乌龟线程的运行结果,在主类 main 方法中构建乌龟线程时,在其名称增加了两个制表键"\t\t",使得每行文字开头空 8 个字符(每个制表键占 4 个字符)。

13.3　多线程

一个程序如果有两个以上的线程同时运行,就属于多线程程序。Java 提供了两种方式创建线程(对象):一是定义 Thread 子类,再构建其对象;二是通过实现 Runnable 接口来构建 Thread 对象。两种方式都要重写 run 方法,因为它是线程的运行方法。

13.3.1　构建 Thread 子类对象

通过构建 Thread 子类对象编写多线程程序,其步骤如下。

(1) 编写 Thread 子类,即线程类,格式如下:

```
class 线程类名 extends Thread {
    …
    public void run() { … }
}
```

如例 13-1 中的线程类 Animal 就是采用这种方式定义的。

需要强调的是,run 是 Thread 类的一个方法,但没有具体的语句。自定义线程类必须重写 run 方法,否则线程将执行空操作。

(2) 构建线程对象。与构建其他对象一样,是用 new 调用构造方法构建的。如例 13-1 中的 rabbit 和 tortoise。

(3) 调用线程对象的 start 方法启动线程。如 rabbit.start()和 tortoise.start()。

注意:由于主类 main 方法本身就是一条独立的执行路线(线程),故包含两个 Animal 线程对象的例 13-1 实际上有 3 个线程。

13.3.2 用实现 Runnable 接口对象构建 Thread

由于 Java 的单一继承性,如果要编写的线程类本身已经继承了一个父类,则不能再继承 Thread 类。这时就要采用实现 Runnable 接口的方法编写与线程运行相关的类(该类不属于线程类,只是相关而已),然后以该类的对象为参数构建 Thread 类对象。Thread 对象即是线程。

【**例 13-2**】 用实现 Runnable 接口方法编写与例 13-1 功能一样的龟兔赛跑程序。

```java
//Animal2.java 文件:
public class Animal2 implements Runnable{            //实现 Runnable 接口类
    private String name;                              //动物名字段
    public Animal2(String name) {                     //构造方法(动物名)
        this.name = name;
    }
    public void run() {                               //重写线程运行方法
        for(int i = 0; i <= 100; i += 10) {
            System.out.println(name + "跑" + i + "米");
            try{
                Thread.sleep((long)(Math.random() * 1000));   //线程休眠不超过 1s
            }
            catch(InterruptedException e){ }
        }
    }
}

//Ex2.java 文件:
public class Ex2 {                                    //主类
    public static void main(String[] args) {
        Animal2 rabbit = new Animal2("兔子");          //对象 1
        Thread t1 = new Thread(rabbit);                //线程 1
        Animal2 tortoise = new Animal2("\t\t乌龟");    //对象 2
        Thread t2 = new Thread(tortoise);              //线程 2
```

```
        t1.start();                                    //启动线程 1
        t2.start();                                    //启动线程 2
    }
}
```

程序的运行结果与例 13-1 类似,参见图 13-2。

位于 java.lang 包中的 Runnable 接口有唯一的 run 方法,故实现该接口必须实现 run 方法,其方法体中的语句将在线程启动时执行。

一般地说,用实现 Runnable 接口的方式编写多线程的程序,有如下步骤:

(1) 编写实现 Runnable 接口的类,格式如下:

```
class 类名 extends 父类 implements Runnable {          //extends 父类为可选
    …
    public void run() { … }
}
```

(2) 构建实现 Runnable 接口类的对象。如例 13-2 中的 rabbit 和 tortoise。
(3) 使用上述对象作参数,构造 Thread 对象,即线程对象。如例 13-2 中 t1 和 t2。
(4) 调用线程对象的 start 方法启动线程,如 t1.start()和 t2.start()。

需要强调的是,虽然实现 Runnable 接口的类与线程有关联,但其本身还不是线程类,因此要使用实现 Runnable 接口类的对象作参数构建 Thread 对象,Thread 对象才是线程。换句话说,线程离不开 Thread 类,不管用哪种方式构建线程,都用到 Thread 类。

13.4 线程类 Thread

Thread 本是"线、线索"之意,Thread 类及其子类都属于线程类。

位于 java.lang 包中 Thread 类有如下的类声明:

```
public class Thread extends Object implements Runnable { … }
```

可见,该类本身已经实现了 Runnable 接口,即实现了 run 方法。不过,run 方法体内部是没有语句的(空语句)。因此编写 Thread 子类必须重写 run 方法,否则 Thread 子类所构造的线程将不执行任何操作(空操作)。

13.4.1 Thread 类构造方法及线程名

构建线程对象要调用 Thread 类构造方法,构造方法共 8 个,常用的有如下 4 个:

(1) Thread():没有参数的构造方法,调用本构造方法构建的线程将执行空操作,并且会自动起名,起名形式为 Thread-n,其中 n 为整数,如 Thread-0、Thread-1 等,线程名后面的序号将按顺序递增。线程名可通过调用方法 getName 得到。

(2) Thread(String name):指定字符串类型的线程名构建线程。

(3) Thread(Runnable target):参数 target 是实现 Runnable 接口的对象,如例 13-2 中的 rabbit 和 tortoise。调用本构造方法构建的线程也是自动起名,起名形式同第(1)个。

(4) Thread(Runnable target, String name):指定线程名构建实现 Runnable 接口对象

的线程。

注意：在线程存活期间可调用 setName(String name) 方法更改线程名。

13.4.2　线程优先级与 Thread 相关字段

在默认情况下，多个线程并发执行，并且每个线程执行的机会均等，优先级（Priority）一样。不过，如果某个线程很重要，则可人为控制该线程，使之执行机会多些。通过指定线程优先级可以控制线程的执行速度。

线程有 10 个优先级，从高至低分别是 10、9、…、1，中间级 5 是默认优先级。

Thread 类有如下 3 个关于优先级的整型静态常量字段：

（1）MAX_PRIORITY：最大优先级，值是 10。

（2）MIN_PRIORITY：最小优先级，值是 1。

（3）NORM_PRIORITY，普通优先级（默认），值是 5。

方法 setPriority(int newPriority) 用于更改线程优先级，方法 getPriority 则获取优先级。

同等条件下，优先级高的线程具有优先执行权，因而运行速度较快。

【例 13-3】　改进例 13-1 的龟兔赛跑多线程程序，通过改变优先级，并减掉休眠时间，使乌龟以迅雷不及掩耳的速度跑完 100 米。

```java
//Animal3.java 文件：
public class Animal3 extends Thread {                    //动物线程类
    public Animal3(String name) {                        //构造方法，参数是线程名
        super(name);
    }
    public void run() {                                  //重写线程运行方法
        for(int i = 0; i <= 100; i += 10) {
            System.out.println(this.getName() + "跑" + i + "米");
        }
    }
}

//Ex3.java 文件：
public class Ex3 {
    public static void main(String[] args) {
        Animal3 rabbit = new Animal3("兔子");            //线程(对象)1
        rabbit.setPriority(1);                           //设置最低优先级
        Animal3 tortoise = new Animal3("\t\t 乌龟");     //线程(对象)2
        tortoise.setPriority(10);                        //设置最高优先级
        rabbit.start();                                  //启动线程 1
        tortoise.start();                                //启动线程 2
    }
}
```

程序的一次运行结果如图 13-3 所示。

注意：由于程序简单，若计算机性能较高，则运行时也可能出现兔子跑赢的结果。总之，多线程程序每次的运行结果不尽相同，因为每个线程都单独运行，这就是多线程的特点。

图 13-3　龟兔赛跑乌龟速胜

13.4.3　线程生命周期与线程状态

线程与进程一样，具有生命周期。线程被创建并启动后，就开始了它的生命之旅。在线程生存期间，存在下面 6 种状态。

(1) NEW：新建状态。线程已创建但尚未启动。

(2) RUNNABLE：运行状态。线程正在运行。

(3) BLOCKED：阻塞状态。每次只能独占使用的共享资源（临界资源）正被其他线程使用，线程因得不到这些资源而处于暂停状态。

(4) WAITING：等待状态。等待另一线程执行特定的操作。

(5) TIMED_WAITING：定时等待状态，在指定时间内等待另一线程执行操作。

(6) TERMINATED：终止（死亡）状态，线程已退出运行。

这 6 个线程状态名都是枚举常量，它们是在 Thread 类的嵌套枚举类型 State 中定义的。

在一个类内部以成员形式定义的类型，称为嵌套类型。例如类 A 内部定义类 B，则 B 是 A 的嵌套类，表示为 A.B。

因此，Thread 类的嵌套枚举类型 State 表示为 Thread.State，而线程新建状态就表示为 Thread.State.NEW，线程运行状态表示为 Thread.State.RUNNABLE，其余以此类推。

线程在运行过程中，其状态可通过调用 getState 方法来获取。

注意：线程共 6 种状态，其中阻塞、等待和定时等待这 3 种可归纳为暂停状态，因此线程的状态又划分为新建、运行、暂停和死亡这 4 种状态。此外，线程还有一种称为"就绪"的状态，表明线程已拥有除中央处理器（Central Processing Unit，CPU）外的所有系统资源，即万事俱备，只欠 CPU。就绪状态的线程一旦被 JVM 线程调度程序分配到 CPU 时间片，即进入运行状态。为简单起见，就绪状态被纳入到运行状态中。

线程是否存活（有生命），还可通过执行 isAlive 方法判断，若方法返回 true，则线程还在活动；当线程刚构建还没有启动（NEW 状态），或线程已终止运行（TERMINATED 状态），isAlive 方法返回 false。

13.4.4 线程其他方法

除了上面介绍的线程方法 run、start、setName、getName、setPriority、getPriority、getState 和 isAlive 外，常用的线程方法还有：

(1) static void **sleep**(long millis)：线程休眠方法(该方法已使用多次)。让正在执行的线程进入休眠，即暂停运行，休眠时间为给定的毫秒数。如：Thread.sleep(1000L) 表示休眠 1000 毫秒即 1 秒。线程休眠过程中有可能被中途打断，引发 InterruptedException，因此调用方法必须处理该中断异常。发生中断异常后，线程再回到就绪运行状态。

注意：线程休眠时间的精度受到系统计时器和调度程序的影响，并非百分之百准确。

(2) void **interrupt**()：中断(中途打断)线程。如果一个线程在休眠，则其他线程可调用该休眠线程的 interrupt 方法，吵醒休眠线程，使之回到就绪运行状态。休眠线程被中断(吵醒)后，会引发中断异常 InterruptedException。

(3) static Thread **currentThread**()：返回当前正在执行的线程对象(引用)名。

(4) static int **activeCount**()：返回当前活动线程的数目。

【例 13-4】 编写兔子睡觉被乌龟中断(吵醒)的多线程程序。

```java
class Animal4 implements Runnable {                          //线程相关类
    Thread rabbit, tortoise;                                 //线程对象(引用)名
    public Animal4() {                                       //构造方法
        rabbit = new Thread(this,"兔子");                    //构建兔子线程
        tortoise = new Thread(this, "乌龟");                 //构建乌龟线程
    }
    public void run() {                                      //线程运行方法
        if(Thread.currentThread() == rabbit){                //如果是兔子线程
            try {
                System.out.println("兔子正在睡大觉……");
                Thread.sleep(1000 * 60 * 60 * 2);            //兔子休眠 2 小时
            }
            catch(InterruptedException e){
                System.out.println("兔子被叫醒");
                System.out.println("兔子开始跑步……");
            }
        }
        else if(Thread.currentThread() == tortoise){         //若是乌龟线程
            System.out.println("乌龟大叫：跑步去!");
            rabbit.interrupt();                              //中断(吵醒)兔子
            System.out.println("乌龟开始跑步……");
        }
    }
}

public class Ex4 {                                           //主类
    public static void main(String[] args) {                 //主方法
        Thread begin = Thread.currentThread();
        String name = begin.getName();
        System.out.println("程序刚开始运行的线程名：" + name);
```

```
        System.out.println(name + "线程状态:" + begin.getState());
        System.out.println("当前活动线程数:" + Thread.activeCount());
        Animal4 animal = new Animal4();
        System.out.println("兔子线程状态:" + animal.rabbit.getState());
        System.out.println("乌龟线程状态:" + animal.tortoise.getState());
        animal.rabbit.start();                          //启动兔子线程
        System.out.println("兔子线程状态:" + animal.rabbit.getState());
        animal.tortoise.start();                        //启动乌龟线程
        System.out.println("乌龟线程状态:" + animal.tortoise.getState());
        System.out.println("当前活动线程数:" + Thread.activeCount());
    }
}
```

程序的一次运行结果如图 13-4 所示。虽然兔子想休息 2 个小时,但由于乌龟线程运行后马上中断(吵醒)了兔子线程,故兔子很快被叫醒,并开始跑步。从运行结果还可看到,程序刚开始运行时只有主线程 main 处于运行状态,创建并启动兔子和乌龟线程后,活动的线程则变成 3 个。

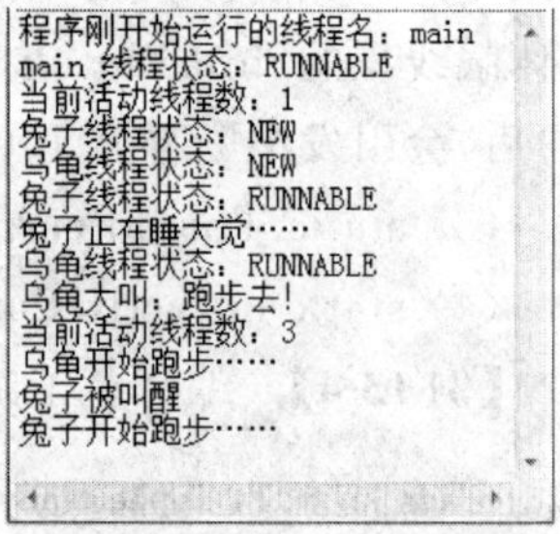

除了 Thread 类本身定义的线程方法,与线程有关的方法还有来自根类 Object 的等待方法 wait 和通知方法 notify。这两个方法可配套使用,wait 方法使线程进入等待状态,notify 方法唤醒等待状态的线程,使之重新回到就绪运行状态。其中 wait 方法有 3 种重载形式:

图 13-4 线程中断及状态

```
public final void wait() throws InterruptedException
public final void wait(long timeout) throws InterruptedException
public final void wait(long timeout, int nanos) throws InterruptedException
```

后两种形式可以指定等待时间,一个参数是毫秒数,有第二个参数的是纳秒数。调用 wait 方法要处理中断等异常情况。

通知方法除了 notify 外,还有 notifyAll 方法,用于唤醒所有等待状态的线程。这两个方法的声明如下:

```
public final void notify()
public final void notifyAll()
```

注意:线程的一些方法,如 suspend、resume、stop、destroy 等,运行不安全,建议不要使用。

13.5 线程同步与互斥

一个资源,如果能被多个对象共同使用,就是共享资源。例如公司的银行账户就是共享资源,可由公司授权的多个人存钱取钱,但每次只允许一个人存取,不允许一个人还没有存完款,另一人就取款,即不允许同一时刻多个人一起操作银行账户。就是说,银行账户是不能同时(同一时刻)被多人操作的,每一时刻只能独占使用,即相互排斥(互斥)。这种宏观上共享,微观上独占的共享资源就称为"临界(Critical)资源"。

又如一个产品,如手机,应该先由生产者生产出来,然后才能卖给消费者使用,不能先消费、再生产,也不能同时生产和消费。因此,产品是临界资源。

处理临界资源被多个对象共享的问题,涉及多线程之间相互协作(步骤协调)问题,这就是线程的同步和互斥。这里,同步是"协同步骤"之意,互斥则是"相互排斥"。

13.5.1 同步关键字 synchronized

使用临界资源的多个线程(对象),在同一时刻只允许其中一个独占临界资源。通过在使用临界资源的方法中添加关键字 synchronized,可达到临界资源共享的目的。

用关键字 synchronized 修饰的方法,犹如对临界资源加了一把"锁",强制方法执行过程中对临界资源进行"同步"操作,即对临界资源的处理要"协同好步骤",一个进程处理完(解锁)才轮到另一进程处理(再加锁)。

【例 13-5】 编写对银行账户临界资源进行同步操作的多线程程序。

```java
//Account.java 文件:
class Account {                                         //银行账户(临界资源)类
    private String name;                                //账户名称
    private double balance;                             //账户余额

    public Account(String name, double money) {         //构造方法
        this.name = name;
        balance = money;
    }
    public synchronized void deposit(double money){     //同步存款方法
        if (money > 0) {
            balance += money;
            notify();
            System.out.printf("\n存款¥ %.2f,余额¥ %.2f", money, balance);
        }
        else { System.out.println("存款失败"); }
    }
    public synchronized void withdraw(double money){    //同步取款方法
        if (money > 0){
            while (money > balance) {
                try{ wait(); }
                catch(InterruptedException e){ }
            }
            balance -= money;
            System.out.printf("\n取款¥ %.2f,余额¥ %.2f", money, balance);
        }
        else { System.out.println("取款失败"); }
    }
    public String getName() {                           //获取账户名称方法
        return name;
    }
    public double getBalance() {                        //获取账户余额方法
        return balance;
```

```
    }
}

//DepositThread.java 文件:
class DepositThread extends Thread {                                    //存款线程类
    Account acc;
    public DepositThread(Account a) {
        acc = a;
    }
    public void run() {
        for(int i = 0; i<5; i++){                                       //调用同步存款方法 5 次
            acc.deposit((int)(Math.random() * 1000));                   //每次存款不超过 1000 元
        }
    }
}

//WithdrawThread.java 文件:
class WithdrawThread extends Thread {                                   //取款线程类
    Account acc;
    public WithdrawThread(Account a) {
        acc = a;
    }
    public void run() {
        for(int i = 0; i<5; i++){                                       //调用同步取款方法 5 次
            acc.withdraw((int)(Math.random() * 1000));                  //每次取款不超过 1000 元
        }
    }
}

//Ex5.java 文件:
public class Ex5 {                                                      //主类
    public static void main(String[] args) {
        Account a = new Account("光明公司", 5000);                       //开户
        System.out.printf("%s开户,银行账户余额¥%.2f\n",a.getName(), a.getBalance());
        WithdrawThread withdrawMan = new WithdrawThread(a);             //取款线程
        DepositThread depositMan = new DepositThread(a);                //存款线程
        withdrawMan.start();
        depositMan.start();
    }
}
```

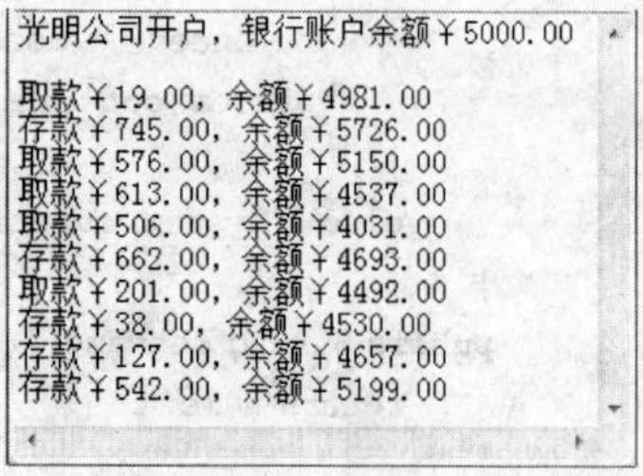
光明公司开户, 银行账户余额￥5000.00

取款￥19.00, 余额￥4981.00
存款￥745.00, 余额￥5726.00
取款￥576.00, 余额￥5150.00
取款￥613.00, 余额￥4537.00
取款￥506.00, 余额￥4031.00
存款￥662.00, 余额￥4693.00
取款￥201.00, 余额￥4492.00
存款￥38.00, 余额￥4530.00
存款￥127.00, 余额￥4657.00
存款￥542.00, 余额￥5199.00

图 13-5 线程同步程序

程序的一次运行结果如图 13-5 所示。

例 13-5 程序中,使用了同步关键字 synchronized 对银行账户的存、取款进行加锁,当作为临界资源的银行账户进行存款操作时,不允许同时进行取款,反之也是。只有这次存/取款操作完成,才允许下一次操作。在取款操作中,如果要取的钱不够,则调用 wait 方法进入等待状态,

直到存款操作完成,再通过 notify 方法唤醒等待的取款操作。

关键字 synchronized 除了锁定方法,还可直接锁定一个临界资源,语法形式如下:

synchronized(临界资源对象){操作代码}

如例 13-5 的同步存款方法可改为下面锁定账户对象的存款方法:

```java
public void deposit(double money){                    //存款方法
    synchronized (this){                              //锁定账户对象
        if (money > 0) {
            balance += money;
            notify();
            System.out.printf("\n 存款¥ %.2f,余额¥ %.2f", money, balance);
        }
        else { System.out.println("存款失败");}
    }
}
```

又如例 13-5 的同步取款方法也可改为下面锁定账户对象的取款方法:

```java
public void withdraw(double money){                   //取款方法
    synchronized(this){                               //锁定账户对象
        if (money > 0){
            while (money > balance) {
                try{ wait(); }
                catch(InterruptedException e){ }
            }
            balance -= money;
            System.out.printf("\n 取款¥ %.2f,余额¥ %.2f", money, balance);
        }
        else { System.out.println("取款失败"); }
    }
}
```

修改后的程序运行结果与修改前的相似,参见图 13-5。

13.5.2　生产者与消费者模型

线程同步与互斥的典型应用是生产者与消费者模型,模型功能如下:

(1) 仓库。具有一定容量的存放产品的仓库。

(2) 生产者(产品入仓)。生产者不断生产产品,产品保存在仓库中。为简单起见,略去了生产过程复杂的中间环节,把产品生产精简为最后一道工序"产品入仓"。

(3) 消费者(产品出仓)。消费者不断购买保存在仓库中的产品。也把产品消费提炼为"产品出仓"。

(4) 由于库存容量有限,只有仓库有空间,生产者才能生产,否则只能等待,直到产品被消费(产品出仓)为止。

(5) 只有仓库存在产品,消费者才能购买(消费),否则只能等待,直到"产品入仓"为止。

在生产者与消费者模型中涉及 4 个概念:产品、仓库、生产者和消费者,其中后 3 个是

关键对象,补充说明如下:

(1) 存放产品的仓库。产品如手机、洗衣机等家用电器,这些产品必须先生产,才能消费,不允许同一时刻一个产品既在生产又在消费,即仓库的产品不能同时入仓和出仓。因此,仓库是供生产者和消费者使用的、可共享的临界资源。

(2) 生产者线程。工厂里面生产该产品的工人。

(3) 消费者线程。购买该产品的所有消费者。

在现实世界中,许多问题都可归结为生产者与消费者模型,如例 13-5 公司银行账户的存取款操作,银行账户相当于仓库,是临界资源,存款线程是生产者,取款线程是消费者。每次存入的一笔钱相当于生产一个产品,取走的一笔款相当于消费一个产品,由于账户余额没有上限,因此,银行账户相当于一个海量的仓库,生产(存款)能力没有限制。

下面再举一个生产者与消费者的例子。

【例 13-6】 编写生产与消费多线程程序,设有一个最大库存量为 4 的洗衣机仓库,生产 10 台洗衣机,并且一边生产一边消费,即同步生产与消费。

```java
//Storage.java 文件:
class Storage {                                         //仓库类
    private String name;                                //产品名
    private int max;                                    //最大库存量
    private int sum;                                    //产品库存数
    private int no;                                     //产品编号
    public Storage(String name, int max){               //构造方法(产品名,最大库存)
        this.name = name;
        this.max = max;
    }
    public synchronized void input() {                  //同步的生产(入仓)方法
        while (sum >= max) {                            //若产品数超出最大库存量
            try{ wait();}                               //则等待(不生产)
            catch(Exception e){}
        }
        sum ++;                                         //直到被通知唤醒才生产
        no ++;
        notify();                                       //通知消费
        System.out.printf("生产%d号%s,当前库存数:%d\n", no,name,sum);
    }
    public synchronized void output() {                 //同步的消费(出仓)方法
        while (sum <= 0) {                              //若库存没有产品
            try{ wait();}                               //则等待(不消费)
            catch(Exception e){}
        }
        sum --;                                         //直到被通知唤醒才消费
        notify();                                       //通知生产
        System.out.printf("消费%d号%s,当前库存数:%d\n",no-sum,name,sum);
    }
    public String getName(){                            //获取产品名方法
        return this.name;
    }
    public int getMax(){                                //获取最大库存量方法
```

```java
        return this.max;
    }
}

//Producer.java 文件:
class Producer extends Thread {                      //生产者(线程)类
    Storage store;                                   //仓库
    public Producer(Storage store) {                 //构造方法
        this.store = store;
    }
    public void run() {                              //线程运行方法
        for(int i = 0; i < 10; i++){                 //循环 10 次
            store.input();                           //调用同步生产(入仓)方法
        }
    }
}

//Consumer 文件:
class Consumer extends Thread {                      //消费者(线程)类
    Storage store;                                   //仓库
    public Consumer(Storage store) {                 //构造方法
        this.store = store;
    }
    public void run() {                              //线程运行方法
        for(int i = 0; i < 10; i++){                 //循环 10 次
            store.output();                          //调用同步消费(出仓)方法
        }
    }
}

//Ex6.java 文件:
public class Ex6 {                                   //主类
    public static void main(String[] args) {
        Storage store = new Storage("洗衣机", 4);    //最大库存 4 洗衣机仓库
        System.out.println("构建最大库存量为" +
            store.getMax() + store.getName() + "仓库\n");
        Producer producer = new Producer(store);     //生产者(线程对象)
        Consumer consumer = new Consumer(store);     //消费者(线程对象)
        producer.start();
        consumer.start();
    }
}
```

程序的一次运行结果如图 13-6 所示。

需要强调的是,在生产与消费程序中,代表生产的入仓方法与代表消费的出仓方法必须使用同步关键字 synchronized 修饰,并且入仓必须考虑是否有仓位,否则只能等待出仓后再入仓;同理,出仓的前提条件必须是仓库有产品,否则只能等待入仓后再出仓。如果把例 13-6 中 Storeage 类的 input 和 output 方法改成如下非同步的方法,则运行结果可能出现逻辑混乱,其中的一次运行结果如图 13-7 所示。

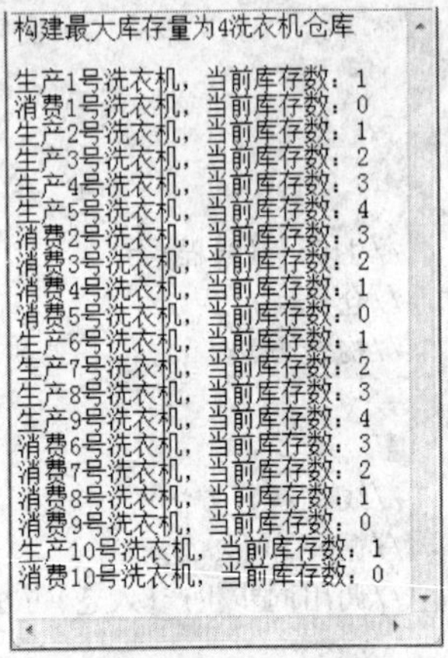

图 13-6 同步生产与消费

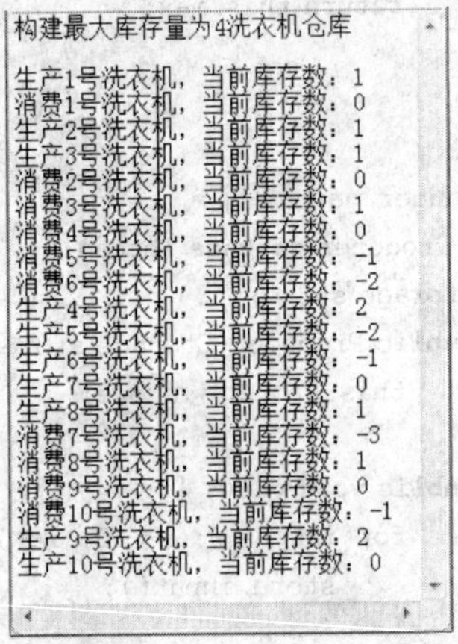

图 13-7 非同步生产与消费

```java
public void input() {                                  //非同步的生产(入仓)方法
    sum ++;                                            //产品数增1(不管是否有仓位)
    no ++;
    System.out.printf("生产%d号%s,当前库存数：%d\n", no,name,sum);
}

public void output() {                                 //非同步的消费(出仓)方法
    sum --;                                            //产品数减1(不管是否有产品)
    System.out.printf("消费%d号%s,当前库存数：%d\n",no - sum,name,sum);
}
```

13.6 本章小结

本章学习了多线程，线程是比进程更小的概念。进程是程序在计算机的一次运行过程，线程则是进程运行过程中的一条执行路线。一个进程可以有多个线程，这就是多线程。

Java 本身集成了多线程的机制，编写多线程程序涉及到线程类 Thread。

利用 Java 语言编写多线程程序有两种方式：一是编写 Thread 子类并构造其对象，二是编写实现 Runnable 接口的类，再用该类对象作参数构造 Thread 对象。这两种方式所构造的对象就是线程对象。如果在程序中构造多个线程对象，则各个线程对象启动后，都能依照自己设定的路线来运行，这就是多线程。线程的执行路线通过 run 方法实现，因此编写多线程需要编写 run 方法。

线程按其重要程度分成 10 个优先级，数字越大优先级越高，默认的优先级是 5。线程创建和启动后，就开始了其生命周期，直到 run 方法运行完毕，或被其他因素终止，生命周期才结束。线程的状态可概括为 4 种：新建、运行、暂停(阻塞及等待)和死亡。

多个线程并发执行，涉及到共享资源冲突问题。例如，共享的公司账户不能在某一时刻既取款又存款，存放产品的仓库，也不允许同时进、出仓。像银行账户和仓库这些共享资源，每次只能单独操作，就称为临界资源。临界资源宏观上虽然同时被多个线程使用，但微观上某一时刻只能被一个线程单独使用,这就是线程的同步与互斥,最典型的是生产者与消费者模型。公司账户的存取款也可归结为该模型。编写线程同步与互斥程序,要使用同步关键字 synchronized。

本章知识点归纳如表 13-1 所示。

表 13-1 本章知识点归纳

知 识 点	操作示例及说明
程序、进程与线程	进程是程序的一次运行过程,线程是进程的一条执行路线
使用构建 Thread 子类对象编写多线程	class Animal extends Thread { … }　　　　//线程类 　　public void run() { … }　　　　　　　　//线程运行方法 } … 　　Animal rabbit = new Animal("兔子");　　//线程(对象)1 　　Animal tortoise = new Animal("乌龟");　　//线程(对象)2 　　rabbit.start(); tortoise.start();　　　//启动线程
用实现 Runnable 接口的对象编写多线程	class Animal2 implements Runnable { … } 　　public void run() { … }　　　　　　　　//线程运行方法 } … 　　Thread rabbit = new Thread(new Animal2("兔子")); 　　Thread tortoise = new Thread(new Animal2("乌龟")); 　　rabbit.start();tortoise.start();　　　//启动线程
Thread 类构造方法	Thread() Thread(String name) Thread(Runnable target) Thread(Runnable target, String name)
线程优先级与 Thread 类字段	线程有 10 个优先级。优先级字段 3 个:Thread.MAX_PRIORITY、Thread.MIN_PRIORITY 和 Thread.NORM_PRIORITY,分别表示 10、1 和 5
线程生命周期与线程状态	6 种状态:NEW(新建)、RUNNABLE(运行)、BLOCKED(阻塞)、WAITING(等待)、TIMED_WAITING(定时等待)、TERMINATED(终止)。 其中,第 3、4、5 种状态为暂停状态
Thread 方法	run、start、setName、getName、setPriority、getPriority、getState、isAlive、currentThread、sleep、interrupt、activeCount、wait、notify、notifyAll 等
线程同步与互斥以及生产者与消费者模型	class Storage { …　　　　　　　　　　　　//仓库类 　　public synchronized void input() { … }　　//同步生产(入仓) 　　public synchronized void output() { … }　//同步消费(出仓) } class Producer extends Thread { … }　　//生产者(线程)类 class Consumer extends Thread { … }　　//消费者(线程)类

13.7 实训 13:龟兔赛跑、生产者与消费者

(1) 编写动物赛跑(如龟兔赛跑)多线程程序。要求能在程序中设置跑道长度(米)、选手数以及各选手的名称。赛跑过程中,每跑完 10 米显示一次里程。运行界面参见图 13-1(a)。

提示:部分代码参考如下。

```java
//Animal.java 文件:
public class Animal extends … {                    //动物线程类
    int length;                                     //跑道长度
    public Animal( … ) {                            //构造方法(线程名,跑道长度)
        super(name);
        this.length = …
    }
    public void run() {                             //重写线程运行方法
        for(int i = 0; i <= length; … ) {
            if(i < length){ System.out.println(this.getName() + …); }
            else{ System.out.println( … + "到终点"); }
            try{ Thread.sleep( … );}                //线程休眠不超过 1s
            catch …
        }
    }
}
```

```java
//Train1.java 文件:
import java.util.Scanner;
public class Train1 {                               //主类
    public static void main(String[] args) {
        System.out.println("   ==== 动物赛跑 ====");
        Scanner sc = …
        System.out.print("请输入跑道长度(米):");
        int length = …
        System.out.print("请输入选手数目:");
        int sum = …
        String[] name = new String[sum];            //动物名数组
        Animal[] animals = new Animal[sum];         //线程对象数组
        String tab = "";                            //存放空 4 列的制表键
        for(int i = 0;i < sum;i++){
            System.out.printf("请输入第%d个选手名称:",i+1);
            name[i] = …
            animals[i] = new Animal(tab + name[i],length);
            tab += "\t";
        }
        System.out.println("开始赛跑……");
        for(int i = 0;i < sum;i++){ animals[i]. … ; }   //启动各线程
    }
}
```

(2) 编写生产者与消费者多线程程序,要求能设置最大库存量、产品名称、产品生产和消费总数,并且同步生产与消费。运行界面参见图 13-1(b)。

提示: 把生产产品提炼为产品入仓,消费产品提炼为产品出仓。分别定义仓库类、生产者线程类和消费者线程类,最后定义主类。部分代码参考如下。

```java
//Storage.java 文件:
class Storage {                                     //仓库类
    private String name;                            //产品名
    private int max;                                //最大库存量
```

```java
    private int sum;                                    //产品库存数
    private int no;                                     //产品编号
    public Storage( … ){ … }                            //构造方法(产品名,最大库存量)
    public synchronized void input() { … }              //同步的生产(入仓)方法
    public synchronized void output() { … }             //同步的消费(出仓)方法
}

//Producer.java 文件:
class Producer extends … {                              //生产者(线程)类
    Storage store;                                      //仓库
    int tot;                                            //生产总数
    public Producer( … ) { … }                          //构造方法(仓库,生产总数)
    public void run() {                                 //线程运行方法
        for(int i = 0; i < tot; i++){                   //循环 tot 次
            …                                           //调用仓库同步生产(入仓)方法
        }
    }
}

//Consumer 文件:
class Consumer extends Thread {                         //消费者(线程)类
    Storage store;                                      //仓库
    int tot;                                            //消费总数
    public Consumer( … ) { … }                          //构造方法(仓库,消费总数)
    public void run() {                                 //线程运行方法
        for(int i = 0; i < tot; i++){                   //循环 tot 次
            …                                           //调用仓库同步消费(出仓)方法
        }
    }
}

//Train2.java 文件:
import java.util.Scanner;
public class Train2 {                                   //主类
    public static void main(String[] args) {
        System.out.println("  ==== 同步生产与消费 ==== ");
        Scanner sc = new Scanner(System.in);
        System.out.print("请输入产品名:");
        String name = …
        System.out.print("请输入仓库最大库存量:");
        int max = …
        System.out.print("请输入生产总数:");
        int tot = …
        System.out.print("请输入消费总数:");
        int tot2 = …
        Storage store = …                               //仓库
        Producer producer = …                           //生产者(线程对象)
        Consumer consumer = …                           //消费者(线程对象)
        …                                               //启动生产者和消费者线程
    }
}
```

第14章 元素增删检索——集合与泛型

能力目标：
- 了解集合框架与泛型，理解 Collection<E> 接口，掌握 Vector<E> 类；
- 理解集合封装类 Collections 及其对集合操作的方法；
- 理解基本数据类型的封装类，理解自动装箱与拆箱；
- 理解键/值对及其映射接口 Map<K,V>，掌握 Hashtable<K,V> 等类；
- 能编写学生属性集合元素增删改、键/值映射数据存储与检索等程序。

14.1 任务预览

本章实训编写集合元素增删改、键/值对数据存储与检索程序，运行结果如图 14-1 所示。

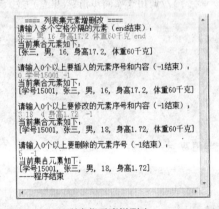 

(a) 列表集元素增删改　　　　　　　　(b) 键/值对数据存储检索

图 14-1　实训程序运行界面

14.2 集合框架与泛型

数组能存放多个元素，但数组创建后，长度不能更改，并且数组各元素的数据类型必须相同。如要存放一个学生的学号、姓名、性别、年龄和身高等属性，由于各属性的类型不尽相同（既有 String 类型，又有 int 和 double 类型），除非统一用根类 Object 作类型，并且不改变元素个数,才可用数组存放,但这样做往往欠佳。这时,可以考虑用"向量"集合 Vector 存放。

集合本身是一个对象,每一个集合又包含若干个称为元素的"小"对象。即集合是由对象元素组成的"大"对象。集合最大的优点是元素个数可以按需要动态增减,各元素(对象)的类型也允许不同。

Vector 和 ArrayList 均是 java.util 包中的类,它们的对象都是集合,相当于可变长数组。

【例 14-1】 编程,使用 Vector 集合存放学生学号、姓名、性别、年龄和身高等属性值。

```java
import java.util.Vector;
public class Ex1 {
    public static void main(String[] args) {
        Vector v = new Vector();                        //构建"大"集合对象
        //Vector<Object> v = new Vector<Object>();      //构建泛型集合(可替换上语句)
        v.add("15001");                                 //集合添加元素("小"对象)
        v.add("张三");
        v.add('男');
        v.add(18);
        v.add(1.72);
        System.out.println(v);                          // v 即 v.toString(),输出所有元素
    }
}
```

程序运行结果如图 14-2 所示。可见,既可向集合添加 String 类元素,也允许向集合添加 char、int 和 double 等基本类型的元素。

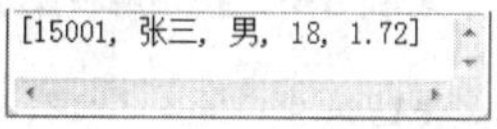

[15001, 张三, 男, 18, 1.72]

图 14-2 Vector 集合元素

从程序运行结果还可看出,直接输出集合对象 v,便可输出方括号括起来的所有元素,各元素之间以逗号分隔。这是因为 v 隐式调用了集合本身的 toString 方法,即 v 相当于 v.toString()。若是数组,则必须调用数组封装类 Arrays 的 toString 方法才能获取所有元素。

注意:集合中各元素的类型之所以允许不同,是因为其元素类型默认是根类 Object,能匹配任何类型,包括基本类型。之所以能匹配基本类型,是因为数据通过自动装箱,可转为对应的类类型(详见 14.5.2 小节)。

在例 14-1 中,可使用 ArrayList 替换 Vector,运行结果不变。

Java 集合类除了 Vector 和 ArrayList 外,还有 Stack、LinkedList、HashSet 和 TreeSet 等,集合类多数位于 java.util 包中,Stack 是元素后进先出(LIFO)的栈,它直接继承 Vector。LinkedList 是链表。HashSet 是哈希集,TreeSet 是树集。在当前的 JDK 版本中,这些集合类都是泛型类,表示为 Vector<E>、ArrayList<E>、Stack<E>、LinkedList<E>、HashSet<E> 和 TreeSet<E>。集合类均实现了泛型接口 Collection<E>,其中 E 是类型参数,可以匹配任意引用类型。

泛型(Gneric),就是所使用的类型广泛,允许匹配任意类型。

泛型类和泛型接口是具有类型参数的类和接口。类型参数使用尖括号括起来,例如 <E>,表示这些类或接口的成员类型还没有确定。E 就泛型,它可以匹配任意引用类型。

一旦泛型类的类型参数确定下来(即其成员类型确定了),泛型类就成为一个明确的类(再不是泛泛而谈的类),例如泛型集合类 Vector＜E＞的类型参数 E 可匹配 Object 和 String 等类,于是 Vector＜Object＞和 Vector＜String＞就是两个具体的泛型类,即泛型实例类。可见,一个泛型类通过匹配不同的类型参数,可产生多个泛型实例类。

Java 系统认为,不使用泛型是不安全。在 Eclipse 开发环境中编写程序,不使用泛型集合将出现黄色警告符,如例 4-1 中的代码就多次出现黄色警告。如果把例 4-1 中第 4 行语句改为下面语句,则消除了所有黄色警告,而程序的运行结果没有改变:

```
Vector＜Object＞v = new Vector＜Object＞();        //构建泛型(实例类)集合对象
```

调用泛型类构造方法构建对象时,构造方法也要求使用尖括号括起类型参数。这时,构造方法后面有两对括号,一对是尖括号,另一对是圆括号,前者用于类型实参,后者用于方法实参。

注意:泛型类型参数只能匹配类、接口和数组等引用类型,不能匹配基本数据类型。例如 Vector＜int＞是错误的。

泛型在 JDK1.5 版本中推出,目的是建立高性能、易扩展且类型安全的 Java 集合框架(Java Collections Framework)。集合框架表现为一组标准接口和类,不同类型的集合能以相同的方式进行操作。实现数据结构的类,如列表、链表、栈、哈希表、哈希映射、树集、树映射等都在集合框架的范围内。其中映射用于处理键/值对数据。

除了系统定义的泛型类,也可以自定义泛型类。

【例 14-2】 编程,定义一个学生泛型类,成员有泛型类型的属性和方法。

```java
class Student＜T＞{                                //学生泛型类<类型参数>
    private T property;                           //类型参数作字段类型
    public void setProperty(T property){          //类型参数作方法参数类型
        this.property = property;
    }
    public T getProperty(){
        return property;                          //类型参数作方法返回类型
    }
}

public class Ex2 {                                //主类
    public static void main(String[] args) {
        Student＜String＞ s1 = new Student＜String＞();     //类型实参 String 的学生对象1
        s1.setProperty("张三");
        System.out.println("学生对象1属性值是:" + s1.getProperty());
        Student＜Integer＞ s2 = new Student＜Integer＞();   //类型实参 Integer 的学生对象2
        s2.setProperty(18);
        System.out.println("学生对象2属性值是:" + s2.getProperty());
    }
}
```

程序运行结果如图 14-3 所示。

泛型类定义时的类型参数属于形参,如例 14-2 中的 T(表示 Type),泛型类使用时的类型参数(如 String 和 Integer)则是实参。

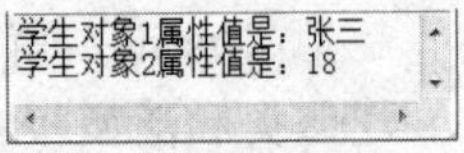

图 14-3 定义泛型类

需要强调的是，类型参数前面不能再加类型声明，因为它本身就代表一种类型。

类型形参属于标识符，要按标识符命名规则起名。类型形参习惯以大写字母命名，这是因为类型实参也习惯以大写字母开头命名的缘故。类型实参即是已定义的类名和接口名。

类型参数也允许出现多个，这时各参数之间要使用英文逗号分隔。如 Map<K,V>和 Hashtable<K,V>等。

注意：JDK8 版本也支持泛型方法。定义泛型方法时，需在方法的返回类型之前加上尖括号<>括起的类型形参。例如：public<T>T m(T a){return a;}

14.3 集合分类与元素增删改

集合的根接口是 Collection<E>，实现了该接口的类就是集合类。集合又分列表（集）、非重复元素集合和队列等，对应于根接口的子接口 List<E>、Set<E>和 Queue<E>等。

14.3.1 集合根接口 Collection<E>与元素遍历

所有集合类都实现了根接口 Collection<E>，因此该接口方法适用于所有集合对象。

集合根接口 Collection<E>的主要方法如下：

(1) boolean **add**(E e)：添加集合元素，添加成功，返回 true 值，否则，返回 false。

(2) boolean **addAll**(Collection c)：把集合 c 所有元素添加到本集合。要求集合 c 元素类型兼容于本集合。

(3) void **clear**()：清空集合，即清除集合所有元素。

(4) boolean **contains**(Object o)：如果集合包含指定的元素，则返回 true。

(5) boolean **isEmpty**()：判断集合空否，即是否含有元素，若空则返回 true。

(6) boolean **remove**(Object o)：从集合中移除指定元素。

(7) boolean **removeAll**(Collection c)：从集合中移除所有与集合 c 相同的元素。

(8) boolean **retainAll**(Collection c)：仅保留与集合 c 相同的元素。

(9) int **size**()：获取元素个数，相当于数组的长度 length。

(10) Object[] **toArray**()：集合转为数组，返回集合中所有元素组成的数组。

(11) Iterator<E> **iterator**()：返回在集合元素进行迭代的迭代器。

每个集合对象均可调用这些方法，进行元素添加、删除、清空、统计个数等操作。

集合还有 toString 方法，该方法返回用方括号括起、逗号分隔的所有元素组成的字符串。

注意：与集合根接口相对应，有一个抽象集合类 AbstractCollection<E>，该类提供了根接口的骨干实现。返回集合所有元素方法 toString 也是该类提供的。集合根接口的子接口 List<E>、Set<E>和 Queue<E>也各有骨干实现的抽象类，依次是 AbstractList<E>、AbstractSet<E>和 AbstractQueue<E>。

集合根接口 Collection<E>除了派生子接口，也有父接口，这就是可迭代接口 Iterable<E>。该接口有一个方法 iterator()，方法返回类型是迭代器接口 Iterator<E>。即是说，集合是可迭代的，元素是可遍历的。

Iterator<E>接口有 3 个主要方法：hasNext()、next()和 remove()，分别用于判断是否有元素、返回下一元素和移除元素。

一般地说，遍历集合元素有下列 3 种方式。

(1) 直接使用集合名，隐式调用 toString 方法遍历。例如，设有集合 co，则下语句可列出集合的所有元素：

```
System.out.println(co);                    //co 相当于 co.toString()
```

(2) 使用迭代器遍历。集合元素可迭代，可用下面代码遍历集合：

```
Iterator<String> it = co.iterator();       //使用关联集合 co 的迭代器遍历
while(it.hasNext()){                       //反复判断有下一元素否
    System.out.print(it.next() + " ");     //有则输出元素(空格分隔)
}
```

(3) 使用 for 语句遍历。集合与数组一样，可使用遍历元素的 for 语句，如：

```
for(String e : co){ System.out.print(e + " "); }
```

14.3.2 列表接口 List<E>与 Vector<E>和 ArrayList<E>类

集合中有一类是列表(集)，列表实现了根接口 Collection<E>派生的子接口 List<E>。列表就是元素的序列。列表相当于可变长"数组"，可用索引定位元素，对元素进行增删改操作，并且元素个数能按需要动态增减。这一点数组无法做到，数组一经建立，长度就不能改变。列表元素的索引也是从 0 开始。也允许元素值重复。

注意：列表集和数组可相互转换。调用集合的 toArray 方法可转为数组，反之，调用数组封装类 Arrays.asList(ss)方法可把数组 ss 转为 List 集。

List<E>接口除继承 Collection<E>方法外，还有自己的方法，主要方法如下：

(1) void **add**(int index, E element)：在列表的指定位置插入元素。

(2) boolean **addAll**(int index, Collection c)：将集合 c 所有元素插入到列表指定位置。

(3) E **get**(int index)：返回列表中指定位置的元素。

(4) int **indexOf**(Object o)：返回列表中第一次出现的元素索引，不存在则返回-1。

(5) int **lastIndexOf**(Object o)：返回列表中最后出现的元素索引，不存在则返回-1。

(6) E **remove**(int index)：移除列表中指定位置的元素。

(7) E **set**(int index, E element)：用指定元素替换列表中给定位置的元素。

(8) List<E> **subList**(int fromIndex, int toIndex)：返回列表中从 fromIndex(包括)到 toIndex 减 1(即不包括 toIndex)之间的子列表。

常用的列表集有 Vector<E>和 ArrayList<E>，它们的功能大致相同，主要区别在于前者是线程同步的，后者是非同步的。如果是单线程，则完全可用 ArrayList 替换 Vector，这时程序的功能保持不变，而性能将更优。

【例 14-3】 编程，使用 ArrayList<E>列表集存放学生学号、姓名、性别、年龄和身高等属性。要求使用列表元素增删改方法。

```
import java.util.*;
```

```java
public class Ex3 {
    public static void main(String[] args) {
        List<String> list = new ArrayList<String>();   //构建串元素列表集
        list.add("张三");
        list.add("男");
        list.add("17 岁");
        list.add("身高 1.72");
        list.add("体重 60 千克");
        System.out.println("当前列表元素如下：");
        System.out.println(list);                       //输出所有元素
        System.out.println("索引 2 的元素：" + list.get(2));
        list.add(0, "学号 15001");                      //在 0 位置插入元素
        list.set(3, "19 岁");                           //修改索引 3 元素
        list.remove("体重 60 千克");                    //移除元素
        //list.remove(5);                               //可通过索引移除元素
        System.out.println("\n增删改后的列表元素：");
        System.out.println(list);                       //用集合名输出所有元素
    }
}
```

程序运行结果如图 14-4 所示。若使用 Vector 替换 ArrayList，则运行结果一样。

一个集合除了元素个数（使用 size 方法获取）外，还有"容量"（capacity），即能容纳元素的空间个数。容量总是大于或等于实际的元素个数。随着集合元素的不断添加，其容量会自动增加。在构建集合对象的构造方法中可以明确指定初始容量，例如：

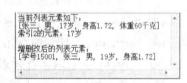

图 14-4 列表元素增删改

```java
List<String> list = new ArrayList<String>(8);   //构建初始容量为 8 的列表集
```

对于 Vector 和 ArrayList 类的列表集，若没有在构造方法参数中给出初始容量，则默认构造初始容量为 10 的空列表。

在添加大量元素前，应用程序可以调用 ensureCapacity(int minCapcity) 方法来主动增加 Vector 集的容量，以便减少递增式再分配的次数，节省运行时间。该方法的意思是必须确保最少 minCapcity 的容量。

注意：ArrayList<E>也能用于多线程。该类对象本身不同步，但通过调用集合封装类 Collections 的静态方法 synchronizedList，则可封装为线程安全的同步对象，如：

```java
List<String> list = Collections.synchronizedList(new ArrayList<String>());
```

实现 List<E>接口的列表类除 Vector<E>和 ArrayList<E>外，还有 Stack<E>和 LinkedList<E>等，它们都属于列表集，均能按给定的索引位置进行元素增删改。

14.3.3 无重复元素集合接口 Set<E>

除了能使用索引访问元素的列表集外，还有一种非列表的集合，这类集合实现 Collection<E>派生的 Set<E>接口。

Set<E>接口的方法与其父接口 Collection<E>的方法基本相同,不再赘述。

实现 Set<E>接口的集合有哈希集 HashSet<E>和树集 TreeSet<E>等,它们不允许元素值重复,也不能通过索引访问元素。其中 HashSet<E>的元素按照"哈希"法(散列算法)进行排序,而不是按元素的自然顺序排序。TreeSet<E>元素则按元素的自然顺序(或自行设定的顺序)从小到大进行排序,属于有序集。

注意:计算机世界中的"树"是根节点在上的倒挂树。TreeSet<E>对象采用树结构存储数据,其节点中的数据是有序的,从上到下从左到右按照升序的顺序排列。

14.3.4 队列接口 Queue<E>

集合中还有一类是队列,要求元素只能从队尾入队,从队首出队。换句话说,队列是元素先进先出(FIFO)、后进后出的集合。队列实现 Collection<E>派生的 Queue<E>接口。

队列提供了专门的元素入队、出队和查看操作。

Queue<E>接口提供的主要方法如下:

(1) boolean **offer**(E e):将指定元素插入队列中。

(2) E **poll**():队列的首元素出队。如果队列为空,则返回 null。

(3) E **remove**():队列的首元素出队。队列为空时抛出 NoSuchElementException 异常。

(4) E **peek**():获取队首元素而不出队。如果队列为空,则返回 null。

(5) E **element**():获取队首元素而不出队。队列为空时抛出 NoSuchElementException 异常。

实现 Queue<E>接口的集合类有 ArrayDeque<E>、ConcurrentLinkedQueue<E>、PriorityQueue<E>和 LinkedList<E>等,后者同时实现了 List<E>接口。

14.4 集合封装类 Collections

在 java.util 包中,有一个专门对集合进行操作的类 Collections,该类封装了执行集合运算的多个方法,如元素排序、求最大和最小值等,是集合的封装类。该类的方法均是静态的,可以直接使用类名作前缀调用。

注意:数组也有封装类,就是 Arrays 类,该类的方法专门针对数组进行操作,如数组遍历、排序、复制等,其方法也是静态的,请参见10.4节。

集合封装类 Collections 常用的方法如下:

(1) static void **copy**(List<E> dest, List<E> src):用于列表集的复制,将所有元素从源列表复制到目标列表。其中目标列表 dest 元素个数不能少于源列表 source。

(2) static void **fill**(List<E> list, E obj):用给定元素填充列表中的所有元素。

(3) static int **indexOfSubList**(List<E> source, List<E> target):返回源列表中第一次出现的目标列表的起始位置,不存在则返回—1。

(4) static int **lastIndexOfSubList**(List<E> source, List<?> target):返回源列表中最后一次出现的目标列表的起始位置,不存在则返回—1。

（5）static E **max**(Collection<E> co)：根据元素的自然顺序，返回集合的最大元素。要求集合所有元素实现 Comparable 接口，并且相互之间可以比较。

（6）static E **min**(Collection<E> co)：根据元素的自然顺序，返回集合的最小元素。同样要求集合所有元素实现 Comparable 接口，并且相互之间可以比较。

（7）static void **sort**(List<E> list)：根据元素的自然顺序对列表按升序排序。

（8）static void **reverse**(List<E> list)：反转列表中元素的顺序。若列表先调用 sort 方法，再调用本方法，则可对列表元素按降序（从大到小）进行排序。

（9）static void **rotate**(List<E> list, int distance)：根据给定距离轮换列表中所有元素。例如，设列表 list 为[t, a, n, k, s]，则调用 Collections.rotate(list, 1)或 Collections.rotate(list，-4)之后，list 将是[s, t, a, n, k]。

（10）static Collection<T> **synchronizedCollection**(Collection<T> c)：从给定集合中返回支持同步的、即线程安全的集合。类似地，还有 synchronizedSet、synchronizedList 和 synchronizedMap 等方法。

14.5 数据封装类与自动装箱拆箱

14.5.1 基本类型与数据封装类

集合和数组都有封装类，int 和 double 等基本类型也有数据封装类，如表 14-1 所示。数据封装类名与表示基本类型的关键字大体相同，但类名以大写字母开头，并且没有缩写。

表 14-1 基本数据类型与数据封装类

基本数据类型	数据封装类	封装类构造方法	基本数据封装成对象的静态方法	封装类对象转基本数据实例方法
boolean	Boolean	Boolean(boolean b)	Boolean.valueOf(b)	booleanValue()
byte	Byte	Byte(byte b)	Byte.valueOf(b)	byteValue()
short	Short	Short(short s)	Short.valueOf(s)	shortValue()
int	Integer	Integer(int i)	Integer.valueOf(i)	intValue()
long	Long	Long(long l)	Long.valueOf(l)	longValue()
float	Float	Float(float f)	Float.valueOf(f)	floatValue()
double	Double	Double(double d)	Double.valueOf(d)	doubleValue()
char	Character	Character(char c)	Character.valueOf(c)	charValue()

调用数据封装类构造方法，能把一个基本数据封装成一个对象。如把一个整数封装成 Integer 对象：

```
Integer obj = new Integer(8);
```

这种把基本类型数据封装成对象的操作，称为装箱（Boxing）。

反之，把对象内部的基本数据提取出来，就称为拆箱（Unboxing）。

拆箱是装箱的逆操作，先有装箱，才有拆箱，犹如把一件物品放进一个箱子一样，首先放入物品,然后才能开箱取出。

每个封装类对象的内核都含有一个对应的基本数据,该数据以私有字段形式出现,无法直接访问。不过,每个封装类都提供了基本数据与对象之间的公共转换方法,通过这些方法可以进行拆箱操作,以提取基本数据。例如:

```
Boolean obj = new Boolean(false);              //装箱,把 false 封装成对象 obj
boolean b = obj.booleanValue();                //拆箱,获取 obj 对象的基本数据
```

上面第 1 条语句把 false 装箱成一个对象 obj,该对象的内核便是 false。第 2 条语句通过调用对象的 booleanValue 方法进行拆箱操作,获取对象内部基本数据 false。

装箱有两种做法:

(1) 调用数据封装类的构造方法。如:Integer obj = new **Integer**(i),设 int i = 8。
(2) 调用封装类数据转对象的静态方法。如:Integer obj = Integer.**valueOf**(i)。

应该优先采用第(2)种做法,因为内存可能有缓存值而无须构建对象,这样可减少时间和空间消耗,提高执行效率。

数据封装类都有一些静态常量字段,如 MAX_VALUE 和 MIN_VALUE,这两个字段存放对应的基本类型最大和最小值。如 Integer.MAX_VALUE 存放 int 型最大值 2147483647,Integer.MIN_VALUE 存放 int 型最小值 -2147483648。

数据封装类还提供与 String 类转换的方法。如 Integer 类整数转字符串方法 toString (int i)、字符串转为整数 parseInt(String s)方法等。提供类型转换方法是数据封装类的主要功能。

14.5.2 自动装箱和自动拆箱

从 JDK1.5 版本开始,增加了基本类型数据和对应封装类对象之间的自动转换功能,这便是自动装箱与拆箱。

有了自动装箱后,允许把一个基本类型数据直接赋给对应的封装类变量。例如:

```
Integer obj = 8;                               //自动装箱
```

这相当于执行下面装箱操作的语句:

```
Integer obj = new Integer(8);
```

有了自动拆箱后,允许把封装类对象直接赋给对应的基本类型变量,还可直接对封装类对象进行算术运算。例如:

```
Integer obj = new Integer(8);
int i = obj;                                   //自动拆箱,拆箱后再赋值
int sum = obj + obj;                           //自动拆箱,拆箱后再进行加法运算
```

上面后两条语句相当于执行下面拆箱操作的语句:

```
int i = obj.intValue();
int sum = obj.intValue() + obj.intValue();
```

再分析例 14-1:正是有了自动装箱,才能让元素默认类型为 Object 的 Vector 集合可直

接添加 char、int 和 double 等基本类型数据,因为这些数据通过自动装箱,能转为对应的 Character、Integer 和 Double 等类的对象,而这些对象的根类都是 Object。

下面再举一个自动装箱、拆箱的例子。

【例 14-4】 编程,使用 Vector<Integer>类存放若干个学生的成绩,然后分别按升序、降序排序,并输出最高分、最低分及平均分。

```java
import java.util.*;
public class Ex4 {
    public static void main(String[] args) {
        Vector<Integer> list = new Vector<Integer>();    //构建 Integer 对象元素的列表
        list.add(71);                                     //自动装箱
        list.add(62);
        list.add(93);
        list.add(84);
        list.add(56);
        list.add(87);
        System.out.println("未排序的学生成绩: \n" + list);
        Collections.sort(list);                           //调用集合封装类排序方法
        System.out.println("按升序排序的学生成绩: \n" + list);
        Collections.reverse(list);                        //调用集合封装类倒序方法
        System.out.println("按降序排序的学生成绩: \n" + list);
        System.out.println("最高分:" + Collections.max(list));
        System.out.println("最低分:" + Collections.min(list));
        int sum = 0;
        for (Integer score : list){
            sum += score;                                 //自动拆箱
        }
        System.out.printf("平均分: %.2f", (double)sum/list.size());
    }
}
```

程序运行结果如图 14-5 所示。在程序中使用了自动装箱和自动拆箱操作。

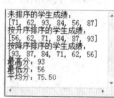

图 14-5 集合元素统计

注意: 自动装箱拆箱只是简化了表达形式,并没有提高系统性能,如果频繁进行装箱拆箱操作,则会降低程序运行效率,因此不可滥用。

14.6 键/值映射与映射类

在日常生活中,经常碰到成对出现的数据,如"学号/姓名"、"姓名/张三"、"性别/男"、"年龄/18"、"身份证/姓名"或"变量名/变量值"等,这样的数据对就是键/值对(Key/value)。键(Key)就是键名,关键的名称、重要的标记。在一定范围内,键要求具备唯一性,即同一个键名不能出现两次以上。值(Value)就是键值,键名的取值,对应于键名的一个数据,值没有唯一性限制。从键名到键值的对应关系总和就是一个映射(Map)。

由于键名的唯一性,因此在键/值对构成的集合中,键名不允许重复,例如,一个集合中不允许同时出现"姓名/张三,姓名/李四"这样的数据对。

一个映射相当于一个键/值对集合,映射不能包含重复的键,每个键最多只能映射到一个值。但允许多个键映射同一个值,即一个值可以有多个关联的键,例如:"15001/张三,15018/张三"等。Java 语言的映射相当于数学上的函数。

14.6.1 映射接口 Map<K,V>

在 Java 集合框架中,有一个泛型映射接口 Map<K,V>,所有键/值映射类均实现了该接口,因此在 Map<K,V>接口上声明的方法,适用于所有键/值映射类,例如适用于实现了该接口的 Hashtable<K,V>、HashMap<K,V>和 TreeMap<K,V>等类。这些映射类对象均由若干个键/值对数据项(键/值项)构成,相当于由键/值对元素组成的集合。

Map<K,V>接口声明的方法主要如下:

(1) void **clear**():清空所有键/值项。

(2) boolean **containsKey**(Object key):是否包含映射关系的键。

(3) boolean **containsValue**(Object value):是否包含映射关系的值。如果映射对象将一个或多个键映射到指定值,则返回 true。

(4) Set<Map.Entry<K,V>> **entrySet**():获取键/值项的集合,返回映射关系的 Set 视图。其中 Map.Entry<K,V>是 Map 关于键/值项的内嵌接口。

(5) V **get**(Object key):返回给定键所映射的值。若键不存在,则返回 null。

(6) boolean **isEmpty**():映射是否为空,即是否包含键/值项。

(7) Set<K> **keySet**():获取键的集合,返回所有键的 Set 视图。

(8) V **put**(K key, V value):增加或修改键/值项。如果键不存在,则增加键/值项;否则替换原有的值。

(9) V **remove**(Object key):移除键/值项,返回键所关联的值。如果键不存在,则返回 null。

(10) int **size**():返回键/值项的总数,即键/值映射关系个数。

(11) Collection<V> **values**():获取值的集合,返回所有值的 Collection 视图。

Map<K,V>接口提供的 keySet、values 和 entrySet 方法,分别返回 3 种集合视图:键集、值集和键/值项集(键/值映射关系集),即该接口提供了 3 种查看映射内容的方式。

注意:与映射接口相对应,有一个抽象映射类 AbstractMap<K,V>,该类提供了映射接口的骨干实现。该类还提供 toString 方法,用于返回所有键值对的字符串表示形式,其中键与值之间以=号分隔,各键值对以逗号分隔,并用大括号括起所有内容。

14.6.2 哈希表 Hashtable<K,V>与哈希映射 HashMap<K,V>

泛型哈希表类 Hashtable<K,V>和哈希映射类 HashMap<K,V>均实现了 Map<K,V>接口,它们都能处理键/值项映射,构建的对象都相当于元素是键/值项的集合。两个类的功能大致相同,主要区别是:Hashtable<K,V>是线程同步的,键和值不能使用 null 值,而 HashMap<K,V>则是非同步的,并且键和值允许使用 null 值。

注意:Hash 直译为"哈希",本是杂乱信号的意思,在计算机中,通过特定的算法,可以生成标识数据(对象)的唯一数字,并且这些数字分布均匀,这样的数字就称为"哈希码"。通过哈希码,可快速搜索到其标识的数据。Hashtable<K,V>和 HashMap<K,V>类所创建的对象,其键/值项就是根据键的哈希码进行组织和存储的。使用哈希对象能提高检索效率。

Hashtable<K,V>类有 4 个构造方法,列举如下:

(1) **Hashtable**():构造一个默认初始容量为 11、默认加载因子为 0.75 的空哈希表。

容量是存放键/值项的空间(称为"桶")的个数,加载因子是介于 0.0~1.0 之间的实数,默认为 0.75,表示当使用了 75%的容量后,就自动增加约 2 倍的容量。

(2) **Hashtable**(int initialCapacity):构造一个指定初始容量和默认加载因子(0.75)的空哈希表。

(3) **Hashtable**(int initialCapacity, float loadFactor):构造一个指定初始容量和加载因子的空哈希表。

(4) **Hashtable**(Map<K,V> m):构造一个映射关系与给定映射相同的新哈希表。

HashMap<K,V>类也有类似的 4 个构造方法,但默认初始容量为 16。

这两个类主要方法与 Map<K,V>接口相同。不过,类的方法有方法体,可以直接调用。

【**例 14-5**】 编程,使用哈希表 Hashtable<K,V>存放一个学生的多个键/值对数据,再按键检索所映射的值。

```
import java.util.*;
public class Ex5 {
    public static void main(String[] args) {
        Map<String,String> map = new Hashtable<String,String>();   //哈希表
        map.put("学号", "15001");                                  //增加键/值项
        map.put("姓名", "张三");
        map.put("年龄", "18");
        map.put("身高", "17.2");
        map.put("身高", "1.72");                                   //修改键/值项
        map.put("籍贯", "广州");
        map.remove("籍贯");                                        //移除键/值项
        System.out.println(" 哈希表的键/值对:");
        System.out.println(map);                                   //map 即 map.toString()
        System.out.println(" 键/值项集合:");
        Set<Map.Entry<String,String>> kvs = map.entrySet();        //键/值项集合
        System.out.println(kvs);                                   //kvs 即 kvs.toString()
        System.out.println(" 键集:");
        Set<String> ks = map.keySet();                             //键集
        System.out.println(ks);                                    //ks 即 ks.toString()
        System.out.println(" 值集:");
        Collection<String> vs = map.values();                      //值集
        System.out.println(vs);                                    //vs 即 vs.toString()
        System.out.println(" 由键检索值:");
        String key = "学号";
        System.out.println(key + "→" + map.get(key));              //由键检索值
        key = "姓名";
        System.out.println(key + "→" + map.get(key));              //由键检索值
```

		}
	}

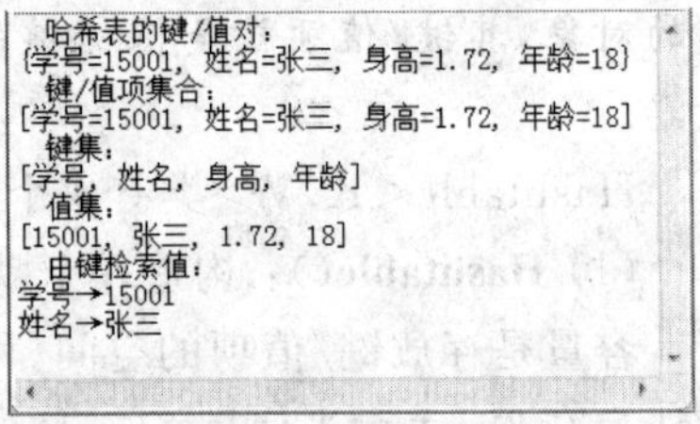

程序运行结果如图 14-6 所示。可见,哈希表中的键值对并非按照键本身的顺序排列。

注意:Hashtable 是线程同步的,如果只是单线程,则可用非同步的 HashMap 替换。但如果线程安全方面要求高度同步,则建议使用 ConcurrentHashMap。如在例 14-5 的程序中,可以用 HashMap 或 ConcurrentHashMap 替换 Hashtable。

图 14-6 哈希表

【例 14-6】 编程,使用 HashMap<K,V>对象存放多个学生的键/值对数据。其中,键为 String 型学号,值为自定义的学生类对象,但显示出来的"值"则是除学号外的姓名、性别和年龄。

```java
//Pupil.java 文件:
public class Pupil{                                         //学生类
    private String no;                                      //学号(键)
    private String name;
    private char sex;
    private int age;
    public Pupil(String no, String name, char sex, int age){
        this.no = no;
        this.name = name;
        this.sex = sex;
        this.age = age;
    }
    public String toString(){                               //重写方法
        return name + sex + age + "岁";                     //返回"值"
    }
}

//Ex6.java 文件:
import java.util.*;
public class Ex6 {                                          //主类
    public static void main(String[] args) {
        Map<String,Pupil> pps = new HashMap<String,Pupil>();  //哈希映射
        pps.put("15001", new Pupil("15001", "张散", '男', 9));
        pps.put("15002", new Pupil("15002", "李丝", '女', 8));
        pps.put("15003", new Pupil("15003", "林雾", '女', 8));
        System.out.println("  哈希映射的键/值对:");
        System.out.println(pps);
        System.out.println("  键集:");
        Set<String> ks = pps.keySet();                      //键集
        System.out.println(ks);
        System.out.println("  值集:");
        Collection<Pupil> vs = pps.values();                //值集
        System.out.println(vs);
        System.out.println("  由键检索值:");
```

```
        String key = "15002";
        System.out.println(key + "→" + pps.get(key));          //键检索值
    }
}
```

程序运行结果如图14-7所示。可见，哈希映射的键值对也没有按照键序排列。

HashMap<K,V>等泛型映射类的类型参数K和V默认都匹配根类Object，即可匹配任意引用类型，包括自定义的类类型，如Pupil。

下面结合流操作，给出一个应用键值对映射的例子。

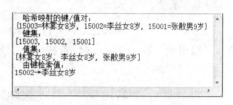

图14-7 键学号值学生的哈希映射

【例14-7】 编程，在文本文件中查找指定的字符串，若找到，则把所有找到的行号及行内容保存到HashMap<K,V>对象。最后遍历并输出所存放的行号和行文本。

```java
import java.io.*;
import java.util.*;
public class Ex7 {
    //在文本文件中查找指定字符串，并把找到的所有行号和行内容保存到HashMap的方法：
    public static Map<Integer,String> find(String file, String str) throws Exception{
        Map<Integer,String> map = new HashMap<Integer,String>();    //构建HashMap对象
        FileReader fr = new FileReader(file);                        //文件字符输入流
        BufferedReader br = new BufferedReader(fr);                  //缓冲字符输入流
        String row = null;                                           //行内容
        int no = 0;                                                  //行号
        while((row = br.readLine())!= null){                         //每次循环读一行
            no ++;                                                   //行号增1
            if(row.contains(str)){                                   //若该行包含字符串
                map.put(no,row);                                     //则保存行号及内容
            }
        }
        br.close();
        return map;
    }

    //遍历HashMap并输出所有键值对数据的方法：
    public static void output(Map<Integer,String> map) throws Exception{
        Iterator<Map.Entry<Integer,String>> it = map.entrySet().iterator();  //迭代器
        while(it.hasNext()){
            Map.Entry<Integer, String> entry = it.next();                    //键值项
            System.out.printf("行号%d的内容：%s\n",entry.getKey(), entry.getValue());
        }
    }

    public static void main(String[] args) {                                 //主方法
        try{
            Map<Integer,String> map;
            map = find("stream.txt","输出流");                                //调用查找方法
            output(map);                                                     //调用输出方法
```

```
        }catch(Exception e){
            e.printStackTrace();
        }
    }
}
```

把图 14-8(a)所示的文本文件 stream.txt 存放在项目根目录下,运行程序,查找文件中包含"输出流"文字的所有行,若找到,则最终输出该行的行号和内容。运行结果如图 14-8(b)所示。

(a) 文本文件

(b) 程序运行结果

图 14-8 在文本文件中查找"输出流"

在程序中使用了缓冲流读取文件内容,于是能以行为单位读取文件,每读一行,即判定是否含给出的字符串,若是,则把该行的行号(键)和内容(值)存放到哈希映射对象。最后通过迭代器遍历哈希映射对象,并把其键、值数据显示出来。

Hashtable 和 HashMap 的键值对都不是按键的自然顺序排列的。如果一定要按键序排列,则可使用 TreeMap。

14.6.3　树映射类 TreeMap<K,V>

树集类 TreeSet<E>默认情况下按从小到大的自然顺序排列元素。与之类似,树映射类 TreeMap<K,V>默认情况下也是按自然顺序针对键/值项中的键进行排序。因此 TreeMap<K,V>是有序的映射类,它具有首键 firstKey()、末键 lastKey()等方法。

【例 14-8】 编程,在例 14-6 基础上使用 TreeMap<K,V>对象存放多个学生的键/值对数据。最后输出首键、末键及其映射的值。

在 Eclipse 开发环境下,设本例与例 14-6 在同一项目的同一个包中,则直接使用已定义的学生类 Pupil 而无须再定义,只需编写主类即可。

```
import java.util.*;
public class Ex8 {                                              //主类
    public static void main(String[] args) {
        TreeMap<String,Pupil> pps = new TreeMap<String,Pupil>();   //树映射
        pps.put("15001", new Pupil("15001", "张散", '男', 9));      //键学号,值学生
        pps.put("15002", new Pupil("15002", "李丝", '女', 8));
        pps.put("15003", new Pupil("15003", "林雾", '女', 8));
        System.out.println("  树映射的键/值对:");
        System.out.println(pps);
        System.out.println("  键集:");
        Set<String> ks = pps.keySet();                              //键集
        System.out.println(ks);
```

```
            System.out.println("  值集:");
            Collection<Pupil> vs = pps.values();                    //值集
            System.out.println(vs);
            System.out.println("  由键检索值:");
            String key = "15002";
            System.out.println(key + "→" + pps.get(key));           //键检索值
            key = pps.firstKey();                                    //首键
            System.out.printf("  首键检索: \n%s→%s\n", key, pps.get(key));
            key = pps.lastKey();                                     //末键
            System.out.printf("  末键检索: \n%s→%s\n", key, pps.get(key));
        }
    }
```

程序运行结果如图 14-9 所示。可见,树映射确实依照键的升序进行排序。

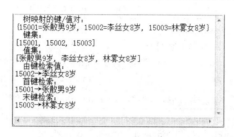

图 14-9 按键排序的树映射

14.7 本章小结

本章学习集合类。集合与数组类似,是多个元素组成的对象。不过,集合各元素的类型不强求一致,并且元素个数可动态增减。还允许通过尖括号括起来的类型参数指定集合元素的类型,这就是泛型集合类。

泛型类型有类和接口,其类型参数可以匹配任意引用类型。除了系统本身提供的泛型类外,也允许编程者按需要自定义泛型类型。

所有集合类都实现了泛型接口 Collection<E>,换句话说,集合对象均能调用其根接口的方法,进行元素增删改等操作。一部分集合类实现了 List<E> 接口,可以按索引操纵元素,如 Vector<E> 和 ArrayList<E>,其对象相当于可变长的数组。还有一部分集合类实现接口 Set<E>,这些集合不允许有重复的元素。

数组有封装类 Arrays,能对数组进行复制和排序等操作。同样,集合也有封装类 Collections,该类提供了多个静态的方法,直接用类名作前缀调用便可对集合进行操作,如求最大、最小值,对列表集元素进行排序、倒序等。

基本类型具有对应的数据封装类,例如 int 对应 Integer,double 对应 Double。基本数据与数据封装类对象之间有一一对应关系。把基本类型数据转为封装类对象就是装箱操作,反之就是拆箱。Java 具有自动装箱和自动拆箱的功能,就是说,基本类型数据与封装类对象之间能自动进行相互转换。正是有了自动装箱拆箱,才允许向集合添加基本数据。

Java 集合框架除了集合类,还有关于键/值对数据的映射类。映射对象包含若干个键/

值项数据。映射与数学上的函数关系相当，它把每个键映射到一个值，所有键组成的集合相当于函数的定义域，而值集合就是函数的值域。一个映射对象不能包含重复的键，并且每个键最多只能映射到一个值。映射类有 Hashtable<K,V>、HashMap<K,V>和 TreeMap<K,V>等，这些映射类均实现了 Map<K,V>接口。通过接口提供的 keySet、values 和 entrySet 方法，映射对象可获取键集、值集和键/值项集这 3 种集合视图，可见映射与集合关系密切。

本章知识点归纳如表 14-2 所示。

表 14-2　本章知识点归纳

知　识　点	操作示例及说明
集合框架与泛型	List<String> list = new Vector<String>(); List<String> list = new ArrayList<String>();
列表(集)元素增删改	list.add("张三");　　　　　list.add("男"); list.add("17 岁");　　　　 list.add("身高 1.72"); list.add("体重 60 千克");　 list.add(0, "学号 15001") list.set(3, "19 岁");　　　 list.remove("体重 60 千克");
集合分类	集合通过接口分类，根接口 Collection<E>，子接口 List<E>和 Set<E>等

集合元素遍历	Collection<String> co = new Vector<String>();
	co.add("a");　co.add("b");　co.add("c");
	System.out.println("集合："+ co);　　　　　　//1.直接用集合名
	Iterator<String> iterator = co.iterator();　　//2.用迭代器遍历
	while (iterator.hasNext()){
	　　System.out.print(iterator.next() + " ");
	} System.out.println();
	for(String e:co){ System.out.print(e+" ");}　//3.用 for 语句遍历

集合封装类 Collections	Collections.sort(list);　　　　　　　　　　　//列表排序 Collections.reverse(list);　　　　　　　　　//列表倒序 System.out.println("最高分："+ Collections.max(list)); System.out.println("最低分："+ Collections.min(list));

基本类型、数据封装类与自动装箱拆箱	list.add(71); list.add(62);　　　　　　　　　//自动装箱
	int sum = 0;
	for (Integer score : list){sum += score; }　　//自动拆箱

键/值映射、Hashtable<K,V> 和 HashMap<K,V>类	Map<String,String> map = new Hashtable<String,String>();//或 HashMap
	map.put("学号", "15001");　map.put("姓名", "张三");
	String key = "学号";
	System.out.println(key + "→" + map.get(key));

树映射类 TreeMap<K,V>	TreeMap<String,Pupil> pps = new TreeMap<String,Pupil>(); pps.put("15001", new Pupil("15001", "张散", '男', 9)); pps.put("15002", new Pupil("15002", "李丝", '女', 8)); pps.put("15003", new Pupil("15003", "林雾", '女', 8)); String key = pps.firstKey(); System.out.printf("首键检索：\n%s→%s\n", key, pps.get(key)); key = pps.lastKey(); System.out.printf("末键检索：\n%s→%s\n", key, pps.get(key));

14.8 实训 14：学生属性增删改与键/值检索

(1) 使用列表集编写元素增删改程序，元素为任意字符串，如学生姓名、性别和年龄等。要求运行时提示输入集合元素，并能在指定的位置插入、修改和删除元素。运行界面参见图 14-1(a)。

提示：部分代码参考如下。

```
public static void main(String[] args) {
    try{
        System.out.println("   ==== 列表集元素增删改 ====");
        List<String> list = new ArrayList< …>();           //或 Vector
        Scanner scan = new …
        System.out.println("请输入多个空格分隔的元素(end 结束): ");
        String element;
        int index;                                         //元素序号(0 开始)
        while (!((element = scan.next()).equalsIgnoreCase("end"))){
            list.add( … );
        }
        System.out.println("当前集合元素如下: ");
        System.out.println( … );
        System.out.println("\n请输入 0 个以上要插入的元素序号和内容(-1 结束): ");
        while (((index = … ) != -1)){
            element = …
            list.add(index, … );
        }
        System.out.println("当前集合元素如下: "); …
        System.out.println("\n请输入 0 个以上要修改的元素序号和内容(-1 结束): ");
        while (( … )!= -1){
            … ;
            list.set( … , … );
        }
        System.out.println("当前集合元素如下: ");
        System.out.println("\n请输入 0 个以上要删除的元素序号(-1 结束): ");
        while (( … )!= -1){ list.remove( … ); }
        …
    }
    catch(Exception e){ … }
}
```

(2) 使用映射类编写键/值对数据存储与检索程序。要求运行时提示输入若干对键名和键值，并能按输入的键名来检索键值。运行界面参见图 14-1(b)。

提示：部分代码参考如下。

```
public static void main(String[] args) {
    try{
        System.out.println("   ==== 键/值对数据存储与检索 ====");
        Map<String,String> map = new HashMap<…,…>();       //或 Hashtable
```

```
            Scanner scan = …
            System.out.println("请每行按下面格式输入若干对键/值数据(end 结束)：");
            System.out.println("键名    键值");
            String key, value;
            while(!((key = …).equalsIgnoreCase("end"))){
                value = …
                map.put(key, …);
            }
            System.out.println("键/值对列举如下：");
            System.out.println( … );
            System.out.println("\n通过键名检索键值(end 结束)：");
            do{
                System.out.println("请输入键名：");
                key = …
                if(key.equalsIgnoreCase("end")){ … }            //结束循环
                value = …
                System.out.printf("检索结果：%s→%s\n", …, …);
            }while( … );
        }
        catch(Exception e){ … } …
}
```

(3)（选做）使用树映射类 TreeMap<String，String>实现第(2)题功能。

第 15 章 爱好选择——图形用户界面

能力目标：
- 了解图形用户界面包 java.awt 和 javax.swing 及其组件；
- 学会使用窗体、对话框、面板等容器；
- 掌握标签、按钮、文本框、单选按钮和复选框等组件；
- 能编写关于兴趣爱好选择的图形界面程序。

15.1 任务预览

本章实训要编写的兴趣爱好选择程序，运行结果如图 15-1 所示。

(a) 程序主界面

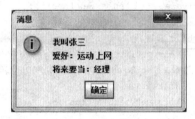

(b) 消息框

图 15-1 实训程序运行界面

15.2 图形用户界面及其组件

自微软公司推出图形界面操作系统 Windows 以来，图形用户界面（Graphic User Interface，GUI）的应用程序就以其形象直观、界面友好而风靡世界。前面章节主要讲述字符界面的程序设计，从本章开始，进入 GUI 编程。

GUI 编程离不开标签、按钮、文本框等组件，由于是面向对象编程，因此这些组件均是以类的面目出现。在 Java 程序中，多数图形组件有两种不同的类：一种存放在 java.awt 包，是重量级的；另一种则存于 javax.swing 包，属于轻量级类。

15.2.1 java.awt 包与重量级组件

在最初 JDK1.0 版本中,图形界面包只有 java.awt,简称 AWT 包。AWT(Abstract Window Toolkit)表示"抽象窗口工具包",因为该包组件的建立和处理要依赖本地计算机,不同的本地环境对该包组件有不同的处理结果,组件的外观也不一样。由于要依靠本地计算机平台实现组件功能,因此 AWT 包的组件是"重量级"的。

组件分基本组件和容器(组件),容器是可以容纳组件(含容器)的特殊组件。AWT 包的基本组件类有 Label、Button、TextField(文本框)等,容器类有 Frame 和 Panel 等。此外,AWT 包还有所有组件的根类 Component,以及所有容器的根类 Container。

注意:Container 类直接继承 Component 类,因而容器也是组件。容器一般具有布局管理器(对应 LayoutManager 接口),容器中组件的排列位置由布局(Layout)管理。

【例 15-1】 使用 AWT 包的组件编程,运行时在文本框中输入姓名,单击按钮,便在文本区中显示问候语。

```java
import java.awt.*;
import java.awt.event.*;
class Ex1 extends Frame{                                    //定义 Frame 子类
    private static final long serialVersionUID = 1L;        //序列化版本号
    private Label lab = new Label("请输入您的姓名:");          //标签(字段)
    private TextField tf = new TextField(10);               //10 列宽文本框
    private Button but = new Button("确定");                 //"确定"按钮
    private TextArea ta = new TextArea(1, 30);              //1 行 30 列文本区
    private Panel pan = new Panel();                        //面板

    public Ex1(){                                           //构造方法
        this.setTitle("自定义的 Frame 窗体");                  //设置窗体标题
        this.setBounds(100, 200, 260, 150);                 //设置窗体位置大小
        initialize();                                       //调用初始化方法
        this.setVisible(true);                              //设置窗体可见
    }

    public void initialize(){                               //初始化方法
        pan.add(lab);                                       //面板添加标签
        pan.add(tf);
        pan.add(but);
        pan.add(ta);
        this.add(pan);                                      //窗体添加面板
        but.addActionListener(new ActionListener(){         //按钮动作事件处理
            public void actionPerformed(ActionEvent e){
                ta.setText(tf.getText() + ",您好!");          //文本区显示
            }
        });
        this.addWindowListener(new WindowAdapter(){         //窗口关闭事件处理
            public void windowClosing(WindowEvent e){
                System.exit(0);                             //退出程序
            }
        });
```

```
    }
    public static void main(String[] args) {        //主方法
        new Ex1();                                    //构建本类对象
    }
}
```

程序运行结果如图 15-2 所示,在文本框中输入"张三",然后单击"确定"按钮,于是在文本区中便显示"张三,您好!"。

(a) 初始运行界面　　　　　　　　　　(b) 单击按钮结果

图 15-2　使用 AWT 组件的问候程序

注意:由于组件(包括容器)类都实现了 Serializable 接口,因此定义 Frame 和 JFrame 等子类要求显式声明序列化版本号,否则在 Eclipse 开发环境下会出现黄色警告符号。

15.2.2　javax.swing 包与轻量级组件

在 JDK1.2 版本中,增加了 javax.swing 包,简称 Swing 包。Swing 包提供了一组本身用 Java 语言编写的组件,这些组件在所有平台上的工作方式大致相同,达到跨平台的目标。因此 Swing 包的组件称为"轻量级"的。

为避免与 AWT 包的类混淆,Swing 包中大部分类以字母 J 开头命名,如 JComponent、JLabel、JButton、JTextField、JPanel、JFrame 和 JApplet 等,其中后 3 个是常用的容器类。

【**例 15-2**】　使用 Swing 包的组件编写功能与例 15-1 相似的问候程序。

```java
import javax.swing.*;
import java.awt.event.*;
class Ex2 extends JFrame{                                            //定义 JFrame 子类
    private static final long serialVersionUID = 1L;                 //序列化版本号
    private JLabel lab = new JLabel("请输入您的姓名: ");              //标签(字段)
    private JTextField tf = new JTextField(10);                      //10 列宽文本框
    private JButton but = new JButton("确定");                        //按钮
    private JTextArea ta = new JTextArea(2,20);                      //2 行 20 列文本区
    private JPanel pan = new JPanel();                               //面板

    public Ex2(){                                                    //构造方法
        this.setTitle("自定义的 JFrame 窗体");                         //设置窗体标题
        this.setBounds(100, 200, 260, 150);                          //设置窗体位置大小
        this.setDefaultCloseOperation(JFrame.EXIT_ON_CLOSE);         //设置默认关闭操作
        initialize();                                                //调用初始化方法
        this.setVisible(true);                                       //设置窗体可见
    }
```

```
    public void initialize(){                              //初始化方法
        pan.add(lab);                                       //面板添加标签
        pan.add(tf);
        pan.add(but);
        pan.add(ta);
        this.add(pan);                                      //窗体添加面板
        but.addActionListener(new ActionListener(){         //按钮动作事件处理
            public void actionPerformed(ActionEvent e){
                ta.setText(tf.getText() + ",您好!");        //文本区显示
                //JOptionPane.showMessageDialog(null,tf.getText()+",您好!");
                                                            //消息框显示
            }
        });
    }
    public static void main(String[] args) {                //主方法
        new Ex2();                                          //构建本类对象
    }
}
```

程序运行结果如图15-3(a)所示。若在程序中把使用消息框的语句注释符去掉,则当单击"确定"按钮时还弹出消息框显示问候语,如图15-3(b)所示。

(a) 运行界面

(b) 消息框

图15-3 使用Swing组件的问候程序

对比两个例的运行结果,可以看出轻量级组件的外貌比重量级的美观。因此本书后面主要讲述使用Swing包组件进行图形界面编程。

注意:JFrame窗体只需调用方法setDefaultCloseOperation(JFrame.EXIT_ON_CLOSE)便可在关闭窗口时退出程序;而Frame窗体则须要编写窗口关闭事件处理方法,否则无法关闭窗口。

微软公司在C#语言3.0(2008)版开始支持Lambda表达式。Java语言在2014年正式发布的JDK8版也支持Lambda表达式。利用这一新特性,例15-2中的按钮动作事件处理可简化为下面代码:

```
but.addActionListener( (e) -> {                             //按钮动作事件处理
    ta.setText(tf.getText() + ",您好!");
    //JOptionPane.showMessageDialog(null,tf.getText()+",您好!");
});
```

其中,(e)->{…}就是Lambda表达式。这时编译器自动感知Lambda表达式符合方法

void actionPerformed(ActionEvent e)的定义,并推断出参数 e 的类型为 ActionEvent。

15.2.3 组件类继承关系

组件的根类是 Component,它派生的子类(包括容器类)都属于组件。部分组件的继承关系如图 15-4 所示。

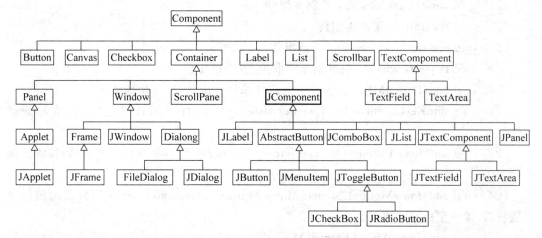

图 15-4 部分组件类继承关系

组件根类 Component 声明的方法能被所有组件继承和调用,常用方法如下:
(1) void **setBounds**(int x, int y, int width, int height):设置或调整组件位置和大小。
(2) void **setLocation**(int x, int y):设置组件位置,其中 x、y 是放置组件的父级坐标。
(3) int **getX**():返回组件原点的当前 x 坐标。组件原点是组件的左上角。
(4) int **getY**():返回组件原点的当前 y 坐标。

上面 4 个方法均涉及到组件的坐标,需要强调的是:图形界面程序的坐标系,坐标原点在左上角,横坐标的方向从左到右,纵坐标的方向从上往下。每个容器一般都有自己的坐标系,屏幕也有自己的坐标系。

(5) void **setSize**(int width, int height):按指定宽度和高度设置或调整组件大小。
(6) int **getWidth**():返回组件的当前宽度。
(7) int **getHeight**():返回组件的当前高度。
(8) void **setBackground**(Color bg):设置组件的背景色。
(9) Color **getBackground**():获取组件的背景色。
(10) void **setForeground**(Color fg):设置组件的前景色。
(11) Color **getForeground**():获取组件的前景色。
(12) void **setFont**(Font font):设置组件的字体。
(13) Font **getFont**():获取组件的字体。
(14) void **setVisible**(boolean b):根据参数 b 的值显示或隐藏组件。
(15) boolean **isVisible**():判断组件是否可见。窗体等容器默认是不可见的,故要调用 setVisible(true)方法显示窗体。
(16) void **setEnabled**(boolean b):根据参数 b 的值启用或禁用组件。

(17) boolean **isEnabled**()：判断组件是否能用，即是否已启用，默认为能用。

(18) void **setCursor**(Cursor cursor)：设置组件的光标，光标是鼠标经过组件所显示的图像。

(19) Cursor **getCursor**()：获取组件光标。

(20) Graphics **getGraphics**()：获取组件的图形上下文。如果没有则返回 null。

(21) void **paint**(Graphics g)：绘制本组件。

(22) void **repaint**()：重绘本组件。

(23) void **update**(Graphics g)：更新组件。

(24) void **requestFocus**()：组件请求获取焦点（光标定位）。

(25) void **add**(PopupMenu popup)：向组件添加弹出菜单（即快捷菜单）。

(26) void **addKeyListener**(KeyListener listener)：组件添加按键监听器，接收键盘事件。

(27) void **addMouseListener**(MouseListener listener)：组件添加鼠标监听器，接收鼠标事件。

(28) void **addMouseMotionListener**(MouseMotionListener listener)：组件添加鼠标移动监听器，接收鼠标移动事件。

(29) void **addMouseWheelListener**(MouseWheelListener listener)：组件添加鼠标滚轮监听器，接收鼠标滚轮事件。

一个类如果有 setXxx 格式的方法，通常也有对应的 getXxx 方法。如组件类有 setFont、setBackground 和 setForeground 方法，也有对应的 getFont、getBackground 和 getForeground 方法。

如果 setXxx 方法的参数类型是 boolean 型，则对应的方法一般是返回 boolean 类型的 isXxx 方法，而不是 getXxx。例如 setVisible 对应 isVisible，setEnabled 对应 isEnabled。

从图 15-4 还可看出：JComponent 直接继承 Container 类，因而 JComponent 的所有子类（含间接子类）构建的对象都是容器，但实际编程时，很少把 JLabel、JButton、JTextField 等对象当容器使用，通常只当基本组件使用。

15.3 容器

使用较多的容器类是 JFrame、JPanel、JDialog 和 JApplet。特别是 JFrame，编写独立运行的 Application 应用程序都需要这类容器。Jpanel 是面板。Jdialog 是对话框。JApplet 是小程序类，用于编写嵌入浏览器中运行的小程序。不管是哪类容器，都可放置 JPanel 面板以及 JLabel、JButton 等基本组件。

下面先讲述容器的根类 Container 类，然后介绍 JFrame、JDialog 和 JPanel，而 JApplet 将在第 18 章讲解。

15.3.1 容器根类 Container

所有容器都直接或间接继承 Container 类，因此它是容器的根类。

容器根类 Container 声明的方法能被所有容器继承和调用,常用方法如下:

(1) Component **add**(Component comp):将指定组件追加到容器尾部。

(2) void **add**(Component comp, Object constraints):按给定的约束(条件)将组件添加到容器。在面向对象语言中,约束也是对象,例如:BorderLayout.CENTER 就是一个 String 型的约束对象。

(3) void **remove**(Component comp):从容器中移除指定组件。

(4) void **setLayout**(LayoutManager mgr):设置容器布局。布局管理器 LayoutManager 是接口类型,布局类如 BorderLayout 和 FlowLayout 等均实现了该接口。

(5) LayoutManager **getLayout**():获取容器布局。

由于容器也是组件,因而拥有组件根类 Component 的所有方法。

这些方法适用于所有容器,如 JFrame、Jpanel、JDialog 和 JApplet 等。

15.3.2 JFrame 窗体

JFrame 窗体能够独立存在,并且具有边框和标题,窗体上面可放置 JPanel 面板以及其他组件,也可设置菜单。JFrame 窗体属于底层容器。

注意:底层容器也称"顶级"或"顶层"容器。笔者认为称"底层"容器比较形象和直观,因为它们是最基础的容器,别的容器和组件都可放在其上面。另外,JFrame 继承 Frame 类,间接也继承 Window(窗口)类,为区别 Window 起见,本书多数时候称 JFrame 为窗体。由于它属于窗口类,故也可称为窗口或带框架的窗口(窗框)。窗口容器默认布局是边界布局 BorderLayout。

JFrame 窗体常用方法如下:

(1) **JFrame**():构造方法,构造无标题的窗体。

(2) **JFrame**(String title):构造方法,构造指定标题的窗体。

(3) Container **getContentPane**():获取窗体的内容窗格(窗体里面的一个容器)。

注意:JDK1.5 版之前,Java 不允许直接把组件添加到 JFrame 容器中,只能把组件添加到一个称为内容窗格(ContentPane)的中间层里。内容窗格也是容器,属于 Container 类。JDK1.6 以后版本已取消了该限制,组件可以直接添加到 JFrame 容器上。参见例 15-2。

(4) void **setDefaultCloseOperation**(int operation):设置单击窗体右上角关闭按钮时窗体所执行的操作。参数是整型的静态常量字段,只能选下面 4 项之一:

- HIDE_ON_CLOSE:隐藏本窗体(默认操作)。
- DO_NOTHING_ON_CLOSE:不执行任何操作。
- DISPOSE_ON_CLOSE:关闭并释放本窗体占用的资源。
- EXIT_ON_CLOSE:退出、结束整个应用程序。

上面 4 个字段都可用类名 JFrame 作前缀,例如 JFrame.EXIT_ON_CLOSE。其中前 3 个字段也可使用接口名 WindowConstants 作前缀,因为它们最初是在该接口中定义的。

(5) void **setIconImage**(Image image):设置本窗体左上角显示的图标。

(6) void **setJMenuBar**(JMenuBar menubar):设置窗体的菜单栏。

下面 4 个是从 Frame 类继承而来的常用方法：

(7) void **setTitle**(String title)：设置窗体的标题。

(8) void **setResizable**(boolean resizable)：设置窗体是否可由用户调整大小。

(9) boolean **isResizable**()：判断窗体是否可由用户调整大小，默认为可调整。

(10) void **setExtendedState**(int state)：按给定参数设置窗体的状态，参数是 Frame 类定义的整型静态常量字段，表示窗口的状态，具体如下：

- NORMAL：正常状态。
- ICONIFIED：将窗口图标化(最小化)。
- MAXIMIZED_HORIZ：水平方向最大化。
- MAXIMIZED_VERT：垂直方向最大化。
- MAXIMIZED_BOTH：水平和垂直方向均最大化。

例如，假设 frame 是窗体，则执行下面语句后，窗体扩大到整个屏幕：

frame.setExtendedState(Frame.MAXIMIZED_BOTH);

下面两个是从 Window 类继承而来的常用方法：

(1) void **dispose**()：撤销、关闭窗体，释放窗体使用的所有资源。撤销后可以通过调用 pack 等方法，重新构造资源，再次显示窗口。

(2) void **pack**()：按窗体内各组件的大小和布局，重新调整窗口大小。

此外，还有从容器根类 Container 和组件根类 Component 继承而来的方法。

15.3.3　JDialog 对话框

JDialog 是对话框类，类似于 JFrame，对话框也是有边框和标题的底层容器。但对话框一般不单独使用，它常常扮演侍从角色而依附于别的容器(如 JFrame)，所依附的容器是对话框的主角，称为对话框的所有者(Owner)。

对话框分为模式(Modal)和非模式两种，模式对话框打开后必须响应，因为打开后堵塞了其他线程，用户无法操作别的窗口，只有关闭模式对话框才能执行其他操作。非模式对话框打开后则可以操作其他窗口。

JDialog 类常用方法如下：

(1) **JDialog**(Frame owner)：构造方法，构造指定所有者的非模式对话框。

(2) **JDialog**(Frame owner, boolean modal)：构造方法，构造指定所有者和模式类型的对话框。如果参数 modal 为 false，则是非模式的。

(3) **JDialog**(Frame owner, String title)：构造指定所有者和标题的非模式对话框。

(4) **JDialog**(Frame owner, String title, boolean modal)：构造指定所有者、标题和模式类型的对话框。

由于 JFrame 继承 Frame，故上面 4 个构造方法的 owner 可以是 JFrame 窗体。模式参数 modal 为 true 表示构造有模式的对话框，为 false 时构造非模式对话框。

下面两个是从 Dialog 类继承而来的常用方法：

(5) void **setModalityType**(Dialog.ModalityType type)：设置对话框的模式类型。

(6) Dialog.ModalityType **getModalityType**()：返回对话框的模式类型。

对话框模式类型取自下面 4 个枚举常量：
- MODELESS：无模式，对话框不阻塞任何窗口。
- APPLICATION_MODAL：应用程序模式，对话框阻塞同一个 Java 应用程序中的所有窗口。
- DOCUMENT_MODAL：文档模式，对话框阻塞同一文档的所有窗口。
- TOOLKIT_MODAL：工具包模式，对话框阻塞同一工具包运行的所有窗口。

这 4 个枚举常量在 Dialog 类的嵌套枚举类型 ModalityType 中定义，由于 JDialog 类继承了 Dialog 类，因而也拥有该嵌套枚举类型，于是使用这些枚举常量可加 JDialog.ModalityType 作前缀，如 Dialog.ModalityType.APPLICATION_MODAL。

【例 15-3】 修改例 15-2 的问候程序，使用 JDialog 对话框显示问候语，并且把 main 方法从窗体类中移除，放置于单独定义的主类中。

```java
//MyFrame3.java 文件：
import javax.swing.*;
import java.awt.event.*;

public class MyFrame3 extends JFrame{                    //自定义窗体类
    private static final long serialVersionUID = 1L;
    private JLabel lab = new JLabel("请输入您的姓名：");
    private JTextField tf = new JTextField(10);
    private JButton but = new JButton("确定");
    private JPanel pan = new JPanel();
    private MyFrame3 thisFrame;                          //代表本窗体的字段

    public MyFrame3(){                                   //构造方法
        thisFrame = this;                                //本窗体字段赋值
        this.setTitle("自定义的 JFrame 窗体");
        this.setBounds(100, 200, 300, 250);
        this.setDefaultCloseOperation(JFrame.EXIT_ON_CLOSE);
        initialize();                                    //调用初始化方法
        this.setVisible(true);
    }

    public void initialize(){                            //初始化方法
        pan.add(lab);                                    //面板添加标签
        pan.add(tf);
        pan.add(but);
        this.add(pan);                                   //窗体添加面板
        but.addActionListener(new ActionListener(){      //按钮动作事件处理
            public void actionPerformed(ActionEvent e){
                //构建并显示 JDialog 对话框：
                JDialog dialog = new JDialog(thisFrame, "JDialog 对话框");
                dialog.setModalityType(JDialog.ModalityType.APPLICATION_MODAL);
                dialog.setLocation(thisFrame.getX() + 50, thisFrame.getY() + 90);
                dialog.setSize(200, 150);
                dialog.add(new JLabel(tf.getText() + "，您好！"));
```

```
                    dialog.setVisible(true);
                }
            });
        }
    }
    //Ex3.java 文件:
    public class Ex3 {                                           //主类
        public static void main(String[] args) {                 //主方法
            new MyFrame3();                                      //构建窗体对象
        }
    }
```

窗体类与主类分开,每个类功能相对单一,符合模块化设计要求。

在窗体类"确定"按钮的动作事件处理方法中,构建 JDialog 对话框,并设置为应用程序模式,然后设置对话框的位置和大小,在对话框中添加显示问候语的标签,最后设置对话框为可见。

运行程序,在窗体的文本框中输入"王五",单击"确定"按钮,便出现如图 15-5 所示的对话框。由于是模式对话框,所以必须关闭对话框,才能响应主窗体。

注意:关于对话框,除 JDialog 类外,还有 FileDialog、JFileChooser、JOptionPane 和 JColorChooser 等,其中 FileDialog 是重量级组件,JFileChooser 和 JOptionPane 请参见 12.4 节,JColorChooser 是颜色对话框类,请参见 19.3.2 小节。

图 15-5　依附窗体的对话框

15.3.4　JPanel 面板

JPanel 是面板类,面板是无边框无标题的容器,本身不能单独存在,一定要放在别的容器上面,如放在 JFrame、JDialog 和 JApplet 上面,或者放在其他 JPanel 上面。面板上面允许再放置别的容器及组件。因此,面板属于中间层容器。

在组件的叠放层次中,最上面一般是基本组件,当然也可以是 JPanel 面板,因为面板上面也可以不放置组件。总之,JPanel 面板只能放在中间层或上层,而不能作为最底层的基础容器。

JPanel 常用的构造方法有:

(1) **JPanel**():构造默认布局为 FlowLayout(流动布局)的具有双缓冲功能的面板。

所谓组件的(图像)双缓冲,是指组件除了屏幕图像的显示空间外,还有一个位于屏幕外部的图像缓冲区,也称"离屏缓冲区"。离屏缓冲区的内容可快速复制到屏幕上。双缓冲的优点在于屏幕能快速、无闪烁地更新,但需要较多内存空间。

(2) **JPanel**(LayoutManager layout):构造指定布局的面板。

注意:除 JPanel 外,还有 JScrollPane(滚动窗格)、JTabbedPane(选项卡窗格)、JSplitPane (拆分窗格)和 JLayeredPane(分层窗格)等中间层容器,这些中间层容器都不能单独存在,必须放在其他容器上面才能发挥作用。

15.4 常用组件

15.4.1 JLabel 标签与 ImageIcon 图像图标

标签用来显示文字或图标。图标是尺寸固定的小图片。一个标签可以同时显示文字和图标。但标签只能显示，不能动态编辑。

标签类 JLabel 常用方法如下：

（1）**JLabel**()：构造没有文字的标签。

（2）**JLabel**(String text)：构造显示指定文本的标签。

（3）**JLabel**(Icon image)：构造显示指定图标的标签。

（4）**JLabel**(String text, Icon icon, int horizontalAlignment)：构造指定文本、图标和水平对齐方式的标签。图标和文本是水平放置的，其中图标在左，文本在右。

标签的水平对齐参数取自静态常量字段 LEFT、CENTER 或 RIGHT 等，这些字段在 SwingConstants 接口中定义，该接口已被 JLabel 类实现，因此 JLabel 也拥有这些字段，因而可用 JLabel 作前缀调用，如 JLabel.LEFT。

注意：关于水平对齐的参数还有 LEADING 和 TRAILING，表示文本的开始边和结束边。对于从左到右方向的语言，这两个参数相当于 LEFT 和 RIGHT。

（5）void **setText**(String text)：设置标签要显示的文本。

（6）String **getText**()：返回标签显示的文本。

（7）void **setIcon**(Icon icon)：设置标签要显示的图标。

（8）Icon **getIcon**()：返回标签显示的图标。

（9）void **setOpaque**(boolean isOpaque)：设置标签是否不透明，参数为 true 不透明，为 false 则透明。标签默认是透明的。该方法从 JComponent 类继承而来。

（10）void **setHorizontalAlignment**(int alignment)：设置标签水平对齐方式。

（11）void **setVerticalAlignment**(int alignment)：设置标签垂直对齐方式。

标签的垂直对齐参数取自静态常量字段 TOP、CENTER（默认）或 BOTTOM，它们也是 SwingConstants 接口定义的，也可用 JLabel 作前缀调用，如 JLabel.TOP。

图像图标类 ImageIcon 常用构造方法如下：

（1）**ImageIcon**(String filename)：通过图像文件构造一个图标。文件名允许包含路径，路径可使用正斜杠"/"作分隔符，如 new ImageIcon("images/myImage.gif")。图像文件的扩展名为 gif、png 和 jpg 等。

（2）**ImageIcon**(Image image)：根据图像构造一个图标，即把图像转换成图标。

（3）**ImageIcon**(URL location)：通过 URL（统一资源定位）构造图标。

标签可显示图标，图标一般以 ImageIcon 对象的形式出现，例如：

```
Icon icon = new ImageIcon("file.jpg");
JLabel lab = new JLabel("标签文本");
lab.setIcon(icon);
```

Icon是图标接口,由于ImageIcon类实现了Icon接口,因此可以把其对象赋给Icon类声明的变量。

注意:但凡能显示文字的组件,一般都有setText和getText方法,如JButton和JTextField。能显示图标的组件,一般都有setIcon和getIcon方法,如JLabel和JButton。

15.4.2 JButton按钮

按钮是进行互动操作使用最多的组件。按钮类JButton常用方法如下:

(1) **JButton**():构造没有文本的按钮。

(2) **JButton**(Icon icon):构造带图标的按钮。

(3) **JButton**(String text):构造带文本的按钮。

(4) **JButton**(String text,Icon icon):构造带文本和图标的按钮。

(5) void **setHorizontalTextPosition**(int textPosition):设置文本相对于图标的水平位置。

参数取自SwingConstants接口的静态常量字段LEFT、CENTER或RIGHT等,也可使用JButton作前缀调用,如JButton.LEFT。默认文本在图标右边。

(6) void **addActionListener**(ActionListener listener):添加动作事件监听器,以便按钮能响应动作事件。这是按钮使用频率最高的方法。

(7) void **setToolTipText**(String text):设置在工具提示中显示的文本。即光标在组件上方时显示所设的文本。本方法来自JComponent类。

15.4.3 JTextField文本框与JPasswordField密码框

文本框和密码框共同点是在程序运行过程中可动态编辑里面的文本,并且都是单行的。不同之处在于:JTextFiled直接显示输入的文本,而JPasswordField则只回显特殊符号(默认为*号),以达到保密目的。

文本框JTextField和密码框JPasswordField都属于文本组件JTextComponent,其中密码框是文本框的子类。

文本框和密码框从JTextComponent类继承的常用方法如下:

(1) void **setText**(String text):设置要显示的文本。

(2) String **getText**():返回文本内容。但不赞成密码框使用本方法。

(3) void **setEditable**(boolean b):设置文本内容能否编辑。当参数为false时不能编辑,这时的文本框是"只读"文本框,相当于一个标签。

文本框类JTextFiled常用方法如下:

(1) **JTextField**():构造文本框。

(2) **JTextField**(int columns):构造指定列数的文本框。

(3) **JTextField**(String text):构造显示给定字符串的文本框。

(4) **JTextField**(String text,int columns):构造带文本和列数的文本框。

列数是一行能同时显示的字符个数,是水平宽度指标,由于字符大小不一,所以列数只是宽度的参考值。

（5）void **setColumns**(int columns)：设置文本框列数。

（6）void **setHorizontalAlignment**(int alignment)：设置文本水平对齐方式。参数取自静态常量 LEFT、CENTER、RIGHT 等，通常使用本类名作前缀调用，如 JTextField.LEFT。

密码框类 JPasswordField 常用方法如下：

（1）**JPasswordField**()：构造一个密码框。

（2）**JPasswordField**(int columns)：构造指定列数的密码框。

（3）void **setEchoChar**(char c)：设置密码框回显字符。

（4）char[ ] **getPassword**()：获取密码框字符，存放在一个字符数组中。出于安全考虑，请使用本方法获取密码字符，而不要用已过时的 getText()方法。

注意：默认情况下，JPasswordField 禁用中文输入法。如果需要输入中文字符的密码，则要调用密码框从 Component 类继承而来的方法 enableInputMethods(true)。

【例 15-4】 编写如图 15-6 所示的用户登录程序，在登录窗体中输入姓名和密码，若输对密码（设为 123），则单击"提交"按钮时弹出"登录成功"消息框；否则弹出"登录失败"消息框。若单击"取消"按钮，则清空姓名文本框和密码框，并退出程序。要求按钮同时使用图标和文字显示。

(a) 登录窗体　　　　　　　(b) 登录成功消息框　　　　　(c) 登录失败消息框

图 15-6　用户登录程序运行界面

```java
//MyFrame4.java 文件：
import javax.swing.*;
import java.awt.*;
import java.awt.event.*;
public class MyFrame4 extends JFrame{                              //自定义窗体类
    private static final long serialVersionUID = 1L;
    private JLabel labName = new JLabel("姓名：");
    private JTextField tf = new JTextField();                      //文本框
    private JLabel labPassword = new JLabel("密码：");
    private JPasswordField pf = new JPasswordField();              //密码框
    private ImageIcon icon1 = new ImageIcon("submit.gif");         //图像图标
    private ImageIcon icon2 = new ImageIcon("cancel.gif");
    private JButton butSubmit = new JButton("提交", icon1);        //按钮
    private JButton butCancel = new JButton("取消", icon2);
    private JPanel pan = new JPanel();                             //面板

    public MyFrame4(){                                             //构造方法
        this.setTitle("用户登录窗体");
        this.setBounds(100, 200, 280, 150);
        this.setDefaultCloseOperation(JFrame.EXIT_ON_CLOSE);
```

```java
            initialize();                                    //调用初始化方法
            this.setVisible(true);
        }
        public void initialize(){                            //初始化方法
            labName.setHorizontalAlignment(JLabel.RIGHT);
            labPassword.setHorizontalAlignment(JLabel.RIGHT);
            pf.setEchoChar('*');                             //密码框设回显符
            pan.setLayout(new GridLayout(3, 2));             //面板设3行2列网格布局
            pan.add(labName);
            pan.add(tf);
            pan.add(labPassword);
            pan.add(pf);
            pan.add(butSubmit);
            pan.add(butCancel);
            this.add(pan);
            butSubmit.addActionListener(new ActionListener(){   //"提交"按钮事件处理
                public void actionPerformed(ActionEvent e){
                    char[] cs = pf.getPassword();            //密码字符数组
                    if(cs.length == 3 && cs[0] == '1'&& cs[1] == '2'&& cs[2] == '3'){
                        JOptionPane.showMessageDialog(null,
                            tf.getText() + ",您好!\n登录成功!");
                    }else{
                        JOptionPane.showMessageDialog(null,"密码不对!\n登录失败!");
                    }
                }
            });
            butCancel.addActionListener(new ActionListener(){   //"取消"按钮事件处理
                public void actionPerformed(ActionEvent e){
                    tf.setText(null);                        //清空文本框
                    pf.setText(null);                        //清空密码框
                    System.exit(0);                          //退出程序
                }
            });
        }
    }

    //Ex4.java 文件:
    public class Ex4 {                                       //主类
        public static void main(String[] args) {
            new MyFrame4();
        }
    }
```

程序需要两个图形文件 submit.gif 和 cancel.gif,用以构建两个用于按钮图标的 ImageIcon 对象。使用 Eclipse 开发环境编程,这两个图形文件要放在项目所在的文件夹。

15.4.4 JCheckBox 复选框

复选框也称复选按钮,默认图标是方框☐。一个复选框有选定☑和未选☐这两种状

态。运行时单击复选框,能在两种状态之间进行切换。

复选框类 JCheckBox 常用的构造方法如下:

(1) **JCheckBox**():构造一个复选框。

(2) **JCheckBox**(String text):构造带文本的复选框。

(3) **JCheckBox**(String text,boolean selected):构造带文本和选择状态的复选框。

注意:一个复选框有 2 种状态,两个复选框通过组合便有 $2 \times 2 = 2^2$ 种状态,以此类推,n 个复选框具有 2^n 种状态。对于有多种组合形式的选择,可按需要使用多个复选框。复选框的典型应用是试题中的多项选择题。

复选框 JCheckBox 和单选按钮 JRadioButton 都有两种状态,它们均继承 JToggleButton 类,JToggleButton 又继承 AbstractButton 类。

JCheckBox 从 AbstractButton 类继承的常用方法如下:

(1) void **setSelected**(boolean b):设置复选框的选择状态。

(2) boolean **isSelected**():返回复选框的选择状态。如果复选框被选定(即√),则返回 true,否则返回 false。

(3) void **addActionListener**(ActionListener listener):添加动作事件监听器。

(4) void **addItemListener**(ItemListener listener):添加选项事件监听器。

【**例 15-5**】 编写使用复选框进行多项爱好选择的程序。运行结果如图 15-7 所示,单击各个复选框,均会在下面只读文本框中动态地显示所选择的结果。

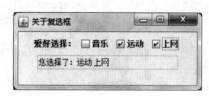

图 15-7 使用复选框

```java
//MyFrame5.java 文件:
import javax.swing.*;
import java.awt.event.*;
public class MyFrame5 extends JFrame implements ActionListener{    //实现动作监听器窗体类
    private static final long serialVersionUID = 1L;
    private JLabel lab = new JLabel("爱好选择: ");
    private JCheckBox cbMusic =    new JCheckBox("音乐");
    private JCheckBox cbSport =    new JCheckBox("运动");
    private JCheckBox cbWeb =    new JCheckBox("上网");
    private JTextField tf = new JTextField(20);
    private JPanel pan = new JPanel();

    public MyFrame5(){
        this.setTitle("关于复选框");
        this.setBounds(100, 200, 300, 120);
        this.setDefaultCloseOperation(JFrame.EXIT_ON_CLOSE);
        initialize();
        this.setVisible(true);
    }

    public void initialize(){
        pan.add(lab);
        pan.add(cbMusic);
```

```java
        pan.add(cbSport);
        pan.add(cbWeb);
        tf.setEditable(false);
        pan.add(tf);
        this.add(pan);
        cbMusic.addActionListener(this);           //复选框添加动作监听器
        cbSport.addActionListener(this);           //复选框添加动作监听器
        cbWeb.addActionListener(this);             //复选框添加动作监听器
    }
    public void actionPerformed(ActionEvent e){    //动作事件处理方法
        StringBuffer sb = new StringBuffer("您选择了：");
        if (cbMusic.isSelected()){
            sb.append(cbMusic.getText() + " ");
        }
        if (cbSport.isSelected()){
            sb.append(cbSport.getText() + " ");
        }
        if (cbWeb.isSelected()){
            sb.append(cbWeb.getText() + " ");
        }
        tf.setText(sb.toString());
    }
}

//Ex5.java 文件：
public class Ex5 {                                  //主类
    public static void main(String[] args) {
        new MyFrame5();
    }
}
```

上述程序采用了复选框的动作事件来显示选择结果。也可通过复选框的选项事件显示选择结果，只需更改 MyFrame5 类中有注释的语句行，更改的代码如下：

```java
public class MyFrame5 extends JFrame implements ItemListener{  //实现选项监听器窗体类
        cbMusic.addItemListener(this);             //复选框添加选项监听器
        cbSport.addItemListener(this);             //复选框添加选项监听器
        cbWeb.addItemListener(this);               //复选框添加选项监听器
    public void itemStateChanged(ItemEvent e){     //选项事件处理方法
```

更改后程序运行结果与原来一样，参见图 15-7。

15.4.5　JRadioButton 单选按钮与 ButtonGroup 按钮组

单选按钮的图标是小圆〇。一个单选按钮也有选定●和未选〇两种状态。

单选按钮很少单个使用，通常是一组（多个）同时使用，要求每次只能选定其中一个，选定任一个单选按钮都会把前面选中的状态清除，即一组中只能有唯一的选择，这就是"单选"。这时，需要使用按钮组 ButtonGroup。

注意：单选按钮组的典型应用是试题中的单项选择题。如选择题有 4 个答案，只允许选择其中之一，则需使用 4 个单选按钮组成的按钮组。

单选按钮类 JRadioButton 构造方法的参数形式与 JCheckBox 相同。与复选框一样，单选按钮也拥有继承而来的 setSelected、isSelected、addActionListener 和 addItemListener 等方法。

按钮组类 ButtonGroup 的常用方法有：

（1）**ButtonGroup**()：构造一个按钮组对象。这是按钮组类唯一的构造方法。

（2）void **add**(AbstractButton b)：将按钮添加到按钮组。

（3）void **clearSelection**()：清除按钮组中所有按钮的选定状态。

（4）int **getButtonCount**()：返回按钮组的按钮个数。

（5）void **remove**(AbstractButton b)：从按钮组中移除按钮。

【例 15-6】 编写使用单选按钮组进行"志向"选择的程序，每次只能选择一个"志向"。运行结果如图 15-8 所示，用鼠标单击各个单选按钮，均会在下面只读文本框中动态地显示所选的结果。

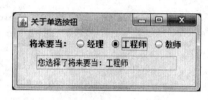

图 15-8 使用单选按钮

```java
//MyFrame6.java 文件：
import javax.swing.*;
import java.awt.event.*;
public class MyFrame6 extends JFrame implements ActionListener{   //实现动作监听器窗体类
    private static final long serialVersionUID = 1L;
    private JLabel lab = new JLabel("将来要当：");
    private JRadioButton rbManager = new JRadioButton("经理");
    private JRadioButton rbEngineer = new JRadioButton("工程师");
    private JRadioButton rbTeacher = new JRadioButton("教师");
    private ButtonGroup bg = new ButtonGroup();
    private JTextField tf = new JTextField(20);
    private JPanel pan = new JPanel();

    public MyFrame6(){
        this.setTitle("关于单选按钮");
        this.setBounds(100, 200, 300, 120);
        this.setDefaultCloseOperation(JFrame.EXIT_ON_CLOSE);
        initialize();
        this.setVisible(true);
    }

    public void initialize(){
        pan.add(lab);
        pan.add(rbManager);
        pan.add(rbEngineer);
        pan.add(rbTeacher);
        bg.add(rbManager);
        bg.add(rbEngineer);
        bg.add(rbTeacher);
        tf.setEditable(false);
```

```java
        pan.add(tf);
        this.add(pan);
        rbManager.addActionListener(this);         //单选按钮添加动作监听器
        rbEngineer.addActionListener(this);        //单选按钮添加动作监听器
        rbTeacher.addActionListener(this);         //单选按钮添加动作监听器
    }
    public void actionPerformed(ActionEvent e){    //动作事件处理方法
        StringBuffer sb = new StringBuffer("您选择了将来要当：");
        if (rbManager.isSelected()){
            sb.append(rbManager.getText() + " ");
        }
        else if (rbEngineer.isSelected()){
            sb.append(rbEngineer.getText() + " ");
        }
        else if (rbTeacher.isSelected()){
            sb.append(rbTeacher.getText() + " ");
        }
        tf.setText(sb.toString());
    }
}

//Ex6.java 文件:
public class Ex6 {                                 //主类
    public static void main(String[] args) {
        new MyFrame6();
    }
}
```

上述程序使用了单选按钮的动作事件来显示选择结果。也可改为单选按钮的选项事件，只需更改窗体类 MyFrame6 中程序有注释的语句行，更改的代码如下：

```java
public class MyFrame6 extends JFrame implements ItemListener{   //实现选项监听器窗体类
        rbManager.addItemListener(this);           //单选按钮添加选项监听器
        rbEngineer.addItemListener(this);          //单选按钮添加选项监听器
        rbTeacher.addItemListener(this);           //单选按钮添加选项监听器
    public void itemStateChanged(ItemEvent e){     //选项事件处理方法
```

更改后程序运行结果与原来一样，参见图 15-8。

15.5 本章小结

本章学习了图形用户界面及其组件。Java 关于 GUI 包主要有 AWT 和 Swing。由于 Swing 包组件是轻量级的，因此应尽量使用 Swing 组件，以达到平台无关性目标。

各个组件类之间存在继承关系，所有组件都拥有共同的根，即 Component，该类声明的方法适用于所有组件。

所有容器类之间也存在继承关系，容器的根是 Container 类。该类的方法也大多适用各种容器。

常用的容器类有窗体 JFrame、面板 JPanel 和对话框 JDialog 等，其中窗体是能独立存在的底层容器，面板则是中间层容器。对话框也是底层容器，但一般不单独存在，而要依附某个窗体。使用最多的对话框是执行 JOptionPane 类静态方法生成的消息框、输入框和确认框。

常用的组件有标签、按钮、文本框、复选框和单选按钮等，其中单选按钮一般不单个使用，而是多个一起形成一组使用，以便能进行唯一的单项选择。因此使用单选按钮通常要用到按钮组 ButtonGroup。

本章的知识点归纳如表 15-1 所示。

表 15-1　本章知识点归纳

知　识　点	操作示例及说明

图形用户界面 java.awt 包组件	class Ex1 extends Frame {
	　　private Label lab = new Label("请输入您的姓名：");
	　　private TextField tf = new TextField(10);
	　　private Button but = new Button("确定");
	　　private TextArea ta = new TextArea(1, 30);
	　　private Panel pan = new Panel(); …
	}

javax.swing 包组件	class Ex2 extends JFrame{
	　　private JLabel lab = new JLabel("请输入您的姓名：");
	　　private JTextField tf = new JTextField(10);
	　　private JButton but = new JButton("确定");
	　　private JTextArea ta = new JTextArea(2,20);
	　　private JPanel pan = new JPanel(); …
	}

组件根类	Component
容器根类	Container

窗体	JFrame frame = new JFrame();
	frame.setTitle("标题");
	frame.setBounds(100, 200, 250, 140);
	frame.setDefaultCloseOperation(JFrame.EXIT_ON_CLOSE);
	frame.add(new JButton("按钮"));
	frame.setVisible(true);

对话框	JDialog dialog = new JDialog(frame, "JDialog 对话框");
	dialog.setModalityType(Dialog.ModalityType.APPLICATION_MODAL);
	dialog.setLocation(150, 290);
	dialog.setSize(200, 150);
	dialog.add(new JLabel("张三,您好!"));
	dialog.setVisible(true);

面板	JPanel pan = new JPanel(); pan.add(new JLabel("你好!"));
标签与图标	JLabel lab = new JLabel("标签文本"); Icon icon = new ImageIcon("file.jpg"); lab.setIcon(icon);
按钮	JButton but = new JButton("确定");

续表

知 识 点	操作示例及说明
文本框与密码框	JTextFieldtf = new JTextField(); JPasswordField pf = new JPasswordField();
复选框	JCheckBoxcbMusic = new JCheckBox("音乐");

单选按钮与按钮组	JRadioButton rbManager = new JRadioButton("经理");
	JRadioButton rbEngineer = new JRadioButton("工程师");
	JRadioButton rbTeacher = new JRadioButton("教师");
	ButtonGroupbg = new ButtonGroup();
	bg.add(rbManager);
	bg.add(rbEngineer);
	bg.add(rbTeacher);

15.6 实训 15：兴趣爱好选择程序

（1）编写兴趣爱好选择程序。运行界面如图 15-1 所示，在文本框中输入姓名，选择音乐、运动和上网等爱好（允许多选），再在经理、工程师和教师中"三选一"，即选择唯一的志向，然后单击"确定"按钮，弹出相应的消息框。单击"退出"按钮或窗体右上角关闭按钮 ![x] ，退出程序。

提示：部分代码参考如下。

```java
//SelectFrame.java 文件:
import javax.swing.*;
import java.awt.*;
import java.awt.event.*;
public class SelectFrame extends … implements ActionListener{    //实现动作监听器窗体
    private static final long serialVersionUID = … ;
    private JLabel labName = new JLabel("姓名: ");
    private JTextField tf = …
    private JLabel labLove = new JLabel("爱好: ");
    private JCheckBox cbMusic = new JCheckBox("音乐");
    private JLabel labDo = new JLabel("将来要当: ");
    private JRadioButton rbManager = new JRadioButton("经理"); …
    private JButton butOk = new JButton("确定"); …
    private ButtonGroup bg = new ButtonGroup();              //按钮组
    private JPanel panBottom = new JPanel();                 //底部面板
    private JPanel pan1 = new JPanel();                      //面板 1
    private JPanel pan2 = new JPanel();
    private JPanel pan3 = new JPanel();
    private JPanel pan4 = new JPanel();

    public SelectFrame(){
        this.setTitle("兴趣爱好选择");
        this.setBounds( … );
        this.setDefaultCloseOperation( … );
```

```java
            initialize();                                    //调用初始化方法
            this.setVisible( … );
        }

        public void initialize(){                            //初始化方法
            bg.add(rbManager);      …
            pan1.add(labName);      …
            pan2.add(labLove);      …
            pan3.add(labDo);        …
            pan3.add(rbManager);    …
            pan4.add(butOk);        …
            panBottom.setLayout(new GridLayout(4,1));        //设 4 行 1 列网格布局
            panBottom.add(pan1);    …
            this.add(panBottom);
            butOk.addActionListener(this);   …
        }

        public void actionPerformed(ActionEvent e){          //动作事件处理方法
            if(e.getSource() == butOk){                      //事件源是"确定"按钮
                StringBuffer sb = …
                sb.append("我叫" + … );
                sb.append("\n 爱好: ");
                if(cbMusic.isSelected()){
                    sb.append(cbMusic.getText() + " ");
                }
                …
                sb.append("\n 将来要当: ");
                if(rbManager.isSelected()){
                    sb.append(rbManager.getText() + " ");
                }
                …
                JOptionPane.showMessageDialog(this, sb);
            }
            if(e.getSource() == butExit){ … }
        }
    }
```

(2)（选做）使用对话框代替消息框实现第(1)题功能。运行结果如图 15-9 所示。

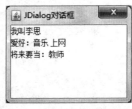

(a) 程序主界面　　　　　　　　　(b) 对话框

图 15-9　使用对话框的兴趣爱好选择程序

提示:部分代码参考如下。

```java
JDialog dialog = new JDialog(this, "JDialog对话框");
dialog.setModalityType( … );
dialog.setLocation( … );
dialog.setSize( … );
JTextArea ta = new JTextArea();
ta.append(sb.toString());
dialog.add(ta);
dialog.setVisible(true);
```

第16章 鼠标测试——布局与事件

能力目标：

- 掌握边界、流动、网格、卡片等常用布局及其基本用法；
- 理解事件及其监听处理，掌握动作事件、鼠标事件和选项事件；
- 学会使用下拉组合框、列表框、文本区和滚动窗格等组件；
- 能运用布局和事件处理编写鼠标按键测试程序。

16.1 任务预览

本章实训要编写鼠标按键测试程序，运行结果如图16-1所示。

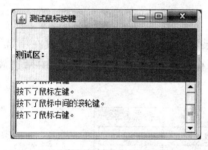 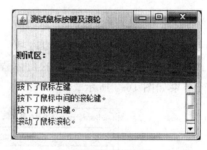

(a) 鼠标按键单击测试　　　　　　　(b) 增加滚轮滚动测试

图16-1 实训程序运行界面

16.2 布局

容器是能容纳组件的组件。布局是管理容器中组件布放位置的对象。常用的布局类有 BorderLayout、FlowLayout、GridLayout 和 CardLayout，除此之外，布局还有 BoxLayout 和 GridBagLayout 等。所有布局类均实现了布局管理器接口 LayoutManager。

容器一般有默认的布局，如 JFrame 窗体默认是边界布局 BorderLayout，JPanel 面板默认是流动布局 FlowLayout。容器也可通过执行下面方法设置或更改布局：

容器对象.setLayout(布局对象);

布局管理器接口 LayoutManager 以及大部分布局类位于 java.awt 包中，也有少数布局类位于 javax.swing 包,如 BoxLayout。

16.2.1 BorderLayout 边界布局

BorderLayout 布局把容器划分为四周(东、南、西、北)和中部 5 个区域。这 5 个区域依次使用 BorderLayout 类的静态常量字段 EAST、SOUTH、WEST、NORTH 和 CENTER 进行标识。每个区域最多只能(直接)放置一个组件。

如果一个区域要放置两个以上的组件,可先把这些组件放入一个面板,然后再把面板放置在区域中。即采用容器嵌套的方式放置多个组件。如果不是采用容器嵌套放置多个组件,则后面的组件会挤走前面的组件。

区域中组件大小一般能随容器尺寸变化而自动调整。具体而言,NORTH 和 SOUTH 区域的组件可以在水平方向拉伸;而 EAST 和 WEST 组件则可以在垂直方向拉伸;CENTER 组件可同时在水平和垂直方向上拉伸,以填充剩余的空间。

如果四周区域都没有组件,则 CENTER 区域的组件自动填满整个容器。

BorderLayout 类有两个构造方法:

(1) **BorderLayout**():构造一个边界布局。这时组件之间没有间距。

(2) **BorderLayout**(int hgap, int vgap):给定组件水平和垂直间距来构造边界布局。参数 hgap 即 horizontal gap,指水平间距,vgap 即 vertical gap,是垂直间距。

在 BorderLayout 布局的容器中放置组件,可调用容器中带约束参数的 add 方法,如:

容器对象.add(组件, BorderLayout.SOUTH);

该方法把组件添加到容器的南边区域。如果没有第二个参数,则默认放在中部。

【例 16-1】 编写关于边界布局的窗体程序,在窗体中放置 6 个按钮,其中南边放置 2 个按钮,运行结果如图 16-2 所示。

图 16-2 边界布局

```
import javax.swing.*;
import java.awt.*;
public class Ex1 {
    public static void main(String[] args) {
        JFrame fram = new JFrame("BorderLayout 边界布局");    //默认边界布局窗体
        JButton butEast = new JButton("东边按钮");
        JButton butSouth1 = new JButton("南边按钮 1");
        JButton butSouth2 = new JButton("南边按钮 2");
        JPanel panSouth = new JPanel();
```

```
        JButton butWest = new JButton("西边按钮");
        JButton butNorth = new JButton("北边按钮");
        JButton butCenter = new JButton("中部按钮");
        fram.setBounds(100, 200, 400, 200);
        fram.setDefaultCloseOperation(JFrame.EXIT_ON_CLOSE);
        fram.add(butEast, BorderLayout.EAST);               //窗体东边添加按钮
        panSouth.setBackground(Color.GRAY);                 //南边面板设成灰色
        panSouth.add(butSouth1);
        panSouth.add(butSouth2);
        fram.add(panSouth, BorderLayout.SOUTH);             //窗体南边添加面板
        fram.add(butWest, BorderLayout.WEST);               //窗体西边添加按钮
        fram.add(butNorth, BorderLayout.NORTH);             //窗体北边添加按钮
        fram.add(butCenter, BorderLayout.CENTER);           //窗体中部添加按钮
        fram.setVisible(true);
    }
}
```

为了在窗体南边放置两个按钮,先把两个按钮放在一个面板上,然后再把整个面板放在窗体南边。当然也可先放一个面板,然后在面板上再放两个按钮。为清晰起见,在程序中特意把面板设成了灰色。

注意:BorderLayout 还支持相对定位常量 PAGE_START、PAGE_END、LINE_START 和 LINE_END。在组件水平方向为 ComponentOrientation.LEFT_TO_RIGHT(从左到右)的容器中,这些常量分别映射到绝对定位常量 NORTH、SOUTH、WEST 和 EAST。

16.2.2 FlowLayout 流动布局

流动布局的容器,各组件按添加顺序放置,默认顺序是从顶向下,从左到右,第一个组件位于容器第一行中间,因为行默认为居中对齐。随着组件不断增多,第一行放不下则放在第二行中间,第二行放满再放在第三行,其余以此类推。

流动布局类 FlowLayout 的构造方法有如下 3 个:

(1) **FlowLayout**():构造一个流动布局,默认居中对齐,水平和垂直间隙为 5 个像素。

(2) **FlowLayout**(int align):构造指定对齐方式的流动布局,水平和垂直间隙也是 5。

对齐方式参数取自静态常量字段 LEFT、CENTER(默认)或 RIGHT 等,这些常量均可用 FlowLayout 作前缀引用,例如 FlowLayout.LEFT。

(3) **FlowLayout**(int align, int hgap, int vgap):构造具有指定对齐方式、指定水平和垂直间隙的流动布局。

【例 16-2】 编写关于 FlowLayout 布局的窗体程序,在窗体中放置多个按钮、标签和文本框。运行结果如图 16-3 所示。

图 16-3 流动布局

```
import javax.swing.*;
import java.awt.FlowLayout;
public class Ex2 {
```

```
        public static void main(String[] args) {
            JFrame fram = new JFrame("FlowLayout 流动布局");     //窗体
            FlowLayout fl = new FlowLayout();                      //流动布局
            fram.setLayout(fl);                                     //窗体设置流动布局
            fram.setBounds(100, 200, 264, 200);
            fram.setDefaultCloseOperation(JFrame.EXIT_ON_CLOSE);
            fram.add(new JButton("按钮 1"));                        //窗体添加按钮
            fram.add(new JButton("按钮 2"));
            fram.add(new JButton("按钮 3"));
            fram.add(new JLabel("标签 1"));                         //窗体添加标签
            fram.add(new JLabel("标签 2"));
            fram.add(new JLabel("标签 3"));
            fram.add(new JTextField("文本框 1"));                   //窗体添加文本框
            fram.add(new JTextField("文本框 2"));
            fram.add(new JTextField("文本框 3"));
            fram.setVisible(true);
        }
    }
```

注意：在流动布局容器中，每个组件显示的尺寸是其自然大小（即首选大小 PreferredSize）。通过方法 setPreferredSize(Dimension preferredSize)可更改组件的首选大小，方法的参数是封装组件宽度和高度的 Dimension 类对象。

16.2.3 GridLayout 网格布局

网格布局把容器分为等距离行与列组成的矩阵，容器被分成尺寸相同的多个矩形格子，每个格子放置一个组件。所有组件的大小一致，显得整齐划一。

网格布局类 GridLayout 的构造方法有 3 个：

（1）**GridLayout**()：构造一个网格布局。

（2）**GridLayout**(int rows, int cols)：构造指定行数和列数的网格布局。

（3）**GridLayout**(int rows, int cols, int hgap, int vgap)：构造指定行数、列数、水平和垂直间距的网格布局。

构造了网格布局后，可使用 setXxx 形式的方法更改网格的行数、列数、水平和垂直间距。需要强调的是：网格布局的行、列数要求为正整数或 0，但不能同时为 0。当其中一个为 0 时，0 行代表任意多行，0 列表示任意多列。

【例 16-3】 编写含 GridLayout 布局的计算器界面程序，在默认边界布局的窗体中部放置一个 4 行 4 列网格布局的面板，面板上放置 16 个按钮。窗体北边放置一个文本框，东边放置"＝"按钮。运行界面如图 16-4 所示。

图 16-4 网格布局

```
import javax.swing.*;
import java.awt.*;
public class Ex3 {
```

```java
    public static void main(String[] args) {
        JFrame fram = new JFrame("GridLayout 网格布局");         //窗体
        fram.setBounds(100, 200, 280, 200);
        fram.setDefaultCloseOperation(JFrame.EXIT_ON_CLOSE);
        JPanel pan = new JPanel();                              //面板
        GridLayout gl = new GridLayout(4,4,2,4);                //4 行 4 列有间距网格布局
        pan.setLayout(gl);                                      //面板设置网格布局
        pan.add( new JButton("7"));                             //面板添加按钮
        pan.add( new JButton("8"));
        pan.add( new JButton("9"));
        pan.add( new JButton("/"));
        pan.add( new JButton("4"));
        pan.add( new JButton("5"));
        pan.add( new JButton("6"));
        pan.add( new JButton(" * "));
        pan.add( new JButton("1"));
        pan.add( new JButton("2"));
        pan.add( new JButton("3"));
        pan.add( new JButton(" - "));
        pan.add( new JButton("0"));
        pan.add( new JButton(" + / - "));
        pan.add( new JButton("."));
        pan.add( new JButton(" + "));
        fram.add(pan, BorderLayout.CENTER);                     //窗体中部添加面板
        JTextField tf = new JTextField();                       //文本框
        tf.setHorizontalAlignment(JTextField.RIGHT);            //设置文字水平右对齐
        fram.add(tf, BorderLayout.NORTH);                       //窗体北边添加文本框
        fram.add(new JButton(" = "), BorderLayout.EAST);        //窗体东边添加 = 按钮
        fram.setVisible(true);
    }
}
```

注意：网格布局的行数和列数不能同时为 0，否则引发异常。当网格布局行数为非 0 正整数时，指定的列数将被忽略，这时的实际列数将通过行数和布局中的组件总数来确定。例如，如果指定了 4 行 4 列，在布局中添加了 17 个组件，则它们将显示为 4 行 5 列。仅当将行数设置为 0 时，指定的非 0 列数才有效。

16.2.4　CardLayout 卡片布局与幻灯片播放

CardLayout 对象称为卡片布局。卡片布局的容器相当于一个盒子，里面放置多张叠放在一起的卡片（组件），每次只能看到其中的一张。卡片按添加次序叠放，默认显示第一张。通过执行卡片布局 next 等方法，可以翻看其他卡片。

容器中每张卡片既可以是标签、按钮等基本组件，也可以是面板等容器。如果是面板作卡片，则每张卡片又可放置多个组件。

卡片布局类 CardLayout 常用方法如下：

（1）**CardLayout**()：构造一个卡片布局。

（2）**CardLayout**(int hgap, int vgap)：构造指定水平间距和垂直间距的卡片布局。

(3) void first(Container parent)：显示 parent 容器第一张卡片。
(4) void last(Container parent)：显示 parent 容器最后一张卡片。
(5) void next(Container parent)：翻看 parent 容器下一张卡片。
(6) void previous(Container parent)：翻看 parent 容器前一张卡片。
(7) void show(Container parent，String name)：显示 parent 容器用 name 标识的卡片。

在 CardLayout 布局的容器中放置卡片组件，通常调用容器中带约束参数的 add 方法，例如：

容器对象.add(卡片组件, "卡片 1");

该方法把卡片组件添加到容器中，第二个参数即是用来标识卡片的约束参数。卡片有了标识名称，就可以执行卡片布局的 show 方法显示该卡片。

【例 16-4】 编写 CardLayout 布局的幻灯片播放程序，在默认边界布局的窗体中部放置一个卡片布局的面板，相当于一个卡片盒。卡片盒中放 3 张面板类型的卡片，每张卡片设置不同的背景色，并各放一个标签。窗体南边也安放一个面板，上面放置 4 个功能性按钮："上翻"、"下翻"、"播放"和"停止"。程序运行结果如图 16-5 所示。

(a) 显示第一张卡片

(b) 单击"播放"按钮

图 16-5　卡片布局程序

```java
//CardFrame.java 文件
import javax.swing.*;
import java.awt.*;
import java.awt.event.*;
public class CardFrame extends JFrame{                          //窗体类
    private static final long serialVersionUID = 1L;
    private CardLayout cl = new CardLayout(10,5);               //卡片布局
    private JPanel panCards = new JPanel();                     //卡片容器(盒)
    private JPanel pan1 = new JPanel();                         //面板卡片1
    private JPanel pan2 = new JPanel();                         //面板卡片2
    private JPanel pan3 = new JPanel();                         //面板卡片3
    private JLabel lab1 = new JLabel("第一张卡片");
    private JLabel lab2 = new JLabel("第二张卡片");
    private JLabel lab3 = new JLabel("第三张卡片");
    private JPanel panButs = new JPanel();                      //放按钮面板
    private JButton btnUp = new JButton("上翻");
    private JButton btnDown = new JButton("下翻");
    private JButton btnPlay = new JButton("播放");
```

```java
    private JButton btnStop = new JButton("停止");
    private Thread thread = null;                              //声明线程
    private boolean play = false;                              //播放开关

    class MyThread extends Thread{                             //内部播放线程类
        public void run(){
            while(play){
                cl.next(panCards);                             //播放,自动下翻
                try { Thread.sleep(500); }
                catch(InterruptedException ex) { break;}       //中断则停止
            }
        }
    }

    public CardFrame(){                                        //构造方法
        this.setTitle("CardLayout 卡片布局");
        this.setBounds(100, 200, 350, 200);
        this.setDefaultCloseOperation(JFrame.EXIT_ON_CLOSE);
        initialize();
        this.setVisible(true);
    }

    public void initialize(){                                  //初始化方法
        panCards.setLayout(cl);                                //面板设卡片(盒)布局
        pan1.setBackground(Color.RED);                         //卡片面板设背景色
        pan2.setBackground(Color.GREEN);
        pan3.setBackground(Color.BLUE);
        pan1.add(lab1);                                        //卡片添加标签
        pan2.add(lab2);
        pan3.add(lab3);
        panCards.add(pan1, "卡片 1");                          //卡片盒添加约束卡片
        panCards.add(pan2, "卡片 2");
        panCards.add(pan3, "卡片 3");
        panButs.add(btnUp);                                    //面板添加按钮
        panButs.add(btnDown);
        panButs.add(btnPlay);
        btnStop.setEnabled(false);                             //禁用"停止"按钮
        panButs.add(btnStop);
        this.add(panCards, BorderLayout.CENTER);               //窗体中部添加卡片盒
        this.add(panButs, BorderLayout.SOUTH);                 //窗体南边添加按钮面板
        btnUp.addActionListener(new ActionListener(){          //"上翻"按钮事件处理
            public void actionPerformed(ActionEvent e){
                cl.previous(panCards);                         //上翻卡片
            }
        });
        btnDown.addActionListener(new ActionListener(){        //"下翻"按钮事件处理
            public void actionPerformed(ActionEvent e){
                cl.next(panCards);                             //下翻卡片
            }
        });
        btnPlay.addActionListener(new ActionListener(){        //"播放"按钮事件处理
```

```java
            public void actionPerformed(ActionEvent e){
                btnPlay.setEnabled(false);                    //禁用"部分"按钮
                btnStop.setEnabled(true);                     //启用"停止"按钮
                if(!play){                                    //如果未"播放"
                    thread = new MyThread();                  //构建播放线程对象
                    play = true;                              //打开播放开关
                    thread.start();                           //启动线程播放
                }
            }
        });
        btnStop.addActionListener(new ActionListener(){       //"停止"按钮事件处理
            public void actionPerformed(ActionEvent e){
                play = false;                                 //关闭播放开关
                thread.interrupt();                           //中断播放线程
                //thread.stop();                              //线程 stop 方法不安全
                btnPlay.setEnabled(true);
                btnStop.setEnabled(false);
            }
        });
    }
}

//Ex4.java 文件:
public class Ex4 {                                            //主类
    public static void main(String[] args) {
        new CardFrame();
    }
}
```

窗体类 CardFrame 内部定义了线程类 MyThread。程序运行时,单击"播放"按钮,便构建一个线程对象,以 500ms(0.5s)的时间间隔自动播放各张卡片,当放完最后一张卡片,再从头开始,如此循环往复,直到单击"停止"按钮为止。这时可单击"上翻"或"下翻"按钮翻看各张卡片,也可再次单击"播放"按钮。请注意"播放"和"停止"按钮不能同时使用,当单击"播放"后,"停止"按钮才能使用,反之亦是。

停止卡片播放,可执行线程停止方法 stop。但由于该方法有安全隐患,已过时,故建议不要使用。于是在程序中使用了布尔型(开关)字段 play 控制线程的运行及停止。

注意:在例 16-4 程序中,4 个按钮的动作监听对象均使用匿名类,这些匿名类对象都实现了动作监听器 ActionListener 的动作执行方法 actionPerformed。

JDK8 的新特性 Lambda 表达式,除了在动作监听器匿名类中使用外,还可在本例构建播放线程对象时使用,代码如下(这时可删除内部播放线程类 MyThread 的定义):

```java
thread = new Thread( () -> {                                  //构建播放线程对象
    while(play){
        cl.next(panCards);                                    //播放,自动下翻
        try { Thread.sleep(500); }
        catch(InterruptedException ex) { break;}              //中断则停止
    }
});
```

其中，Lambda 表达式 ( ) -> {…} 的参数为空，对应没有参数的线程运行方法 run。为清晰起见，下面列出例 16-4 中使用 Lambda 表达式后的所有按钮事件处理代码：

```java
btnUp.addActionListener((e) -> {                    //"上翻"按钮事件处理
    cl.previous(panCards);                          //上翻卡片
});
btnDown.addActionListener( (e) -> {                 //"下翻"按钮事件处理
    cl.next(panCards);                              //下翻卡片
});
btnPlay.addActionListener((e) -> {                  //"播放"按钮事件处理
    btnPlay.setEnabled(false);
    btnStop.setEnabled(true);
    if(!play){                                      //如果未"播放"
        thread = new Thread( ( ) -> {               //构建播放线程对象
            while(play){
                cl.next(panCards);                  //播放,自动下翻
                try { Thread.sleep(500); }
                catch(InterruptedException ex) { break;}   //中断则停止
            }
        });
        play = true;
        thread.start();                             //启动线程播放
    }
});
btnStop.addActionListener((e) ->{                   //"停止"按钮事件处理
    play = false;                                   //停止播放
    thread.interrupt();                             //中断播放线程
    btnPlay.setEnabled(true);
    btnStop.setEnabled(false);
});
```

16.2.5 null 空布局

除了设置系统预定义的布局，容器布局还可设为 null，表示空布局，即没有布局。这时，需要手工编写代码告知组件在容器中的放置位置和大小，否则组件无法显示。因此 null 布局又称为"手工"布局。

设置组件位置和大小的常用方法：

（1）void **setBounds**(int x, int y, int width, int height)：设置或调整组件的位置和大小。

（2）void **setLocation**(int x, int y)：设置组件位置，其中 x、y 是放置组件的父级坐标。

（3）void **setSize**(int width, int height)：按指定宽度和高度设置或调整组件大小。

其中第(1)个方法包含了第(2)、(3)个方法的功能。

【**例 16-5**】 编写手工布局程序，把窗体布局设为空，然后在上面放置标签、文本框和按钮，这些组件都要显式设定位置和大小，否则无法显示。程序运行结果如图 16-6 所示。

```java
import javax.swing.*;
public class Ex5 {
```

```
    public static void main(String[] args) {
        JFrame fram = new JFrame("null 空布局窗体");
        fram.setLayout(null);
          //设置窗体为空布局
        JLabel lab = new JLabel("标签");
        lab.setBounds(10, 10, 30, 25);
          //设置标签位置和大小
        JTextField tf = new JTextField();
        tf.setBounds(10, 40, 100, 25);
          //设置文本框位置和大小
        JButton but = new JButton("按钮");
        but.setBounds(120, 40, 80, 25);            //设置按钮位置和大小
        fram.add(lab);
        fram.add(tf);
        fram.add(but);
        fram.setBounds(100, 200, 250, 150);
        fram.setDefaultCloseOperation(JFrame.EXIT_ON_CLOSE);
        fram.setVisible(true);
    }
}
```

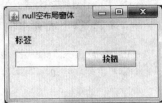

图 16-6　空(手工)布局

16.3　事件

GUI 程序离不开事件(Event),通过事件驱动方式进行人机互动交流。常用的事件是鼠标事件 MouseEvent 和键盘事件 KeyEvent,例如用鼠标单击按钮、用鼠标单击菜单,在按钮或菜单中按下空格或 Enter 键等。

在 Java 语言中,触发按钮、菜单功能的,除了鼠标事件和键盘事件外,更多的是使用动作事件 ActionEvent,这是比鼠标和键盘事件更高级的语义事件。

语义事件能避开问题细节,适用范围更广,具有跨平台性。应该优先选择语义事件编写程序。除了动作事件外,语义事件还有选项事件 ItemEvent、文本事件 TextEvent 等。

16.3.1　事件处理模型

在面向对象程序设计中,事件与对象密切相关。哪些对象能引发事件？能引发什么事件？发生事件后,是否要响应？谁来响应和处理？如何处理？这涉及到如下 4 个方面:

(1) 事件源。事件的来源,引发事件的组件对象,如按钮、菜单项和文本框等。

(2) 事件监听器。也是事件处理者,响应和处理事件的对象,即事件监听类的对象。

在 Java 中,事件监听类要实现相应的接口 XxxListener(或继承适配器类 XxxAdapter),如动作事件监听类要实现动作监听接口 ActionListener,监听接口所声明的抽象方法,如 actionPerformed(ActionEvent e)要在监听类中重写。重写的方法体语句就是事件处理的步骤。该方法便是事件处理方法。

一个事件源组件往往能引发多种事件,例如,按钮除了引发动作事件外,还能引发按键事件、鼠标事件、焦点事件(FocusEvent)等,这些事件是否都要响应？非也。要响应事件,

必须在事件源和事件监听器之间搭起传递消息的桥梁。

（3）事件注册。事件源通过调用添加事件监听器方法实现事件注册，把事件委托给监听器来处理。

添加事件监听器方法的一般形式如下：

事件源.addXxxListener(监听器);

例如：

```
button.addActionListener(new ActionHandler());
panel.addMouseListener(new MouseHandler());
```

最后，事件处理离不开事件本身。

（4）事件。是事件类的对象。前面讲过，事件有多种，对应就有多个事件类，如ActionEvent、ItemEvent、TextEvent 和 ComponentEvent（组件事件）等，其中 ComponentEvent 又有 FocusEvent、ContainerEvent、WindowEvent 和 InputEvent（输入事件）等，而 InputEvent 又有 KeyEvent 和 MouseEvent。此外，还有 ListSelectionEvent 等事件。

上面 4 点是事件处理的 4 要素，其中事件源、事件监听器和事件构成了事件处理模型。

注意：事件监听对象有两种：或者是实现事件监听接口的对象，或者是继承事件适配器类的对象。事件监听类的形式又有 3 种：内部类、匿名类和普通类。

16.3.2 事件类、监听接口/适配器类及方法

常用的事件类、监听接口和适配器类及其方法，以及触发事件的用户操作如表 16-1 所示。

表 16-1 常用事件类、监听接口和适配器类及其方法以及触发事件操作

事件类、监听接口和适配器类	监听接口/适配器方法与触发事件操作
ActionEvent 动作事件 ActionListener 动作监听器	actionPerformed(ActionEvent e)单击按钮、菜单，按钮上按空格键，菜单上按 Enter 键或空格键，文本框上按 Enter 键，在单选按钮、复选框和下拉组合框作出选择等动作执行
ItemEvent 选项事件 ItemListener 选项监听器	itemStateChanged(ItemEvent e)单选按钮、复选框、下拉组合框等选项状态改变
TextEvent 文本事件 TextListener 文本监听器	textValueChanged(TextEvent e) java.awt 包中文本组件 TextField 和 TextArea 的文本值改变
CaretEvent 光标（插入符）事件 CaretListener 光标监听器	caretUpdate(CaretEvent e) javax.swing 包中文本组件 JTextField 和 JTextArea 的光标位置更新
ComponentEvent 组件事件 ComponentListener 组件监听器 ComponentAdapter 组件适配器	componentHidden(ComponentEvent e)组件隐藏 componentMoved(ComponentEvent e)组件移动 componentResized(ComponentEvent e)组件改变大小 componentShown(ComponentEvent e)组件显示
FocusEvent 焦点事件 FocusListener 焦点监听器 FocusAdapter 焦点适配器	focusGained(FocusEvent e)组件获得键盘焦点 focusLost(FocusEvent e)组件失去键盘焦点

续表

事件类、监听接口和适配器类	监听接口/适配器方法与触发事件操作
ContainerEvent 容器事件 ContainerListener 容器监听器 ContainerAdapter 容器适配器	componentAdded(ContainerEvent e)添加组件到容器 componentRemoved(ContainerEvent e)移除容器组件
WindowEvent 窗口事件 WindowListener 窗口监听器 WindowAdapter 窗口适配器 WindowStateListener 窗口状态监听器 WindowFocusListener 窗口焦点监听器	windowOpened(WindowEvent e)窗口打开 windowActivated(WindowEvent e)窗口激活 windowDeactivated(WindowEvent e)窗口非激活 windowIconified(WindowEvent e)窗口图标(最小)化 windowDeiconified(WindowEvent e)窗口非图标化 windowClosing(WindowEvent e)窗口正在关闭 windowClosed(WindowEvent e)窗口关闭后 windowStateChanged(WindowEvent e)窗口状态改变 windowGainedFocus(WindowEvent e)窗口获得焦点 windowLostFocus(WindowEvent e)令窗口失去焦点
KeyEvent 键盘事件 KeyListener 键盘监听器 KeyAdapter 键盘适配器	keyPressed(KeyEvent e)键盘按键按下 keyReleased(KeyEvent e)键盘按键释放 keyTyped(KeyEvent e)敲击键盘按键
MouseEvent 鼠标事件 MouseListener 鼠标监听器 MouseAdapter 鼠标适配器 MouseMotionListener 鼠标运动监听器 MouseMotionAdapter 鼠标运动适配器 MouseWheelEvent 鼠标滚轮事件(子类) MouseWheelListener 鼠标滚轮监听器	mouseClicked(MouseEvent e)鼠标单击(按下并释放) mousePressed(MouseEvent e)鼠标按下 mouseReleased(MouseEvent e)鼠标释放 mouseEntered(MouseEvent e)鼠标进入组件 mouseExited(MouseEvent e)鼠标离开组件 mouseDragged(MouseEvent e)拖动鼠标 mouseMoved(MouseEvent e)鼠标光标移动 mouseWheelMoved(MouseWheelEvent e)鼠标滚轮滚动
ListSelectionEvent 列表选择事件 ListSelectionListener 列表选择监听器	valueChanged(ListSelectionEvent e)列表值改变

对于鼠标事件,还从 MouseEvent 类派生出 MouseWheelEvent(鼠标滚轮事件)子类。

16.4 事件适配器与鼠标事件

如果事件监听接口的方法不止一个,那么为简化编码,Java 会提供相应的事件适配器类(Adapter)。如 ComponentAdapter、FocusAdapter、ContainerAdapter、WindowAdapter、KeyAdapter 和 MouseAdapter 等。

一个适配器类既可对应一个监听接口,也可对应多个监听接口。

例如,键盘适配器类 KeyAdapter 对应一个监听接口 KeyListener,该类头部声明如下:

public abstract class **KeyAdapter** extends Object implements **KeyListener**

而窗口适配器类 WindowAdapter 则对应 3 个监听接口,该类头部声明如下:

public abstract class **WindowAdapter** extends Object implements **WindowListener**,

WindowStateListener, WindowFocusListener

即窗口适配器类同时实现窗口监听器、窗口状态监听器和窗口焦点监听器3个接口。这3个接口各有7个、1个和2个方法，因此窗口适配器类共有10个方法（不含继承父类的方法），这10个方法分别是窗口打开、激活、停用、图标化、恢复原大小、正在关闭、关闭后、改变状态、获取焦点和失去焦点，方法名详见表16-1。

鼠标适配器类MouseAdapter也对应3个监听接口，其类头声明如下：

public abstract class **MouseAdapter** extends Object implements **MouseListener,**
    MouseMotionListener, MouseWheelListener

鼠标适配器类同时实现了鼠标监听器、鼠标运动监听器和鼠标滚轮监听器这3个接口，它们各有5个、2个和1个方法，因此鼠标适配器类共有8个方法（不含继承父类的方法），这8个方法分别是：单击、按下、释放、进入组件、离开组件、拖动、移动和滚动滚轮，详见表16-1。

适配器类的方法有方法体，但里面却没有语句，即方法体只有一对大括号"{ }"。而监听器接口的方法则连方法体也没有，这些接口的方法都是抽象的。

事件监听对象也是事件处理对象，监听对象既可用实现监听接口的方式产生，也可用继承适配器类（若有的话）的方式构建。使用后一种方式能简化编码，因为只需针对感兴趣的事件操作重写少数的方法。如果用实现接口的方式，则必须定义接口中的所有方法。例如，关于鼠标事件的MouseListener共有5个方法：单击、按下、释放、进入和离开组件。编写鼠标单击事件处理程序，若采用实现MouseListener接口的方式编写监听类，则需要同时定义这5个方法，但如果用继承MouseAdapter类的方式编程，则只需重写一个单击方法。

【例16-6】 编写鼠标按键测试程序，运行结果如图16-7所示。在灰色面板上分别单击鼠标左键、中间滚轮键和右键，在界面下方的文本框中显示相应的文字。

图16-7 鼠标测试

```
//MouseTestFrame.java 文件：
import javax.swing.*;
import java.awt.*;
import java.awt.event.*;
public class MouseTestFrame extends JFrame {             //鼠标测试窗体类
    private static final long serialVersionUID = 1L;
    private JLabel lab = new JLabel("测试区：");
    private JPanel panTest = new JPanel();
    private JTextField tf = new JTextField();

    public MouseTestFrame(){                             //构造方法
        this.setTitle("测试鼠标按键");
        this.setBounds(100, 200, 300, 200);
        this.setDefaultCloseOperation(JFrame.EXIT_ON_CLOSE);
        initialize();                                    //调用初始化方法
```

```java
            this.setVisible(true);
        }

        public void initialize(){                              //初始化方法
            this.add(lab, BorderLayout.WEST);
            this.add(panTest, BorderLayout.CENTER);
            this.add(tf, BorderLayout.SOUTH);
            panTest.setBackground(Color.GRAY);                 //设测试面板灰色
            panTest.addMouseListener(new MouseHandler());      //面板添加鼠标事件监听器
        }

        //继承鼠标适配器类的事件监听(处理)类(内部类):
        class MouseHandler extends MouseAdapter {
            public void mouseClicked(MouseEvent e){
                if(e.getButton() == MouseEvent.BUTTON1){
                    tf.setText("单击了鼠标左键");
                }
                if(e.getButton() == MouseEvent.BUTTON2){
                    tf.setText("单击了鼠标中间的滚轮键");
                }
                if(e.getButton() == MouseEvent.BUTTON3){
                    tf.setText("单击了鼠标右键");
                }
            }
        }
    }

//Ex6.java 文件:
public class Ex6 {                                             //主类
    public static void main(String[] args) {
        new MouseTestFrame();
    }
}
```

上述程序 MouseTestFrame 类内部的事件监听类,运用了继承适配器类的方式编写。当然也可采用实现监听接口的方式编写事件监听类,代码如下:

```java
//实现鼠标监听接口的事件监听(处理)类(内部类):
class MouseHandler implements MouseListener {
    public void mouseClicked(MouseEvent e){
        if(e.getButton() == MouseEvent.BUTTON1){
            tf.setText("单击了鼠标左键");
        }
        if(e.getButton() == MouseEvent.BUTTON2){
            tf.setText("单击了鼠标中间的滚轮键");
        }
        if(e.getButton() == MouseEvent.BUTTON3){
            tf.setText("单击了鼠标右键");
        }
    }
    public void mousePressed(MouseEvent e){ }
```

```
            public void mouseReleased(MouseEvent e){ }
            public void mouseEntered(MouseEvent e){ }
            public void mouseExited(MouseEvent e){ }
    }
```

可见,事件监听类中多了后面 4 个方法,虽然方法体没有语句,但也要按部就班地书写,否则程序不能编译运行。

16.5 选项事件与列表选择事件

能引发选项事件 ItemEvent 的有单选按钮、复选框、(下拉)组合框 JComboBox 等组件,换句话说,它们均是选项事件的事件源。

列表选择事件 ListSelectionEvent 的事件源则是列表(框)组件 JList。

注意:为区分 java.util 包的 List＜E＞列表集,javax.swing 包的 JList＜E＞又称列表框。

组合框和列表框均能存放多个选项,但组合框每次只能选择一项,而列表框则允许多选。组合框功能类似一组单选按钮,列表框的功能则类似一组复选框。列表框通过按 Ctrl (或 Shift)键加鼠标单击可进行多项选择。

【**例 16-7**】 编写运行结果如图 16-8 所示的程序。使用下拉组合框存放若干个班级名称,选择其中一个班级,在右边的列表框中显现该班所有同学的姓名。若在列表框中选择姓名(可以多选),则在下面的文本区中显示选择结果。其中列表框和文本区各置于一个滚动窗格上。

(a) 初始运行界面　　　　　　　　　　(b) 选择之后界面

图 16-8　选项事件与列表选择事件

```
//SelectFrame.java 文件:
import java.awt.*;
import java.awt.event.*;
import javax.swing.*;
import javax.swing.event.*;
public class SelectFrame extends JFrame {                    //窗体类
    private static final long serialVersionUID = 1L;
    private JPanel pan1 = new JPanel();
    private JPanel pan2 = new JPanel();
```

```java
        private JPanel pan3 = new JPanel();
        private JLabel lab1 = new JLabel("请选择班别和姓名(姓名可多选)：");
        private String[] classes = {"1 班", "2 班", "3 班"};              //数组
        private String[] names1 = {"赵一","钱二","孙三","李四"};
        private String[] names2 = {"蒋毅","宋珥","孔散","陈斯"};
        private String[] names3 = {"张扬","龚勋","黎敏","戴杰"};
        private JComboBox<String> cbb = new JComboBox<String>(classes);   //组合框
        private JList<String> list = new JList<String>(names1);           //列表框
        private JScrollPane sp1 = new JScrollPane(list);                  //含列表滚动窗格
        private JLabel lab2 = new JLabel("选取结果：");
        private JTextArea ta = new JTextArea(4, 10);
        private JScrollPane sp2 = new JScrollPane(ta);                    //含文本区滚动窗格

        public SelectFrame(){                                             //构造方法
            this.setTitle("选项事件与列表选择事件");
            this.setBounds(100, 200, 300, 250);
            this.setDefaultCloseOperation(JFrame.EXIT_ON_CLOSE);
            initialize();                                                 //调用初始化方法
            this.setVisible(true);
        }

        public void initialize(){                                         //初始化方法
            pan1.add(lab1);
            this.add(pan1, BorderLayout.NORTH);
            pan2.add(cbb);                                                //面板 2 添加组合框
            list.setFixedCellWidth(50);                                   //列表框设固定单元宽度
            list.setVisibleRowCount(3);                                   //列表框设可见行数
            pan2.add(sp1);                                                //面板 2 添加列表滚动窗格
            pan2.setBackground(Color.LIGHT_GRAY);                         //设置面板 2 为浅灰色
            this.add(pan2, BorderLayout.CENTER);
            pan3.add(lab2);
            pan3.add(sp2);                                                //面板 3 添加文本区滚动窗格
            this.add(pan3, BorderLayout.SOUTH);
            //下拉组合框添加选项事件监听器：
            cbb.addItemListener(new ItemHandler());
            //列表框添加选择事件监听器：
            list.addListSelectionListener(new ListSelectionHandler());
        }

    //组合框选项事件监听类(内部类)：
    class ItemHandler implements ItemListener {
        public void itemStateChanged(ItemEvent e){
            if(cbb.getSelectedIndex() == 0){
                list.setListData(names1);                                 //列表框设置列表数据
            }
            if(cbb.getSelectedIndex() == 1){
                list.setListData(names2);
            }
            if(cbb.getSelectedIndex() == 2){
                list.setListData(names3);
            }
```

```
                ta.setText(null);                           //清空文本区
        }
    }

    //列表框选择事件监听类(内部类):
    class ListSelectionHandler implements ListSelectionListener{
        public void valueChanged(ListSelectionEvent e){    //列表值改变方法
            java.util.List<String> items = list.getSelectedValuesList();
                    //使用java.util包的泛型列表集List存放列表框选中的数据项
            StringBuffer sb = new StringBuffer();           //字符串缓冲对象
            sb.append(cbb.getSelectedItem());               //追加组合框所选项
            for(int i = 0; i < items.size(); i++){
                sb.append("\n" + items.get(i));             //追加列表项
            }
            ta.setText(sb.toString());                      //显示在文本区
        }
    }
}
package ch16;

//Ex7.java 文件:
public class Ex7 {
    public static void main(String[] args) {               //主类
        new SelectFrame();
    }
}
```

程序使用了 JComboBox、JList、JScrollPane 和 JTextArea 等组件,下面依次作介绍。

16.5.1 JComboBox<E>下拉组合框

下拉组合框简称"组合框",内部存放多个数据项(选项),运行时单击右边的倒三角按钮,会出现一个下拉列表,用于选择其中一个(只能一个)数据项。与一组单选按钮的单一选择功能相比,组合框实用性更强,因为它只需一个组件,占据空间小,并且编码简明。

组合框的数据项与数组元素一样,存在从 0 开始的索引(序号)。

注意:JComboBox 组件之所以称为下拉组合框,是因为除了下拉列表外,还可通过执行 setEditable(true)方法,令它处于编辑状态,用于输入和修改数据内容,即同时具备列表和文本编辑功能,因而称"组合"。不过,所编辑的数据不会改变原来数据项内容。

泛型组合框类 JComboBox<E>的常用方法如下:

(1) **JComboBox**():构造一个没有数据项的下拉组合框。

(2) **JComboBox**(E[] items):以指定数组元素为数据项构造一个组合框。

(3) void **addItemListener**(ItemListener aListener):添加选项事件 ItemEvent 监听器。

(4) void **addActionListener**(ActionListener listener):添加动作事件 ActionEvent 监听器。

(5) void **addItem**(E item):添加数据项。

(6) void **insertItemAt**(E item, int index):在给定索引处插入数据项。

(7) Object **getSelectedItem**():返回被选中的数据项。

(8) Object **getItemAt**(int index):返回指定索引处的选项。
(9) int **getSelectedIndex**():返回所选项的索引。没有,则返回-1。
(10) int **getItemCount**():返回所有数据项个数。
(11) void **removeItem**(Object anObject):移除指定的选项。
(12) void **removeItemAt**(int anIndex):移除指定索引处的选项。
(13) void **removeAllItems**():移除所有数据项。
(14) void **setEditable**(boolean aFlag):设置是否可编辑。
组合框作为事件源,使用最多的事件是选项事件和动作事件。

16.5.2　JList<E>列表框

列表框用于显示列表数据项(选项),每次可以从中选择一项或多项。在列表框中进行多项选择,有两种方式:一是按下 Ctrl 键不放手,再用鼠标单击逐个选择;二是先用鼠标单击选择一个选项,然后再按下 Shift 键加鼠标单击另一选项,这样就可以选择连续范围内的多个选项。与一组复选框的功能相比,列表框显得简洁实用。

泛型列表框类 JList<E>的常用方法如下:

(1) **JList**():构造一个没有数据项的空列表框。
(2) **JList**(E[] listData):以数组元素作选项,构造一个列表框。
(3) **JList**(Vector<E> listData):以 Vector 集合元素为选项,构造一个列表框。
(4) void **addListSelectionListener**(ListSelectionListener listener):添加列表选择事件 ListSelectionEvent 的监听器。
(5) void **setSelectionMode**(int selectionMode):设置列表的选择模式。选择模式有 3 种,用 ListSelectionModel 接口的静态常量字段表示,它们是:

- SINGLE_SELECTION:单选模式,只能选择一个选项。
- SINGLE_INTERVAL_SELECTION:单间隔选择模式,只能选择连续范围内的多个选项。
- MULTIPLE_INTERVAL_SELECTION:多间隔选择模式(默认),允许选择多个间隔的选项。

(6) int **getSelectedIndex**():返回选中的选项索引。若选中多项,则返回最小索引。
(7) int[] **getSelectedIndices**():返回所有选中选项的索引数组。数组元素升序排列。
(8) E **getSelectedValue**():返回选中的最小选项。
(9) List<E> **getSelectedValuesList**():返回所有选中选项的列表集,列表集元素按这些选项索引的升序排列。
(10) boolean **isSelectionEmpty**():判断是否为空选择。若什么也没选,则为 true。
(11) void **setListData**(E[] listData):设置列表框选项数据为给定的数组元素。
(12) void **setFixedCellHeight**(int height):设置列表框中每个单元固定的显示高度。
(13) void **setFixedCellWidth**(int width):设置列表框中每个单元固定的显示宽度。
(14) void **setLayoutOrientation**(int layoutOrientation):设置列表框选项的布局方向。共有 3 种,用 JList 类的静态常量字段表示,它们是:

- VERTICAL:单列垂直方向布局(默认)。

- HORIZONTAL_WRAP：水平换行布局，一行可显示两个以上选项，先行后列。
- VERTICAL_WRAP：垂直换行布局，一行也可显示两个以上选项，但先列后行。

(15) void **setVisibleRowCount**(int visibleRowCount)：设置可见行数。默认为 8 行。

16.5.3 JTextArea 文本区

JTextArea 和 JTextField 都继承了 JTextComponent，它们都是文本组件。其中，JTextField 是单行的文本框，而 JTextArea 则是能输入和显示多行字符的文本区。

注意：当文本内容改变时，java.awt 包中的 TextArea 和 TextField 能引发文本事件 TextEvent。但 javax.swing 包中的 JTextArea 和 JTextField 取消了文本事件，取而代之的是光标(插入符)事件 CaretEvent，该事件对应的事件监听器接口为 CaretListener，接口有一个方法 caretUpdate(CaretEvent e)。在文本组件 JTextArea 和 JTextField 中遇到光标位置更改，便引发该事件。

文本区类 JTextArea 常用方法如下：

(1) **JTextArea**()：构造一个空白的文本区。
(2) **JTextArea**(String text)：构造显示指定文本的文本区。
(3) **JTextArea**(int rows, int columns)：构造指定行数、列数的文本区。
(4) void **append**(String str)：在文本区后面追加文本。
(5) void **insert**(String str, int pos)：在文本区指定位置插入文本，位置从 0 开始。
(6) void **replaceRange**(String str, int start, int end)：用给定字符串替换从 start 到 end -1 范围内的文本。
(7) void **setLineWrap**(boolean wrap)：设置文本区是否自动换行。当参数为 true 时，如果一行字符显示不下，则自动换行。

下面 11 个是 JTextArea 从 JTextComponent 继承而来的常用方法：

(8) void **setText**(String t)：设置文本区内容。
(9) String **getText**()：返回(获取)文本区所有文本。
(10) void **setCaretPosition**(int position)：设置光标(文本插入符)位置。
(11) int **getCaretPosition**()：返回光标位置。
(12) void **selectAll**()：选中所有文本。文本将反白显示。
(13) void **select**(int start, int end)：选中从 start 到 end －1 范围内的文本(反白显示)。
(14) void **copy**()：将当前选定的范围内的文本复制到系统剪贴板。
(15) void **cut**()：将当前选定的范围内的文本剪切到系统剪贴板。
(16) void **paste**()：将系统剪贴板的内容粘贴到文本区中。
(17) void **read**(Reader in, Object desc)：从字符输入流 in 中读取内容，初始化文本区。其中参数 desc 用于描述流的对象(如 String 等)，可以为 null。
(18) void **write**(Writer out)：将文本区内容写到字符输出流。

16.5.4 JScrollPane 滚动窗格与 JViewport 视口

滚动窗格 JScrollPane 是一种容器，内部自带一个"视口"，即"观察孔"，犹如照相机的取景器，通过它来观看景物或数据。滚动窗格隐含垂直和水平滚动条。当景物或数据较多，超出了视口尺寸,滚动窗格会自动显示水平和垂直滚动条。通过操作滚动条移动视口,能动态看到上下左右的内容。

视口本身也是一个容器性质的组件,类名为 JViewport。可以在视口上面设置(添加)、获取和移除组件,这些组件称为视口的视图(View)。

在滚动窗格自带的视口中,可以放置 JList 或 JTextArea 等视图组件。当组件数据较多超出视口范围时,视口下边和左边自动出现水平和垂直滚动条,如图 16-9 所示。

编写代码时,把 JList 或 JTextArea 对象作为 JScrollPane 构造方法的参数,实现滚动观看数据的功能,例如:

(a) 放置列表框　　(b) 放置文本区

图 16-9　在滚动窗格上放置组件

```
JList<String> list = new JList<String>(new String[]{"蒋毅","宋珥","孔散","陈斯"});
JScrollPane sp1 = new JScrollPane(list);              //含列表的滚动窗格
JTextArea ta = new JTextArea(4, 10);
JScrollPane sp2 = new JScrollPane(ta);                //含文本区的滚动窗格
```

滚动窗格类 JScrollPane 常用方法如下:

(1) **JScrollPane**():构造一个没有内容的滚动窗格。

(2) **JScrollPane**(Component view):构造一个显示指定组件(视图)的滚动窗格,当组件内容超过视口大小将自动显示水平和垂直滚动条。

(3) JViewport **getViewport**():返回滚动窗格的当前视口。

(4) void **setViewportView**(Component view):设置滚动窗格视口的视图,即在视口中显示指定组件。

视口类 JViewport 常用方法如下:

(1) **JViewport**():构造一个视口。

(2) void **setView**(Component view):设置视口视图。视图可以为 null,相当于移除当前视图。

(3) Component **getView**():返回视口视图。

(4) void **remove**(Component child):移除视口视图。

注意:视口也可调用从 Container 类继承的 add(Component comp)方法设置视图。

由于视口具有设置视图的方法,因此可调用这些方法,实现从滚动窗格的视口中观看视图的功能。例如:

```
scrollPaneObj.getViewport().setView(list);
scrollPaneObj.getViewport().add(list);
```

其中,getViewport 方法是获取滚动窗格自带的视口,再通过 setView 或 add 方法在视口中设置列表视图。于是,便可在滚动窗格中看到列表内容。

16.6　本章小结

本章学习布局,布局是关于在容器中如何布置组件的管理器。常用的容器布局有 BorderLayout、FlowLayout、GridLayout 和 CardLayout 等。也可在容器中不设置布局,即布局为 null，这时容器组件的放置位置和大小要手工编码确定，因此空布局也称为手工布局。

在交互式的 GUI 编程中，离不开事件，使用事件触发的方式实现人机互动交流。事件处理模型包括 3 部分：事件源、事件监听器和事件。使用最多的是动作事件 ActionEvent，这是高级的语义事件。动作事件监听器不必处理鼠标如何移动和单击等方面的细节，而是直接处理"按下键"之类意义简明的事件，所以是高级的。动作事件的事件源种类较多，如按钮、菜单、文本框、单选按钮、复选框和下拉组合框等，它们均能引发动作事件。除了单击鼠标触发动作事件外，在菜单、单选按钮和复选框等组件中按下键盘的空格键也可触发动作事件。因此动作事件的语义包含了部分鼠标事件和键盘事件。

事件监听器要实现事件监听接口。比如，动作事件的监听器（也是处理器）要实现 ActionListener 接口。由于接口的方法都是抽象的，必须要实现监听接口的所有方法。在监听接口的方法多于 1 个的情况下，为简化编码，系统提供了相应的事件适配器类。例如，鼠标事件监听接口不止 1 个方法，于是提供了鼠标事件适配器类 MouseAdapter。于是，事件监听器也可通过继承适配器类而得到。由于适配器类的方法不是抽象的，因此继承适配器类的事件监听类无须重写所有方法。

适配器类除了拥有多个方法，也允许与多个监听接口关联，如 MouseAdapter 与 3 个监听接口关联，实现它们的抽象方法。

本章还介绍了泛型组合框 JComboBox<E> 和列表框 JList<E>，它们分别是选项事件和列表选择事件的事件源。其中，选项事件的事件源还有单选按钮、复选框等。

若 JList 或 JTextArea 等组件的数据太多，在有限的区域内不能一次性全部显示，则可把它们放在称为滚动窗格的 JScrollPane 容器上。该容器有一个自带的视口，用于显示数据，当数据太多无法在视口中全部显示时，将自动出现水平和垂直滚动条，方便滚动观看，犹如移到照相机的取景器浏览风景一样。

本章的知识点归纳如表 16-2 所示。

表 16-2 本章知识点归纳

知 识 点	操作示例及说明

边界布局	JFrame fram = new JFrame(); //窗体默认 BorderLayout 布局
	fram.add(new JButton("东按钮"), BorderLayout.EAST);
	fram.add(new JButton("南按钮"), BorderLayout.SOUTH);
	fram.add(newJButton("西按钮"), BorderLayout.WEST);
	fram.add(newJButton("北按钮"), BorderLayout.NORTH);
	fram.add(newJButton("中按钮"), BorderLayout.CENTER);

流动布局	FlowLayoutfl = new FlowLayout(); fram.setLayout(fl); fram.add(new JButton("按钮 1")); fram.add(new JButton("按钮 2")); fram.add(new JButton("按钮 3"));

网格布局	JPanel pan = new JPanel();
	GridLayoutgl = new GridLayout(2, 2); //2 行 2 列网格
	pan.setLayout(gl);
	pan.add(new JButton("A")); pan.add(new JButton("B"));
	pan.add(new JButton("C")); pan.add(new JButton("D"));

续表

知识点	操作示例及说明
卡片布局	CardLayoutcl = new CardLayout(); JPanel panCards = new JPanel(); panCards.setLayout(cl); panCards.add(new JPanel(), "卡片1"); panCards.add(new JPanel(), "卡片2");
空布局	fram.setLayout(null);
事件处理模型	事件源、事件监听器和事件构成了事件处理模型
事件类、监听接口/适配器类及方法	如：动作事件类 ActionEvent 动作监听器接口 ActionListener 动作监听器接口的方法 actionPerformed(ActionEvent e) 监听器接口有多于1个的方法，才有相应的适配器类
鼠标事件与鼠标适配器	与 MouseEvent 关联的 MouseAdapter 实现如下3个监听器接口： MouseListener、MouseMotionListener 和 MouseWheelListener
选项事件与列表选择事件	选项事件 ItemEvent，事件源有单选按钮、复选框和下拉组合框等 列表选择事件 ListSelectionEvent，事件源有列表框 Jlist 等
下拉组合框	String[] classes = {"1班", "2班", "3班"}; JComboBox\<String\> cbb = new JComboBox\<String\>(classes);
列表框	String[] names = {"赵一", "钱二", "孙三", "李四"}; JList\<String\> list = new JList\<String\>(names);
文本区	JTextAreata = new JTextArea(4, 10);
滚动窗格与视口	JScrollPane sp = new JScrollPane(new JList\<String\>()); sp.getViewport().add(new JTextArea());

16.7 实训16：鼠标测试

（1）编写鼠标按键测试程序，运行界面如图 16-1(a)所示。程序运行时，把鼠标移到窗体右上部灰色的面板，依次单击鼠标左键、中间滚轮键和右键，将在窗体下部带滚动窗格的文本区中显示相应的文字。

提示：可设置窗体为2行1列的网格布局，在第一行上再放置一个面板，设置该面板布局为边界布局，左边放文字标签，中部放灰色的测试面板。窗体类部分代码参考如下。

```
//TestFrame.java 文件：
import javax.swing.*;
import java.awt.*;
import java.awt.event.*;
public class TestFrame extends JFrame {
    private JLabel lab = new JLabel("测试区：");
    private JPanel panTest = …                              //测试面板
    private BorderLayout bl = …                             //边界布局
    private JPanel panUp = new JPanel(bl);                  //边界布局的上方面板
    private JTextArea ta = …
    private JScrollPane sp = new JScrollPane(ta);           //含文本区的滚动窗格
```

```java
public TestFrame(){                                    //构造方法
    this.setTitle( … );
    this.setBounds( … );
    this.setDefaultCloseOperation( … );
    initialize();
    this.setVisible( … );
}

public void initialize(){                              //初始化方法
    panUp.add( … , BorderLayout.WEST);
    panTest.setBackground(Color.GRAY);                 //设置测试面板为灰色
    panUp.add( … , BorderLayout.CENTER);
    this.setLayout(new GridLayout(2, 1));              //窗体设置2行1列网格布局
    this.add( … );  …
    panTest.addMouseListener(new MouseHandler());
}

class MouseHandler extends MouseAdapter {              //鼠标事件处理类(内部类)
    public void mouseClicked(MouseEvent e){
        if(e.getButton() == MouseEvent.BUTTON1){
            ta.append("按下了鼠标左键。\n");
        }
        if(e.getButton() == MouseEvent.BUTTON2){
            …                                          //按下了鼠标中间的滚轮键
        }
        …
    }
}
}
```

(2) 在上题基础上,增加鼠标滚轮滚动测试。程序运行时,把鼠标移到窗体右上部的灰色面板,滚动鼠标滚轮,将显示相应的文字。运行界面参见图16-1(b)。

提示:部分代码参考如下。

```java
public void initialize(){
    …
    panTest.addMouseWheelListener(new MouseHandler());
}
class MouseHandler extends MouseAdapter {
    …
    public void mouseWheelMoved(MouseWheelEvent e) {   //鼠标滚轮滚动
        textArea.append("滚动了了鼠标滚轮\n");
    }
}
```

(3) (选做)结合多线程编写计时器程序。运行界面如图16-10所示,窗体由1个标签和3个按钮组成。其中标签用于显示时、分、秒时间,格式为 hh:mm:ss。单击"开始"按钮启动计时,单击"停止"按钮停止计时,单击"重置"按钮则把时间清零为 00:00:00。

提示:部分代码参考如下。

(a) 初始界面

(b) 计时界面

图 16-10　计时器程序运行界面

```java
import javax.swing.*;
import java.awt.*;
import java.awt.event.*;
//计时器窗体类(也是按钮监听和处理器):
public class TimerFrame extends JFrame implements Runnable,ActionListener{
    private JLabel lab = new JLabel("00:00:00");            //图形界面组件
    private JButton btnStart = new JButton("开始"); …
    private JPanel pan = new JPanel();                      //放置按钮面板
    private int hour = 0, min = 0, sec = 0;                 //时、分、秒字段
    private Thread myThread;                                //线程字段
    private boolean time = false;                           //计时开关

    public TimerFrame(){ … }                                //构造方法

    public void initialize(){                               //初始化方法
        lab.setHorizontalAlignment(JLabel.CENTER);          //标签文字水平中对齐
        this.add(lab);                                      //窗体添加标签
        pan.add(btnStart); …                                //面板添加按钮
        this.add(pan, BorderLayout.SOUTH);                  //窗体添加面板
        btnStart.addActionListener(this); …                 //注册动作事件监听器
    }

    public void actionPerformed(ActionEvent event){         //动作事件处理方法
        if(event.getSource() == btnStart){                  //若事件源为"开始"按钮
            if(!time){                                      //如果非计时状态
                myThread = new Thread(this);                //构建计时线程
                time = true;                                //打开计时开关
                …                                           //启动线程
            }
        }
        else if(event.getSource() == btnStop){              //若事件源为"停止"按钮
            time = false;                                   //关闭计时开关
            myThread.interrupt();                           //中断计时线程
        }
        else if(event.getSource() == btnReset){             //若事件源为"重置"按钮
            …                                                //关闭开关、中断计时线程
            hour = min = sec = …;                           //时、分、秒字段清零
            showTime();                                     //调用显示时间方法
        }
    }
```

```
public void run(){                                          //线程运行方法
    while(time){                                            //当处于计时状态
        showTime();                                         //调用显示时间方法
        try{ Thread.sleep(1000);}
        catch(InterruptedException e){ break;}              //中断则停止
        if(++sec >= 60){
            sec = 0;
            …
        }
    }
}

public void showTime(){                                     //显示时间方法
    StringBuffer sb = new StringBuffer();
    sb.append(hour < 10 ? "0" + hour + ":" : hour + ":");
    …
    lab.setText(sb.toString());                             //标签显示时间
}
```

第 17 章 简易记事本——工具栏与菜单

能力目标：
- 学会使用工具栏、菜单栏和弹出（快捷）菜单；
- 能运用工具栏、菜单、文件对话框和文件读写流等编写简易记事本程序。

17.1 任务预览

本章实训要编写的简易记事本程序，运行结果如图 17-1 所示。

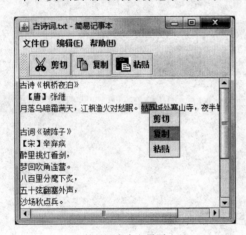 

(a) 简易记事本主界面　　　　　　　　　　　　　(b) 保存文件对话框

图 17-1　实训程序运行界面

17.2 JToolBar 工具栏

目前流行的应用软件，一般都使用工具栏。工具栏属于容器组件，类名是 JToolBar。

工具栏通常放置一些最常用的命令按钮，也可放置复选框和单选按钮等。相比于菜单命令，工具栏按钮的优势在于：简明直观，操作快捷。

为节省界面空间，工具栏按钮往往仅显示图标，当然也可以同时显示图标和文字。

为清晰起见，工具栏按钮可使用 setToolTipText 方法设置工具提示文字，运行时当光标在按钮上稍作停留，便显示所设置的文字。

【例17-1】 编程，在窗体的上部（北边）放置一个工具栏，工具栏放置 3 个带图标的按钮。然后在窗体的中部放置带滚动窗格的文本区。程序运行结果如图 17-2 所示。

(a) 光标停于"剪切"按钮　　　　　(b) 拖到中部(浮动式)　　　　　(c) 拖到窗体左边

图 17-2　窗体放置工具栏

```java
//Frame1.java 文件：
import javax.swing.*;
import java.awt.*;

public class Frame1 extends JFrame {                        //带工具栏窗体类
    private static final long serialVersionUID = 1L;
    JToolBar toolBar = new JToolBar("工具栏");              //工具栏
    ImageIcon iconCut = new ImageIcon("cut.gif");           //图像图标
    ImageIcon iconCopy = new ImageIcon("copy.gif");
    ImageIcon iconPaste = new ImageIcon("paste.gif");
    JButton buttonCut = new JButton("剪切", iconCut);       //按钮
    JButton buttonCopy = new JButton("复制", iconCopy);
    JButton buttonPaste = new JButton("粘贴", iconPaste);
    JTextArea textArea = new JTextArea();
    JScrollPane scrollPane = new JScrollPane(textArea);     //含文本区滚动窗格

    public Frame1(){                                        //构造方法
        this.setTitle("带工具栏的窗体");
        this.setBounds(100, 200, 240, 220);
        this.setDefaultCloseOperation(JFrame.EXIT_ON_CLOSE);
        initialize();
        this.setVisible(true);
    }

    private void initialize(){                              //私有的初始化方法
        buttonCut.setToolTipText("剪切所选字符到剪贴板");    //设置工具提示文字
        buttonCopy.setToolTipText("复制所选字符到剪贴板");
        buttonPaste.setToolTipText("粘贴剪贴板的内容");
        toolBar.add(buttonCut);                             //工具栏添加按钮
        toolBar.add(buttonCopy);
        toolBar.add(buttonPaste);
        this.add(toolBar, BorderLayout.NORTH);              //窗体北边添加工具栏
        this.add(scrollPane, BorderLayout.CENTER);          //窗体中部放置滚动窗格
    }
```

        }

```
//Ex1.java 文件：
public class Ex1 {                                              //主类
    public static void main(String[] args) {
        new Frame1();
    }
}
```

在 initialize 方法中，依次设置 3 个按钮的工具提示文字，然后调用工具栏的 add 方法，向工具栏添加这 3 个按钮。这些按钮均使用了图标，用到 3 个图像文件。在 Eclipse 开发环境下编程，图像文件要放在项目所在的文件夹。

工具栏一般安置在边界布局的窗体北边，当然也可放在其他位置。还可在程序运行后用鼠标把工具栏拖到左边、右边、下边或中部，如果拖到中部区域，则以浮动的方式显示，如图 17-2(b)所示。图 17-2(c)所示的是工具栏拖到窗体左边的情形。

工具栏类 JToolBar 的构造方法有 4 个：

(1) JToolBar()：构造一个工具栏，默认方向为 HORIZONTAL，即水平方向。

(2) JToolBar(int orientation)：构造指定方向的工具栏。方向不是 HORIZONTAL 就是 VERTICAL，使用 JToolBar 类名作前缀引用这两个静态常量字段。

(3) JToolBar(String name)：构造指定名称的工具栏。名称用作浮动式工具栏的标题。

(4) JToolBar(String name, int orientation)：构造指定名称和方向的工具栏。

JtoolBar 最常用的方法是从 Container 类继承的 add(Component comp)方法，它将按钮等组件添加到工具栏中。

注意：在例 17-1 程序中的 3 个工具栏按钮都没有委托事件监听者，没有编写事件处理方法，因此不能引发事件。另外，因为后面的例子要用到本例定义的窗体类 Frame1，因此该类定义的工具栏及其按钮、文本区等字段不能使用 private 修饰，要使用默认的包可访问性修饰。而初始化方法 initialize 则只能用 private 修饰，不能使用 public 修饰，以保证该方法只能在本类内部使用。

17.3 菜单

与工具栏相比，菜单的使用范围更广。在小型应用软件中离不开菜单，更无论大中型应用软件了。因为除了工具栏能执行少数常用功能外，软件的大部分功能是通过执行菜单来完成的。

菜单有两大类：菜单栏和弹出菜单。本节先介绍菜单栏，下一节再介绍弹出菜单。

菜单栏也叫主菜单，位于窗体上部，紧挨标题栏。菜单栏由若干个菜单"按钮"排成一行构成。单击菜单"按钮"，则会出现一个下拉菜单(列表)，下拉菜单由多个菜单项(菜单命令)组成。

菜单栏类是 JmenuBar。菜单"按钮"类是 JMenu，简称"菜单"。菜单项(菜单命令)类是 JMenuItem。

【例 17-2】 在例 17-1 程序基础上,增加菜单栏,运行结果如图 17-3 所示。

(a) "文件"菜单

(b) "编辑"菜单

(c) "帮助"菜单

图 17-3 增加菜单栏的窗体

```
//Frame2.java 文件:
import javax.swing.*;
import java.awt.event.*;

public class Frame2 extends Frame1 {                    //继承例 17-1 类 Frame1
    private static final long serialVersionUID = 2L;

    JMenuBar menuBar = new JMenuBar();                  //菜单栏

    JMenu menuFile = new JMenu("文件(F)");              //菜单
    JMenu menuEdit = new JMenu("编辑(E)");
    JMenu menuHelp = new JMenu("帮助(H)");

    JMenuItem menuItemFileNew = new JMenuItem("新建(N)");    //菜单项
    JMenuItem menuItemFileOpen = new JMenuItem("打开(O)");
    JMenuItem menuItemFileSaveAs = new JMenuItem("另存为(S)");
    JMenuItem menuItemFileExit = new JMenuItem("退出(X)");

    JCheckBoxMenuItem checkBoxMenuItemEditAutoWrap =         //复选框菜单项
        new JCheckBoxMenuItem("自动换行");
    JMenuItem menuItemEditCut = new JMenuItem("剪切");
    JMenuItem menuItemEditCopy = new JMenuItem("复制");
    JMenuItem menuItemEditPaste = new JMenuItem("粘贴");

    JMenuItem menuItemHelpAbout = new JMenuItem("关于(A)");

    public Frame2(){
        this.setTitle("带菜单栏的窗体");
        initialize();
        this.setVisible(true);
    }

    private void initialize(){                           //私有的初始化方法
        menuFile.setMnemonic(KeyEvent.VK_F);             //设置菜单助记符'F'
        menuEdit.setMnemonic(KeyEvent.VK_E);
        menuHelp.setMnemonic(KeyEvent.VK_H);
```

```java
            menuItemFileNew.setMnemonic(KeyEvent.VK_N);           //设置菜单项助记符"N"
            menuItemFileOpen.setMnemonic(KeyEvent.VK_O);
            menuItemFileSaveAs.setMnemonic(KeyEvent.VK_S);
            menuItemFileExit.setMnemonic(KeyEvent.VK_X);
            menuItemHelpAbout.setMnemonic(KeyEvent.VK_A);

            //设置"新建"、"打开"和"另存为"菜单项快捷键(加速器):
            menuItemFileNew.setAccelerator(KeyStroke.getKeyStroke(
                KeyEvent.VK_N, KeyEvent.CTRL_DOWN_MASK, true));   //新建 Ctrl + N
            menuItemFileOpen.setAccelerator(KeyStroke.getKeyStroke(
                KeyEvent.VK_O, KeyEvent.CTRL_DOWN_MASK, true));   //打开 Ctrl + O
            menuItemFileSaveAs.setAccelerator(KeyStroke.getKeyStroke(
                KeyEvent.VK_S, KeyEvent.CTRL_DOWN_MASK, true));   //另存为 Ctrl + S

            menuFile.add(menuItemFileNew);                         //添加"文件"菜单项
            menuFile.add(menuItemFileOpen);
            menuFile.add(menuItemFileSaveAs);
            menuFile.addSeparator();                               //添加菜单项分隔符
            menuFile.add(menuItemFileExit);

            menuEdit.add(checkBoxMenuItemEditAutoWrap);            //添加"编辑"菜单项
            menuEdit.addSeparator();
            menuEdit.add(menuItemEditCut);
            menuEdit.add(menuItemEditCopy);
            menuEdit.add(menuItemEditPaste);

            menuHelp.add(menuItemHelpAbout);                       //添加"帮助"菜单项

            menuBar.add(menuFile);                                 //菜单栏添加菜单
            menuBar.add(menuEdit);
            menuBar.add(menuHelp);

            this.setJMenuBar(menuBar);                             //窗体设置菜单栏
            //"退出"菜单项添加动作事件监听器:
            menuItemFileExit.addActionListener(new ActionListener(){
                public void actionPerformed(ActionEvent e){
                    System.exit(0);                                //程序退出运行
                }
            });
        }
    }

    //Ex2.java 文件:
    public class Ex2 {                                             //主类
        public static void main(String[] args) {
            new Frame2();
        }
    }
```

例 17-2 程序中,除了"退出"菜单项外,其他菜单项均没有编写事件处理代码,因此这些菜单项不能引发事件。另外,程序除了一般的菜单项,还使用了一个"自动换行"的复选框菜单项,其类型为 JCheckBoxMenuItem,顾名思义,这是像复选框那样可勾选(打√)的菜单项。

菜单和菜单项都可设置键盘助记符(Mnemonic)。设置了助记符的菜单,运行时可用键盘组合键"Alt+助记符"激活菜单或执行菜单命令。

设置了助记符的菜单,通常要在菜单的文本中放置该助记符(字符),如"文件(F)"中的F,"新建(N)"中的 N。程序运行时,助记符将自动加下划线显示,请参见如图 17-3(a)所示的"文件(F)"菜单及其"新建(N)"菜单项。

除了设置助记符,还可对菜单项设置快捷键(Accelerator),也称"加速器",如例 17-2 设置菜单项"新建"快捷键为组合键 Ctrl+N,"打开"为 Ctrl+O,"另存为"则为 Ctrl+S。

菜单栏、菜单和菜单项都是组件,每个组件都是相应类的对象。

17.3.1 JMenuBar 菜单栏

菜单栏是由菜单组成的条状容器组件,在上面可以放置多个菜单或菜单项。

菜单栏类 JMenuBar 的常用方法:

(1) JMenuBar():构造一个菜单栏。

(2) JMenu add(JMenu c):在菜单栏中添加菜单。

(3) Component add(Component comp, int index):这是从 Container 类继承而来的方法,功能是将组件(菜单或菜单项等)添加到菜单栏指定的位置。索引位置从 0 开始,如果是-1,则添加到最后位置。

17.3.2 JMenu 菜单

菜单也是个容器,在上面可放置菜单项或其他菜单。运行程序时选择菜单,显示对应的菜单项列表。如果没有选择菜单,则不显示菜单项。

菜单栏上的菜单,运行时被选中,将出现下拉式菜单(项)列表,这就是"下拉菜单"。

菜单类 JMenu 继承菜单项类 JMenuItem,因而菜单是特殊的菜单项。

菜单类 JMenu 常用方法如下:

(1) **JMenu**(String s):构造显示指定文本的菜单。

(2) JMenuItem **add**(JMenuItem menuItem):添加菜单项。由于菜单是特殊的菜单项,因此也可以在菜单中添加菜单,形成多级菜单,如二级菜单、三级菜单等。

(3) JMenuItem **insert**(JMenuItem mi, int pos):在指定位置插入菜单项。索引位置也是从 0 开始。

(4) void **addSeparator**():在菜单中添加分隔符。

分隔符是 JSeparator 类的组件,用于菜单或工具栏中对组件进行逻辑分组。

(5) Component **add**(Component c):添加组件到菜单。

除了使用第(4)个方法,也可使用本方法在菜单中添加分隔符。如:

menuFile.add(new JSeparator())。

(6) void **remove**(JMenuItem item):从菜单中移除菜单项。

(7) void **remove**(int pos):从菜单中移除指定索引位置的菜单项。

(8) void **setMnemonic**(int mnemonic)：在菜单中设置键盘助记符。

键盘助记符是键盘事件类 KeyEvent 的静态常量字段，如 VK_0、VK_1、…、VK_9、VK_A、VK_B、…、VK_Z 等，用于表示键盘上的按键。其中 VK_0～VK_9 表示数字键 0～9（对应 ASCII 码 48～57），VK_A～VK_Z 表示字母键 A～Z（对应 ASCII 码 65～90）。

设置了键盘助记符的菜单或菜单项，程序运行时可按下 Alt 加对应的按键来激活或执行。

需要说明的是，也可以直接使用字符型数据作键盘助记符。如在 setMnemonic 方法参数中除了使用 KeyEvent.VK_F，也可使用'F'，但不推荐这样做。

注意：KeyEvent 常量字段中的 VK 表示"虚拟键"，这是与平台无关的一种按键表示法。虚拟键的作用是报告按下了键盘上的哪个键，而不是生成某个字符。例如 VK_F 表示按下了 F 键，而不是输入大写字符 F。如果要输入大写字符 F，则要按快捷键 Shift＋F。另外，美国信息交换标准代码（American Standard Code for Information Interchange，ASCII）是传统的计算机字符（内部）编码，每个字符编码占用一个字节。现在一般使用统一字符编码 Unicode，该编码采用双字节对字符进行编码。不过，对于英文字母和数字等基本字符，其 ASCII 码和 Unicode 码在数值上是一致的，例如字母 A，两种编码都是 65，只不过 ASCII 占一个字节，而 Unicode 码占两个字节。

17.3.3 JMenuItem 菜单项

菜单项是菜单列表中的菜单命令。编写了菜单项动作事件处理方法的程序，运行时单击菜单项，将执行相应的操作。

菜单项类 JMenuItem 常用方法如下：

（1）**JMenuItem**(String text)：构造显示指定文本的菜单项。

（2）**JMenuItem**(Icon icon)：构造显示指定图标的菜单项。

（3）**JMenuItem**(String text，Icon icon)：构造带指定文本和图标的菜单项。

（4）**JMenuItem**(String text，int mnemonic)：构造带指定文本和键盘助记符的菜单项。

菜单项与菜单一样，可以指定键盘助记符。程序运行时，在菜单激活的情况下，按快捷键"Alt＋按键"能执行菜单项。

（5）void **setAccelerator**(KeyStroke keyStroke)：设置菜单项快捷键（加速器）。参数是键击类 KeyStroke，该类只能调用其静态方法 getKeyStroke 返回对象。

如在例 17-2 中的"新建"菜单项，设置其快捷键方法如下：

```
menuItemFileNew.setAccelerator(KeyStroke.getKeyStroke(
    KeyEvent.VK_N, KeyEvent.CTRL_DOWN_MASK, true));        //菜单项"新建"Ctrl+N
```

上面语句中，KeyStroke 类的 getKeyStroke 方法有 3 个参数，第一个表示 N 键，第二个表示 Ctrl 键，第三个参数 true 表示按键释放的情况下执行。于是"新建"菜单项便可通过快捷键 Ctrl＋N 按下后再释放来执行。设置了快捷键的菜单项，会在菜单项中显示对应的快捷键字符，如 Ctrl＋N。

关于 KeyStroke 类的 getKeyStroke 的方法，有多种重载形式，限于篇幅，不再一一列举,有需要的读者请参考 JDK8 API 文档。

菜单项的快捷键通常是"Ctrl+按键",程序运行时,菜单项所在的菜单不需要激活,也无须展示菜单的层次结构,直接按下快捷键便可执行。

菜单项使用最多的方法是继承而来的添加动作事件监听器方法,即下面的方法:

(6) void **addActionListener**(ActionListener llstener):添加动作事件监听器。

每个菜单项要触发事件,执行相应功能,一般都调用该方法,当然也需编写相应的事件监听和处理代码,如例 17-3 中的"退出"菜单项那样。

17.4 JPopupMenu 弹出菜单

菜单的另一类是弹出菜单,也称"快捷菜单",是右击弹出的菜单(列表)。弹出菜单也是由多个菜单项组成。

弹出菜单与组件密切相关,在不同的组件上右击,弹出的菜单一般都不同。由于弹出菜单关联鼠标操作,因此必须编写鼠标事件代码。即要以组件为事件源,添加其鼠标事件监听器,才能触发组件的弹出菜单。而要执行菜单项操作,还要添加菜单项的动作事件监听器。也就是说,每个组件的弹出菜单都涉及两种事件及相应的事件处理问题。

图 17-4 增加弹出菜单

【例 17-3】 在例 17-2 程序基础上,增加文本区的弹出菜单,运行结果如图 17-4 所示。

```java
//Frame3.java 文件:
import javax.swing.*;
import java.awt.event.*;

public class Frame3 extends Frame2 {                    //继承例 17-2 类 Frame2
    private static final long serialVersionUID = 3L;
    JPopupMenu popupMenu = new JPopupMenu();            //弹出菜单

    JMenuItem popupMenuItemCut = new JMenuItem("剪切");  //菜单项
    JMenuItem popupMenuItemCopy = new JMenuItem("复制");
    JMenuItem popupMenuItemPaste = new JMenuItem("粘贴");

    public Frame3(){
        this.setTitle("增加弹出菜单");
        initialize();
    }

    private void initialize(){                          //私有的初始化方法
        popupMenu.add(popupMenuItemCut);                //添加弹出菜单项
        popupMenu.add(popupMenuItemCopy);
        popupMenu.add(popupMenuItemPaste);

        //文本区添加鼠标事件监听器:
        textArea.addMouseListener(new MouseAdapter(){
```

```
            public void mouseReleased(MouseEvent e){
                if(e.isPopupTrigger()){                    //若鼠标事件触发弹出菜单
                    popupMenu.show(textArea, e.getX(), e.getY());
                }
            }
        });
    }
}

//Ex3.java 文件：
public class Ex3 {                                          //主类
    public static void main(String[] args) {
        new Frame3();
    }
}
```

程序运行时，在文本区中按下鼠标右键并释放，则在鼠标释放位置弹出带有"剪切"、"复制"和"粘贴"菜单项的菜单，如图17-4所示。不过，由于还没有编写这些菜单项的事件处理代码，因此还不能执行各个菜单项的操作。

需要强调的是，虽然在Frame2中已定义了"剪切"、"复制"和"粘贴"这3个菜单项，但已用于"编辑"下拉菜单，不能再用于弹出菜单。因此弹出菜单还须另外定义3个菜单项。

弹出菜单类 JPopupMenu 的常用方法：

（1）**JPopupMenu**()：构造弹出菜单。

（2）JMenuItem **add**(JMenuItem menuItem)：添加菜单项。

（3）void **insert**(Component component, int index)：在指定位置插入组件。

（4）void **addSeparator**()：添加分隔符。

（5）void **remove**(int pos)：移除指定索引位置的组件。

（6）void **show**(Component invoker, int x, int y)：在组件调用者的坐标空间中显示弹出菜单。

例如：在文本区中显示弹出菜单：

popupMenu.show(textArea, e.getX(), e.getY());

其中 e 为鼠标事件对象，e.getX()、e.getY()方法返回鼠标事件的 x、y 坐标。

注意：无论下拉菜单还是弹出菜单，均允许出现多层（多级）菜单。实现方式是在菜单项位置放置 JMenu 菜单，它的下面再放置若干个菜单项，便可形成"右拉"式多层菜单。

17.5 简易记事本

上面几节重点介绍工具栏、菜单栏和弹出菜单的建立和使用，程序例中的记事本功能基本没有体现出来。如无法对文本进行剪切、复制和粘贴，也不能打开和保存文件。本节在例 17-3 的基础上，完成简易记事本的功能编码。

【例 17-4】 在例 17-3 程序基础上，编写菜单项和工具栏按钮的动作事件处理代码，完成简易记事本的功能。运行结果如图 17-5 所示。

(a) 简易记事本主界面

(b) 保存文件对话框

(c) 打开文件对话框

(d) "关于"菜单消息框

图 17-5　简易记事本

```
//Frame4.java 文件:
import javax.swing.*;
import java.awt.event.*;
import java.io.*;
import javax.swing.filechooser.FileNameExtensionFilter;

public class Frame4 extends Frame3 {                          //继承例 17-3 类 Frame3
    private static final long serialVersionUID = 4L;
    JFileChooser fileChooser = new JFileChooser();            //文件选择器(对话框)
    FileNameExtensionFilter fileFilter =                      //文件扩展名过滤器
        new FileNameExtensionFilter("文本文件", "txt");
    File file;

    public Frame4(){                                          //构造方法
        this.setTitle("简易记事本");
        this.setBounds(100, 200, 350, 320);
        initialize();
```

```java
            }

        private void initialize(){                              //私有的初始化方法
            //工具栏按钮添加动作事件监听(处理)器:
            buttonCut.addActionListener(new ActionHandler());
            buttonCopy.addActionListener(new ActionHandler());
            buttonPaste.addActionListener(new ActionHandler());

            //菜单项添加动作事件监听(处理)器:
            menuItemFileNew.addActionListener(new ActionHandler());
            menuItemFileOpen.addActionListener(new ActionHandler());
            menuItemFileSaveAs.addActionListener(new ActionHandler());

            checkBoxMenuItemEditAutoWrap.addActionListener(new ActionHandler());
            menuItemEditCut.addActionListener(new ActionHandler());
            menuItemEditCopy.addActionListener(new ActionHandler());
            menuItemEditPaste.addActionListener(new ActionHandler());

            menuItemHelpAbout.addActionListener(new ActionHandler());

            //弹出菜单项添加动作事件监听(处理)器:
            popupMenuItemCut.addActionListener(new ActionHandler());
            popupMenuItemCopy.addActionListener(new ActionHandler());
            popupMenuItemPaste.addActionListener(new ActionHandler());

            fileChooser.setFileFilter(fileFilter);              //文件对话框设置过滤器
        }

        //菜单项和按钮的动作事件监听处理类(内部类):
        class ActionHandler implements ActionListener{
            public void actionPerformed(ActionEvent e){
                if( e.getSource() == buttonCut
                    || e.getSource() == menuItemEditCut
                    || e.getSource() == popupMenuItemCut){
                    textArea.cut();
                }
                else if( e.getSource() == buttonCopy
                    || e.getSource() == menuItemEditCopy
                    || e.getSource() == popupMenuItemCopy){
                    textArea.copy();
                }
                else if( e.getSource() == buttonPaste
                    || e.getSource() == menuItemEditPaste
                    || e.getSource() == popupMenuItemPaste){
                    textArea.paste();
                }
                else if(e.getSource() == menuItemFileNew){
                    newFile();                                  //调用新建文件方法
                }
                else if(e.getSource() == menuItemFileOpen){
                    openFile();                                 //调用打开文件方法
```

```java
            }
            else if(e.getSource() == menuItemFileSaveAs){
                saveAsFile();                                  //调用保存文件方法
            }
            else if(e.getSource() == checkBoxMenuItemEditAutoWrap ){
                if(checkBoxMenuItemEditAutoWrap.isSelected()){
                    textArea.setLineWrap(true);                //设置文本区自动换行
                }
                else {
                    textArea.setLineWrap(false);               //取消文本区自动换行
                }
            }
            else if(e.getSource() == menuItemHelpAbout){
                JOptionPane.showMessageDialog(null,"程序设计:王宗亮\n2015 年 5 月");
            }
        }
    }

    void newFile(){                                            //新建文件方法
        if(! textArea.getText().equals("")){
            saveFile();                                        //调用保存文件方法
        }
        textArea.setText(null);                                //清空文本区
        file = null;
        this.setTitle("简易记事本");
    }

    void openFile(){                                           //打开文件方法
        if(! textArea.getText().equals("")){
            saveFile();                                        //调用保存文件方法
        }
        int option = fileChooser.showOpenDialog(this);
        if (option == JFileChooser.APPROVE_OPTION){            //若单击"打开"按钮
            file = fileChooser.getSelectedFile();
            try{
                FileReader fr = new FileReader(file);          //构建文件字符输入流
                textArea.read(fr, null);                       //读输入流内容到文本区
                this.setTitle(file.getName() + " - 简易记事本");
                fr.close();                                    //关闭流
            }
            catch(IOException e){
                JOptionPane.showMessageDialog(this, "异常:" + e.getMessage());
            }
        }
    }

    void saveFile(){                                           //保存文件方法
        if ( file!= null && file.exists() ){                   //若文件已打开(存在)
            try{
                FileWriter fw = new FileWriter(file);          //构建文件字符输出流
                textArea.write(fw);                            //文本区内容写到输出流
```

```java
                fw.close();                                      //关闭流
            }
            catch(IOException e){
                JOptionPane.showMessageDialog(this, "异常：" + e.getMessage());
            }
        }
        else{
            saveAsFile();                                        //调用另存为文件方法
        }
    }

    void saveAsFile(){                                           //另存为文件方法
        int option = fileChooser.showSaveDialog(this);
        if (option == JFileChooser.APPROVE_OPTION){              //若单击"保存"按钮
            file = fileChooser.getSelectedFile();
            try{
                FileWriter fw = new FileWriter(file);            //构建文件字符输出流
                textArea.write(fw);                              //文本区内容写到输出流
                this.setTitle(file.getName() + " - 简易记事本");
                fw.close();                                      //关闭流
            }
            catch(IOException e){
                JOptionPane.showMessageDialog(this, "异常：" + e.getMessage());
            }
        }
    }
}

//Ex4.java 文件：
public class Ex4 {                                               //主类
    public static void main(String[] args) {
        new Frame4();
    }
}
```

程序运行时，显示如图 17-5(a)所示的主界面，在中间的文本区里输入和编辑文本，其中文本剪切、复制和粘贴操作既可使用"编辑"菜单，也可使用工具栏按钮或快捷菜单。当选择"文件"|"另存为"菜单项时，显示如图 17-5(b)所示的保存文件对话框。当选择"文件"|"打开"菜单项时，显示如图 17-5(c)所示的打开文件对话框，选择了文件后，文件名会显示在主界面的标题栏上，如"abc.txt -简易记事本"。如果文本区有内容，并且还没有存盘，则选择"打开"菜单时，首先显示保存文件对话框，以便选择文件进行存盘，然后才显示打开文件对话框。当选择"帮助"|"关于"菜单项时，显示如图 17-5(d)所示的消息框。当选择"文件"|"新建"菜单项时，如果文本区有内容并且已经打开了文件，则自动存盘，然后清空文本区；如果文本区有内容但还没有打开文件，则先弹出保存文件对话框，以便选择文件来保存文本区已有的内容，然后才清空文本区。

当选择"编辑"|"自动换行"复选框菜单项时，进行勾选(√)或取消勾选操作。如果是勾选状态，则一行文字太长，超出文本区宽度时，文本自动换行，这时不会显示水平滚动条。如

果不是勾选状态,一行文本超出行宽时,文本区下面显示水平滚动条。这时的文本不会自动换行,除非按 Enter 键。

17.6 本章小结

本章学习工具栏和菜单,它们都是 GUI 程序的常用组件。

工具栏是条状的容器,上面放置按钮等组件。工具栏一般放置在窗体上部的菜单栏下面。

菜单分为主菜单和弹出菜单。主菜单就是工具栏之上的菜单栏。菜单栏上面放置若干个菜单(JMenu 对象),菜单中又放置若干个菜单项(菜单命令),运行时单击菜单栏上的菜单,会出现下拉菜单项列表,因此又称下拉菜单。

弹出菜单又叫快捷菜单,是在组件上面按下再释放鼠标所弹出的菜单,因此与组件和鼠标操作关联。弹出菜单中也要放置若干个菜单项。

总之,不管是下拉菜单还是弹出菜单,都需要包含菜单项。因此必须编写每个菜单项的事件处理代码(通常是动作事件代码),运行时才能单击菜单项执行相应操作,完成预定的功能。如果没有编写菜单项事件处理代码,则菜单只是个摆设而已。

本章的知识点归纳如表 17-1 所示。

表 17-1 本章知识点归纳

知 识 点	操作示例及说明
工具栏	JToolBar toolBar = new JToolBar(); JButton buttonCut = new JButton("剪切"); … toolBar.add(buttonCut); … frame.add(toolBar, BorderLayout.NORTH);
菜单栏、菜单、菜单项	JMenuBar menuBar = new JMenuBar(); JMenu menuFile = new JMenu("文件(F)"); … JMenuItem menuItemFileNew = new JMenuItem("新建"); … … menuFile.add(menuItemFileNew); … menuBar.add(menuFile); … frame.setJMenuBar(menuBar);
弹出菜单	JPopupMenu popupMenu = new JPopupMenu(); JMenuItem popupMenuItemCut = new JMenuItem("剪切"); … popupMenu.add(popupMenuItemCut); … … popupMenu.show(textArea, e.getX(), e.getY()) //通过 MouseEvent 的 e

17.7 实训 17:简易记事本

(1)编写简易记事本程序。要求使用两个类:一是主界面窗体类,二是主类。程序功能:在窗体中部的文本区里输入和编辑文本,其中剪切、复制和粘贴文本既可使用编辑菜单,也可使用工具栏按钮和快捷菜单。通过执行菜单,能使用文件对话框打开和保存文件。程序运行界面参见图 17-1、图 17-3 和图 17-5。

提示:主界面窗体类代码架构参考如下,具体语句参见例 17-1~例 17-4。

```java
//NotepadFrame1.java 文件:
import …
public class NotepadFrame1 extends JFrame {
    JToolBar toolBar = new JToolBar("工具栏");              //工具栏
    …
    JMenuBar menuBar = new JMenuBar();                      //菜单栏
    …
    JPopupMenu popupMenu = new JPopupMenu();                //弹出菜单
    …
    JFileChooser fileChooser = new JFileChooser();          //文件选择器(对话框)
    FileNameExtensionFilter fileFilter = …                  //文件扩展名过滤器
    File file;

    public NotepadFrame1(){ … }                             //构造方法
    private void initialize(){ … }                          //初始化方法
    class ActionHandler implements ActionListener{ … }      //菜单按钮事件监听类
    void newFile(){ … }                                     //新建文件方法
    void openFile(){ … }                                    //打开文件方法
    void saveFile(){ … }                                    //保存文件方法
    void saveAsFile(){ … }                                  //另存为文件方法
}
```

(2)(选做)在第(1)题基础上增加简易记事本程序的功能(界面如图 17-6 所示):一是增加一个文件"保存"菜单项;二是当在文本框中输入或修改内容后,如果要新建或打开文件,或者退出程序,则弹出一个确认框,提示是否保存修改后的内容。另外,当保存文件时,如果没有输入文件名的后缀.txt,则自动添加。

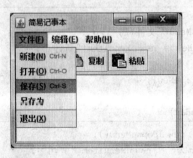
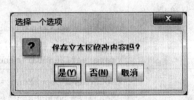

(a) 文件"保存"菜单项　　　　　(b) 保存修改内容确认框

图 17-6　增加简易记事本功能

提示:部分代码参考如下。

```java
//NotepadFrame2.java 文件:
public class NotepadFrame2 extends JFrame {                 //增强型简易记事本窗体
    …
    private String firstText = "";                          //文本区最初内容
    private String lastText = "";                           //文本区最后内容
    …
```

```java
        this.setDefaultCloseOperation(JFrame.DO_NOTHING_ON_CLOSE);    //关闭窗体不作为
        …
        class WindowHandler extends WindowAdapter{                    //窗体事件监听类(内部类)
            public void windowClosing(WindowEvent e){
                exitProgram();
            }
        }

        void newFile(){                                                //新建文件方法
            if(isSaveUpdate()){
                saveFile();                                            //调用保存文件方法
            }
            …
            firstText = lastText = "";
        }

        void openFile(){                                               //打开文件方法
            if(isSaveUpdate()){
                saveFile();                                            //调用保存文件方法
            }
            …
            firstText = lastText = textArea.getText();
            …
        }

        void saveAsFile(){                                             //另存为文件方法
            int option = fileChooser.showSaveDialog(this);
            if (option == JFileChooser.APPROVE_OPTION){                //若单击"保存"按钮
                …
                String strFile = file.toString();
                strFile = strFile.endsWith(".txt")?strFile:strFile + ".txt";
                file = new File(strFile);                              //自动加文件后缀.txt
                …
                firstText = lastText = …
                …
            }
        }

        void exitProgram(){                                            //退出程序方法
            if(isSaveUpdate()){ saveFile();  }
            System.exit(0);
        }

        boolean isSaveUpdate(){                                        //是否保存修改后内容
            lastText = textArea.getText();
            if(!firstText.equals(lastText) &&
                JOptionPane.showConfirmDialog(this, "保存文本区修改内容吗?") ==
                JOptionPane.YES_OPTION ){
                    return true;
            }
            else{ return false; }
        }
    }
```

第18章 音乐播放——小程序

能力目标：

- 理解小程序 Applet 的生命周期及常用方法；
- 学会在小程序里绘制图形、图像和文字；
- 理解如何通过 HTML 文件向小程序传递参数值；
- 能编写音乐播放小程序，还能结合多线程，在小程序中动态显示当前时间。

18.1 任务预览

本章实训要编写能动态显示时间的音乐播放小程序，运行结果如图 18-1 所示。

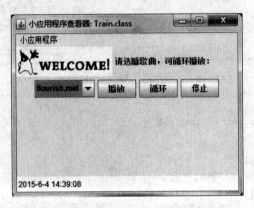

图 18-1 实训程序运行界面

18.2 小程序

Java 程序除了独立执行的 Application 外，还有一种嵌入浏览器运行的 Applet，称为小应用程序，简称小程序。

位于 java.applet 包的 Applet 类是小程序的根，因此编写小程序，必须自定义一个继承 Applet 或 JApplet 的类。其中 JApplet 位于 javax.swing 包，它是 Applet 的子类。因此一个继承 JApplet 的类，间接也继承了 Applet 类。

Applet 类和 JApplet 类都是容器组件，Applet 容器的默认布局是 FlowLayout，而

JApplet 容器的默认布局则是 BorderLayout。

小程序由浏览器内置的 Java 虚拟机负责运行，而不是由安装在操作系统里面的虚拟机运行。因此小程序必须嵌入到超文本标记语言（Hypertext Markup Language，HTML）文件才能运行。HTML 文件就是网页文件。

为调试程序，JDK 提供了模拟浏览器运行的命令 appletviewer，称为"小（应用）程序查看器"。在命令行窗口中能使用该命令运行内嵌小程序的网页文件。

【例 18-1】 编写绘制矩形和椭圆的小程序，运行结果如图 18-2 所示。

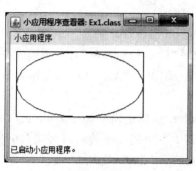 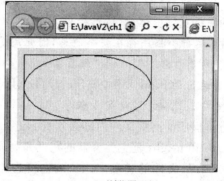

(a) 小程序查看器　　　　　　　　　(b) 浏览器运行

图 18-2　运行绘图小程序

Java 源程序如下（存放在 Ex1.java 文件）：

```java
import java.awt.Graphics;
import javax.swing.JApplet;

public class Ex1 extends JApplet {                    //小程序主类
    private static final long serialVersionUID = 1L;
    public void paint(Graphics g){
        g.drawRect(10, 10, 200, 100);                 //绘制矩形(横、纵坐标,宽、高)
        g.drawOval(10, 10, 200, 100);                 //绘制椭圆(横、纵坐标,宽、高)
    }
}
```

继承 JApplet（或 Applet）的自定义类是小程序的主类，Ex1 即是小程序主类。

在命令行窗口中运行小程序，除了编写 Java 源程序，还必须编写扩展名为 html 的网页文件。

网页文件如下（存放在 Ex1.html 文件）：

```html
<html>
<applet code = "Ex1.class" width = "280" height = "150">
</applet>
</html>
```

与独立执行的 Application 程序一样，也要把小程序的源文件编译成扩展名为 class 的字节码文件，才能通过网页文件运行。在命令行窗口中编译和运行过程如图 18-3 所示。

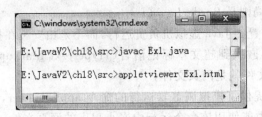

图 18-3　命令行窗口编译和运行小程序

在小程序查看器上的运行结果如图 18-2(a)所示。如果用鼠标直接双击网页文件 Ex1.html,则在浏览器上运行,运行结果如图 18-2(b)所示。

注意：运行小程序存在安全隐患,因此浏览器会限制小程序的运行。可选择 Windows 开始菜单"所有程序"|"Java"|"配置 Java"命令,出现"Java 控制面板"对话框,在"安全"选项卡中,把要运行的 html 文件(如 file:///E:\JavaV2\ch18\src\Ex1.html)或站点放在"例外站点"列表中。这样才能运行小程序。

运行小程序的网页文件内部必须有标记＜applet＞,标记内的属性 code 表示小程序字节码,width 和 height 是主类容器的宽度和高度,其中各个属性值的一对英文双引号可以省略,甚至字节码文件的扩展名.class 也可省略。如可以把 Ex1.html 文件第二行改为如下行：

＜applet code＝Ex1.class width＝280 height＝150＞

注意：在 Eclipse 开发环境下直接运行小程序,也是通过小程序查看器命令运行的,并且该开发环境能自动生成 HTML 网页文件。也就是说,使用 Eclipse 编写小程序,无须手工编写网页文件,便可直接运行。

18.3　生命周期与常用方法

与生物类似,小程序从开始运行到结束的整个过程便是小程序(对象)的生命周期。

在小程序中,与生命周期紧密关联并能自动执行的方法有如下 5 个：

(1) void **init**()：初始化方法。小程序对象诞生之初,由浏览器或小程序查看器自动调用执行。在小程序类中可重写该方法,完成小程序的初始状态设置,例如装载图像和音频文件、变量赋初值等。

(2) void **start**()：启动方法。小程序建立并执行完 init 方法之后自动执行,或启动时自动执行,每次停止后再启动、在网页中重新访问小程序(从后台变前台)也会自动执行。

(3) void **stop**()：停止方法。当小程序网页被其他页面替换、或小程序查看器最小化、或小程序销毁之前都会自动执行。

(4) void **destroy**()：销毁方法。小程序生命周期结束之前自动执行。该方法执行之前会先执行 stop 方法。destroy 方法用于销毁小程序占用的资源,以便系统回收利用。

上面这 4 个方法都是小程序根类 Applet 所定义的方法,都能自动执行。编程者可以按需要在小程序主类中重写这些方法,完成相应的功能。需要强调的是,在小程序生命周期内,init 和 destroy 方法只能执行一次,而 start 和 stop 方法则可以执行多次,就像一个人只能诞生和死亡一次,但可以工作和休息多次一样。

(5) void **paint**(Graphics g):绘制方法。由于小程序主类是容器类,因而继承了容器根类 Container 的绘制方法。该方法通过调用 Graphics 类的方法来绘制图形或文字。paint 方法在页面首次显示、或页面被覆盖后重新显示时自动执行。

在 paint 方法中用到 Graphics 类,它是图形上下文(图形环境)的抽象类,其对象不能直接构造,要从其他图形上下文中获取,或通过调用组件的 getGraphics()方法获取。

Graphics 对象 g 可看作一个绘图画笔,通过调用 Graphics 类定义的绘图方法,它能绘制多种图形,如绘制矩形 drawRect,绘制椭圆 drawOval。这两个方法都有 4 个 int 型的参数:x、y、width 和 height,用于指定所绘图形的 x、y 坐标以及图形的宽度和高度(参看例 18-1)。如果要绘制填充(实心)矩形和椭圆,则调用 fillRect 和 fillOval 方法。

注意:paint 方法除了自动执行,还可通过在程序中调用组件的重绘方法 repaint 运行。repaint 方法没有参数,执行 repaint 方法首先调用更新方法 update(Grahpics g),然后由其传递参数 g 再调用 paint 方法。

【**例 18-2**】 编写测试小程序生命周期的程序,运行结果如图 18-4 所示。

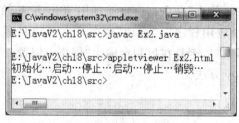
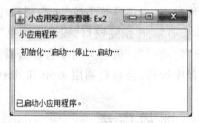

(a) 在命令行窗口运行　　　　　　　　(b) 小程序查看器界面

图 18-4　测试小程序生命周期

Java 源程序如下(存放在 Ex2.java 文件):

```java
import javax.swing.JApplet;
import java.awt.Graphics;

public class Ex2 extends JApplet {
    private static final long serialVersionUID = 1L;
    private StringBuffer sb = new StringBuffer();

    public void init(){                    //初始化方法
        print("初始化…");
    }
    public void start(){                   //启动方法
        print("启动…");
    }
    public void stop(){                    //停止方法
        print("停止…");
    }
    public void destroy(){                 //销毁方法
        print("销毁…");
    }
```

```java
    public void paint(Graphics g){                //绘制方法
        g.drawString(sb.toString(), 10, 20);      //在(10,20)位置绘制字符串
    }

    public void print(String str){                //输出字符串方法
        System.out.print(str);                    //在控制台输出
        sb.append(str);                           //追加要输出的字符串
        this.repaint();                           //调用 repaint 执行 paint 输出
    }
}
```

网页文件如下（存放在 Ex2.html 文件）：

```
< html >
< applet code = Ex2 width = 300 height = 100 >
</applet>
</html>
```

在命令行窗口中使用 appletviewer 命令运行，结果如图 18-4 所示。运行后最小化小程序查看器窗口（或选择其菜单"小应用程序"|"停止"命令），会自动调用 stop 方法，在控制台输出"停止…"；再恢复窗口（或选择菜单"小应用程序"|"启动"命令），会自动调用 start 方法，输出"启动…"。最后关闭小程序查看器窗口，于是在控制台输出"停止…销毁…"。可见结束小程序运行，会自动调用 stop 和 destroy 方法。

18.4 播放声音

Java 程序可以播放 wav、mid(midi)、aiff 或 au 等格式的音频文件。

小程序根类 Applet 中，与声音播放关联的有如下方法：

(1) AudioClip **getAudioClip**(URL url)：获取统一资源定位（Uniform Resource Locator, URL）类参数指定的音频剪辑对象。

该方法涉及两种类型：一是位于 java.net 包的 URL 类，其对象是因特网资源的引用，如一个文件引用或一个目录引用。另一个是位于 java.applet 包中的音频剪辑接口 AudioClip，是关于声音（对象）的类型，是声音对象的抽象表示。

AudioClip 接口声明了 3 个方法：

① void **play**()：播放音频剪辑。

② void **loop**()：循环播放音频剪辑。

③ void **stop**()：停止播放音频剪辑。

【例 18-3】 假设在本机因特网信息服务器(IIS)的根目录（如 C:\inetpub\wwwroot）放置了音频文件 sheep.wav，编写播放该文件的小程序。

```java
//Ex3.java 文件：
import java.applet.AudioClip;
import java.net.*;
import javax.swing.JApplet;
```

```java
public class Ex3 extends JApplet {
    private static final long serialVersionUID = 1L;
    public void start(){
        try{
            URL url = new URL("http://127.0.0.1/sheep.wav");      //引用一个文件
            AudioClip audio = this.getAudioClip(url);              //返回音频剪辑
            audio.play();                                          //播放声音
            //this.play(url);                                      //本语句也能播放
        }
        catch(MalformedURLException e){ }
    }
}
```

在 Eclipse 开发环境下直接运行该程序,出现小程序查看器窗口,同时听到 sheep.wav 文件中的声音(羊咩叫声)。

由于构造 URL 对象需要处理 MalformedURLException(错误的 URL 异常),所有程序中要使用 try-catch 语句块。

(2) static final AudioClip newAudioClip(URL url):构建位于 URL 处的音频剪辑对象。

方法(2)与方法(1)功能基本一样,但方法(2)是静态的,因而可用类名 Applet 或 JApplet 作前缀直接调用。

例如,在小程序中循环播放本机 IIS 根目录中的音频文件 sheep.wav,代码如下:

```java
public void start(){
    try{
        URL url = new URL("http://127.0.0.1/sheep.wav");      //引用一个文件
        AudioClip audio = JApplet.newAudioClip(url);           //构建音频剪辑
        audio.loop();                                          //循环播放
    }
    catch(MalformedURLException e){ }
}
```

(3) AudioClip getAudioClip(URL url, String name):获取由 url 和 name 参数共同指定的音频剪辑对象。

例如,获取本机 IIS 根目录下文件 sheep.wav 的音频剪辑对象,代码如下:

```java
URL url = new URL("http://127.0.0.1/");                          //引用本地 IIS 根目录
AudioClip audio = this.getAudioClip(url, "sheep.wav");           //获取音频剪辑
```

(4) void play(URL url):播放指定统一资源定位处的音频剪辑。

(5) void play(URL url, String name):播放由 url 和 name 参数共同指定的音频剪辑。

(6) URL getCodeBase():获取表示代码基址的 URL 对象。代码是指小程序编译后的字节码。基址是代码放置的根位置,即字节码文件所在的目录。

(7) URL getDocumentBase():获取表示文档基址的 URL 对象。这里的文档是指内嵌小程序的网页文档,即 HTML 文件。

【例 18-4】 在 Eclipse 环境下编写播放声音的小程序,运行界面如图 18-5 所示。

```java
//Ex4.java 文件:
import javax.swing.*;
import java.awt.*;
import java.awt.event.*;
import java.applet.AudioClip;

public class Ex4 extends JApplet{
    private static final long serialVersionUID = 1L;
    private ImageIcon icon = new ImageIcon("welcome.png");         //图标
    private JLabel label = new JLabel("请单击下面按钮:");
    private JPanel panel = new JPanel();
    private JButton[]buttons = {new JButton("播放"),
        new JButton("循环"), new JButton("停止") };                //按钮数组
    private AudioClip audio;                                       //音频剪辑

    public void init(){                                            //初始化方法
        audio = this.getAudioClip(this.getCodeBase(), "sheep.wav"); //获取音频剪辑
        label.setIcon(icon);
        this.add(label, BorderLayout.NORTH);                       //北边放图标标签
        for(int i = 0;i < 3;i++){
            buttons[i].addActionListener(new ActionHandler());
            panel.add(buttons[i]);
        }
        this.add(panel, BorderLayout.CENTER);                      //中部放面板
    }

    //按钮动作事件监听处理类(内部类):
    class ActionHandler implements ActionListener{
        public void actionPerformed(ActionEvent e){
            if (e.getSource() == buttons[0]){
                audio.play();                                      //播放声音
            }
            else if (e.getSource() == buttons[1]){
                audio.loop();                                      //循环播放
            }
            else if (e.getSource() == buttons[2]){
                audio.stop();                                      //停止播放
            }
        }
    }
}
```

图 18-5 播放声音

在默认边界布局的 JApplet 子类容器中,北边放置带图标的标签,中部放置有 3 个按钮的面板。程序使用了一个图标文件和一个音频文件,均要把它们放在程序的根目录中。在 Eclipse 环境下,src 目录就是源程序的根目录,可把图标和音频文件放在 src 目录中。程序编译运行后,这些图标和音频文件会自动复制到字节码文件所在的根目录 bin。

在 Eclipse 开发环境下编程,不需要手工编写 HTML 网页文件,直接运行即可。运行

时单击"播放"按钮,播放一次音频文件;如果单击"循环"按钮,则反复播放;单击"停止"按钮,停止播放。

注意:关于图标、音频等资源文件的存放位置,如果是小程序 Applet,则须放在程序的根目录;如果是 Application 程序,则须放在整个项目的根目录。

18.5 网页传值

一般情况下,使用程序的人是不需要懂得编程,也无须获取源程序,只需编译后的 .class 字节码文件。因此源程序对于使用者来说,往往是稀缺资源,很难获取,而修改源程序更是难上加难。在不修改、不重新编译源程序的情况下,能否令同一个小程序在运行时得到不同的结果?通过在 HTML 文件中传递参数值可以做到。

【**例 18-5**】 编写网页文件传值的小程序,运行结果如图 18-6 所示。

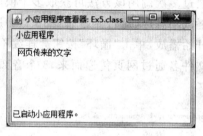
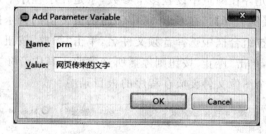

(a) 程序运行结果　　　　　　　　　　(b) Eclipse添加参数

图 18-6　网页传值

Java 源程序如下(存放在 Ex5.java 文件中):

```java
import javax.swing.JApplet;
import java.awt.Graphics;

public class Ex5 extends JApplet {
    private static final long serialVersionUID = 1L;
    private String str;

    public void init(){
        str = this.getParameter("prm");          //获取网页文件参数 prm 的值
    }
    public void paint(Graphics g){
        g.drawString(str, 10, 20);
    }
}
```

网页文件如下(存放在 Ex5.html 文件):

```html
<html>
<applet code = "Ex5.class" width = "180" height = "60">
<param name = "prm" value = "网页传来的文字">
</applet>
</html>
```

在HTML文件中,增加了参数标记＜param＞,该标记具有属性name和value,其值分别为"prm"和"网页传来的文字"。而在Java小程序的init方法中,对应有getParameter("prm")方法,用于获取参数prm的值,即"网页传来的文字"。

由于HTML文件无须编译而直接运行,因此修改HTML文件相对容易。如把上面Ex5.html文件的参数prm值改为其他文字,再运行小程序将显示更改后的结果。

在Eclipse环境下编程,也可设置参数name和value。设置步骤:选择菜单Run|Run Configurations命令,出现Run Configurations对话框,选择Parameters选项卡,单击Add按钮,弹出如图18-6(b)所示的Add Parameter Variable对话框,输入参数名和值,单击OK按钮。然后运行程序即可。

JApplet类从小程序根类Applet继承了获取参数的方法,方法说明如下:

StringgetParameter(String name):返回超文本标记＜param＞中name参数值。其中参数name的内容不区分大小写。如果未设置name,则返回null。

允许在网页中设置多个参数,于是在小程序中通过多次调用该方法可获取多个值。

【例18-6】 在Eclipse中编写网页传值的音乐播放小程序,运行界面如图18-7(a)所示。在下拉组合框中选择音频文件名,单击"播放"按钮开始播放,单击"循环"按钮会连续不断地播放,单击"停止"按钮则停播所选歌曲。其中音频文件名通过网页传递而来,3个音频文件和1个图像文件要放在程序的根目录中。

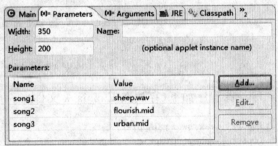

(a) 程序运行结果　　　　　　　　　　(b) 在Eclipse中添加3对参数

图18-7　网页传值音乐播放小程序

```java
//Ex6.java文件;
import javax.swing.*;
import java.awt.event.*;
import java.applet.*;
import java.awt.*;

public class Ex6 extends JApplet{
    private static final long serialVersionUID = 1L;
    private Image img;
    private ImageIcon icon;                                          //图标
    private JLabel lab = new JLabel("请选播歌曲,可循环播放: ");
    private JPanel pan = new JPanel();
    private JComboBox<String> cbb = new JComboBox<String>();
    private JButton[]buts = { new JButton("播放"),
        new JButton("循环"), new JButton("停止") };
```

```java
        private String[]songs = new String[3];                          //音频文件名数组
        private AudioClip[]acs = new AudioClip[3];                      //音频剪辑数组
        private AudioClip ac;                                           //音频剪辑

        public void init(){                                             //初始化方法
            img = this.getImage(this.getCodeBase(), "welcome.png");     //获取图像
            icon = new ImageIcon(img);                                  //由图像构造图标
            lab.setIcon(icon);                                          //标签设置图标
            songs[0] = this.getParameter("song1");                      //网页传值(歌名)
            songs[1] = this.getParameter("song2");
            songs[2] = this.getParameter("song3");
            pan.add(cbb);
            for(int i = 0;i < 3;i++){
                cbb.addItem(songs[i]);                                  //组合框添加歌名
                acs[i] = this.getAudioClip(this.getCodeBase(), songs[i]); //音频剪辑
                buts[i].addActionListener(new ActionHandler());         //按钮添加监听器
                pan.add(buts[i]);
            }
            cbb.addActionListener(new ActionHandler());                 //组合框添加监听器
            this.add(lab, BorderLayout.NORTH);
            this.add(pan, BorderLayout.CENTER);
            ac = acs[0];
        }

        class ActionHandler implements ActionListener{                  //动作事件监听类
            public void actionPerformed(ActionEvent e){
                if(e.getSource() == cbb){
                    ac = acs[cbb.getSelectedIndex()];
                }
                else if (e.getSource() == buts[0]){
                    ac.play();
                }
                else if (e.getSource() == buts[1]){
                    ac.loop();
                }
                else if (e.getSource() == buts[2]){
                    ac.stop();
                }
            }
        }
    }
```

在 Eclipse 开发环境下,只需设置如图 18-7(b)所示的 3 对参数名和参数值便可直接运行小程序。

注意:为安全起见,在浏览器(不是小程序查看器)中运行的小程序不能直接读取本地计算机的文件。在 JDK8 版本中,即使通过 URL 读取图像和音频文件,系统也作了 URLPermission 权限许可等方面的限制。总之,为安全起见,应限制使用 Java 小程序。

18.6 绘制图像

图像类 Image 是抽象类,没有构造方法,不能直接构建对象。

小程序根类 Applet 中,与图像类 Image 有关的方法有:

(1) Image getImage(URL url):获取 URL 指定的 Image 图像。

(2) Image getImage(URL url,String name):获取 Image 图像,其中参数 url 给出绝对位置,而 name 则是相对位置,两个参数值拼起来构成图像完整的 URL 路径。

图像有两种使用方式:一是通过调用 ImageIcon 类的构造方法转为一个图标,在标签或按钮上显示(参见例 18-6);二是使用 paint 方法直接把图像绘制出来。

【例 18-7】 在 Eclipse 中编写绘制图像的小程序,运行界面如图 18-8 所示。

图 18-8 绘制图像

```java
//Ex7.java 文件:
import java.awt.*;
import javax.swing.JApplet;

public class Ex7 extends JApplet{
    private static final long serialVersionUID = 1L;
    private Image img;

    public void init(){
        img = this.getImage(this.getCodeBase(), "web.gif");      //获取图像
    }

    public void paint(Graphics g){
        g.drawImage(img, 10, 10, 40, 40, this);                  //绘制图像
    }
}
```

在 paint 方法中调用了图形上下文类 Graphics 的绘制图像方法 drawImage。Graphics 类的绘制图像方法有多种重载形式,下面是其中的 4 种:

(1) boolean **drawImage**(Image img, int x, int y, ImageObserver observer):在给定位置绘制图像。最后一个参数是图像观察器,可指定为当前对象 this,或设为 null。

(2) boolean **drawImage**(Image img, int x, int y, int width, int height, ImageObserver observer):在给定的位置、按给定尺寸绘制图像。图像按比例缩放到给定的尺寸中。例 18-7 调用了这种形式的方法。

(3) boolean **drawImage**(Image img, int x, int y, Color bgcolor, ImageObserver observer):按给定位置和背景色绘制图像。其中参数 bgcolor 是图像背景颜色。

(4) boolean **drawImage**(Image img, int x, int y, int width, int height, Color bgcolor, ImageObserver observer):按给定的位置、尺寸和背景色绘制图像。

18.7 状态栏动态显示时间

除了上面介绍的方法外,小程序还拥有设置菜单栏和显示状态栏的方法。

(1) void **setJMenuBar**(JMenuBar menuBar):设置 JApplet 小程序的菜单栏。于是小程序有了自己的菜单。本方法只在 JApplet 类中定义,Applet 类是没有的。

(2) void **showStatus**(String msg):在状态栏上显示指定的字符串。

状态栏位于主界面下边。小程序的状态栏是自带的,而独立执行的 Application 程序则没有(当然也可使用一个或多个标签当作状态栏)。

注意:除了菜单栏、状态栏,也可在小程序中设置工具栏。其中菜单栏、工具栏及其上面的组件要独立构建。虽然在小程序中可设置菜单栏和工具栏,但实际应用不多。

【**例 18-8**】 在例 18-7 小程序基础上,增加状态栏,用于显示系统时间。使用多线程,每隔 1s 动态刷新当前时间。运行界面如图 18-9 所示。

图 18-9 状态栏动态显示时间

```java
//Ex7.java 文件:
import java.awt.*;
import java.text.DateFormat;
import java.util.Date;
import javax.swing.JApplet;

public class Ex0 extends JApplet implements Runnable{
    private static final long serialVersionUID = 1L;
    private Image img;
    private Date d;                                                 //日期(时间)
    private DateFormat df = DateFormat.getDateTimeInstance();       //日期时间格式

    public void run(){                                              //线程运行方法
        while(true){
            d = new Date();                                         //当前日期时间
            this.showStatus(df.format(d));                          //状态栏显示时间
            try { Thread.sleep(1000); }
            catch(InterruptedException e){ }
        }
    }

    public void init(){
        img = this.getImage(this.getCodeBase(), "web.gif");         //获取图像
        new Thread(this).start();                                   //构建并启动线程
    }

    public void paint(Graphics g){
        g.drawImage(img, 10, 10, 40, 40, this);                     //绘制图像
    }
}
```

由于小程序主类已继承 JApplet 类,不能再继承线程类 Thread,所有只能采用实现 Runnable 接口的方式编写多线程。在小程序初始化方法 init 中构建线程对象并启动,于是在小程序整个生命周期里,都在执行 run 方法,即每隔 1s,在状态栏上动态显示系统的当前时间。

在程序中使用了 java.util 包的日期类 Date,通过线程运行,每隔 1s,构建一个当前日期对象,然后在状态栏上按"年-月-日时:分:秒"格式显示出来。

日期显示格式使用了 java.text 包的 DateFormat 类,该类是一个抽象类,不能调用构造方法构建对象,只能使用 getDateTimeInstance 等静态方法来获取对象。然后再调用其格式化方法 format 把日期对象转化为字符串。

18.8 本章小结

本章学习在浏览器上运行的小程序 Applet,与独立运行 Application 程序相比,小程序要嵌入到 HTML 网页文件才能运行。不能独立自主,要依赖别的,因而是"小"程序。

Java 标准版提供了小程序查看器命令,可以模拟浏览器运行小程序。在 Eclipse 开发环境中,还能自动生成网页文件,而无须手工编写。

小程序的生命周期包括初始(诞生)、启动、停止、销毁(死亡)等状态,对应有相应的方法,这些方法能自动执行。编写小程序时一般按需要重写这些方法中的一个或几个,以执行相应的功能。初始化方法一般用于变量赋初值,如加载音频文件、加载图像等。

小程序可以播放音频文件中的声音,因此可以利用小程序编写音乐播放器。小程序也可以绘制图像文件中的图像。为安全起见,但凡涉及到读取文件的,均要使用 URL 类定位文件。由于是面向对象程序设计,因此还必须构建与外部文件对应的对象才能进行操作。

通过网页文件传递参数,可以传输数据到小程序中,这就是网页传值。

实际上,不仅小程序可以传值,Java Application 程序也可以传值。使用 java 命令运行,只需要把 1 个或多个数据以空格作分隔符放在主类名后面便可。如果在 Eclipse 环境下运行,则要进行 Run Configurations 的 Arguments 配置。程序运行后,所传递的数据就存放在主方法 main(String[] args)的字符串数组 args 中。通过参数传值,在不修改源代码的情况下,拓宽了程序的通用性和使用范围。

小程序也允许有菜单栏、工具栏和状态栏,其中状态栏是默认的,菜单栏、工具栏作为独立的组件,要另外构造。还可与多线程结合,令小程序动态显示系统的当前时间。

本章的知识点归纳如表 18-1 所示。

表 18-1 本章知识点归纳

知 识 点	操作示例及说明
小程序	public classEx extends JApplet { … }
生命周期与常用方法	public void init(){ … } public void start(){ … } public void stop(){ … } public void destroy(){ … } public void paint(Graphics g){ … }

续表

知识点	操作示例及说明
播放声音	AudioClip audio = getAudioClip(getCodeBase(), "音频文件"); audio.play();
网页传值	String str = getParameter("prm");　　　　　//获取网页文件参数值 … < param name = "prm" value = "网页传来的文字">

绘制图像	public void paint(Graphics g){
	　　Image img = getImage(getCodeBase(), "图像文件");
	　　g.drawImage(img, 10, 10, 40, 40, null);
	}

状态栏显示日期和时间	Date d = new Date(); DateFormat df = DateFormat.getDateTimeInstance(); showStatus(df.format(d));

18.9　实训 18：音乐播放与时间显示

编写音乐播放小程序，运行界面参见图 18-1(a)。在下拉组合框中选择歌曲文件名，单击"播放"按钮开始播放，单击"循环"按钮会连续不断地播放，单击"停止"按钮则停播所选歌曲。在界面下方的状态栏中每隔 1 秒动态显示系统的当前时间。

提示：歌曲文件名既可通过网页传递过来，也可写在 Java 代码中。无论采取哪种方式，所用的资源文件都要放在程序的根目录。下面是把歌曲文件写在 Java 代码的部分程序，仅供参考。另外，状态栏动态显示时间要使用多线程。

```java
…
public class Train extends JApplet implements Runnable{
    private Image img;
    private ImageIcon icon;                                      //图标
    private JLabel lab = new JLabel("请选播歌曲,可循环播放: ");
    private String[]songs = { … };                               //歌曲文件名数组
    private AudioClip[]acs = new AudioClip[ … ];                 //音频剪辑数组
    private AudioClip ac;                                        //音频剪辑
    private JComboBox< String > cbb = new JComboBox< String >(songs);
    private JButton[]buts = { new JButton("播放"), … };
    private JPanel pan = new JPanel();
    private Date d;                                              //日期
    private DateFormat df = …                                    //日期格式

    public void run(){                                           //线程运行方法
        while(true){
            d = …
            this.showStatus(df.format( … ));
            try { Thread.sleep(1000);
            } catch (InterruptedException e) { }
        }
```

```java
    }
    public void init(){                                    //初始化方法
        …
        new Thread(this).start();                          //构建并启动线程
    }

    class ActionHandler implements ActionListener{         //动作事件监听类
        …
    }
}
```

第 19 章

绘图——窗体与画布

能力目标：
- 掌握 Graphics 类的绘图、绘文字方法；
- 能选取不同的颜色和字体进行绘制；
- 能在窗体和画布上绘制图形和图像；
- 能编写手工绘制直线段、矩形、圆和椭圆的应用程序。

19.1 任务预览

本章实训要编写手动绘图程序，运行结果如图 19-1 所示。

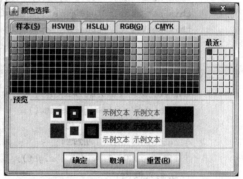

(a) 手动绘图主界面　　　　　　　　　　(b) 颜色选择对话框

图 19-1　实训程序运行界面

19.2 窗体绘图

使用小程序能绘制图形和文件中的图像。事实上，不单小程序，使用 JFrame 窗体也可绘制。窗体与小程序都属于容器，都能使用从 Container 继承而来的 paint 方法。

【例 19-1】　编写绘图程序，使用窗体绘制太极图和文件图像。运行结果如图 19-2 所示。

分析：太极图由黑白分明、动感强烈的两条鱼构成，代表不断变化的阴阳两极，隐喻事物好和坏两个方面会持续不断地转变。

从线条的角度观看，太极图由 5 部分组成：一个大圆、内部上下平滑连接的两个半圆和两个代表鱼眼的小圆。

若从块状的角度看，则可看成由 6 部分叠加而成，首先是左半部的黑半圆和右半部的白半圆，上半部叠加代表鱼头的白半圆，下半部则叠加代表鱼头的黑半圆，最后嵌入代表白鱼眼的小黑圆和代表黑鱼眼的小白圆。

图 19-2　在窗体上绘图

设大圆半径为 r，则鱼头所在的圆半径为 r/2，鱼眼的半径则为 r/8。程序如下：

```java
//Frame1.java 文件：
import java.awt.*;
import javax.swing.JFrame;

public class Frame1 extends JFrame {
    private static final long serialVersionUID = 1L;
    private Image img = this.getToolkit().createImage("cock.jpg"); //图像

    public Frame1(){                                                //构造方法
        this.setTitle("绘制图形图像");
        this.setBounds(100, 100, 360, 200);
        this.setDefaultCloseOperation(JFrame.EXIT_ON_CLOSE);
        this.setVisible(true);
    }

    public void paint(Graphics g){                                  //绘制方法
        int width = this.getWidth();                                //窗体宽度
        int height = this.getHeight();                              //窗体高度
        int r = (height - 50)/2;                                    //大圆半径
        g.setColor(Color.WHITE);                                    //设置画笔为白色
        g.fillRect(0, 0, width, height);                            //填充矩形界面(白底色)
        //绘制太极图：
        g.setColor(Color.BLACK);                                    //设置画笔为黑色
        g.fillArc(10, 40, 2 * r, 2 * r, 90, 180);                   //左半部填充黑半圆
        g.drawArc(10, 40, 2 * r, 2 * r, -90, 180);                  //右半部线框白半圆
        g.setColor(Color.WHITE);                                    //设置画笔为白色
        g.fillArc(10 + r/2, 40, r, r, 90, 180);                     //上半部白半圆(鱼头)
        g.setColor(Color.BLACK);                                    //设置黑色
        g.fillArc(10 + r/2, 40 + r, r, r, -90, 180);                //下半部黑半圆(鱼头)
        g.fillOval(10 + (7 * r)/8, 40 + 3 * r/8, r/4, r/4);         //上半部小黑圆(鱼眼)
        g.setColor(Color.WHITE);                                    //设置画笔为白色
        g.fillOval(10 + (7 * r)/8, 40 + 11 * r/8, r/4, r/4);        //下半部小白圆(鱼眼)

        g.drawImage(img, 50 + 2 * r, 40, 2 * r, 2 * r, this);       //给定位置和尺寸绘图像
    }
}
```

```
//Ex1.java 文件:
public class Ex1 {                                          //主类
    public static void main(String[]args) {
        new Frame1();
    }
}
```

窗体容器中的绘制方法 paint(Graphics g)与小程序一样,也是自动执行的。运行程序首次显示窗体界面时自动执行;程序运行过程中,每次改变窗体大小,也会自动执行。因此所绘制的太极图能自动适应窗体大小的变化,窗体高度变大,太极图也跟着变大,高度变小,太极图也跟着变小。由于窗体标题和边框占了一定空间,所以编程时也要考虑进去。

方法 paint 能自动执行,但要绘制圆、圆弧等图形,必须在方法体中编写有关语句,即要调用 Graphics 类声明的方法,才能完成绘图任务。

至于绘制文件图像,则比较简单,直接调用 Graphics 类的 drawImage 方法即可。

注意:使用 Eclipse 编程时,图像文件要放在项目所在文件夹,即项目根目录。

19.2.1 图形上下文类 Graphics

在第 18 章中介绍小程序绘图时已多次使用过 Graphics 类,它是图形上下文的抽象基类,允许应用程序在组件上绘制图形、图像和文字。Graphics 对象封装了绘制颜色、字体、坐标系以及被绘组件等多种信息,可简单地理解为一支"画笔"。

除了已介绍的方法,Graphics 类还有如下常用方法:

(1) void **setColor**(Color c):设置"画笔"颜色。

(2) Color **getColor**():获取"画笔"当前颜色。

(3) void **drawLine**(int x1, int y1, int x2, int y2):用当前颜色在两点之间画一条直线段。4 个参数是两个端点的坐标,坐标的类型是整型,单位是像素(点)。

绘制图形涉及到坐标系,图形上下文的坐标系中就是其所处的环境(组件)坐标系,坐标原点位于环境组件的左上角。

(4) void **drawRect**(int x, int y, int width, int height):给定左上角的坐标(x, y)和宽度 width、高度 height,绘制矩形(线框)。矩形的左边和右边分别位于横坐标 x 和 x + width 处,上边和下边分别位于纵坐标 y 和 y + height 处。若宽度或高度为负数,则绘制填充矩形。

下列方法涉及矩形的均有与本方法含义相同的 4 个参数,这 4 个参数简记为"左、上、宽、高"。

(5) void **fillRect**(int x, int y, int width, int height):绘制填充(实心)矩形。

(6) void **drawOval**(int x, int y, int width, int height):绘制椭圆(线框),椭圆外接于 4 个参数指定的矩形。椭圆覆盖区域的宽度为 width + 1,高度为 height + 1。如果宽、高相等,则变成一个圆,所以绘圆也是调用该方法。

(7) void **fillOval**(int x, int y, int width, int height):绘制填充(实心)椭圆,椭圆外接于由 4 个参数指定位置和大小的矩形。参数的含义同方法(6)。

(8) void **drawArc**(int x, int y, int width, int height, int startAngle, int arcAngle):

绘制外接指定矩形的椭圆弧（线框）。弧的中心就是矩形中心，矩形位置和大小由前 4 个参数指定。最后两个参数是弧的起始角和跨越的角度（即弧度）。其中 0°角位于时钟 3 点钟位置（正右边），角度可正可负，正是逆时针方向，负是顺时针方向。角度由外接矩形指定，45°角位于从椭圆中心到外接矩形右上角的连线上。

例如：

```
g.drawArc(10, 40, 2*r, 2*r, -90, 180);        //绘太极图右半部线框白半圆
```

（9）void **fillArc**(int x, int y, int width, int height, int startAngle, int arcAngle)：绘制填充椭圆弧，即椭圆扇区。参数的含义同方法（8）。

（10）void **drawRoundRect**(int x, int y, int width, int height, int arcWidth, int arcHeight)：绘制圆角矩形（线框）。前两个参数指定矩形的位置和大小，后两个参数分别是矩形圆角弧的宽度和高度。

（11）void **fillRoundRect**(int x, int y, int width, int height, int arcWidth, int arcHeight)：绘制填充（实心）圆角矩形。参数含义同方法（10）。

（12）void **drawPolygon**(int[] xPoints, int[] yPoints, int nPoints)：绘制闭合多边形，前两个参数是 x 和 y 坐标数组，用于定义各个端点，后一个参数给出端点总数（也是边数）。

（13）void **fillPolygon**(int[] xPoints, int[] yPoints, int nPoints)：绘制填充（实心）多边形。参数含义同方法（12）。

（14）void **setFont**(Font font)：设置字体。

（15）Font **getFont**()：获取当前字体。

（16）void **drawString**(String str, int x, int y)：使用图形上下文当前字体和颜色，绘制给定的字符串文本。后 2 个参数是文本起始处左侧基线的坐标。

（17）void **drawChars**(char[] data, int offset, int length, int x, int y)：绘制指定字符数组的文本。其中，参数 offset 是要绘制的数组元素起始索引，length 是要绘制的元素个数，即字符数。

（18）void **drawBytes**(byte[] data, int offset, int length, int x, int y)：绘制指定字节数组的文本。

关于 Graphics 类的多个重载 **drawImage** 方法，详见 18.6 节，不再赘述。

19.2.2 工具包类 Toolkit

例 19-1 程序绘制图像时，用到图像文件及其创建的对象。由图像文件创建图像对象，使用了窗体的 getToolkit 方法。该方法返回 Toolkit（工具包）类的对象（一个窗口工具包），然后再调用 createImage 方法创建图像对象。

Toolkit 类位于 java.awt 包中，是所有抽象窗口工具包（Abstract Window Toolkit）实际实现的抽象基类。除了使用工具包的 createImage 方法，也可使用 getImage 方法构建一个图像对象，并且图像文件的位置可以使用 URL 指定。

工具包类 Toolkit 关于构建图像的部分方法如下：

（1）Image **createImage**(String filename)：创建指定文件的图像对象。

（2）Image **createImage**(URL url)：创建指定 URL 处的图像对象。

(3) Image **getImage**(String filename)：返回给定文件的图像对象。
(4) Image **getImage**(URL url)：返回给定 URL 处的图像对象。

Image 类的图像是像素型的(非矢量型)，对应的图像文件格式是 GIF、JPEG 或 PNG。

(5) static Toolkit **getDefaultToolkit**()：获取默认的工具包。该方法是静态的，使用类名 Toolkit 作前缀调用，即 Toolkit.getDefaultToolkit()。

构建图像对象可以调用方法(5)和方法(2)来完成，例如：

Image img = Toolkit.getDefaultToolkit().createImage("cock.jpg");

19.2.3 在窗体中手动绘图

例 19-1 程序在窗体中绘制固定形状的太极图。亦可编写用鼠标手动绘图的程序。

【例 19-2】 编写在窗体中手动绘图程序。运行结果如图 19-3 所示。

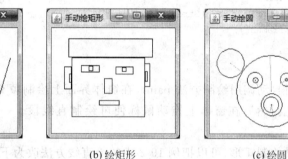

(a) 绘直线　　　　　　　　(b) 绘矩形　　　　　　　　(c) 绘圆

图 19-3　在窗体上使用鼠标手动绘图

```java
//Frame2.java 文件：
import javax.swing.*;
import java.awt.*;
import java.awt.event.*;

public class Frame2 extends JFrame{                    //窗体类
    private static final long serialVersionUID = 1L;
    public Frame2(){                                    //构造方法
        this.setTitle("手动绘直线");
        this.setBounds(100, 100, 210, 200);
        this.setDefaultCloseOperation(JFrame.EXIT_ON_CLOSE);
        this.addMouseListener(new MouseHandler());      //添加鼠标事件监听器
        this.setVisible(true);
    }
}

//鼠标事件监听处理类(窗体内部类),功能是拖动鼠标在窗体绘制直线段：
class MouseHandler extends MouseAdapter{
    private int x1, y1, x2, y2;                         //直线段起点和终点坐标
    public void mousePressed(MouseEvent e){             //按下鼠标键
        x1 = e.getX();                                  //获取起点坐标
        y1 = e.getY();
    }
```

```java
        public void mouseReleased(MouseEvent e){          //释放鼠标键
            x2 = e.getX();                                //获取终点坐标
            y2 = e.getY();
            Graphics g = getGraphics();                   //获取窗体画笔(图形上下文)
            g.drawLine(x1, y1, x2, y2);                   //绘直线
        }
    }

    public void paint(Graphics g){                        //绘制方法
        g.setColor(Color.WHITE);                          //设置画笔为白色
        g.fillRect(0, 0, this.getWidth(), this.getHeight()); //绘白色填充矩形(底色)
    }
}

//Ex2.java 文件:
public class Ex2 {                                        //主类
    public static void main(String[]args) {
        new Frame2();
    }
}
```

程序运行时自动调用绘制方法 paint,在窗体界面上绘制填充型白色矩形,相当于打上一层白色的底色。然后在窗体上拖动鼠标便可绘制直线段。一次运行结果如图 19-3(a)所示。

如果要手动绘制矩形,可以把例 19-2 中的绘直线方法改为下面方法:

```java
    g.drawRect(x1, y1, x2 - x1, y2 - y1);                 //绘制矩形
```

但这时只能拖动鼠标沿左上角到右下角的方向绘制矩形(线框),沿其他方向拖动鼠标则只能绘制填充(实心)矩形,因为这时矩形的宽度 x2-x1 或高度 y2-y1 为负数。

Graphics 类只提供 4 个参数(左、上、宽、高)的方法绘制矩形。为了在任意对角方向拖动鼠标都能绘制矩形,现把例 19-2 中的 MouseHandler 内部类中的 mouseReleased 方法修改为如下代码:

```java
        public void mouseReleased(MouseEvent e){          //释放鼠标键
            x2 = e.getX();                                //获取终点坐标
            y2 = e.getY();
            Graphics g = getGraphics();                   //获取窗体画笔(图形上下文)
            int x, y, width, height;                      //矩形参数左,上,宽,高
            x = x1 < x2 ? x1 : x2;                        //x 坐标取两点中最小值
            y = y1 < y2 ? y1 : y2;                        //y 坐标取两点中最小值
            width = Math.abs(x2 - x1);                    //矩形宽度取绝对值
            height = Math.abs(y2 - y1);                   //矩形高度取绝对值
            g.drawRect(x, y, width, height);              //绘制矩形
        }
```

然后把构造方法中 setTitle 方法参数改为"手动绘矩形"。再运行程序,沿任意对角方向(右下到左上、右上到左下、左下到右上等)都可绘制矩形,一次运行结果如图 19-3(b)所示。

也可在在窗体中手动画圆。Graphics 类只提供了画椭圆的方法 drawOval，要画圆，只需设置相同的宽度和高度即可。不过，画椭圆方法的前两个参数是其外接矩形左上角的坐标，并非圆心坐标。由于画圆最简便直观的方式是选择圆心和半径，因此在拖动鼠标画圆时应该假设按下的点是圆心（而不是外接矩形的左上角），而释放鼠标的点应是圆周上的一点。这样两点之间的距离便是半径。

基于选择圆心和半径绘圆的编程思路，再次修改例 19-2 中的程序，把 MouseHandler 内部类的鼠标按下和鼠标释放方法改为下面的代码：

```java
public void mousePressed(MouseEvent e){           //按下鼠标键
    x1 = e.getX();                                //获取坐标
    y1 = e.getY();
    Graphics g = getGraphics();                   //获取画笔(图形上下文)
    g.drawLine(x1, y1, x1, y1);                   //画圆心
}
public void mouseReleased(MouseEvent e){          //释放鼠标键
    x2 = e.getX();                                //获取坐标
    y2 = e.getY();
    Graphics g = getGraphics();                   //获取画笔(图形上下文)
    int dx = x2 - x1;                             //两点横坐标之差
    int dy = y2 - y1;                             //两点纵坐标之差
    int r = (int)Math.sqrt(dx * dx + dy * dy);    //计算圆的半径
    g.drawOval(x1 - r, y1 - r, 2 * r, 2 * r);     //画圆
    g.setColor(Color.LIGHT_GRAY);                 //设置亮灰色
    g.drawLine(x1, y1, x2, y2);                   //画半径
    g.setColor(Color.BLACK);                      //设置黑色
    g.drawLine(x1, y1, x1, y1);                   //补画圆心
}
```

再把构造方法中 setTitle 参数改为"手动绘圆"。最后运行程序，拖动鼠标手动画圆，一次运行结果如图 19-3(c) 所示。

可见，结合鼠标事件，确实能在窗体中编写手动绘图程序。

19.3 颜色与字体

19.3.1 颜色类 Color

绘图要使用颜色，写文字也要使用颜色。图形上下文类与颜色有关的两个方法是 setColor 和 getColor。一般组件也有设置、获取前景色和背景色的方法 setForeground、getForeground、setBackground 和 getBackground。这些都涉及到颜色类及其对象。

颜色类 Color 常用构造方法如下：

(1) **Color**(int red, int green, int blue)：构造由红、绿和蓝三原色组成的不透明颜色，各颜色值均在 0～255 的范围内，在这个范围内的颜色值越大，浓度就越高。所合成的颜色数多达 16M(256×256×256)，称为真彩色。

(2) **Color**(int red, int green, int blue, int alpha)：构造由指定的红、绿、蓝三原色以及透明度 alpha 组成的颜色，各颜色值和透明度均在 0～255 的范围内。其中，alpha 定义颜色的透明度，值为 0 意味颜色完全透明，为 255 则意味颜色完全不透明。

像红绿蓝这样的常用颜色，除了使用构造方法构建外，还可使用 Color 类的静态常量字段表示。如红色可以用 Color.RED 表示。Color 类静态常量字段如表 19-1 所示。

表 19-1 Color 类静态常量字段

静态常量字段	颜　　色	使用构造方法构建
RED	红色	new Color(255, 0, 0)
GREEN	绿色	new Color(0, 255, 0)
BLUE	蓝色	new Color(0, 0, 255)
BLACK	黑色	new Color(0, 0, 0)
WHITE	白色	new Color(255, 255, 255)
YELLOW	黄色	new Color(255, 255, 0)
CYAN	青色、蓝绿色	new Color(0, 255, 255)
MAGENTA	洋红色、红紫色	new Color(255, 0, 255)
ORANGE	橙色、橘黄色	new Color(255, 200, 0)
PINK	粉红色	new Color(255, 175, 175)
LIGHT_GRAY	浅灰色	new Color(192, 192, 192)
GRAY	灰色	new Color(128, 128, 128)
DARK_GRAY	深灰色	new Color(64, 64, 64)

注意：Color 类中的静态常量字段除了大写字母表示的，一般还有小写字母表示的，这是为了兼容 JDK 早期版本而设置的。为规范起见，建议使用大写字母的颜色字段。如用 Color.RED 而不用 Color.red 表示红色。

19.3.2 颜色选择器类 JColorChooser 及其对话框

位于 javax.swing 包中的 JColorChooser 类提供了一个颜色选择器，允许用户选择各种颜色。该类最常用的方法说明如下：

static Color **showDialog**(Component component, String title, Color initialColor)：显示有模式的颜色选择对话框，返回所选取的颜色。其中参数 component 是颜色对话框的父组件，可以为 null。参数 title 是颜色对话框的标题。第三个参数 initialColor 是初始设置的颜色。调用时 3 个参数都可设为 null。

这是一个静态方法，使用类名作前缀直接调用，例如：

Color c = JColorChooser.*showDialog*(null, "颜色选择", Color.*WHITE*);

执行上面方法，显示如图 19-4(a)所示的"颜色选择"对话框。对话框有 5 个选项卡，单击"RGB(G)"选项卡，界面如图 19-4(b)所示。在每个选项卡中均可选取颜色，单击"确定"按钮返回所选中的颜色。如果单击"取消"按钮则返回 null 值。

第19章 绘图——窗体与画布

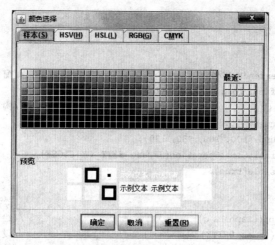

(a) "样本"选项卡

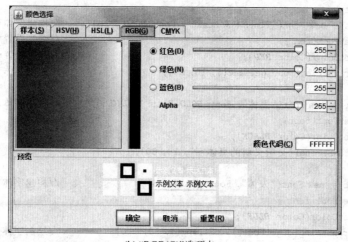

(b) "RGB(G)"选项卡

图 19-4 "颜色选择"对话框

19.3.3 字体类 Font

文本和字符串既可在组件中显示,也可通过 Graphics 对象绘制出来。至于显示或绘制什么风格的文字,如大号还是小号,就跟字体对象有关。

【例 19-3】 编写绘制文字的程序,在窗体内绘制不同颜色、不同种类、样式和字号的文字,运行结果如图 19-5 所示。

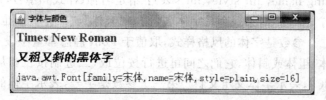

图 19-5 绘制不同颜色的字体

```java
//Frame3.java 文件:
import javax.swing.*;
import java.awt.*;

public class Frame3 extends JFrame{                                    //窗体类
    private static final long serialVersionUID = 1L;
    public Frame3(){                                                   //构造方法
        this.setTitle("字体与颜色");
        this.setBounds(100, 100, 480, 130);
        this.setDefaultCloseOperation(JFrame.EXIT_ON_CLOSE);
        this.setVisible(true);
    }

    public void paint(Graphics g){                                     //绘制方法
        g.setColor(Color.WHITE);                                       //设置画笔为白色
        g.fillRect(0, 0, this.getWidth(), this.getHeight());           //绘白色填充矩形
        Font font;
        font = new Font("Times New Roman", Font.BOLD, 20);             //构建字体对象
        g.setFont(font);                                               //画笔设置字体
        g.setColor(Color.RED);                                         //画笔设置颜色
        g.drawString(font.getName(), 10, 50);                          //绘制字体名

        font = new Font("黑体", Font.BOLD|Font.ITALIC, 18);            //构建字体对象
        g.setFont(font);
        g.setColor(Color.BLACK);
        g.drawString("又粗又斜的黑体字", 10, 80);

        font = new Font("宋体", Font.PLAIN, 16);                       //构建字体对象
        g.setFont(font);
        g.setColor(Color.BLUE);
        g.drawString(g.getFont().toString(), 10, 110);                 //绘制字体对象说明
    }
}

//Ex3.java 文件:
public class Ex3 {
    public static void main(String[]args) {
        new Frame3();
    }
}
```

字体类 Font 常用的方法:

(1) **Font**(String name, int style, int size): 给定名称、样式和字号,构建字体对象。

该构造方法有 3 个参数,第一个是字体名,例如"宋体"、"黑体"等,也可设为 null,表示默认的字体。第二个参数是字体的风格样式,取值于 Font 静态常量字段 PLAIN、BOLD 或 ITALIC,表示平体、粗体或斜体,它们之间可进行按位或(二进制按位相加但不进位)运算,如"BOLD|ITALIC",表示字体又粗又斜。第三个参数是字号,表示字体的磅值(point size)大小。

注意:1磅等于用户坐标中的1个单位,如1个像素。当使用规范化变换将用户空间坐

标转换为设备空间坐标时，72个用户空间单位等于设备空间中的1英寸。这种情况下，1磅就是1/72英寸。

(2) String **getFamily**()：返回字体的家族名称，即字体的系列名。

(3) String **getName**()：返回字体名。

Java平台有两种字体：物理字体和逻辑字体。

物理字体是有字体库、即计算机中实际存在的字体，如宋体、仿宋、楷体、黑体、新宋体和Times New Roman等。

逻辑字体是没有字体库、在计算机中实际不存在的字体。如不存在"宋体2"，于是"宋体2"是逻辑字体。

Java平台本身定义了5种逻辑字体，分别是Serif、SansSerif、Monospaced、Dialog和DialogInput。这些逻辑字体虽然没有实际的字体库，但通过Java运行时环境可映射到一种或多种实际存在的物理字体。映射关系与语言环境有关，不同环境有不同的映射。

(4) int **getStyle**()：返回字体的样式。

(5) int **getSize**()：返回字体的字号（大小）。

(6) String **toString**()：将字体对象转换为字符串（说明）形式。

19.4 Canvas 画布绘图

在JFrame和JApplet等容器界面上可以绘图，也可在称为画布的Canvas对象上绘图。

顾名思义，画布就是在上面绘图作画的"帆布"，是专门用于绘图的组件。不过，画布不是容器，不能在上面放置别的组件，也不能单独存在，必须放在窗体等容器上面。

调用Canvas类不带参数的构造方法，可构造一个画布对象，如new Canvas()。

【例19-4】 编写在画布中手动绘图程序。一次运行结果如图19-6所示。

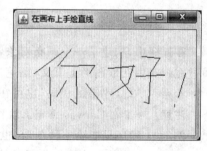

图 19-6　画布手动绘图

```
//Frame4.java 文件：
import javax.swing.*;
import java.awt.*;
import java.awt.event.*;

public class Frame4 extends JFrame{                     //窗体类
    private static final long serialVersionUID = 1L;
    Canvas canvas = new Canvas();                       //画布

    public Frame4(){                                    //构造方法
        this.setTitle("在画布上手绘直线");
        this.setBounds(100, 100, 300, 200);
        this.setDefaultCloseOperation(JFrame.EXIT_ON_CLOSE);
        canvas.addMouseListener(new MouseHandler());    //画布添加鼠标监听器
```

```
            this.add(canvas, BorderLayout.CENTER);        //窗体添加画布
            this.setVisible(true);
        }

        //鼠标事件监听处理类(窗体内部类):拖动鼠标绘直线
        class MouseHandler extends MouseAdapter{
            int x1, y1, x2, y2;                            //线段起点终点坐标
            public void mousePressed(MouseEvent e){        //按下鼠标键
                x1 = e.getX();
                y1 = e.getY();
            }
            public void mouseReleased(MouseEvent e){       //释放鼠标键
                x2 = e.getX();
                y2 = e.getY();
                Graphics g = canvas.getGraphics();         //获取画布画笔
                g.drawLine(x1, y1, x2, y2);                //画直线
            }
        }
    }

//Ex4.java 文件:
public class Ex4 {
    public static void main(String[]args) {
        new Frame4();
    }
}
```

在程序中,构建了一个画布对象,并把它放在窗体中部。执行程序,在画布上拖动鼠标,通过在画布中获取图形上下文(画笔),绘制出直线段。

参照 19.2.3 小节的代码,也可在画布上手动绘制矩形和圆。

注意:除了在 Canvas 画布上绘图,亦可在 JPanel 面板上绘图。

例 19-4 程序只能绘一种图形,也能通过按钮或菜单在程序中选择绘制不同的图形。

【例 19-5】 编写在画布中手动绘图的程序,要求通过工具栏按钮选择绘制直线、矩形、圆和椭圆,并具有橡皮擦式的"选择擦除"功能。运行结果如图 19-7 所示。

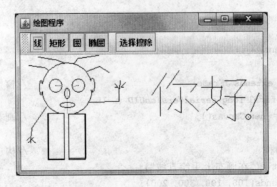

图 19-7 手动选择绘图

画"椭圆"和"选择擦除"均采取矩形对角线方式进行。单击"椭圆"按钮后,通过拖动鼠标选择矩形两个对角点而画其内接的椭圆。当单击"选择擦除"按钮时,光标变为手指状👆,这时拖动鼠标选择矩形对角点以擦除矩形内部图形;当单击绘图按钮时,光标又变为默认的箭头状↖。

```java
//Frame5.java 文件源程序:
import javax.swing.*;
import java.awt.*;
import java.awt.event.*;

public class Frame5 extends JFrame{                              //绘图窗体类
    private static final long serialVersionUID = 1L;
    private JToolBar tb = new JToolBar("工具栏");
    private int butNum = 1;                                      //按钮编码
    private JButton butLine = new JButton("线");                 //编码1
    private JButton butRect = new JButton("矩形");               //编码2
    private JButton butCircle = new JButton("圆");               //编码3
    private JButton butOval = new JButton("椭圆");               //编码4
    private JButton butErase = new JButton("选择擦除");          //编码5
    private MyCanvas canvas = new MyCanvas();                    //画布
    private Color color = Color.BLACK;                           //颜色

    public Frame5(){                                             //构造方法
        this.setTitle("绘图程序");
        this.setBounds(100, 100, 400, 250);
        this.setDefaultCloseOperation(JFrame.EXIT_ON_CLOSE);
        initialize();
        this.setVisible(true);
    }

    private void initialize(){                                   //初始化方法
        tb.add(butLine);
        tb.add(butRect);
        tb.add(butCircle);
        tb.add(butOval);
        tb.addSeparator();
        tb.add(butErase);
        this.add(tb, BorderLayout.NORTH);
        this.add(canvas, BorderLayout.CENTER);
        butLine.addActionListener(new ActionHandler());          //按钮委托事件监听
        butRect.addActionListener(new ActionHandler());
        butCircle.addActionListener(new ActionHandler());
        butOval.addActionListener(new ActionHandler());
        butErase.addActionListener(new ActionHandler());
    }

    //按钮动作事件监听处理类(窗体内部类):
    private class ActionHandler implements ActionListener{
        public void actionPerformed(ActionEvent e){
            canvas.setCursor(Cursor.getDefaultCursor());         //设置默认光标
```

```java
        if (e.getSource() == butLine){
            butNum = 1;
        }
        else if (e.getSource() == butRect){
            butNum = 2;
        }
        else if (e.getSource() == butCircle){
            butNum = 3;
        }
        else if (e.getSource() == butOval){
            butNum = 4;
        }
        else if (e.getSource() == butErase){
            butNum = 5;
            canvas.setCursor(new Cursor(Cursor.HAND_CURSOR));    //设手状光标
        }
    }
}

//自定义画布类(窗体内部类):
private class MyCanvas extends Canvas {
    private static final long serialVersionUID = 2L;
    private int x1, y1, x2, y2;

    private void diagonal(){                              //两点转对角矩形方法
        int x, y, width, height;                          //矩形参数(左上宽高)
        x = x1 < x2 ? x1 : x2;                            //x 坐标是两点中最小的
        y = y1 < y2 ? y1 : y2;                            //y 坐标是两点中最小的
        width = Math.abs(x2 - x1);                        //矩形宽度
        height = Math.abs(y2 - y1);                       //矩形高度
        x1 = x; y1 = y; x2 = width; y2 = height;          //两点坐标转对角矩形参数
    }

    public MyCanvas(){                                    //画布构造方法
        this.addMouseListener(new MouseHandler());        //画布委托事件
    }

    //画布的鼠标事件监听处理类(画布内部类)——拖动鼠标绘图:
    private class MouseHandler extends MouseAdapter{
        public void mousePressed(MouseEvent e){           //按下鼠标键
            x1 = e.getX();
            y1 = e.getY();
            if (butNum == 1||butNum == 2||butNum == 3){   //如果画线、矩形或圆
                Graphics g = getGraphics();               //获取画布画笔
                g.setColor(color);
                g.drawLine(x1, y1, x1, y1);               //画第一点或圆心
            }
        }

        public void mouseReleased(MouseEvent e){          //释放鼠标键
            x2 = e.getX();
```

```
            y2 = e.getY();
            Graphics g = getGraphics();              //获取画布画笔
            g.setColor(color);
            if (butNum == 1) {                       //若是画线
                g.drawLine(x1, y1, x2, y2);          //画直线
            }
            else if (butNum == 2) {                  //若是画矩形(对角画)
                diagonal();                          //调用两点转对角矩形方法
                g.drawRect(x1, y1, x2, y2);          //画矩形
            }
            else if (butNum == 3) {                  //若是画圆
                int dx = x2 - x1;                    //两点横坐标之差
                int dy = y2 - y1;                    //两点纵坐标之差
                int r = (int)Math.sqrt(dx * dx + dy * dy);  //计算圆的半径
                g.drawOval(x1 - r, y1 - r, 2 * r, 2 * r);   //画圆
                g.setColor(Color.LIGHT_GRAY);        //设置亮灰色
                g.drawLine(x1, y1, x2, y2);          //画半径
                g.setColor(Color.BLACK);             //设置黑色
                g.drawLine(x1, y1, x1, y1);          //补画圆心
            }
            else if (butNum == 4) {                  //若是画椭圆(对角画)
                diagonal();                          //调用两点转对角矩形方法
                g.drawOval(x1, y1, x2, y2);          //画椭圆
            }
            else if (butNum == 5) {                  //选择擦除(对角矩形图)
                diagonal();                          //调用两点转对角矩形方法
                g.setColor(Color.WHITE);
                g.fillRect(x1, y1, x2, y2);          //用白色填充矩形(擦除)
            }
        }
    }

    public void paint(Graphics g){                   //画布绘制方法
        g.setColor(Color.WHITE);
        g.fillRect(0, 0, this.getWidth(), this.getHeight());   //白色打底
    }
  }
}

//Ex5.java文件：
public class Ex5 {
    public static void main(String[]args) {
        new Frame5();
    }
}
```

程序定义了两个类：窗体类 Frame5 和主类 Ex5。作为窗体类的字段，声明了1个工具栏和放在工具栏上的5个按钮"线"、"矩形"、"圆"、"椭圆"和"选择擦除"。窗体类字段还有按钮编码和画布等。窗体类内部又定义了两个类：一是 ActionHandler 类，用于各个按钮动作事件监听和处理；二是自定义的画布类 MyCanvas。在 MyCanvas 类内部，又定义了

MouseHandler 类，用于画布鼠标事件的监听和处理，根据所按下的按钮，拖动鼠标在画布上绘制直线、矩形、圆或椭圆，或者擦除拖动鼠标经过的矩形区域内的图形。当单击"选择擦除"图形按钮时，光标变成手指状，当单击其他 4 个绘图按钮时，光标又恢复为默认的箭头状。

注意：在一个类内部所定义的类，如果只限于定义它的类使用，则可使用 private 关键字修饰。例 19-5 窗体类 Frame5 的两个内部类 ActionHandler 和 MyCanvas，以及 MyCanvas 的内部类 MouseHandler，均使用了 private 修饰。

19.5 光标类 Cursor

例 19-5 程序关于光标形状的改变部分，涉及到光标类 Cursor 以及画布从 Component 继承而来的设置光标方法 setCursor，这些代码如下：

```
canvas.setCursor(Cursor.getDefaultCursor());          //设置画布默认光标
canvas.setCursor(new Cursor(Cursor.HAND_CURSOR));     //设置画布手状光标
```

光标类 Cursor 位于 java.awt 包，常用字段和方法如下：
(1) static final int **CROSSHAIR_CURSOR**：十字光标类型字段。
(2) static final int **DEFAULT_CURSOR**：默认光标类型字段。
(3) static final int **HAND_CURSOR**：手状光标类型字段。
(4) static final int **MOVE_CURSOR**：移动光标类型字段。
(5) static final int **TEXT_CURSOR**：文字光标类型字段。
(6) static final int **WAIT_CURSOR**：等待光标类型字段。
(7) **Cursor**(int type)：构造方法：用指定光标类型构造一个光标对象。
(8) static Cursor **getDefaultCursor**()：返回默认类型的光标对象。

19.6 本章小结

本章学习如何在窗体和画布上绘图，不管是在窗体、画布、面板，还是在小程序，执行绘制操作均用到图形上下文类 Graphics。该类提供了一个能在组件上面绘图的环境，可简单地理解成一支"画笔"。于是，只要有画笔，就可绘制图形、图像和文字。使用画笔的方法不同，绘制内容也不同，如 drawLine 方法画线、drawOval 画椭圆、drawImage 画图像、drawString 书写字符串等。

绘制图像之前，需要构建图像对象，用到工具包类 Toolkit。通过该类可获取一个默认的窗口工具，执行相关的方法就能创建一个与图像文件对应的对象。

通过编写鼠标事件监听处理代码，可在窗体或画布中拖动鼠标手动绘制线段、矩形、圆和椭圆等图形。还可预先选定颜色进行绘制。如果是绘制文字，则可预先设定字体对象，包括字体名称、样式和字号。

在画布等组件上允许设置光标的形状，例如手指状。在手动绘图程序中，当单击"选择擦除"按钮，光标从箭头变成手指状，表明处于擦除图形状态（而不是画图状态），显得形象直观。

本章的知识点归纳如表 19-2 所示。

表 19-2　本章知识点归纳

知　识　点	操作示例及说明
| 窗体绘图与 Graphics 类 | ```
class Frame1 extends JFrame{
    Image img = this.getToolkit().createImage("cock.jpg"); …
    public void paint(Graphics g){
        g.setColor(Color.WHITE);
        g.fillRect(0, 0, this.getWidth(), this.getHeight());
        g.setColor(Color.BLACK);
        g.drawOval(10, 40, 100, 80);
        g.drawImage(img, 140, 40, 80, 80, this);
    }
}
``` |
| 工具包类 Toolkit | `Image img = Toolkit.getDefaultToolkit().createImage("cock.jpg");` |
| 颜色类 Color、颜色选择器类 JColorChooser 与字体类 Font | ```
Color c = JColorChooser.showDialog(null, "颜色选择器", null);
g.setColor(c);
Font font = new Font("宋体", Font.PLAIN, 16);
g.setFont(font);
g.drawString(g.getFont().toString(), 10,50);
``` |
| Canvas 画布类与绘图 | ```
Canvas canvas = new Canvas();
…
Graphics g = canvas.getGraphics();
g.drawLine(x1, y1, x2, y2);
``` |
| 光标类 Cursor | ```
canvas.setCursor(Cursor.getDefaultCursor());
canvas.setCursor(new Cursor(Cursor.HAND_CURSOR));
``` |

19.7　实训 19：手动绘图

编写在画布中手动绘图的程序，要求通过单击工具栏按钮能选择绘制直线、矩形、圆和椭圆等图形，也能"选择擦除"图形和"清空"所有图形，还能通过单击"选颜色"按钮，在颜色对话框中选取绘图颜色。运行界面参见图 19-1。

提示：部分代码参考如下。

```java
//DrawFrame.java 文件(绘图窗体类源程序)：
…
public class DrawFrame extends JFrame{                    //绘图窗体类
    private JToolBar tb = new JToolBar("工具栏");
    private int butNum = 1;                               //按钮编码
    private JButton butLine = new JButton("线");          //编码1
    …
    private JButton butClear = new JButton("清空");        //编码6
    private JButton butColor = new JButton("选颜色");      //编码7
    private MyCanvas canvas = new MyCanvas();             //画布
```

```java
        private Color color = Color.BLACK;                      //颜色
        …
        public DrawFrame(){ … }                                 //构造方法
        private void initialize(){ … }                          //初始化方法

        //按钮动作事件监听处理类(窗框内部类):
        private class ActionHandler implements ActionListener{
            public void actionPerformed(ActionEvent e){
                canvas.setCursor(Cursor.getDefaultCursor());    //设置默认光标
                if (e.getSource() == butLine){ butNum = 1; }
                …
                else if (e.getSource() == butClear){
                    butNum = 6;
                    canvas.repaint();                           //清空(所有图形)
                }
                else if (e.getSource() == butColor){
                    color = JColorChooser.showDialog(null, …);  //颜色选择对话框
                }
            }
        }

        //自定义画布类(窗框内部类):
        private class MyCanvas extends Canvas {
            …
            //画布的鼠标事件监听处理类(画布内部类)——拖动鼠标绘图:
            private class MouseHandler extends MouseAdapter{
                public void mousePressed(MouseEvent e){         //按下鼠标键
                    …
                }
                public void mouseReleased(MouseEvent e){        //释放鼠标键
                    …
                }
            }

            public void paint(Graphics g){                      //画布绘制方法
                g.setColor(Color.WHITE);
                g.fillRect(0, 0, this.getWidth(), …);           //白色作底色
            }
        }
    }
```

第 20 章 动画——图形界面综合应用

能力目标：
- 能编写"气球飘飘"程序，定时放飞若干个大小不等的彩色气球；
- 能编写图像幻灯片程序，并结合多线程，设定时间间隔自动放映；
- 能编写"空中飞翔"动画程序，并能设定间隔时间以控制放映的速度，还能手工定格动画画面。

20.1 任务预览

本章实训要编写的"空中飞翔"动画小程序，运行结果如图 20-1 所示。

 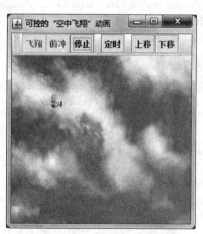

(a) 运行界面1　　　　　　　　　(b) 运行界面2

图 20-1　实训程序运行界面

20.2 气球飘飘

在喜庆节日，常可看到天空中气球飘飘的景象。通过编程也能模拟气球飘动的效果。

【例 20-1】 编写"气球飘飘"程序：在窗体中每隔一定时间（如 0.5s）随机产生 10 个模拟气球的实心椭圆。各气球大小、位置和色彩不一，最大不超过窗体尺寸的 1/5。运行界面如图 20-2 所示。

 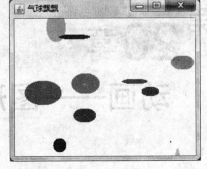

(a) 运行界面1　　　　　　　　　　　　(b) 运行界面2

图 20-2　气球飘飘

分析：在窗体上绘制实心椭圆有现成的 fillOval 方法直接调用，比较简单。但要求各椭圆的大小、位置和色彩不一，涉及到随机对象或随机数问题。

```java
//Frame1.java 文件
import javax.swing.*;
import java.awt.*;
import java.util.Random;

public class Frame1 extends JFrame{                    //窗体类
    private static final long serialVersionUID = 1L;
    private Random rand = new Random();                //随机对象
    public Frame1(){                                   //构造方法
        this.setTitle("气球飘飘");
        this.setBounds(100, 100, 300, 250);
        this.setDefaultCloseOperation(JFrame.EXIT_ON_CLOSE);
        this.setVisible(true);
    }

    public void paint(Graphics g){                     //绘制方法
        int width, height;                             //窗体宽、高
        width = this.getWidth();
        height = this.getHeight();
        g.setColor(Color.WHITE);
        g.fillRect(0, 0, width, height);               //窗体白色打底
        int x, y, w, h;                                //椭圆左、上、宽、高
        Color color;                                   //椭圆颜色
        for (int i = 1; i <= 10; i++){                 //循环 10 次绘实心椭圆
            x = rand.nextInt(width);                   //左上角在窗体随机位置
            y = rand.nextInt(height);
            w = rand.nextInt(width/5);                 //宽不超过窗体 1/5
            h = rand.nextInt(height/5);                //高不超过窗体 1/5
            color = new Color(rand.nextInt(256),
                rand.nextInt(256), rand.nextInt(256)); //颜色随机
            g.setColor(color);                         //画笔设置颜色
            g.fillOval(x, y, w, h);                    //绘制实心椭圆
        }
```

```
            try {
                Thread.sleep(500);                          //休眠0.5s
            }
            catch(InterruptedException e){ }               //休眠要处理中断异常
            this.repaint();                                 //调用paint方法重绘
        }
    }

//Ex1.java 文件
public class Ex1 {                                          //主类
    public static void main(String[]args) {
        new Frame1();
    }
}
```

程序运行时,每次执行 paint 方法,绘制完 10 个实心椭圆,画面休眠 0.5s,再执行 repaint 方法,该方法自动调用 paint 方法,于是重新绘制 10 个随机的实心椭圆。如此循环往复,就像放电影一样,给人感觉气球在不断飘动。

由于 paint 方法内部执行 repaint 方法,而 repaint 方法又调用 paint 方法,因而构成了循环控制(与循环语句功能类似)。因此只要不关闭程序,"气球"将一直在飘动。

也可运用多线程来编写"气球飘飘"程序,具体做法:在窗体类中实现 Runnable 接口,编写 run 方法,把循环定时控制绘图的代码放在 run 方法中,然后在主类的 main 方法中构造线程对象并启动线程运行。

【例 20-2】 运用多线程编写与例 20-1 功能相同的"气球飘飘"程序,运行结果参见图 20-2。

为节省篇幅,下面只给出与例 20-1 不同的代码,相同部分则略去。

```
//Frame2.java 文件
…
public class Frame2 extends JFrame implements Runnable{     //实现接口的窗体类
    …
    public void run(){                                      //线程运行方法
        while(true){
            try {
                Thread.sleep(500);                          //休眠500ms(0.5s)
            }
            catch(InterruptedException e){ }               //休眠要处理中断异常
            this.repaint();                                 //调用paint方法重绘
        }
    }
    public void paint(Graphics g){  … }                    //要去掉方法体末尾5行try开始的语句
}

//Ex2.java 文件
public class Ex2 {                                          //主类
    public static void main(String[]args) {
        Thread t = new Thread(new Frame2());                //构建线程
```

        t.start();   //启动线程
    }
}

20.3 图像幻灯片

上节实质上讲述了编写放映"气球"幻灯片的程序,其中气球是用绘图方法画出来的。

本节介绍编写放映图像幻灯片的程序,这里的图像来自文件。由于 1 个文件存放 1 幅图像,因此放映 n 个图像,就需要 n 个图像文件。

【例 20-3】 编写图像幻灯片程序,运行时循环放映 6 幅存放在文件中的小孩图像。运行界面如图 20-3 所示。

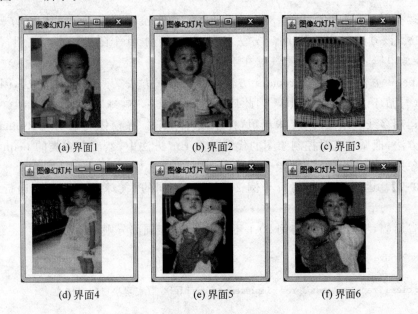

(a) 界面1　　　　　　(b) 界面2　　　　　　(c) 界面3

(d) 界面4　　　　　　(e) 界面5　　　　　　(f) 界面6

图 20-3　图像幻灯片程序运行界面

为方便编程,各图像文件统一命名格式,如 6 个文件命名为 child0.jpg～child5.jpg,并存放于文件夹 images 中。在 Eclipse 环境中编程,要把 images 放在项目的根目录。由于不能直接显示图像文件,还须构建 6 个图像对象,可使用数组来存放。

```
//Frame3.java 文件:
import javax.swing.*;
import java.awt.*;
public class Frame3 extends JFrame implements Runnable{     //实现接口窗体类
    private static final long serialVersionUID = 1L;
    private Image[] imgs = new Image[6];                    //构建图像数组
    private int index = 0;                                  //数组索引

    public Frame3(){                                        //构造方法
        this.setTitle("图像幻灯片");
        this.setBounds(100, 100, 202, 200);
```

```java
        this.setDefaultCloseOperation(JFrame.EXIT_ON_CLOSE);
        initialize();                                       //调用初始化方法
        this.setVisible(true);
    }

    public void initialize(){                               //初始化方法
        for (int i = 0; i<6; i++){
            imgs[i] = Toolkit.getDefaultToolkit().
                createImage("images/child" + i + ".jpg");   //图像数组元素赋值
        }
    }

    public void run() {                                     //线程运行方法
        while(true){
            try {
                Thread.sleep(500);                          //休眠 0.5s
            }
            catch(InterruptedException e){ }                //处理中断异常
            index ++;                                       //数组索引自增
            if (index == 6) { index = 0; }                  //索引循环
            this.repaint();                                 //调用 paint 方法重绘
        }
    }

    public void paint(Graphics g){                          //绘制方法
        g.setColor(Color.WHITE);
        g.fillRect(0, 0, this.getWidth(), this.getHeight());//窗体打白底色
        g.drawImage(imgs[index], 20, 36, 120, 150, this);   //绘制图像
    }
}

//Ex3.java 文件:
public class Ex3 {                                          //主类
    public static void main(String[]args) {
        Thread t = new Thread(new Frame3());                //构建线程
        t.start();                                          //启动线程
    }
}
```

上述程序使用了多线程(当然也可不用多线程实现),程序运行后一直处于图像放映状态,从第一幅播放到最后一幅,再从头开始,只要程序不结束,就一直循环播放下去。

如果能在窗体中放置一些按钮,以控制图像的放映状态和放映速度,则效果更好。

【例 20-4】 编写可控的图像幻灯片程序,通过工具栏的 5 个按钮"放映"、"停止"、"定时"、"上翻"和"下翻"等控制图像的放映状态。运行结果如图 20-4 所示。

```java
//Frame4.java 文件:
import javax.swing.*;
import java.awt.*;
import java.awt.event.*;
```

(a) 初始界面

(b) 自动放映

(c) "定时"输入框

图 20-4　可控制的图像幻灯片

```java
public class Frame4 extends JFrame{                              //窗体类
    private static final long serialVersionUID = 1L;
    private JToolBar tb = new JToolBar("工具栏");
    private JButton butPlay = new JButton("放映");
    private JButton butStop = new JButton("停止");
    private JButton butTime = new JButton("定时");
    private JButton butUp = new JButton("上翻");
    private JButton butDwon = new JButton("下翻");
    private Image[] imgs = new Image[6];                         //构建图像数组
    private int index = 0;                                       //数组索引
    private int time = 500;                                      //每幅图放映时间(ms)
    private MyPanel pan = new MyPanel();                         //自定义面板
    private Thread thread;                                       //线程
    private boolean play = false;                                //放映开关

    public Frame4(){                                             //构造方法
        this.setTitle("可控图像幻灯片");
        this.setBounds(100, 100, 242, 240);
        this.setDefaultCloseOperation(JFrame.EXIT_ON_CLOSE);
        initialize();                                            //调用初始化方法
        this.setVisible(true);
    }

    public void initialize(){                                    //初始化方法
        for (int i = 0; i < 6; i++){
            imgs[i] = Toolkit.getDefaultToolkit().
                createImage("images/child" + i + ".jpg");        //图像数组元素赋值
        }
        butPlay.addActionListener(new ActionHandler());
        butStop.addActionListener(new ActionHandler());
        butTime.addActionListener(new ActionHandler());
        butUp.addActionListener(new ActionHandler());
        butDwon.addActionListener(new ActionHandler());
        tb.add(butPlay);
        tb.add(butStop);
        tb.addSeparator();
        tb.add(butTime);
```

```java
        tb.addSeparator();
        tb.add(butUp);
        tb.add(butDwon);
        this.add(tb, BorderLayout.NORTH);
        this.add(pan, BorderLayout.CENTER);
        butStop.setEnabled(false);                          //禁用"停止"按钮
    }

    //按钮动作事件监听处理类(私有的内部类):
    private class ActionHandler implements ActionListener{
        public void actionPerformed(ActionEvent e){         //动作执行方法
            if(e.getSource() == butPlay){                   //若是"放映"按钮
                play = true;                                //启用放映
                thread = new Thread(pan);                   //构建线程
                butPlay.setEnabled(false);                  //禁用"放映"按钮
                butStop.setEnabled(true);                   //启用"停止"按钮
                thread.start();                             //启动线程
            }
            else if(e.getSource() == butStop){              //若是"停止"按钮
                play = false;                               //关闭放映
                thread.interrupt();                         //中断线程
                butPlay.setEnabled(true);                   //启用"放映"按钮
                butStop.setEnabled(false);                  //禁用"停止"按钮
            }
            else if(e.getSource() == butTime){              //若是"定时"按钮
                String str = JOptionPane.showInputDialog(
                        "请设定每幅图的放映时间(毫秒): ", time);
                if (str == null){ return; }                 //输入框单击"取消"
                try {
                    int t = Integer.parseInt(str);
                    if (t < 0) { throw new Exception();}
                    time = t;
                }
                catch(Exception ex){
                    JOptionPane.showMessageDialog(null,"警告: 请输入正整数!");
                }
            }
            else if(e.getSource() == butUp){                //若是"上翻"按钮
                index --;                                   //图像数组索引自减
                if (index == -1) { index = 5; }             //索引循环
                pan.repaint();                              //执行面板 paint 方法
            }
            else if(e.getSource() == butDwon){              //若是"下翻"按钮
                index ++;                                   //图像数组索引自增
                if (index == 6) { index = 0; }              //索引循环
                pan.repaint();                              //执行面板 paint 方法
            }
        }
    }

    //自定义面板类(私有内部类),该类与线程关联:
```

```java
        private class MyPanel extends JPanel implements Runnable{
            private static final long serialVersionUID = 1L;
            public void paint(Graphics g){                          //绘图方法
                g.setColor(Color.WHITE);
                g.fillRect(0, 0, this.getWidth(), this.getHeight());  //设白底色
                g.drawImage(imgs[index], 10, 10, 120, 150, this);   //绘制图像
            }

            public void run(){                                       //线程运行方法
                while(play){
                    try{Thread.sleep(time); }                        //线程休眠
                    catch(InterruptedException e){break;}            //中断异常则停播
                    index ++;                                        //数组索引自增
                    if (index == 6) { index = 0; }                   //索引循环
                    this.repaint();                                  //执行 paint 方法
                }
            }
        }
    }

//Ex4.java 文件:
public class Ex4 {                                                   //主类
    public static void main(String[ ]args) {
        new Frame4();
    }
}
```

由于在窗体中添加了放置按钮的工具栏,于是使用继承 JPanel 类的自定义面板放映图像,而不是直接在窗体中放映。如果直接在窗体中放映,则显示图像时会刷掉工具栏,即看不到工具栏。

程序使用了 5 个按钮,当单击"放映"按钮时,按预设的时间(如 500ms)循环放映 6 幅小孩图像,直到单击"停止"按钮为止。不管是处于自动放映还是停止状态,均可单击"上翻"或"下翻"按钮,手动翻看前后的图像,也可执行"定时"按钮,弹出如图 20-4(c)所示的输入框,重新设定每幅图像自动放映的间隔时间。

程序共有 4 个类,其中窗体类 Frame4 和主类 Ex4 是并列定义的。Frame4 内部又定义了两个私有类:一是 ActionHandler 类,用于各个按钮的动作事件监听和处理;二是自定义的面板类 MyPanel,该类实现 Runnable 接口,与线程关联,用于图像的自动放映。

注意:也可在窗体中部放置继承 Canvas 类的自定义画布来放映图像。不过,由于 JPanel 面板是轻量级组件,且默认具有双缓冲区,不会产生闪烁现象,故建议使用 JPanel 子类对象放映图像。实现动画也建议使用 JPanel 而不用 Canvas。

20.4 动画

所谓动画,就是活动的图画。在屏幕上显示一帧图片,隔一小段时间再显示下一帧图片,如此循环往复。由于人的眼睛存在视觉停留,只要时间段足够小,如 1/24s(约 42ms),

人们就不会感觉画面有停顿,只感觉到画面在连续不断地运动。

定时刷新椭圆"气球"、自动放映图像,都可以说是动画,因为画面不断在"动"。只不过这些画面的间隔时间不够短,还有各个画面之间的图片不连贯,因而不如卡通电影好看。

程序可实现动画。最简单的动画是一个图像沿着一条固定的轨迹作直线运动。为了渲染气氛,可以使用一个背景图作衬托。

【例 20-5】 编写可控的"空中飞翔"动画程序。在窗体工具栏上放 5 个按钮:"飞翔"、"停止"、"定时"、"上移"和"下移",以控制图像的放映状态。当单击"飞翔"按钮时,在蓝天白云背景下,一个飞鸟从窗体右下角向左上角飞去,由于越飞越远,图像显得越来越小,最后消失在画面中。消失后下一个飞鸟重复对角飞翔的过程。运行结果如图 20-5 所示。

(a) 运行界面　　　　　　(b) 单击"飞翔"　　　　　　(c) 设定时间输入框

图 20-5　"空中飞翔"动画

分析:只需使用两个图像文件,一个是作背景的蓝天白云图,另一个就是前景图飞鸟。这两个文件放在 Eclipse 项目根目录下的 images 目录。飞鸟往左上角方向运动越来越小,只需不断减少图像的显示尺寸便可。为增强飞翔效果,飞鸟最好使用图形交互格式(Graphics Interchange Format,GIF)类型的图像文件,并且选用由多幅图组成的本身就含有动画效果的图像。

```
//Frame5.java 文件源程序:
import javax.swing.*;
import java.awt.*;
import java.awt.event.*;

public class Frame5 extends JFrame{                              //窗体类
    private static final long serialVersionUID = 1L;
    private JToolBar tb = new JToolBar("工具栏");
    private JButton butFly = new JButton("飞翔");
    private JButton butStop = new JButton("停止");
    private JButton butTime = new JButton("定时");
    private JButton butUp = new JButton("上移");
    private JButton butDwon = new JButton("下移");
    private int time = 42;                                       //前景图每次放映毫秒数
    private MyPanel pan = new MyPanel();                         //自定义面板
    private Thread thread;                                       //多线程
```

```java
    private boolean fly = false;                               //飞翔开关
    private Image backImage, foreImage;                        //背景图、前景图
    private int x = 150, y = 150, width = 50, height = 50;     //前景图位置和尺寸设初值

    public Frame5(){                                           //构造方法
        this.setTitle("可控的\"空中飞翔\"动画");
        this.setBounds(100, 100, 300, 330);
        this.setDefaultCloseOperation(JFrame.EXIT_ON_CLOSE);
        initialize();                                          //调用初始化方法
        this.setVisible(true);
    }

    public void initialize(){                                  //初始化方法
        Toolkit toolkit = Toolkit.getDefaultToolkit();         //工具包
        backImage = toolkit.createImage("images/cloud.jpg");   //背景白云图
        foreImage = toolkit.createImage("images/flyer.gif");   //前景飞鸟图
        butFly.addActionListener(new ActionHandler());
        butStop.addActionListener(new ActionHandler());
        butTime.addActionListener(new ActionHandler());
        butUp.addActionListener(new ActionHandler());
        butDwon.addActionListener(new ActionHandler());
        tb.add(butFly);
        tb.add(butStop);
        tb.addSeparator();
        tb.add(butTime);
        tb.addSeparator();
        tb.add(butUp);
        tb.add(butDwon);
        this.add(tb, BorderLayout.NORTH);
        this.add(pan, BorderLayout.CENTER);
        butStop.setEnabled(false);                             //禁用"停止"按钮
    }

    private void up(){                                         //"上移"方法
        x -= 6; y -= 6; width -= 2; height -= 2;               //减少前景图位置和尺寸
        if(x <= 0){                                            //若位置出界
            x = 300; y = 300; width = 100; height = 100;       //位置和尺寸复位
        }
    }

    private void down(){                                       //"下移"方法
        x += 6; y += 6; width += 2; height += 2;               //增加前景图位置和尺寸
        if(x > 300){                                           //若位置出界
            x = 0; y = 0; width = 0; height = 0;               //位置和尺寸复位
        }
    }

    //按钮动作事件监听处理类(私有内部类):
    private class ActionHandler implements ActionListener{
        public void actionPerformed(ActionEvent e){            //动作执行方法
            if(e.getSource() == butFly){                       //若是"飞翔"按钮
```

```java
                fly = true;                                    //开启飞翔
                thread = new Thread(pan);                      //构建线程
                butFly.setEnabled(false);                      //禁用"飞翔"按钮
                butStop.setEnabled(true);                      //启用"停止"按钮
                thread.start();                                //启动线程
            }
            else if(e.getSource() == butStop){                 //若是"停止"按钮
                fly = false;                                   //关闭飞翔
                butFly.setEnabled(true);                       //启用"飞翔"按钮
                butStop.setEnabled(false);                     //禁用"停止"按钮
            }
            else if(e.getSource() == butTime){                 //若是"定时"按钮
                String str = JOptionPane.showInputDialog(
                        "设定每帧前景图的放映时间(毫秒): ", time);
                if (str == null){ return; }                    //输入框单击"取消"
                try {
                    int t = Integer.parseInt(str);
                    if (t < 0){ throw new Exception(); }
                    time = t;
                }
                catch(Exception ex){
                    JOptionPane.showMessageDialog(null, "警告: 请输入正整数!");
                }
            }
            else if(e.getSource() == butUp){                   //若是"上移"按钮
                up();                                          //调用上移方法
                pan.repaint();                                 //执行面板 paint 方法
            }
            else if(e.getSource() == butDwon){                 //若是"下移"按钮
                down();                                        //调用下移方法
                pan.repaint();                                 //执行面板 paint 方法
            }
        }
    }

    //自定义面板类(私有内部类),该类与线程关联:
    private class MyPanel extends JPanel implements Runnable{
        private static final long serialVersionUID = 1L;
        public void paint(Graphics g){                         //绘制方法
            g.drawImage(backImage, 0, 0, 300, 300, this);      //绘制背景图
            g.drawImage(foreImage, x, y, width, height, this); //绘制前景图
        }
        public void run(){                                     //线程运行方法
            while (fly){
                try{
                    Thread.sleep(time);                        //线程休眠
                }
                catch(InterruptedException e){break;}          //中断异常则停止
                up();                                          //调用上移方法
                this.repaint();                                //执行 paint 方法重绘
            }
```

```
            }
        }
    }
//Ex5.java 文件:
public class Ex5 {                                              //主类
    public static void main(String[]args) {
        new Frame5();
    }
}
```

在窗体内部自定义的面板子类中,使用了多线程控制动画中飞鸟的飞翔过程。在工具栏中单击"定时"按钮,出现设定时间输入框,可更改飞鸟飞翔过程中每次在一个位置的停留时间,时间越短,则速度越快。

JPanel 类是轻量级组件,默认具有双缓冲功能,用于编写动画程序不会产生闪烁现象,效果最好。

注意:除了使用 JPanel 面板实现动画,也可使用 Canvas 画布、JApple 小程序实现动画。若不使用工具栏,则还可直接在窗体上实现动画。由于重量级的 Canvas 有一个缺点,就是会产生闪烁现象,因而使用时要用 createImage 方法构建离屏缓冲区,把所有要显示的背景和前景图先用 drawImage 方法写进离屏缓冲区,然后一次性地把离屏缓冲区的内容绘制到屏幕,这样才能消除闪烁,其步骤相对烦琐。

20.5 本章小结

本章把图形界面与多线程等结合在一起,介绍如何编写简单的动画程序。

首先介绍了如何动态绘制随机位置和大小的椭圆,即每隔一个时间片更新所绘图形,这就是"气球飘飘"程序。

若把图形换成不同的图像,每隔一个时间片更新一个图像,则成了图像幻灯片程序。为控制播放状态,可在程序中增加工具栏及相应的按钮。

如果一系列的图像比较连贯,图像幻灯片便成了动画。可将一幅图连续不断地放映,但每次改变它的位置和大小。为增强效果,可加入一个背景图。这便是简单的动画。"空中飞翔"就是这样的动画。

可直接在窗体中播放动画。为了使用工具栏中的按钮控制动画运行状态,需使用面板或画布等播放动画。其中 JPanel 面板默认具有双缓冲功能,效果最好。

本章的知识点归纳如表 20-1 所示。

表 20-1 本章知识点归纳

知 识 点	操作示例及说明

气球飘飘(图形幻灯片)	`public void paint(Graphics g){`
	`    … g.fillOval(x, y, w, h); …`
	`    try { Thread.sleep(500);} catch(Exception e){ }`
	`    repaint();`
	`}`

知识点	操作示例及说明
| 图像幻灯片 | ```
public class MyFrame extends JFrame{
    … private Image[] imgs = new Image[6]; …
    private MyPanel pan = new MyPanel();
    private Thread thread;
    …
    private class ActionHandler implements ActionListener{ … }
    private class MyPanel extends Panel implements Runnable{
        public void paint(Graphics g){ … }
        public void run(){ … }
    }
}
``` |
| 窗体中面板实现动画 | ```
public class MyFrame extends JFrame{
    … private Image backImage, foreImage;
    private int x, y, width, height; …
    private class ActionHandler implements ActionListener{ … }
    private class MyPanel extends Panel implements Runnable{
        public void paint(Graphics g){ … }
        public void run(){ … }
    }
}
``` |

20.6 实训20：编写动画程序

编写可控的"空中飞翔"动画程序：在蓝天白云背景下，一个飞鸟从窗体右下角向左上角飞去，飞得越高，图像越小，最后消失在画面中。消失后下一个飞鸟又重复上述对角飞翔的过程。要求在窗体中放置工具栏，工具栏上有 6 个按钮："飞翔"、"俯冲"、"停止"、"定时"、"上移"和"下移"，以控制图像的放映状态。其中"飞翔"或"俯冲"后必须"停止"才能再次"飞翔"或"俯冲"。运行界面如图 20-1 所示。

提示：前景图和背景图要放在项目的根目录。部分程序参考如下。

```
//MovieFrame.java 文件(窗体类程序)：
…
public class MovieFrame extends JFrame{                    //动画窗体类
    …
    private JButton butFly = new JButton("飞翔");
    private JButton butDive = new JButton("俯冲");
    private JButton butStop = new JButton("停止");
    private JButton butTime = new JButton("定时");
    private JButton butUp = new JButton("上移");
    private JButton butDwon = new JButton("下移");
    private int time = … ;                                 //每幅图放映时间(ms)
    private MyPanel pan = new MyPanel();                   //自定义面板
    private Thread thread;                                 //线程
    private int flyDive = 0;                               //1 飞翔|2 俯冲|0 停止开关
```

```java
    private Image backImage, foreImage;                    //背景图、前景图
    private int x = …, y = …, width = …, height = …;      //前景图位置和尺寸设初值

    public MovieFrame(){ … }                               //构造方法
    public void initialize(){ … }                          //初始化方法
    private void up(){ … }                                 //"上移"方法
    private void down(){ … }                               //"下移"方法
    //按钮动作事件监听处理类(私有内部类):
    private class ActionHandler implements ActionListener{ … }
    //自定义面板类(私有内部类),该类与线程关联:
    private class MyPanel extends JPanel implements Runnable{ … }
        public void paint(Graphics g){ … }                 //绘制方法
        public void run(){                                 //线程运行方法
            while (flyDive!= 0){
                try{Thread.sleep(time);}                   //线程休眠
                catch(InterruptedException e){break;}      //中断异常则停播
                if(flyDive == 1){                          //若是"飞翔"
                    up();                                  //调用上移方法
                }
                else if(flyDive == 2){                     //若是"俯冲"
                    down();                                //调用下移方法
                }
                this.repaint();                            //执行 paint 方法重绘
            }
        }
    }
}
```

第 21 章 学生管理——三层结构数据库编程

能力目标：
- 能使用 JDBC 建立数据库连接，能编写 Java 代码连接数据库；
- 能编写添加、修改、删除数据库记录的程序代码；
- 理解表示层、业务逻辑层、数据层，理解三层结构的应用程序；
- 能编写三层结构的学生信息管理应用程序，并能打包发布。

21.1 任务预览

本章实训要编写的三层结构学生信息管理程序，运行结果如图 21-1 所示。

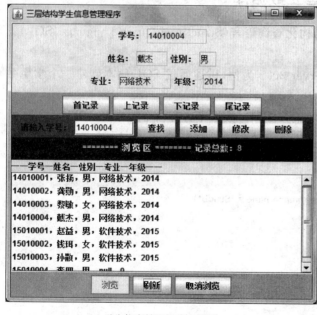

(a) 学生信息管理程序主界面　　　　　　(b) 添加记录对话框

图 21-1　实训程序运行界面

21.2 建立数据库

一般情况下,应用程序的数据和代码是分离的。数据往往使用数据库存放,因为数据库方便检索,能持久地保存数据,能够动态增、删、改数据,还能被不同的应用程序共享。

管理信息系统离不开数据库。如果没有数据库,则每次运行都要输入大量的初始化数据,并且程序的运行结果无法永久保存,这是无法想象的。

使用数据库涉及到数据库管理系统(Database Management System,DBMS)软件。流行的 DBMS 有 SQL Server、Access、Oracle、MySQL 等,它们都属于关系型数据库管理软件,其中前面两种是 Microsoft 公司开发的,最后一种是免费开源的。每种 DBMS 还有版本之分,如 SQL Server 有 2000、2005、2008 等版本,此外,还有企业版、开发版、速成版等。

21.2.1 在 DBMS 上建立数据库

访问数据库之前首先要建立数据库。建立数据库可以直接在 DBMS 上完成。使用 DBMS 创建数据库的优点是:操作直观、界面友好、互动性强。

关于如何在 DBMS 上建立数据库,不在本书叙述范围,有需要的读者请参考数据库技术与应用方面的书籍。

21.2.2 运行 SQL 脚本建立数据库

除了使用 DBMS,还可通过运行结构化查询语言(Structured Query Language,SQL)脚本建立数据库。

下面以 Microsoft 公司的 SQL Server 2008 为例,讲述通过 SQL 脚本创建一个学生数据库。

【例 21-1】 编写 SQL 脚本,建立学生数据库。数据库含有一个数据表,字段为学号、姓名、性别、专业和年级。并使用脚本录入 4 条记录。

```
USE master
GO
if exists (select * from sysdatabases where name = 'Studb')
    drop database Studb
GO
CREATE DATABASE Studb
GO
USE Studb
CREATE TABLE Stus (
  Num char(8) PRIMARY KEY,
  Name nvarchar(4) NOT NULL,
  Sex nchar(1) NOT NULL,
  Specialty nvarchar(7) NULL,
  Year int NULL,
  CHECK(Sex = '男' or Sex = '女'),
  CHECK((Year > = 2000 and Year < = 2025) or Year = 0),
```

)
GO
insert into Stus(Num,Name,Sex,Specialty,Year) values ('15010001','赵益','男','软件技术',2015)
insert into Stus(Num,Name,Sex,Specialty,Year) values ('15010002','钱珥','女','软件技术',2015)
insert into Stus(Num,Name,Sex,Specialty,Year) values ('15010003','孙散','男','软件技术',2015)
insert into Stus(Num,Name,Sex) values ('15010004','李四','男')
GO

用记事本把上面脚本代码录入电脑，以 sql 为后缀的文件名存盘，如保存为文件 createstudb.sql。如果计算机已经安装 SQL Server 2008，则请打开命令行窗口，进入文件存放的目录，输入下面命令：

sqlcmd -S . -E -i createstudb.sql

按 Enter 键，运行脚本，便可生成学生数据库。运行脚本的过程如图 21-2 所示。

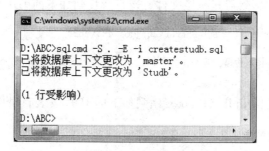

图 21-2　运行 SQL 脚本生成数据库

生成的学生数据库名为 Studb.mdf，默认位于下面文件夹，文件夹内容如图 12-3 所示：

C:\Program Files\Microsoft SQL Server\MSSQL.1\MSSQL\Data

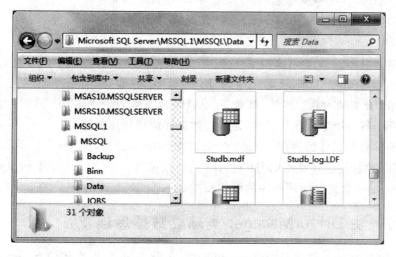

图 21-3　数据库所在位置

注意：即使计算机上已经存在 Studb 数据库，也可运行例 21-1 的 SQL 脚本。这时先删除原来的数据库，再重新生成新的 Studb 数据库，即替换原来的数据库。

21.3 连接数据库

21.3.1 下载驱动 jar 包并加载 JDBC 驱动程序

应用程序为了与数据库交换数据,必须与数据库建立连接。连接之前首先要加载 Java 数据库连接(Java Database Connectivity,JDBC)驱动程序。在 JDK8 版本之前允许加载 JDBC-ODBC 桥驱动程序,但在 JDK8 已取消了该桥驱动程序,因此 JDK8 就只能加载 JDBC 驱动程序了。

Java 连接 SQL Server 2008 数据库的 JDBC 驱动(程序)包在微软官网上可免费下载,首先下载可执行文件 sqljdbc_<version>_<language>.exe(如 sqljdbc_4.1.5605.100_chs.exe)到一个临时目录,然后运行该文件。运行后找到如下的解压目录:

```
Microsoft JDBC Driver 4.1 for SQL Server\sqljdbc_4.1\chs
```

在该目录中有一个 jar 包文件 sqljdbc41.jar,它就是微软 SQL Server 数据库的 JDBC 驱动包。

最后把该驱动 jar 包 sqljdbc41.jar 复制到如下的 JDK 安装目录中的 JRE 子目录:

```
C:\Program Files\Java\jre1.8.0_45\lib\ext
```

于是便可在 Java 应用程序中使用如下语句加载 SQL Server 数据库驱动程序:

```
Class.forName("com.microsoft.sqlserver.jdbc.SQLServerDriver");
```

Class 是 java.lang 包中类,forName 是该类的一个静态方法,方法参数是 SQL Server 数据库驱动类 SQLServerDriver 的完全限定名(含有包名的类名)。SQLServerDriver 就是连接 SQL Server 数据库的 JDBC 驱动程序(类)。

注意:对于 JDBC4 版本以上的驱动程序,在应用程序中可以省略 Class.forName() 加载语句,因为驱动程序管理类 DriverManager 会自动加载。不过,驱动 jar 也是不能省略的。

使用 JDBC 驱动程序连接数据库,是编写数据库应用程序的第一步。后续步骤将与具体的数据库(如学生数据库 Studb)连接,然后存取数据库的数据,这时要使用 JDBC API 的类或接口。

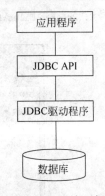

图 21-4 JDBC 应用框架

关于编写 Java 数据库应用程序的框架如图 21-4 所示。

21.3.2 由 DriverManager 类建立数据库连接

JDBC API 所在的软件包是 java.sql,它含有多个类和接口,常用的有 DriverManager、Connection、Statement、PreparedStatement、ResultSet 等。

建立数据库连接要使用驱动器管理类 DriverManager,代码举例如下:

```
Stringurl = "jdbc:sqlserver://localhost:1433;databaseName = Studb";
```

```
Connection conn = DriverManager.getConnection(url,"sa","123");
```

其中，Connection 是连接接口。getConnection 是 DriverManager 类的静态方法，用于建立（获取）数据库连接。

DriverManager 类中，建立连接的常用方法如下：

（1）static Connection **getConnection**(String url)：试图建立与给定数据库 url 的连接。参数 url 是统一资源定位形式的连接字符串，一般形式如下：

"jdbc:子协议:网址:端口;databaseName = 数据库名称; integratedSecurity = true;"

其中，jdbc 是协议名，子协议有 sqlserver 和 mysql 等。协议、子协议、网址和端口之间用英文冒号分隔。端口后面则以英文分号分隔。其中端口可省略。integratedSecurity 表示是否集成安全，若是 Windows 身份验证则为 true，这种方式可能要求管理员的权限，会引发访问数据库异常，因此不建议采用；若是 SQL Server 身份验证则集成安全为 false（默认）。

如果安装 SQL Server 2008 时是以 Windows 身份验证安装的，没有为 SQL Server 2008 添加 SQL Server 身份验证的用户，则需要添加用户。操作步骤如下：

① 打开 Microsoft SQL Server Management Studio 并以"Windows 身份验证"方式登录。在出现的 Microsoft SQL Server Management Studio 对话框左侧的"对象资源管理器"窗格中展开"安全性"节点，再展开"登录名"，右击 sa|"属性"命令，在出现的如图 21-5 所示的"登录属性-sa"对话框中选择"SQL Server 身份验证"单选按钮，为 sa 登录名添加密码（如 123），并选择默认数据库（如 Studb）；然后在"状态"项中单击"授予"单选按钮，允许连接到数据库引擎并选择"登录"单选按钮，再单击"确定"按钮退出"登录属性-sa"对话框。

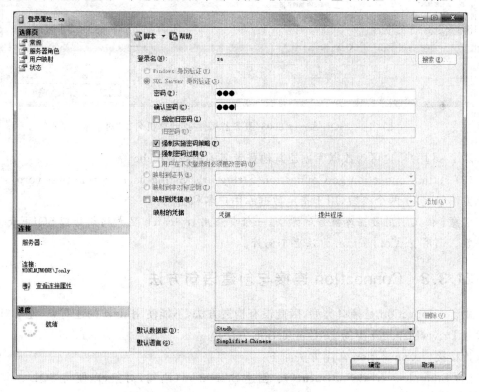

图 21-5　SQL Server 2008"登录属性-sa"对话框

② 右击 Microsoft SQL Server Management Studio 对话框的"对象资源管理器"窗格根节点,选择"属性"命令,出现如图 21-6 所示的"服务器属性-＜计算机名＞"对话框,单击"安全性"选项,选择服务器身份验证中的"SQL Server 和 windows 身份验证模式"单选按钮,然后单击"确定"按钮退出对话框。这样就为 SQL Server 2008 建立了以 SQL Server 身份验证的用户 sa。

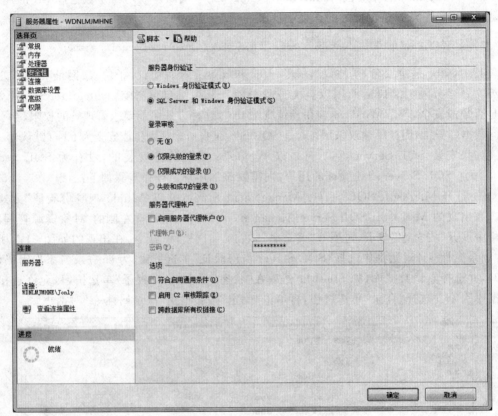

图 21-6　SQL Server 2008"服务器属性-＜计算机名＞"对话框

除了 sa 用户,也可为数据库创建其他登录名的用户,如 abc 等。

(2) static Connection getConnection(String url, String user, String password):该方法比方法(1)多了两个参数,用于指定数据库用户名和密码。

注意:但凡调用数据库操作的方法,一般要使用 try-catch 显式捕获处理 SQLException 等异常。调用 getConnection 方法也不例外。

21.3.3　Connection 连接与创建语句方法

由于 Connection 是接口类型,因此没有构造方法,不能使用 new 构建对象,连接对象只能通过 DriverManager 类的 getConnection 方法建立。

连接接口 Connection 常用方法如下:

(1) Statement **createStatement**():创建 Statement(语句)对象,以便将 SQL 语句发送到数据库。

（2）Statement **createStatement**(int resultSetType，int resultSetConcurrency)：创建语句对象,该对象将生成具有给定类型和并发性的 ResultSet(结果集)对象。

方法参数 resultSetType 是结果集类型,取自下面 3 个 ResultSet 静态常量：

- ResultSet.TYPE_FORWARD_ONLY：结果集光标只能向前(默认)。
- ResultSet.TYPE_SCROLL_INSENSITIVE：结果集光标可滚动而不敏感(不受底层数据更改的影响)。
- ResultSet.TYPE_SCROLL_SENSITIVE：结果集光标可滚动且敏感。

方法参数 resultSetConcurrency 是结果集并发类型,它取自下面 2 个 ResultSet 静态常量：

- ResultSet.CONCUR_READ_ONLY：结果集只读模式,不可以更新(默认)。
- ResultSet.CONCUR_UPDATABLE：结果集是可以更新的并发模式。

（3）PreparedStatement **prepareStatement**(String sql)：本方法创建一个 PreparedStatement(预编译语句)对象,以便将参数化的 SQL 语句发送到数据库。

（4）PreparedStatement **prepareStatement**(String sql，int resultSetType，int resultSet-Concurrency)：创建一个预编译语句对象,该对象将生成具有给定类型和并发性的结果集。本方法第二、第三个参数分别与方法(2)第一、第二个参数含义相同。

（5）void **close**()：关闭连接,释放连接对象的数据库和 JDBC 资源。

（6）void **setAutoCommit**(boolean autoCommit)：设置连接对象是否自动提交。如果是自动提交(默认),则执行 SQL 语句作为单个事务提交。否则,SQL 语句将聚集到事务中,直到调用 commit 方法或 rollback 方法为止。

（7）void **commit**()：提交事务,使数据更改成为持久性的。

（8）void **rollback**()：回滚事务,取消当前事务中的所有更改。

注意：默认情况下,由于连接对象处于自动提交模式,因此执行每个语句都会自动提交更改。如果禁用了自动提交模式,那么要提交更改就必须显式调用 commit 方法,否则无法在数据库中永久保存更改的内容。

21.4 访问数据库

21.4.1 数据库编程步骤

数据库应用编程需要引用包 java.sql,用包中的 DriverManager、Connection、Statement、PreparedStatement、ResultSet 和 SQLException 等类和接口。

编写 Java 数据库应用程序有如下基本步骤：

（1）建立数据库。

（2）下载数据库驱动 jar 包,加载 JDBC 驱动程序(加载可省略)。

（3）通过 DriverManager 建立数据库连接。涉及 DriverManager 和 Connection。

（4）由连接对象创建语句对象。涉及 Connection、Statement 和 PreparedStatement。

（5）通过语句对象执行 SQL 语句。涉及 Statement、PreparedStatement 和 ResultSet。

（6）处理结果集。涉及 ResultSet。

(7) 关闭结果集、语句和连接对象。涉及 ResultSet、Statement、PreparedStatement 和 Connection。

(8) 捕获处理步骤(1)~(7)的异常。涉及 SQLException 等。

前面已经介绍了步骤(2)~步骤(3)。下面通过一个简单例子概览各个步骤。

【例 21-2】 编写读取学生数据库 Studb 所有记录的 Java 程序。

分析：要读取学生数据库，必须先建立，这步在例 21-1 已完成。在 21.3.1 小节中也下载了数据库驱动包 sqljdbc41.jar 并存放在 JDK 安装子目录 jre1.8.0_45\lib\ext，即步骤(1)和(2)已经实现。于是可以编写程序代码，执行步骤(3)~步骤(9)。

```java
import java.sql.*;
public class Ex2 {
    public static void main(String[]args) {
        try{
            Class.forName("com.microsoft.sqlserver.jdbc.SQLServerDriver");
                //上面是加载 SQL Server 数据库驱动程序的语句,可省略该语句
            String url = "jdbc:sqlserver://localhost:1433;databaseName = Studb";
            Connection con = DriverManager.getConnection(url,"sa","123");//建立连接
            Statement stmt = con.createStatement();                     //连接创建语句
            ResultSet rs = stmt.executeQuery("select * from Stus");
                                                                        //语句执行查询得结果集
            System.out.println(" == 学号 ==== 姓名 == 性别 == 专业 ====== 年级 ==");
            while(rs.next()){                                           //循环输出结果集各行
                System.out.print(rs.getString(1) + "  ");               //字段(列)号从 1 开始
                System.out.print(rs.getString(2) + "\t");
                System.out.print(rs.getString(3) + "  ");
                System.out.print(rs.getString(4) + "\t");
                System.out.println(rs.getInt(5));
            }
            rs.close();                                                 //关闭结果集
            stmt.close();                                               //关闭语句
            con.close();                                                //关闭连接
        }
        catch(Exception e){                                             //捕获处理异常
            System.err.println("异常: " + e);
        }
    }
}
```

程序运行结果如图 21-7 所示。

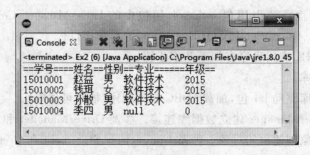

图 21-7 查询数据库

例 21-2 程序 while 循环体中,可用下列语句替换,通过数据表的字段名输出数据：

```
System.out.print(rs.getString("Num") + "\t");              //通过字段(列)名输出数据
System.out.print(rs.getString("Name") + "\t");
System.out.print(rs.getString("Sex") + "\t");
System.out.print(rs.getString("Specialty") + "\t");
System.out.println(rs.getInt("Year"));
```

21.4.2 Statement 语句及其执行方法

由于 Statement 是接口类型,没有构造方法,只能通过 Connection 对象的 createStatement 方法创建 Statement(语句)对象。

语句对象用于执行 SQL 语句,执行后或者返回 ResultSet 类型的结果集,或者返回 int、boolean 等类型的数据。

Statement 常用方法如下：

(1) ResultSet **executeQuery**(String sql)：执行给定的 SQL 查询语句,返回一个结果集。查询语句通常为 SQL SELECT 语句。

例如：

```
Statement stmt = con.createStatement();                    //连接对象创建语句
ResultSet rs = stmt.executeQuery("select * from Stus");    //执行查询语句后的结果集
```

(2) int **executeUpdate**(String sql)：执行给定 SQL 更新语句。SQL 更新语句一般是 INSERT、UPDATE 或 DELETE 等数据操作语言(Data Manipulation Language,DML)语句,这时返回所操作的行数;也可以是数据定义语言(Data Definition Language,DDL)语句,这时返回结果为 0。

(3) boolean **execute**(String sql)：执行给定的 SQL 语句。SQL 语句可能返回多个结果：如果第一个结果为结果集,则本方法返回 true;如果 SQL 语句为更新计数结果或者结果不存在,则方法返回 false。

(4) void **close**()：关闭语句,释放语句对象的数据库和 JDBC 资源。

21.4.3 PreparedStatement 预编译语句及其执行方法

PreparedStatement 继承自 Statement,也是接口类型,其对象称为预编译 SQL 语句,简称"预编译语句"。因为该对象能预先编译一条 SQL 语句,然后可反复运行,并且还可以带参数,即能够"动态"执行 SQL 语句。

由于 PreparedStatement 是接口类型,没有构造方法,只能通过 Connection 对象的 prepareStatement 方法创建对象。

PreparedStatement 常用方法如下：

(1) ResultSet **executeQuery**()：预编译语句执行 SQL 查询,返回结果集。

(2) int **executeUpdate**()：执行 SQL 更新语句。SQL 更新语句通常是 INSERT、UPDATE 或 DELETE 等 DML 语句,这时返回所操作的行数;也可以是 DDL 语句,这时返回 0 结果。

(3) boolean **execute**()：执行 SQL 语句。SQL 语句的类型没有限制，有可能返回多个结果，如果第一个结果为结果集，则本方法返回 true，否则返回 false。

(4) void **setString**(int parameterIndex, String x)：将 SQL 语句中指定索引处的参数设置为 String 类型的 x 值。

SQL 语句中的参数用？号表示，参数索引从 1 开始。例如：

```
sql = "update Stus set Sex = ?,Specialty = ? where Num = '14010001'";  //带 2 个参数的 SQL 语句
prpstmt = con.prepareStatement(sql);                 //连接创建预编译语句
prpstmt.setString(1, "女");                          //设置预编译语句参数 1 值
prpstmt.setString(2, "网络技术");
prpstmt.executeUpdate();                             //执行预编译语句更改记录
```

(5) void **setInt**(int parameterIndex, int x)：将 SQL 语句中指定索引处的参数设置为 int 类型的 x 值。

(6) void **setDouble**(int parameterIndex, double x)：将 SQL 语句中指定索引处的参数设置为 double 类型的 x 值。

(7) void **clearParameters**()：清除当前参数值。

使用预编译语句的优点：只需预先编译 SQL 语句一次，就可以执行多次，提高了数据库操作效率；通过设置不同的参数值，每次能得到不同的运行结果。

21.4.4 ResultSet 结果集

结果集 ResultSet 也是接口类型，没有构造方法，不能直接构建对象，只能通过执行语句或预编译语句的 executeQuery 等方法创建结果集对象。

结果集对应于数据库的数据表，由若干行、列组成，行对应数据表记录，列对应数据表字段。结果集本身含有指向当前数据行的光标（也称游标）。最初，光标被置于第一行之前。执行结果集的 next 方法后光标移到下一行。如果结果集没有下一行，则 next 方法返回 false。因而可在 while 循环中使用 next 方法依次访问结果集的各行数据（请参见例 21-2 的 while 循环语句）。

结果集提供从当前行获取列值的方法，例如 getString、getInt 等。可以使用列的索引编号或列的名称来获取列数据，如 getString(1)、getInt(5) 或 getString("Num")、getInt("Year")，详情请看例 21-2 的 while 循环体代码，要注意库表字段类型和 getXxx 方法名称的匹配性，如字段 Year 是 int 类型，因此方法名是 getInt 而不是 getString。

一般情况下，使用列索引效率高些。列从 1 开始编号，而不是从 0 开始。要按从左到右的顺序读取结果集每行的列数据，并且每列只能读取一次。

注意：方法 getXxx 的列（字段）名参数不区分大小写，SQL 语句也不区分大小写，但 Java 代码是严格区分大小写的。

默认情况下，结果集对象不可更新，仅有向前移动的光标，只能按从头到尾的顺序依次读取各行各列的数据。不过，在调用连接对象的 createStatement（或 prepareStatement）方法创建语句（或预编译语句）对象时，可以给定参数，使之生成可滚动、可更新的结果集。

ResultSet 常用方法如下：

(1) boolean **next**()：将结果集光标从当前位置下移一行。

(2) boolean **previous**()：将结果集光标上移一行。

(3) boolean **first**()：将光标移到结果集第一行。

(4) boolean **last**()：将光标移到结果集最后一行。

(5) void **afterLast**()：将光标移动到结果集末尾，即位于最后一行之后。

(6) void **beforeFirst**()：将光标移动到结果集开头，即位于第一行之前。

(7) boolean **absolute**(int row)：将光标移动到结果集指定的行号位置。

(8) String **getString**(int columnIndex)：获取结果集当前行指定列索引的字符串型列值。列索引从 1 开始。

(9) String **getString**(String columnLabel)：获取结果集当前行指定列标签(列名)的字符串型列值。

(10) int **getInt**(int columnIndex)：获取当前行指定列索引的 int 型列值。

(11) int **getInt**(String columnLabel)：获取当前行指定列名的 int 型列值。

(12) double **getDouble**(int columnIndex)：获取当前行指定列索引的 double 型列值。

(13) double **getDouble**(String columnLabel)：获取当前行指定列名的 double 型列值。

(14) boolean **getBoolean**(int columnIndex)：获取当前行指定列索引的 boolean 型列值。

(15) boolean **getBoolean**(String columnLabel)：获取当前行指定列名的 boolean 型列值。

(16) void **close**()：关闭结果集，释放数据库和 JDBC 资源。

(17) int **getRow**()：获取当前行编号。

(18) boolean **wasNull**()：判断最后读取的列值是否为 Null(空)。

图 21-8 增删改数据库记录

【例 21-3】 编写插入、更改、删除学生数据库记录的程序，运行结果如图 21-8 所示。

```
import java.sql.*;
import java.util.Scanner;

public class Ex3 {
    public static void main(String[]args) {
        Connection con = null;                              //声明连接
        Statement stmt = null;                              //声明语句
        PreparedStatement prpstmt = null;                   //声明预编译语句
        ResultSet rs = null;                                //声明结果集
        try{
            String url = "jdbc:sqlserver://localhost;databaseName = Studb";
            con = DriverManager.getConnection(url,"sa","123");//建立连接
            stmt = con.createStatement();                   //连接创建语句
            rs = stmt.executeQuery("select * from Stus");   //执行查询语句后的结果集
            System.out.println("数据库原来的内容: ");
            System.out.println(" == 学号 ==== 姓名 == 性别 == 专业 ====== 年级 == ");
```

```java
        while(rs.next()){                              //循环输出结果集各行
            System.out.print(rs.getString(1) + "  ");  //字段号从1开始
            System.out.print(rs.getString(2) + "\t");
            System.out.print(rs.getString(3) + "  ");
            System.out.print(rs.getString(4) + "\t");
            System.out.println(rs.getInt(5));
        }
        Scanner sc = new Scanner(System.in);
        String sql, num, name, sex, specialty, choice;

        System.out.println("\n插入一条记录……");
        System.out.print("请输入8位的学号：");
        num = sc.nextLine();
        System.out.print("请输入姓名：");
        name = sc.nextLine();
        sql = "insert into Stus(num,name,sex,year) values('" +
              num + "','" + name + "','男'," + (20 + num.substring(0,2)) + ")";
        stmt.executeUpdate(sql);                       //语句执行插入操作

        System.out.println("\n更改所插入的记录……");
        System.out.print("请输入性别：");
        sex = sc.nextLine();
        System.out.print("请输入专业：");
        specialty = sc.nextLine();
        sql = "update Stus set Sex = ?,Specialty = ? where Num = '" + num + "'";
                                                       //带2个?参数的SQL语句字符串
        prpstmt = con.prepareStatement(sql),           //连接创建预编译语句
        prpstmt.setString(1, sex);                     //设置预编译语句参数1值
        prpstmt.setString(2, specialty);
        prpstmt.executeUpdate();                       //执行预编译语句更改记录

        System.out.println("\n选择删除所更改的记录……");
        System.out.print("删除记录吗(请回答y或n)?");
        choice = sc.nextLine();
        sc.close();
        if(choice.equalsIgnoreCase("y")){
            sql = "delete from Stus where Num = '" + num + "'";
            prpstmt.close();
            prpstmt = con.prepareStatement(sql);       //连接创建预编译语句
            prpstmt.executeUpdate();                   //执行预编译语句删除记录
        }
        rs.close();
        rs = stmt.executeQuery("select * from Stus"); //语句执行查询得结果集
        System.out.println("\n更新后的内容：");
        System.out.println(" == 学号 ==== 姓名 == 性别 == 专业 ====== 年级 ==");
        while(rs.next()){                              //循环输出结果集各行内容
            System.out.print(rs.getString(1) + "  ");  //字段(列)号从1开始
            System.out.print(rs.getString(2) + "\t");
            System.out.print(rs.getString(3) + "  ");
            System.out.print(rs.getString(4) + "\t");
            System.out.println(rs.getInt(5));
```

```
            }
        }
        catch(Exception e){                              //捕获处理异常
            System.err.println("异常: " + e);
        }
        finally{
            try{
                if (rs != null ){ rs.close(); }          //关闭结果集
                if (stmt != null) { stmt.close();}       //关闭语句
                if (prpstmt != null) { prpstmt.close();} //关闭预编译语句
                if (con != null) { con.close();}         //关闭连接
            }
            catch(SQLException se){
                System.err.println("关闭异常: " + se);
            }
        }
    }
}
```

程序使用了预编译语句 prpstmt,第一次使用时带两个参数,用于更改记录;第二次使用时不带参数,用于删除记录。实际上,这是两个不同的预编译语句对象,第一个用于更改记录,更改完一条记录便丢弃了,然后再由连接对象 con 创建第二个用于删除记录的预编译语句对象,只不过这两个语句对象都使用同一个 prpstmt 引用而已。

使用预编译语句的好处是:操作灵活、效率高。读者可以对比插入记录的语句 stmt:

```
String sql = "insert into Stus(num,name,sex,specialty) " +
        "values ('13010001', '张三', '男', '网络技术') ";
stmt = con.createStatement();                            //连接创建语句
stmt.executeUpdate(sql);                                 //语句执行插入操作
```

语句 stmt 不是预编译语句,只能插入一条记录,如果改成预编译的语句,则通过设置不同的参数,就可执行多次,插入多条记录。例如:

```
String sql = "insert into Stus(num,name,sex,specialty) values (?, ?, ?, ?)";
prpstmt = con.prepareStatement(sql);                     //连接创建预编译语句
prpstmt.setString(1, "13010002");                        //设置预编译语句参数值
prpstmt.setString(2, "王武");
prpstmt.setString(3, "女");
prpstmt.setString(4, "网络技术");
prpstmt.executeUpdate();                                 //执行预编译语句插入一条记录
prpstmt.setString(1, "13010003");                        //设置预编译语句参数值
prpstmt.setString(2, "陈柳");
prpstmt.setString(3, "男");
prpstmt.setString(4, "网络技术");
prpstmt.executeUpdate();                                 //执行预编译语句插入第二条记录
```

这段代码,同一个预编译语句 prpstmt 执行两次,在数据库中插入了两条不同的记录。

注意: 连接、语句(包括预编译语句)和结果集对象的关闭顺序和创建时刚好相反,要先关闭结果集,然后关闭语句,最后才关闭连接。如果首先关闭连接,则语句和结果集就不能使用了,因为它们都连带自动关闭了。同理,若关闭语句对象,则结果集也没有了。请记住三者之

间的关系：结果集依赖语句，而语句又依赖连接。因为连接创建语句，再由语句创建结果集。

21.5 三层结构应用程序概述

大中型应用程序，为方便开发和维护，通常把代码在逻辑上分成若干个层次结构，如二层、三层或四层等结构。层次之间相对独立，各层模块的修改维护尽量不影响其他层。

分层结构中，层与层之间允许相互操作，要求下层提供方法（也称"接口"）给上层使用，即上层通过调用而使用下层的功能。一般情况下，下层不能直接调用上层的方法，更不能跨层操作。

注意：方法也称"接口"，是指模块间功能调用方面的交接口，而不是Java的接口类型。

通常，下层模块执行相对简单的任务，上层模块通过调用多个下层模块，实现较为复杂的功能。

三层逻辑结构的应用程序，3个层次从上到下依次是表示层、业务逻辑层和数据层，如图21-9所示。

（1）表示层：是应用程序的门面、人机交互的界面，一般是图形用户界面。表示层主要有两个任务：一是与人互动，提示用户输入数据，并告知处理结果。二是与业务逻辑层的互动，把用户输入的数据传送给业务逻辑层，并显示业务逻辑层的处理结果。具体来说，表示层由窗体等容器以及标签、文本框和按钮等组件组成，如果是Java Web应用系统，表示层是Java服务器网页（Java Server Page,JSP）。

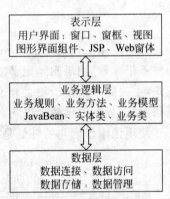

图 21-9 三层逻辑结构

（2）业务逻辑层：包含核心业务的逻辑代码，由业务模型和业务方法等构成，用于实现业务规则，执行业务操作。具体而言，业务逻辑层负责处理来自表示层和数据层的数据、与它们实现互动操作，按需要把处理结果送回表示层，或发回数据层永久保存。业务逻辑层处于表示层和数据层之间，起承上启下作用。

（3）数据层：负责与数据库的连接，进行数据查询、更新和存储等操作，并与业务逻辑层互动，相互传输数据。数据层的下面就是数据库。

无论哪一层，对于面向对象的程序设计，特别是J2SE类型的Java应用程序，都是由类和接口等类型组成，视程序复杂情况，每一层由一个或多个类（接口）构成。

开发应用程序时，一般先编写数据层，其次是业务逻辑层，最后是表示层。不过，由于数据层与数据库直接关联，为把数据库中的记录转换成程序设计语言中的对象，在编写数据层代码之前，首先要编写实体类。

21.6 三层结构学生信息管理程序

下面运用三层逻辑结构编写学生信息管理程序，功能是访问21.2节建立的学生数据库，该数据库有一个数据表，数据表有学号、姓名、性别、专业和年级等5个字段。运行主界面如图 21-1(a)所示,通过单击"上记录"和"下记录"等按钮能依次读取库表记录并显示出来,还能根据输入的学号"查找"、"添加"、"修改"和"删除"记录。其中添加记录通过如图 21-1(b)所示的对话框录入数据,修改记录也是通过专门的对话框进行的。当要删除记录时,则显示一个确认框,只有单击"是"按钮才执行删除操作。

主界面的下半部是浏览区,底行有"浏览"、"刷新"和"取消浏览"3 个按钮,开始时只有"浏览"能用,其余两个按钮被禁用了。单击"浏览"按钮,在浏览区中显示所有记录,如果记录数太多以致浏览区无法全部显示,则自动在浏览区右边出现滚动条,这时用鼠标拖动滚动条便可浏览所有记录。当更改了库记录后,可单击"刷新"按钮,把更改结果重新显示在浏览区中,也可单击"取消浏览"按钮,隐藏浏览区中的数据。

三层逻辑结构中的最底层是数据层,在编写数据层代码之前,先编写一个与数据库表(记录)对应的实体类,目的是实现对象/关系映射。

21.6.1 对象/关系映射

所谓对象/关系映射(也称 O/R 映射),是将面向对象程序设计语言中的对象实体及实体之间的关系映射到关系数据库中的表及表之间的关系。也可以反过来说,把关系数据库的数据模型映射到 Java 语言表示的对象模型。映射到数据库表或视图的类就是"实体类"。实体类的对象映射为一条数据记录,实体类的各个属性映射为记录的各个字段。

例 21-1 创建的学生数据库只有一个数据表,只需编写一个用于映射的实体类。如果有多个数据表,则要编写多个实体类。

注意:对象/关系映射是数据库编程的重要技术,目前流行的 Hibernate 等框架均实现了对象/关系映射。

21.6.2 实体类与 JavaBean

【**例 21-4**】 编写映射到学生数据库表(记录)的实体类。

```java
import java.io.Serializable;
//实现两个接口 Serializable 和 Comparable<Stu>的学生实体类(JavaBean):
public class Stu implements Serializable,Comparable<Stu>{
    private static final long serialVersionUID = 1L;   //序列化版本号
    private String num;                                 //学号
    private String name;                                //姓名
    private char sex;                                   //性别
    private String specialty;                           //专业
    private int year;                                   //年级

    public Stu(){ }                                     //构造方法(也能自动生成)

    public String getNum(){
        return num;
    }
    public void setNum(String num) throws Exception{
        if (num.matches("[\\d]{8}")){ this.num = num; }
        else { throw new Exception("学号必须为 8 位数字!"); }
```

```java
    }

    public String getName(){
        return name;
    }
    public void setName(String name) throws Exception{
        if ( name == null || name.trim().length() == 0){
            throw new Exception("姓名不能为空!");
        }
        else if (name.trim().length() > 4) {
            throw new Exception("姓名字符不能多于4个!");
        }
        else { this.name = name; }
    }

    public char getSex(){
        return sex;
    }
    public void setSex(char sex) throws Exception{
        if (sex == '男' || sex == '女'){       this.sex = sex; }
        else { throw new Exception("性别必须是男或女!"); }
    }

    public String getSpecialty(){
        return specialty;
    }
    public void setSpecialty(String specialty) throws Exception{
        if (specialty == null || (specialty.trim().length()>= 0
                && specialty.trim().length()<= 7)) {
            this.specialty = specialty;
        }
        else { throw new Exception("专业字数不能超过7个!");       }
    }

    public int getYear(){
        return year;
    }
    public void setYear(int year) throws Exception{
        if ((year >= 2000 && year <= 2025) || year == 0){ this.year = year; }
        else { throw new Exception("年级要在 2000 到 2025 之间(或为 0)!"); }
    }

    public int compareTo(Stu otherStu){              //比较顺序方法
        return this.num.compareTo(otherStu.num);
    }

    public String toString(){                        //重写 toString 方法
        return num + "," + name + "," + sex + "," + specialty + "," + year;
    }
}
```

需要强调的是,本例只是代码片段,不能独立运行。Stu 类的类图如图 21-10 所示,类图中省略了 serialVersionUID 字段和各字段的 setXxx 和 getXxxx 方法。

实体类本质上是业务逻辑层的代码。用 Java 语言编写的实体类属于 JavaBean(组件)。

JavaBean 是完成特定功能的封装组件,主要提供给别的代码共享调用,本身不能独立运行。因为组件的功能只是系统的一个组成部分,是代码片段,因而不能单独运行。

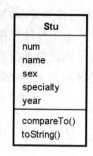

图 21-10 Stu 类类图

关于 JavaBean 的规范和特征,有如下 4 个:

(1) JavaBean 是公共的 Java 类。
(2) 要实现序列化接口 Serializable。
(3) 需提供无参构造方法(供其他类调用)。如果没有定义有参数的构造方法,默认也能自动生成,否则要显式编写。
(4) 方法是公共的,字段是私有的(封装性要求)。每个私有字段要有相应的公共读写方法,能对外公开调用。

假设字段名称是 xxx,类型是 Type,则应提供 getXxx 和 setXxx 形式的字段读写方法,分别用于读取字段值和为字段赋值。

字段读写方法的基本结构如下:

```java
public Type getXxx() {
    return xxx;
}

public void setXxx(Type xxx) {
    this.xxx = xxx;
}
```

如果字段类型是 boolean 型,则把 getXxx 方法改为 isXxx 方法。

注意:在 Eclipse 开发环境下,可自动生成字段的 getXxx(或 isXxx)和 setXxx 方法,详见 7.7 节和图 7-5。另外,对于 final 修饰的字段,则只能有 getXxx 方法。如 final 的序列化版本号字段 serialVersionUID,就只能编写 getXxx 方法,而不能编写 setXxx 方法。实际上,序列化版本号字段非常特殊,getXxx 方法也不需要编写。

在例 21-4 中,由于属性字段与库表字段有对应关系,需要校验各个字段的取值形式和范围,所以 setXxx 方法的声明中还抛出了异常,并且方法体使用了 if 语句加以判断。

例如,学号字段 num 的 setNum 方法代码如下:

```java
public void setNum(String num) throws Exception{
    if (num.matches("[\\d]{8}")){ this.num = num; }
    else { throw new Exception("学号必须为 8 位数字!"); }
}
```

该方法功能:如果学号是 8 位数字,就把参数 num 赋给同名的字段;否则抛出消息为"学号必须为 8 位数字"的异常。其中"[\\d]{8}"是正则表达式,里面的 8 表示由 8 个字符组成,这 8 个字符就是用"[\\d]"描述的数字。setNum 方法虽然增多了校验和异常处理代码，但仍具备 setXxx 方法的基本结构。其他字段的读写方法也符合 JavaBean 的特征。

由于要使用按学号排序的功能，因而例 21-4 的 Stu 类还实现了 Comparable＜Stu＞接口。该接口是泛型可比较接口，并且在类内部实现了接口唯一方法 compareTo。还有，由于要显示学生对象各字段的数据，所以重写了来自根类 Object 的 toString 方法。

总之，例 21-4 定义的 Stu 类是一个实体类，也是一个 JavaBean。

21.6.3 数据层

数据层是三层结构程序的最底层，直接与数据库打交道，因此涉及数据库连接、数据查询、记录添加、修改和删除等操作。不管哪层代码，都是以类（Class）的形式实施的，数据层也不例外，而具体的操作都是由方法执行的。

【例 21-5】 编写学生信息管理程序的数据层。

```java
/** 数据层 */
import java.sql.*;
import java.util.Vector;
import javax.swing.JOptionPane;

public class StuDataAccess {                              //数据层类
    //private static String driver = "com.microsoft.sqlserver.jdbc.SQLServerDriver";
                                                          //驱动程序字符串(可省)
    private static String url = "jdbc:sqlserver://localhost:1433;DatabaseName=Studb";
                                                          //学生数据库
    private static Connection con;                        //连接
    private Statement stmt;                               //语句
    private PreparedStatement prpstmt;                    //预编译语句
    private ResultSet rs;                                 //结果集

    public static Connection createConnection(){          //建立连接方法
        try{
            if(con == null || con.isClosed()){
                //Class.forName(driver);                  //加载驱动程序(可省)
                con = DriverManager.getConnection(url,"sa","123");   //建立连接
            }
        }
        catch(Exception e){
            System.err.println("建立连接异常：" + e);
        }
        return con;
    }

    public static void closeConnection(){                 //关闭连接方法
        try{
            if(con != null && !con.isClosed()){
                con.close();
            }
        }
        catch(SQLException se){
```

```java
                JOptionPane.showMessageDialog(null, "关闭库连接异常: " +
                        se.getMessage());
        }
    }

    private void closeResultSet(){                    //关闭结果集方法
        try{
            if (rs != null ){ rs.close();}
        }
        catch(SQLException se){
            JOptionPane.showMessageDialog(null, "关闭结果集异常: " +
                    se.getMessage());
        }
    }

    private void closeStatement(){                    //关闭语句方法
        try{
            if (stmt != null ){ stmt.close();}
            if (prpstmt != null){ prpstmt.close();}
        }
        catch(SQLException se){
            JOptionPane.showMessageDialog(null, "关闭语句异常: " +
                    se.getMessage());
        }
    }

    public Vector< Stu > getAllRecords(){             //获取所有记录方法
        Vector< Stu > stus = new Vector< Stu >();     //学生记录集
        String sql = "select * from Stus";
        try{
            createConnection();
            stmt = con.createStatement();
            rs = stmt.executeQuery(sql);
            while(rs.next()){
                Stu stu = new Stu();                  //学生对象(实体)
                stu.setNum(rs.getString("Num"));
                stu.setName(rs.getString("Name"));
                stu.setSex(rs.getString("Sex").charAt(0));
                stu.setSpecialty(rs.getString("Specialty"));
                stu.setYear(rs.getInt("Year"));
                stus.add(stu);
            }
        }
        catch(Exception e){
            JOptionPane.showMessageDialog(null, "查找所有记录异常: " +
                    e.getMessage());
        }
        finally{
            closeResultSet();
            closeStatement();
            closeConnection();
```

```java
        }
        return stus;
    }

    //按学号查找学生记录方法：找到,返回 Stu 对象,否则,返回 null
    public Stu searchRecord(String num){            //查找学生记录方法
        Stu stu = null;                             //学生变量
        String sql = "select * from Stus where Num = ?";
        try{
            createConnection();
            prpstmt = con.prepareStatement(sql);
            prpstmt.setString(1, num);              //参数索引从 1 开始
            rs = prpstmt.executeQuery();
            if(rs.next()){                          //如果查找到记录
                stu = new Stu();                    //构建学生对象
                stu.setNum(rs.getString("Num"));
                stu.setName(rs.getString("Name"));
                stu.setSex(rs.getString("Sex").charAt(0));
                stu.setSpecialty(rs.getString("Specialty"));
                stu.setYear(rs.getInt("Year"));
            }
        }
        catch(Exception e){
            JOptionPane.showMessageDialog(null, "查找记录异常：" +
                e.getMessage());
        }
        finally{
            closeStatement();
            closeConnection();
        }
        return stu;
    }

    //添加一条学生记录方法：成功,返回 1(更新语句数目); 不成功,返回 0
    public int addRecord(Stu stu){                  //添加学生记录方法
        String sql = "insert into Stus(Num,Name,Sex,Specialty,Year) values (?,?,?,?,?)";
        int recCount = 0;
        try{
            createConnection();
            prpstmt = con.prepareStatement(sql);
            prpstmt.setString(1, stu.getNum());
            prpstmt.setString(2, stu.getName());
            prpstmt.setString(3, String.valueOf(stu.getSex()));
            prpstmt.setString(4, stu.getSpecialty());
            prpstmt.setInt(5, stu.getYear());
            recCount = prpstmt.executeUpdate();     //执行更新
        }
        catch(SQLException se){
            JOptionPane.showMessageDialog(null, "添加记录异常：" +
                se.getMessage());
        }
```

```java
        finally{
            closeStatement();
            closeConnection();
        }
        return recCount;
    }

    //修改一条学生记录: 成功,返回1(更新语句数目); 不成功,返回0
    public int updateRecord(Stu stu){                    //修改学生记录方法
        String sql = "update Stus set Name = ?, Sex = ?, Specialty = ?, Year = ? where Num = ?";
        int recCount = 0;
        try{
            createConnection();
            prpstmt = con.prepareStatement(sql);
            prpstmt.setString(1, stu.getName());
            prpstmt.setString(2, String.valueOf(stu.getSex()));
            prpstmt.setString(3, stu.getSpecialty());
            prpstmt.setInt(4, stu.getYear());
            prpstmt.setString(5, stu.getNum());
            recCount = prpstmt.executeUpdate();          //执行更新
        }
        catch(SQLException se){
            JOptionPane.showMessageDialog(null, "修改记录异常: " +
                se.getMessage());
        }
        finally{
            closeStatement();
            closeConnection();
        }
        return recCount;
    }

    //删除一条学生记录: 成功,返回1(更新语句数目); 不成功,返回0
    public int deleteRecord(Stu stu){                    //删除学生记录方法
        String sql = "delete from Stus where Num = ?";
        int recCount = 0;
        try{
            createConnection();
            prpstmt = con.prepareStatement(sql);
            prpstmt.setString(1, stu.getNum());
            recCount = prpstmt.executeUpdate();          //执行更新
        }
        catch(SQLException se){
            JOptionPane.showMessageDialog(null, "删除记录异常: " +
                se.getMessage());
        }
        finally{
            closeStatement();
            closeConnection();
        }
        return recCount;
```

        }
    }

数据层类 StuDataAccess 也是程序片段，不能独立运行。类的成员如图 21-11 所示。

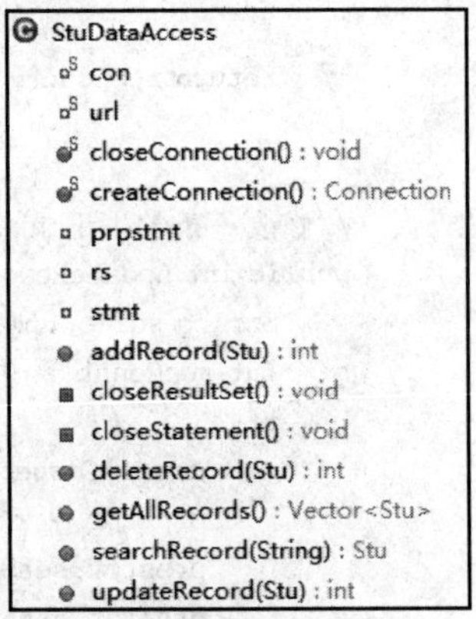

为方便编程，在数据层类 StuDataAccess 中，把建立数据库连接、关闭连接、关闭语句、关闭结果集分别编成 4 个方法，其中后两个方法只在类的内部调用，因此设成私有的，而建立和关闭数据库连接这两个方法则可设为公共的，以便对外使用。其余记录查找、添加、修改、删除等方法也设为公共的，因为要提供给业务逻辑层的代码调用。其中，获取所有记录方法 getAllRecords 的返回类型是泛型集合类 Vector<Stu>，集合的元素类型即是实体类 Stu，即方法的返回数据是学生对象集合(简称学生集)。

```
StuDataAccess
  con
  url
  closeConnection() : void
  createConnection() : Connection
  prpstmt
  rs
  stmt
  addRecord(Stu) : int
  closeResultSet() : void
  closeStatement() : void
  deleteRecord(Stu) : int
  getAllRecords() : Vector<Stu>
  searchRecord(String) : Stu
  updateRecord(Stu) : int
```

图 21-11　数据层类成员

考虑到数据库连接字段的唯一性，因此在 StuDataAccess 类中设置为静态字段，相应的建立和关闭连接这两个方法也设为静态的。

21.6.4　业务逻辑层

前面的实体类 Stu 是业务逻辑层的代码，是"值 JavaBean"。

除了 Stu 类外，还要编写侧重于操作的业务逻辑层类，这样的类称为"工具 JavaBean"。工具 JavaBean 主要用于封装业务逻辑和数据操作，不太遵循 JavaBean 的规范。

【例 21-6】　继续编写学生信息管理程序的业务逻辑层代码。

```java
/** 中间的业务逻辑层 */
import java.util.*;
public class StuBusinessLogic {                                    //业务逻辑类
    private static StuDataAccess dataAccess = new StuDataAccess(); //与数据层关联
    private static Vector<Stu> stus = new Vector<Stu>();           //学生集
    private static int total ;                                     //学生集元素总数
    private static int stusIndex ;                                 //学生集当前元素索引

    public StuBusinessLogic(){                                     //无参数构造方法
        stus.clear();
        stus = dataAccess.getAllRecords();                         //调用数据层方法
        total = stus.size();
        stusIndex = 0;
    }

    public static int getTotal(){                                  //获取记录总数
        return total;
    }

    public static Vector<Stu> getStus(){                           //获取所有学生记录
        if (stus.isEmpty()){
            stus.clear();
```

```java
            stus = dataAccess.getAllRecords();          //调用数据层方法
            total = stus.size();
        }
        return stus;
    }

    public static Vector<Stu> reGetDBAllRecords(){      //重获所有库记录(刷新)
        stus.clear();
        stus = dataAccess.getAllRecords();              //调用数据层方法
        total = stus.size();
        return stus;
    }

    public Stu getFirstStu(){                           //获取学生集首记录
        if(stus.size()>0){
            stusIndex = 0;
            return stus.get(stusIndex);
        }
        return null;
    }

    public Stu getPreviousStu(){                        //获取学生集上一记录
        if(stus.size()>0){
            stusIndex--;
            if(stusIndex <= -1){
                stusIndex = total - 1;
            }
            return stus.get(stusIndex);
        }
        return null;
    }

    public Stu getNextStu(){                            //获取学生集下一记录
        if(stus.size()>0){
            stusIndex++;
            if(stusIndex >= total){
                stusIndex = 0;
            }
            return stus.get(stusIndex);
        }
        return null;
    }

    public Stu getLastStu(){                            //获取学生集尾记录
        if(stus.size()>0){
            stusIndex = total - 1;
            return stus.get(stusIndex);
        }
        return null;
    }
```

```java
    public Stu getCurrentStu(){                                    //获取学生集当前记录
        if(stusIndex >= 0 && stusIndex < total) {
            return stus.get(stusIndex);
        }
        else{
            return null;
        }
    }

    //在学生集中查找对象,返回元素索引。如果对象为空,或不在学生集,则索引为 -1
    public int getIndex(Stu stu){                                  //查找学生集元素
        int index = -1;
        if (stu != null){
            for(int i = 0; i < total; i++){
                if(stu.getNum().equals(stus.get(i).getNum())){
                    index = i;
                    break;
                }
            }
        }
        return index;
    }

    //在学生集中添加一个元素(非空的学生对象):
    public void addStuObj(Stu stu){                                //添加学生集元素
        if (stu != null){
            stus.add(stu);                                         //添加元素
            Collections.sort(stus);                                //学生集元素按学号排序
            stusIndex = getIndex(stu);                             //改变学生集元素索引
            total ++;
        }
    }

    //在学生集中修改元素(学生对象):
    public void updateStuObj(Stu stu){                             //修改学生集元素
        int index = getIndex(stu);
        if (index >= 0 && index < total){                          //如果对象存在
            stus.set(index, stu);                                  //用给定元素替换原元素
        }
    }

    //在学生集中删除元素(学生对象):
    public void deleteStuObj(Stu stu){                             //删除学生集元素
        int index = getIndex(stu);
        if (index >= 0 && index < total){                          //如果对象存在
            stus.remove(index);                                    //则删除该元素
            total --;
        }
    }
```

```java
//按学号查找学生库记录,找不到,返回 null
public Stu searchStu(String num){                //按学号查找学生库记录
    if (num.length() == 0 || num == null ){
        return null;
    }
    else{
        Stu stu = dataAccess.searchRecord(num);
        stusIndex = getIndex(stu);               //改变学生集元素索引
        return stu;
    }
}

//添加学生库记录:成功返回 1;记录已存在,返回 0;无法添加(如空记录),返回 -1
public int addStu(Stu stu){                      //添加学生库记录
    int result = 0;
    if (stu == null){
        result = -1;
    }
    result = dataAccess.addRecord(stu);          //调用数据层方法添加记录
    if(result == 1){                             //如果成功添加
        addStuObj(stu);                          //则把对象添加到学生集
    }
    return result;
}

//修改学生库记录:成功返回 1;不成功,返回 0;无法修改(如空记录),返回 -1
public int updateStu(Stu stu){                   //修改学生库记录
    int result = 0;
    if (stu == null){
        result = -1;
    }
    result = dataAccess.updateRecord(stu);       //调用数据层方法修改记录
    if (result == 1){                            //如果成功修改库记录
        updateStuObj(stu);                       //则修改学生集相应元素
    }
    return result;
}

//删除学生库记录:成功返回 1;不成功,返回 0;无法删除(如空记录),返回 -1
public int deleteStu(Stu stu){                   //删除学生库记录
    int result = 0;
    if (stu == null){
        result =-1;
    }
    result = dataAccess.deleteRecord(stu);       //调用数据层方法删除记录
    if(result == 1){                             //如果成功删除
        deleteStuObj(stu);                       //则删除学生集相应元素
    }
    return result;
}
}
```

业务逻辑层类 StuBusinessLogic 的成员字段和方法如图 21-12 所示。

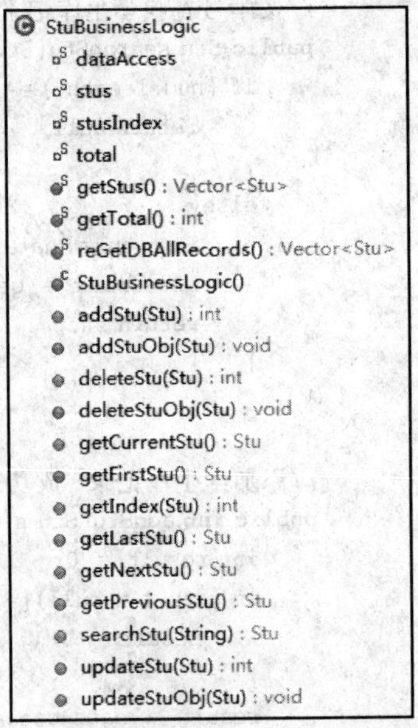

StuBusinessLogic 类位于应用程序的中间层,起着承上启下的作用:表示层将直接引用该层,它则直接引用数据层。具体地说,它把数据层 StuDataAccess 的对象作为成员字段,并且在本类的成员方法中调用数据层对象的方法,通过数据层对数据库进行访问。

StuBusinessLogic 有一个成员字段 suts,用于存放所有学生对象,其类型是泛型集合 Vector<Stu>,即 suts 是学生集,它对应数据库表的所有记录。而实体类 Stu 的对象则是一个学生对象,它只对应数据库表的一条记录。

由于学生集是唯一的,因此在 StuBusinessLogic 类中把 suts 字段设为静态的,学生集当前元素索引 stusIndex、元素总个数 total 等字段也相应设为静态。同理,数据层对象 dataAccess 也设为静态的。

在 StuBusinessLogic 类的成员方法中,除了通过数据层对数据库操作的方法,还有获取学生集 suts 的首、尾、上、下元素和当前元素等方法,这些方法将直接被表示层调用。该类也定义了对学生集元素进行增、删、改的方法,供更新 stus 数据调用。

图 21-12 业务逻辑层类成员

21.6.5 表示层

学生信息管理程序的表示层有 3 个类:一个是作为主界面的窗体类,其他两个是添加、修改记录的对话框类。此外,还有一个程序的入口主类。

【例 21-7】 编写学生信息管理程序的主界面窗体类,运行界面如图 21-13 所示。

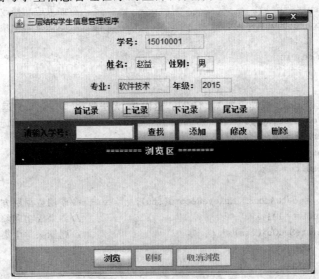

图 21-13 表示层主窗体

```java
import javax.swing.*;
import java.awt.*;
import java.awt.event.*;

public class StuManFrame extends JFrame {
    private static final long serialVersionUID = 10L;                      //序列化版本号
    private StuBusinessLogic stuLogic = new StuBusinessLogic();            //关联业务逻辑层
    private Stu stu = new Stu();                                           //实体类
    private StuManFrame thisObj = this;                                    //当前类对象
    private JLabel labNum = new JLabel("学号: ");                          //5 个标签
    private JLabel labName = new JLabel("姓名: ");
    private JLabel labSex = new JLabel("性别: ");
    private JLabel labSpecialty = new JLabel("专业: ");
    private JLabel labYear = new JLabel("年级: ");
    private JTextField tfNum = new JTextField(8);                          //5 个只读文本框
    private JTextField tfName = new JTextField(4);
    private JTextField tfSex = new JTextField(2);
    private JTextField tfSpecialty = new JTextField(7);
    private JTextField tfYear = new JTextField(4);

    private JButton butFirst = new JButton("首记录");                      //按钮
    private JButton butPre = new JButton("上记录");
    private JButton butNext = new JButton("下记录");
    private JButton butLast = new JButton("尾记录");

    private JLabel labInputNum = new JLabel("请输入学号: ");
    private JTextField tfInputNum = new JTextField(8);
    private JButton butSearch = new JButton("查找");                       //按钮
    private JButton butAdd = new JButton("添加");
    private JButton butUpdate = new JButton("修改");
    private JButton butDelete = new JButton("删除");

    private JLabel labBrowse = new JLabel(" ========   浏 览 区   ======== ");
    private JLabel labTotal = new JLabel();                                //记录总数标签
    private JLabel labTitle = new JLabel("——学号—姓名—性别—专业—年级——");
    private JList<Stu> list;                                               //列表框
    private JScrollPane scrollPane;                                        //含列表框的滚动窗格
    private JButton butBrowse = new JButton("浏览");                       //按钮
    private JButton butRefresh = new JButton("刷新");
    private JButton butCancelBrowse = new JButton("取消浏览");

    private JPanel panUp = new JPanel();                                   //上部面板
    private GridLayout gridLay = new GridLayout(6, 1);                     //按 6 行 1 列布局
    private JPanel panUp1 = new JPanel();
    private JPanel panUp2 = new JPanel();
    private JPanel panUp3 = new JPanel();
    private JPanel panUp4 = new JPanel();
    private JPanel panUp5 = new JPanel();
    private JPanel panUp6 = new JPanel();

    private JPanel panDown = new JPanel();                                 //下部面板
```

```java
    private BorderLayout borderLay = new BorderLayout();          //按边框布局
    private JPanel panDownSouth = new JPanel();

    public StuManFrame(){                                          //构造方法
        this.setTitle("三层结构学生信息管理程序");
        this.setBounds(100, 100, 480, 450);
        this.setDefaultCloseOperation(JFrame.EXIT_ON_CLOSE);
        try{
            initialize();                                          //调用初始化方法
        }
        catch (Exception e){
            e.printStackTrace();                                   //输出异常跟踪轨迹
        }
        this.setVisible(true);
    }

    private void initialize(){                                     //初始化方法
        tfNum.setEditable(false);
        tfName.setEditable(false);
        tfSex.setEditable(false);
        tfSpecialty.setEditable(false);
        tfYear.setEditable(false);
        panUp1.add(labNum);
        panUp1.add(tfNum);
        panUp2.add(labName);
        panUp2.add(tfName);
        panUp2.add(labSex);
        panUp2.add(tfSex);
        panUp3.add(labSpecialty);
        panUp3.add(tfSpecialty);
        panUp3.add(labYear);
        panUp3.add(tfYear);
        panUp4.setBackground(Color.LIGHT_GRAY);
        panUp4.add(butFirst);
        panUp4.add(butPre);
        panUp4.add(butNext);
        panUp4.add(butLast);
        panUp5.setBackground(Color.GRAY);
        panUp5.add(labInputNum);
        panUp5.add(tfInputNum);
        panUp5.add(butSearch);
        panUp5.add(butAdd);
        panUp5.add(butUpdate);
        panUp5.add(butDelete);
        labTitle.setVisible(false);
        labBrowse.setForeground(Color.WHITE);
        labTotal.setForeground(Color.YELLOW);
        panUp6.setBackground(Color.BLUE);
        panUp6.add(labBrowse);
        panUp6.add(labTotal);
        panUp.setLayout(gridLay);                                  //上部面板设6行1列网格布局
```

```java
        panUp.add(panUp1);
        panUp.add(panUp2);
        panUp.add(panUp3);
        panUp.add(panUp4);
        panUp.add(panUp5);
        panUp.add(panUp6);

        panDown.setLayout(borderLay);
        panDown.add(labTitle, BorderLayout.NORTH);
        panDownSouth.setBackground(Color.LIGHT_GRAY);
        panDownSouth.add(butBrowse);
        panDownSouth.add(butRefresh);
        panDownSouth.add(butCancelBrowse);
        panDown.add(panDownSouth, BorderLayout.SOUTH);
        stu = stuLogic.getFirstStu();
        this.displayRecord(stu);                                    //显示一个学生记录
        list = new JList<Stu>(StuBusinessLogic.getStus());          //构建学生集列表
        scrollPane = new JScrollPane(list);                         //构建滚动窗格
        panDown.add(scrollPane, BorderLayout.CENTER);               //下部面板放置滚动窗格
        scrollPane.setVisible(false);                               //暂不显示滚动窗格

        this.setLayout(new GridLayout(2, 1));                       //窗框分上下两部分
        this.add(panUp);
        this.add(panDown);

        //按钮添加动作事件监听器：
        butFirst.addActionListener(new ActionHandler());
        butPre.addActionListener(new ActionHandler());
        butNext.addActionListener(new ActionHandler());
        butLast.addActionListener(new ActionHandler());
        butSearch.addActionListener(new ActionHandler());
        butAdd.addActionListener(new ActionHandler());
        butUpdate.addActionListener(new ActionHandler());
        butDelete.addActionListener(new ActionHandler());
        butBrowse.addActionListener(new ActionHandler());
        butRefresh.addActionListener(new ActionHandler());
        butCancelBrowse.addActionListener(new ActionHandler());
        butRefresh.setEnabled(false);
        butCancelBrowse.setEnabled(false);
    }

    //按钮动作事件监听处理类(私有内部类)：
    private class ActionHandler implements ActionListener{
        public void actionPerformed(ActionEvent e){
            if(e.getSource() == butFirst){                  //"首记录"按钮
                stu = stuLogic.getFirstStu();               //调用业务逻辑层方法获取首记录
                displayRecord(stu);                         //显示学生记录
            }
            else if(e.getSource() == butPre){               //"上记录"按钮
                stu = stuLogic.getPreviousStu();
                displayRecord(stu);
```

```java
        else if(e.getSource() == butNext){              //"下记录"按钮
            stu = stuLogic.getNextStu();
            displayRecord(stu);
        }
        else if(e.getSource() == butLast){              //"尾记录"按钮
            stu = stuLogic.getLastStu();
            displayRecord(stu);
        }
        else if(e.getSource() == butSearch){            //"查找":按学号找
            String num = tfInputNum.getText().trim();
            if (num.length() == 0 || num == null ){
                JOptionPane.showMessageDialog(null, "请输入学号再查找!");
                tfInputNum.requestFocus();
            }
            else{
                stu = stuLogic.searchStu(num);          //调用业务逻辑层查找方法
                if (stu == null){
                    JOptionPane.showMessageDialog(null,
                            "学号为" + num + "的记录不存在!");
                }
                displayRecord(stu);
            }
        }
        else if(e.getSource() == butAdd){               //"添加":先查找再添加
            String num = tfInputNum.getText().trim();
            if (num.length() == 0 ){
                JOptionPane.showMessageDialog(null, "请输入要添加的学号!");
                tfInputNum.requestFocus();
            }
            else if (! num.matches("[\\d]{8}") ){       //如果学号不是8位数字
                JOptionPane.showMessageDialog(null, "学号必须是8位数字!");
                tfInputNum.requestFocus();
            }
            else{
                stu = stuLogic.searchStu(num);          //调用业务逻辑层查找方法
                if (stu != null){
                    JOptionPane.showMessageDialog(null, "该学号记录已存在!");
                }
                else{                                   //显示添加记录模式对话框,添加记录
                    AddDialog dialog = new AddDialog(thisObj, true, num);
                    stu = dialog.getStu();              //获取添加的学生对象
                }
                displayRecord(stu);
            }
        }
        else if(e.getSource() == butUpdate){            //"修改":先查找再修改
            String num = tfInputNum.getText().trim();
            if (num.length() == 0 || ! num.matches("[\\d]{8}") ){
                JOptionPane.showMessageDialog(null,
                        "请输入要修改的学号!\n学号必须是8位数字!");
```

```java
            tfInputNum.requestFocus();
        }
        else{
            stu = stuLogic.searchStu(num);        //调用业务逻辑层查找方法
            displayRecord(stu);
            if (stu == null){
                JOptionPane.showMessageDialog(null,
                    "该学号的记录不存在,无法修改!");
            }
            else{                                 //显示修改记录模式对话框,进行修改操作:
                UpdateDialog dialog = new UpdateDialog(thisObj, true, stu);
                stu = dialog.getStu();            //获取修改的学生对象
                displayRecord(stu);
            }
        }
    }
    else if(e.getSource() == butDelete){          //"删除":先查找后删除
        String num = tfInputNum.getText().trim();
        if (num.length() == 0 || ! num.matches("[\\d]{8}") ){
            JOptionPane.showMessageDialog(null,
                "请输入要删除的学号!\n学号必须是8位数字!");
            tfInputNum.requestFocus();
        }
        else{
            stu = stuLogic.searchStu(num);        //调用业务逻辑层查找方法
            displayRecord(stu);
            if (stu == null){
                JOptionPane.showMessageDialog(null,
                    "该学号的记录不存在!");
            }
            else{                                 //显示确认框,选择是否删除
                int result = JOptionPane.showConfirmDialog(null,
                    "真的删除该记录吗?");
                if (result == JOptionPane.YES_OPTION){
                    stuLogic.deleteStu(stu);      //调用业务逻辑层删除方法
                    stu = stuLogic.getCurrentStu();  //获取删后当前学生
                    displayRecord(stu);
                }
            }
        }
    }
    else if(e.getSource() == butBrowse){          //"浏览"所有记录
        butBrowse.setEnabled(false);
        butRefresh.setEnabled(true);
        butCancelBrowse.setEnabled(true);
        list = new JList<Stu>(StuBusinessLogic.getStus());  //学生集所有元素
        scrollPane.setViewportView(list);         //设置滚动窗格视图
        scrollPane.setVisible(true);
        labTitle.setVisible(true);
        labTotal.setText("记录总数:" + StuBusinessLogic.getTotal());
        thisObj.setVisible(true);
```

```java
            else if(e.getSource() == butRefresh){              //"刷新"浏览
                butBrowse.setEnabled(false);
                butCancelBrowse.setEnabled(true);
                list = new JList<Stu>(StuBusinessLogic.reGetDBAllRecords());
                                                              //重获库记录
                scrollPane.setViewportView(list);             //设置滚动窗格视图
                scrollPane.setVisible(true);
                labTitle.setVisible(true);
                labTotal.setText("记录总数：" + StuBusinessLogic.getTotal());
                thisObj.setVisible(true);
            }
            else if(e.getSource() == butCancelBrowse){        //"取消浏览"
                butCancelBrowse.setEnabled(false);
                butBrowse.setEnabled(true);
                butRefresh.setEnabled(true);
                scrollPane.setVisible(false);
                labTitle.setVisible(false);
                labTotal.setText("");
                thisObj.setVisible(true);
            }
        }
    }

    public void displayRecord(Stu stu){                       //显示学生记录方法
        if (stu != null ){                                    //若有学生，则显示
            tfNum.setText(stu.getNum());
            tfName.setText(stu.getName());
            tfSex.setText(String.valueOf(stu.getSex()));
            tfSpecialty.setText(stu.getSpecialty());
            tfYear.setText(String.valueOf(stu.getYear()));
        }
        else {                                                //否则清空文本框
            tfNum.setText(null);
            tfName.setText(null);
            tfSex.setText(null);
            tfSpecialty.setText(null);
            tfYear.setText(null);
        }
    }
}
```

界面窗体类 StuManFrame 的主要字段是如图 21-13 所示的标签、文本框、按钮等图形组件，以及业务逻辑层对象。方法有构造方法、初始化方法和显示记录方法，窗体类的成员还有一个私有内部类 ActionHandler，是所有按钮的动作事件监听和处理类，各个按钮功能均由内部类的 actionPerformed 方法提供。如单击"首记录"，则调用业务逻辑层方法获取首记录，然后调用 displayRecord 方法显示记录内容。

在 StuManFrame 类中，记录"添加"和"修改"按钮事件处理方法用到 AddDialog 和 UpdateDialog 类，这就是下面将要编写的添加和修改记录对话框类。而记录"删除"按钮则

调用 JOptionPane 的 showConfirmDialog 方法，执行该方法将显示如图 21-14 所示的确认框，以确定是否真的执行删除操作，只有单击"是"按钮，才真正删除记录。

【例 21-8】 编写学生管理程序的添加学生记录对话框类，运行界面如图 21-15 所示。

图 21-14 删除记录确认框

图 21-15 添加学生记录对话框

```java
import javax.swing.*;
import java.awt.*;
import java.awt.event.*;

public class AddDialog extends JDialog {                                    //添加学生记录对话框
    private static final long serialVersionUID = 10L;                       //序列化版本号
    private StuBusinessLogic stuLogic = new StuBusinessLogic();             //关联业务逻辑层
    private Stu stu = null;                                                 //实体类对象
    private AddDialog thisObj = this;                                       //当前对象
    private JLabel labNum = new JLabel("学号：");
    private JLabel labName = new JLabel("姓名：");
    private JLabel labSex = new JLabel("性别：");
    private JLabel labSpecialty = new JLabel("专业：");
    private JLabel labYear = new JLabel("年级：");
    private JTextField tfNum = new JTextField(8);
    private JTextField tfName = new JTextField(4);
    private JRadioButton radioButtonMale = new JRadioButton("男", true);
    private JRadioButton radioButtonFemale = new JRadioButton("女");
    private ButtonGroup butGroup = new ButtonGroup();
    private JTextField tfSpecialty = new JTextField(7);
    private JTextField tfYear = new JTextField("0", 4);                     //文本框显示 0,4 列宽
    private JPanel pan1 = new JPanel();
    private JPanel pan2 = new JPanel();
    private JPanel pan3 = new JPanel();
    private JPanel pan4 = new JPanel();
    private JButton butOk = new JButton("确定");
    private JButton butCancel = new JButton("取消");

    public AddDialog(StuManFrame frame, boolean modal, String num) {
        super(frame, modal);
        this.setTitle("添加学生记录");
        this.setLocation(frame.getX() + 80, frame.getY() + 200);
        this.setSize(300, 200);
        tfNum.setText(num);                                                 //学号来自主窗框
        tfNum.setEditable(false);                                           //学号不能修改
        initialize();                                                       //调用初始化方法
        this.setVisible(true);
```

```java
    }

    private void initialize(){                                    //初始化方法
        pan1.add(labNum);
        pan1.add(tfNum);
        butGroup.add(radioButtonMale);
        butGroup.add(radioButtonFemale);
        pan2.add(labName);
        pan2.add(tfName);
        pan2.add(labSex);
        pan2.add(radioButtonMale);
        pan2.add(radioButtonFemale);
        pan3.add(labSpecialty);
        pan3.add(tfSpecialty);
        pan3.add(labYear);
        pan3.add(tfYear);
        pan4.add(butOk);
        pan4.add(butCancel);
        this.setLayout(new GridLayout(4,1));
        this.add(pan1);
        this.add(pan2);
        this.add(pan3);
        this.add(pan4);
        butOk.addActionListener(new ActionHandler());             //按钮添加动作事件监听器
        butCancel.addActionListener(new ActionHandler());
    }

    //按钮动作事件监听处理类(私有内部类):
    private class ActionHandler implements ActionListener{
        public void actionPerformed(ActionEvent e){
            if(e.getSource() == butOk){                            //"确定"按钮
                try{
                    stu = new Stu();
                    stu.setNum(tfNum.getText());
                    stu.setName(tfName.getText().trim());
                    if(radioButtonMale.isSelected()){ stu.setSex('男'); }
                    else{ stu.setSex('女'); }
                    stu.setSpecialty(tfSpecialty.getText().trim());
                    String strYear = tfYear.getText().trim();
                    if (strYear.length() == 0) { stu.setYear(0); }
                    else {    stu.setYear(Integer.parseInt(strYear)); }
                    int recCount = stuLogic.addStu(stu);           //业务逻辑层添加记录方法
                    thisObj.setVisible(false);                     //隐藏对话框
                    if (recCount == 1){
                        JOptionPane.showMessageDialog(null, "成功添加一条记录!");
                    }
                }
                catch(Exception ex){
                    JOptionPane.showMessageDialog(null, "异常:" + ex.getMessage());
                    tfName.requestFocus();
                }
            }
```

```
            else if(e.getSource() == butCancel){       //"取消"按钮
                stu = null;
                thisObj.setVisible(false);              //隐藏对话框
            }
        }
    }
    
    public Stu getStu(){                                //获取学生对象方法
        return this.stu;
    }
}
```

添加对话框类的字段主要是如图21-15所示的标签、文本框、单选按钮和按钮等组件，还有业务逻辑层对象等，方法有构造方法、初始化方法和获取学生对象方法，也要一个内部类，用于按钮动作事件监听和处理。

程序运行时，在主界面文本框中要先输入8位数字组成的学号，并且所输入的学号没有使用过，才能显示添加记录对话框。该对话框是主界面窗体的模式对话框，必须单击对话框的"确定"、"取消"按钮或右上角的关闭按钮 ，才能回到主界面中。

图21-16 "修改学生记录"对话框

【例21-9】 编写学生信息管理程序的修改学生记录对话框类，运行结果如图21-16所示。

本类代码与例21-8的添加学生记录对话框类似，请读者自行编写。

【例21-10】 编写学生信息管理程序的主类。

```
public class StuMan {                                   //主类
    public static void main(String[]args) {
        new StuManFrame();                              //构造主界面的窗框对象
    }
}
```

至此，编写完三层结构的学生信息管理程序，运行主类StuMan，即出现图21-13中的主界面，单击各个按钮便执行相应的操作。如果要执行"查找"、"添加"、"修改"或"删除"按钮的功能，则必须首先在左边的文本框中输入学号，即是按照学号进行查找、添加、修改或删除操作的。

注意：为清晰起见，三层逻辑结构的程序，每层可用package语句定义为一个包，其他层用到该层，就用import语句引入。

程序经过反复调试运行，如果没有错误，就可打包发布了。

21.7 打包发布程序

一个程序项目通常包含多个文件，项目做完了，要打成一个软件包进行发布。

发布就是将程序代码及用到的资源文件打包成一个易传播、易安装和易运行的压缩文件,如打包成一个可执行的扩展名为 jar 的文件,这就是软件包(jar 包)。然后把软件包传送到具备运行环境的其他计算机。这样,双击软件包便可运行程序,而无须再进入 Eclipse 等开发环境。jar 是 Java ARchive 的缩写,表示 Java 存档文件。

三层结构学生信息管理程序有 7 个源程序文件,编译后生成 10 个字节码文件(因为连内部类共有 10 个类),可在 Eclipse 等开发环境下,把这些字节码(以及清单等)文件打成一个软件包,以便发送到别的计算机上运行。

在 Eclipse 开发环境中,打包发布程序的步骤如下:

(1) 打开程序项目,调试好程序,令程序能正常运行。

(2) 选择菜单 File|Export 命令,出现如图 21-17 所示的 Export(导出)对话框,选择导出目标类型为 Java 的 Runnable JAR file,单击 Next 按钮,出现如图 21-18 所示的对话框,选择好 Launch configuration(发行配置)下拉列表中的项,再选择 Export destination(导出目标)下拉列表的项,如选择 D:\StuManager.jar,然后单击 Finish 按钮,便在 D 盘根目录下,生成了一个名为 StuManager.jar 的软件包。

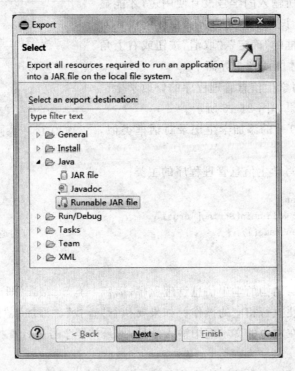

图 21-17 导出对话框

测试软件包:在"我的电脑"或"资源管理器"中,选择 D 盘根目录,双击 StuManager.jar 文件,即可运行程序,出现图 21-13 中的主界面。

(3) 把 StuManager.jar 文件发送(复制或通过网络传输)到其他计算机,只要计算机具备程序运行环境,即安装了 Java 运行环境 JRE1.8(无须 JDK1.8)、安装了 SQL Server 2008 数据库管理系统并建立了学生数据库 Studb,就可直接双击该文件运行程序。

图 21-18　可运行 JAR 文件导出对话框

21.8　本章小结

本章学习数据库编程。首先要建立数据库,这里介绍使用 SQL 脚本建立学生数据库。数据库建好后,便可编写 Java 程序访问数据库。

Java 数据库连接称为 JDBC,JDK8 版中要下载数据库驱动 jar 包,并使用里面的 JDBC 驱动程序。

Java 数据库编程有如下的基本步骤:

(1)建立数据库。

(2)下载数据库驱动 jar 包,加载 JDBC 驱动程序(加载可省略)。

(3)通过 DriverManager 建立数据库连接。

(4)由连接对象创建语句对象。

(5)通过语句对象执行 SQL 语句。

(6)处理结果集。

(7)关闭结果集、语句和连接对象。

其中要处理 SQLException 等异常。

本章还介绍了三层逻辑结构的应用程序,三层结构从上往下依次是表示层、业务逻辑层和数据层。每层均由代码组成,根据问题的复杂程度,每层可以是一个或多个类(接口)。本章最后详细讲述了如何使用三层结构编写学生信息管理程序。程序编写调试好后,便可打包发布。

另外,本章还简单介绍了对象/关系映射、实体类与 JavaBean 等,这些内容广泛应用于数据库程序设计。

本章知识点归纳如表 21-1 所示。

表 21-1　本章知识点归纳

知 识 点	操作示例及说明

使用 SQL 脚本建立数据库	`CREATE DATABASE Studb …`
	`USE Studb`
	`CREATE TABLE Stus ( Num char(8) PRIMARY KEY, … ) …`

加载驱动程序	`Class.forName("com.microsoft.sqlserver.jdbc.SQLServerDriver");`
建立连接	`String url = "jdbc:sqlserver://localhost:1433;DatabaseName = Studb";` `Connection con = DriverManager.getConnection(url,"sa","123");`
创建语句对象	`Statement stmt = con.createStatement();` `PreparedStatement prpstmt = con.prepareStatement(sqlString);`
执行语句	`ResultSet rs = stmt.executeQuery("select * from Stus");` `prpstmt.executeUpdate();`
处理结果集	`while(rs.next()){System.out.print(rs.getString(1) ); … }`
关闭连接等对象	`rs.close();　stmt.close();prpstmt.close();　con.close();`
三层结构程序	表示层、业务逻辑层、数据层
对象/关系映射	关系数据库的数据模型映射为 Java 语言的对象模型

JavaBean(组件)与学生实体类	`public class Stu implements Serializable, … {`
	`　　private static final long serialVersionUID = 1L;`
	`　　private String num; …`
	`　　public Stu(){ }`
	`　　public String getNum() { return num; }`
	`　　public void setNum(String num) { … this.num = num; … } …`
	`}`

数据层	`public class StuDataAccess { …`
	`　　public Vector < Stu > getAllRecords(){ … }`
	`　　public Stu searchRecord(String num){ … }`
	`　　public int addRecord(Stu stu){ … }`
	`　　public int updateRecord(Stu stu){ … }`
	`　　public int deleteRecord(Stu stu){ … }`
	`}`

业务逻辑层	`public class StuBusinessLogic {`
	`　　public static Vector < Stu > getStus(){ … }`
	`　　public static int getTotal(){ … }`
	`　　public Stu getFirstStu(){ … } …`
	`　　public void addStuObj(Stu stu){ … }　　//对集合操作`
	`　　public void updateStuObj(Stu stu){ … }`
	`　　public void deleteStuObj(Stu stu){ … }`
	`　　public Stu searchStu(String num){ … }　　//查找数据库记录`
	`　　public int addStu(Stu stu){ … }　　//对数据库库操作`
	`　　public int updateStu(Stu stu){ … }`
	`　　public int deleteStu(Stu stu){ … }`
	`}`

表示层	`public class StuManFrame extends JFrame { … }`
	`public class AddDialog extends JDialog { … }`
	`public class UpdateDialog extends JDialog { … }`

打包发布	Eclipse 开发环境下，选择菜单 File|Export 命令，生成 jar 包文件

21.9 实训21：三层结构学生信息管理程序

（1）实现不带修改功能的三层结构学生信息管理程序，功能是访问21.2节建立的学生数据库，库表有学号、姓名、性别、专业和年级5个字段。运行界面参见图21-1，能通过单击"上记录"和"下记录"等按钮依次读取数据库各个记录，并能按学号"查找"、"添加"和"删除"记录（禁用"修改"按钮），还能一次性"浏览"所有记录。

提示：数据库和代码请参考21.2和21.6节，可把主界面窗体中的"修改"按钮事件处理方法代码注释掉（相当于删除）。

（2）在上题基础上，编写属于表示层的修改学生记录对话框类代码。运行界面参见图21-16。

提示：部分代码参考如下。

```java
…
public class UpdateDialog extends JDialog {                            //修改学生记录对话框
    private StuBusinessLogic stuLogic = …
    private Stu stu;                                                    //实体类
    private Stu updStu;
    private UpdateDialog thisObj = … ;                                  //当前对象
    private JLabel labNum = new JLabel("学号：");
    …
    public UpdateDialog(StuManFrame frame, boolean modal, Stu stu){     //构造方法
        super(frame, modal);
        this.stu = stu;
        this.setTitle("修改学生记录");
        …
    }

    private void initialize(){                                          //初始化方法
        tfNum.setText(stu.getNum());
        tfNum.setEditable( … );                                         //学号不能修改
        tfName.setText( … );
        if(stu.getSex() == '男') { … } else { … }
        …
    }

    //按钮动作事件监听处理类(内部类):
    private class ActionHandler implements ActionListener{
        public void actionPerformed(ActionEvent e){
            if(e.getSource() == butOk){
                try{
                    updStu = new Stu();
                    updStu.setNum( … );
                    …
                    if (recCount == 1){ … stu = updStu;
```

```
            }catch(Exception ex){ … }
        }
        else if(e.getSource()==butCancel){ … }
    }
    public Stu getStu(){ … }                                    //获取学生对象方法
}
```

第 22 章

聊天——网络编程

能力目标：
- 理解 UDP 协议，理解数据报套接字，能使用 DatagramSocket 编写局域网聊天程序；
- 理解 TCP 协议，能区分服务器套接字和客户端套接字，能使用 ServerSocket 和 Socket 编写一对多网络聊天程序。

22.1 任务预览

本章实训要编写的一对多网络"群聊"程序，运行结果如图 22-1 所示。

(a) 服务器

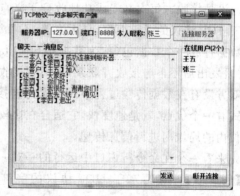
(b) 客户端1

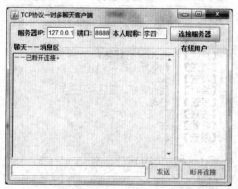
(c) 客户端2

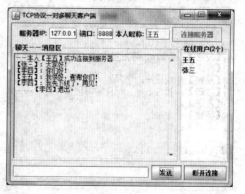
(d) 客户端3

图 22-1 实训程序运行界面

22.2 基于 UDP 协议的网络通讯

使用过腾讯 QQ 的人都知道，无论身处哪里，打开 QQ 软件，就能与天涯咫尺的朋友进行网络即时通讯(聊天)。

编写网络通讯程序有两种做法：一是基于用户数据报协议(User Datagram Protocol, UDP)，二是基于传输控制协议(Transmission Control Protocol, TCP)。

所谓协议(Protocol)，是经过大家协商而制定的、共同遵守的规程。网络协议就是计算机网络所有通讯设备(如计算机和交换机、路由器等)遵从的通讯规则和技术规范。最常见的网络协议是传输控制协议/因特网协议(Transmission Control Protocol/Internet Protocol, TCP/IP)。

TCP/IP 实际上代表一组协议，即"协议簇"。TCP/IP 协议簇除了 TCP 和 IP 外，还包括 HTTP、FTP、SMTP、UDP、ARP、ICMP 等协议。遵从 TCP/IP 协议簇的网络模型与经典的 7 层开放系统互联(Open System Interconnect, OSI)参考模型不同，它从实用的角度出发，只有 4 层体系结构，这 4 层结构从下到上分别是数据链路层、网络层、传输层和应用层。其中 UDP 和 TCP 协议就是传输层的两种不同协议。

通讯是双方进行信息传递，目标是把信息从发送方(数据源)发送到接收方(目的地)，可靠的通讯是接收方每次都能成功地收到了来自发送方的数据。基于 UDP 协议的通讯相对于基于 TCP 协议的通讯而言，是无连接、不可靠的通讯，因为这种通讯方式是发送方把要发送的数据打成一个数据包(称为数据报包 DatagramPacket，内含接收方地址)后，仅发送一次，并且发出后不再与接收方联系，也不管接收方能否成功接收，因此是"不可靠"的。由于收发双方没有在数据传输过程中一直保持连接状态，所以也是"无连接"的。不过，UDP 通讯方式有一个优点，就是速度快，它适合在比较稳定的网络环境内传输少量的数据，如在一个单位内的局域网进行信息传递。

先来看一个在命令行窗口中运行的一对一(简洁版)聊天程序。

【例 22-1】 编写基于 UDP 协议的字符界面一对一聊天程序。运行结果如图 22-2 所示。

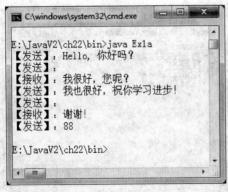

(a) 客户a   (b) 客户b

图 22-2 在命令行窗口中运行一对一聊天程序

源程序有 3 个类组成：聊天类、客户 a 主类和客户 b 主类，各存放在 1 个文件中。
(1) 聊天类源程序文件 Ex1Chat.java：

```java
import java.net.*;
import java.util.Scanner;

public class Ex1Chat{                                          //字符版基于 UDP 协议的聊天类
    private int localPort, otherPort;                          //本机和对方端口
    private InetAddress otherIp;                               //对方 IP 地址(对象)
    private DatagramSocket socket;                             //收发用 UDP 套接字
    private DatagramPacket sendDp;                             //发送数据包
    private byte[] rcvBuf = new byte[1024];                    //接收缓冲区(字节数组)
    private DatagramPacket rcvDp = new DatagramPacket(rcvBuf, rcvBuf.length);
                                                               //接收数据包
    private Thread rcvThrd;                                    //接收线程
    private Scanner sc = new Scanner(System.in);               //用于输入发送消息

    //构造方法(参数有 3 个: 本机端口、对方 IP 地址、对方端口)
    public Ex1Chat(int localPort, String otherIpAddr, int otherPort) throws Exception{
        this.localPort = localPort;
        this.otherIp = InetAddress.getByName(otherIpAddr);     //获取对方 IP 地址对象
        this.otherPort = otherPort;
        link();                                                //调用连接对方方法
        send();                                                //调用发送消息方法
    }

    public void link() throws Exception{                       //连接对方方法
        socket = new DatagramSocket(localPort);                //构建收发用数据报套接字
        rcvThrd = new Thread(new ReceiveRunnable());           //构建接收对方消息线程
        rcvThrd.start();                                       //启动线程
    }

    public void send() throws Exception{                       //发送消息方法
        String msg;
        while(true){
            System.out.print("【发送】: ");
            msg = sc.nextLine();                               //输入发送消息(字符串)
            byte[] buf = msg.getBytes();                       //字符串转字节数组
            sendDp = new DatagramPacket(buf, buf.length, otherIp, otherPort);
                    //构建发送数据报包(发送内容, 发送长度, 对方 IP 地址, 端口)
            socket.send(sendDp);                               //调用套接字方法发送数据报包
            if(msg.equals("88")) {                             //发送 88 表示 bye-bye 结束程序
                socket.close();                                //关闭数据报套接字
                System.exit(0);                                //退出程序
            }
        }
    }

    //接受消息的线程关联类(私有内部类):
    private class ReceiveRunnable implements Runnable {
```

```java
        public void run() {
            try {
                while(true) {
                    socket.receive(rcvDp);                    //调用套接字方法接收数据报包
                    String msg = new String(rcvDp.getData(),0,rcvDp.getLength());
                                                              //把收到的消息转为字符串
                    System.out.println("\n【接收】: " + msg);   //显示消息串
                    System.out.print("【发送】: ");
                }
            } catch (Exception e) { }
        }
    }
```

(2) 客户 a 主类源程序文件 Ex1a.java：

```java
public class Ex1a {                                           //客户 a 主类
    public static void main(String[]args) {
        try {
            new Ex1Chat(1111, "localhost", 2222);
                        //构建聊天对象,本机 1111 端口与(对方)本机 2222 端口聊天
        } catch (Exception e) {
            e.printStackTrace();
        }
    }
}
```

(3) 客户 b 主类源程序文件 Ex1b.java：

```java
public class Ex1b {                                           //客户 b 主类
    public static void main(String[]args) {
        try {
            new Ex1Chat (2222, "localhost", 1111);
                        //构建聊天对象,本机 2222 端口与(对方)本机 1111 端口聊天
        } catch (Exception e) {
            e.printStackTrace();
        }
    }
}
```

由于是两个用户进行聊天,所以要在本地计算机打开两个命令行窗口,代表两个客户端。在两个命令行窗口中,均要预先使用 cd 命令进入编译过的字节码 class 文件所在的文件夹,然后分别输入命令 java Ex1a 和 java Ex1b 运行程序,运行一次的结果参见图 22-2。如果要终止聊天,则发送 88(表示 bye-bye)结束程序。

注意：也可在 Eclipse 开发环境中依次运行 Ex1a 和 Ex1b 类,这时 Console(控制台)窗格会自动在两个客户端之间切换。通过单击 Console 窗格中的 Display Selected Console (显示所选择的控制台)按钮,也可主动切换两个客户端运行界面,如图 22-3 所示。

编写基于 UDP 协议的网络通讯程序,除了使用线程接收对方的消息外,还要使用 java.net 包中的 InetAddress、DatagramSocket 和 DatagramPacket 这几个类,下面依次作介绍。

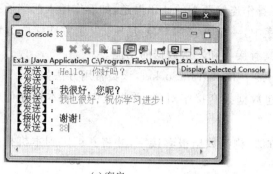 

(a) 客户a　　　　　　　　　　　　(b) 客户b

图 22-3　在 Eclipse 环境中运行一对一聊天程序的控制台界面

22.2.1　IP 地址类 InetAddress

网络通讯必须有发送方和接收方（计算机），它们的位置用具有唯一性的 IP 地址来标识。IP 地址犹如传统信函的通讯地址，只是它定位的是计算机等网络设备。在 Java 语言中，InetAddress 类就是用来封装 IP 地址的，通讯双方使用 InetAddress 对象来确定要发送的位置。也就是说，发送方（如本机）要往哪个位置发送数据，必须使用 InetAddress 对象明确定位。

InetAddress 类常用方法如下（该类没有构造方法）：

（1）static InetAddress **getByName**(String host)：给定主机名返回一个 IP 地址对象。其中主机名使用字符串表示，也可以是字符串形式的 IP 地址，如"192.168.88.101"。

需要强调的是：主机名 localhost 代表本地机，即你当前正在使用的计算机。IP 地址"127.0.0.1"也是指代本机，该地址称为"回送地址"，一旦程序使用回送地址发送数据，将不进行实质性的网络传输，只在本机内部进行通讯。

如果给出的主机名不正确，getByName 方法会抛出 UnknownHostException 异常。不过，该方法允许主机名为 null，这时方法返回本机 IP 地址对象。

（2）static InetAddress **getByAddress**(byte[] addr)：给定字节数组表示的 IP 地址，返回一个 IP 地址对象。如果给出 IP 地址不对，该方法也会抛出 UnknownHostException 异常。

注意：由于 InetAddress 类不提供构造方法，因此不能用 new 新建对象，但均可调用上面两个静态方法获取对象，如 InetAddress.getByName("localhost")。

（3）static InetAddress **getLocalHost**()：返回本机的 IP 地址对象。

（4）String **getHostAddress**()：从 IP 地址对象中获取字符串表示的 IP 地址。

（5）String **getHostName**()：从 IP 地址对象中获取字符串表示的主机名。如果无法获取，则返回其字符串形式的 IP 地址，这时相当于执行方法（4）。

（6）boolean **isLoopbackAddress**()：检查 IP 地址对象是否由回送地址构建。

22.2.2　数据报套接字类 DatagramSocket

英文单词 Socket，原是"插孔"之意，若用于网络通讯，则称为"套接字"。

套接字是两台机器之间通讯的端点,可看作连接两端的通讯渠道,如看作插入两端插孔之间的一条通讯线路。实际上,在 Java 程序中,一个套接字对象相当于发送方或接收方的一个通讯实体,其作用相当于一名收发员,具有接收和发送数据的功能。

基于 UDP 协议的套接字就是数据报套接字 DatagramSocket,该类常用方法如下:

(1) **DatagramSocket**():构造方法,构建数据报套接字对象,并将其绑定到本机任何可用的端口。

(2) **DatagramSocket**(int port):构造方法,构建数据报套接字,并将其绑定到本机指定的端口。

(3) **DatagramSocket**(int port,InetAddress laddr):构造方法,构建数据报套接字对象,将其绑定到指定的本机端口和 IP 地址。

上述构造方法均会抛出 SocketException 异常,故调用时要作相应处理。

虽然方法(1)没有在参数中明确指明端口,但一个套接字对象必须要跟一个端口绑定,即一个套接字必须跟本机的 IP 地址和一个端口关联。不同的套接字(相当于不同的收发员),它们 IP 地址和端口不能相同,这样才能进行相互通讯。

说明:端口是计算机的通讯进出口。端口使用整数进行编号,故也称"端口号",一台计算机有多个端口。端口号必须在 0~65 535 之间。应用程序一般使用 1024~65 535 之间的端口。

由于一台计算机有 6 万多个端口,而每个套接字均与一个端口绑定,因此,理论上一台计算机可同时构建很多个套接字。如果把一台计算机比喻为一个邮局,多个套接字就是其中的多名收发员,端口号就相当于员工的编号,因而同一台计算机可同时进行多个不同功能的通讯。

(4) void **send**(DatagramPacket p):使用套接字发送数据报包。其中,数据报包 DatagramPacket 对象含有发送的数据内容、长度(大小)、远程主机 IP 地址和端口。使用该方法要处理 IOException 异常。

(5) void **receive**(DatagramPacket p):使用套接字接收数据报包,参数 p 用于接收数据报包,除了接收的数据,还包含发送方的 IP 地址和端口。使用该方法也要处理 IOException。

注意:receive 方法在接收到数据报包之前一直处于阻塞(等待)状态。

在方法(4)和方法(5)的参数中,均涉及到数据报包 DatagramPacket,将在 22.2.3 小节讲述其功能。

(6) InetAddress **getLocalAddress**():获取套接字绑定的本机地址。

(7) int **getLocalPort**():获取套接字绑定的本机端口。

(8) void **bind**(SocketAddress addr):把套接字绑定到给定的 IP 地址和端口。

(9) void **connect**(InetAddress address,int port):将套接字连接到远程地址和端口。当套接字连接到远程地址时,包就只能从该地址发送或接收。默认情况下数据报套接字不连接。

(10) void **close**():关闭数据报套接字,切断与之关联的通道。

(11) boolean **isClosed**():判断数据报套接字是否关闭。若已关闭则为 true。

22.2.3 数据报包类 DatagramPacket

数据报包 DatagramPacket 对象用来实现"无连接"包投递服务。每条报文(对象)仅根据本包中所包含的信息从一台机器路由到另一台机器。从一台机器发送到另一台机器的多个包可能选择不同的路由,也可能按不同的顺序到达。它不对包能否成功投递做出担保,因此是不可靠的。

DatagramPacket 类常用方法如下:

(1) **DatagramPacket**(byte[] buf, int length):构造方法,构建只用于接收的数据报包对象,用来接收指定长度的数据包,并存放在称为"缓冲区"的字节数组中。要求参数 length 不大于 buf.length。

(2) **DatagramPacket**(byte[] buf, int offset, int length):构造方法,构建只用于接收的数据报包对象,用来接收指定长度的数据包,并存放在指定开始位置(即偏移量 offset)的缓冲区中。

(3) **DatagramPacket**(byte[] buf, int length, InetAddress address, int port):构造方法,构建仅用于发送的数据报包对象,将长度为 length 的的缓冲区数据发送到指定 IP 地址和端口的主机。

(4) **DatagramPacket**(byte[] buf, int offset, int length, InetAddress address, int port):构造方法,构建仅用于发送的数据报包对象,将偏移量为 offset、长度为 length 的缓冲区数据发送到指定 IP 地址和端口的主机。

上述 4 个构造方法中,前两个构建用于接收的数据报包对象,后两个则构建用于发送的对象。构造用于发送的数据报包对象必须在参数中指明发送的目标,包括 IP 地址和端口。

(5) byte[] **getData**():获取发送或接收的数据,并存放在字节数组的缓冲区中。

(6) int **getOffset**():获取发送或接收数据的缓冲区偏移量。

(7) int **getLength**():获取发送或接收数据的长度。

(8) InetAddress **getAddress**():获取发送目标或接收到的(远程)主机 IP 地址。

(9) int **getPort**():获取发送目标或接收到的(远程)主机端口。

(10) void **setData**(byte[] buf):,设置数据报包缓冲区内容为给定的字节数组数据。

(11) void **setData**(byte[] buf, int offset, int length):给定字节数组数据、偏移量和长度,写到数据报包的缓冲区。

(12) void **setLength**(int length):设置用于收发数据的缓冲区长度(字节数)。

(13) void **setAddress**(InetAddress iaddr):设置数据报包将发送的(远程)主机 IP 地址。

(14) void **setPort**(int iport):设置数据报包将发送的(远程)主机端口。

22.2.4 基于 UDP 协议网络编程步骤

基于 UDP 协议编写一对一网络通讯(聊天)程序,一般有如下几个步骤:

(1) 构建本机的 DatagramSocket 套接字对象。

(2) 构建并启动接收线程,在线程中不断使用套接字 receive 方法接收对方消息,并存放在 DatagramPacket 包中,再从中提取并显示消息。

(3) 按需要(多次)输入要发送的消息,与对方的 IP 地址和端口一起打成 DatagramPacket 包,再调用套接字的 send 方法发送出去。

(4) 最后关闭套接字,退出程序。

【例 22-2】 编写基于 UDP 协议的一对一 GUI 聊天程序。运行结果如图 22-4 所示。

(a) 客户a

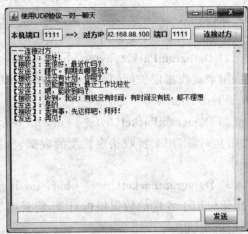
(b) 客户b

图 22-4 在两台计算机上一对一聊天程序运行界面

只需编写一个带窗体的主类,通讯双方可运行同样的程序。不过在连接对方之前必须设置好对方的 IP 地址和端口,其中对方 IP 地址和端口两者之中至少有一个与本方(本机)不一样,才能达到两个不同套接字(收发员)之间相互通讯的目标。

程序代码如下:

```java
import javax.swing.*;
import java.awt.*;
import java.awt.event.*;
import java.io.IOException;
import java.net.*;

public class Ex2 extends JFrame {
    private static final long serialVersionUID = 1L;
    private JPanel upPan = new JPanel();
    private JLabel localPortLbl = new JLabel("本机端口");
    private JTextField localPortTxt = new JTextField("1111",3);    //预设本机端口
    private JLabel sepLbl = new JLabel(" ==>");
    private JLabel otherIpLbl = new JLabel("对方 IP");
    private JTextField otherIpTxt = new JTextField("127.0.0.1",5); //预设对方为本机
    private JLabel otherPortLbl = new JLabel("端口");
    private JTextField otherPortTxt = new JTextField("2222",3);    //预设对方端口
    private JButton linkOtherBtn = new JButton("连接对方");
    private TextArea textArea = new TextArea();
    private JPanel downPan = new JPanel();
    private JTextField sendMsgTxt = new JTextField(30);
```

```java
    private JButton sendBtn = new JButton("发送");

    private DatagramSocket socket;                                  //收发用 UDP 套接字
    private DatagramPacket sendDp;                                  //发送数据包
    private int localPort, otherPort;                               //本机和对方端口
    private InetAddress otherIp;                                    //对方 IP 地址
    private byte[]rcvBuf = new byte[1024];                          //接收字节数组缓冲区
    private DatagramPacket rcvDp = new DatagramPacket(rcvBuf, rcvBuf.length);
                                                                    //接收数据包
    private Thread th;                                              //接收线程

    public Ex2(){                                                   //构造方法
        this.setTitle("使用 UDP 协议一对一聊天");
        this.setDefaultCloseOperation(JFrame.EXIT_ON_CLOSE);
        this.setBounds(100, 100, 430, 400);
        initialize();                                               //调用初始化方法
        this.setVisible(true);
    }

    private void initialize () {                                    //初始化方法
        upPan.add(localPortLbl);
        upPan.add(localPortTxt);
        upPan.add(sepLbl);
        upPan.add(otherIpLbl);
        upPan.add(otherIpTxt);
        upPan.add(otherPortLbl);
        upPan.add(otherPortTxt);
        upPan.add(linkOtherBtn);
        this.add(upPan, BorderLayout.NORTH);
        this.add(textArea, BorderLayout.CENTER);
        downPan.add(sendMsgTxt);
        downPan.add(sendBtn);
        this.add(downPan, BorderLayout.SOUTH);
        linkOtherBtn.addActionListener(new LinkHandler());          //可多次"连接对方"
        sendBtn.addActionListener(new SendHandler());
        sendBtn.setEnabled(false);
    }

    //"连接对方"按钮的动作事件监听处理类(私有内部类):
    private class LinkHandler implements ActionListener {
        public void actionPerformed(ActionEvent arg0) {
            try {
                if(th!= null) { th = null; }
                if(socket!= null && !socket.isClosed()) { socket.close(); }
                if(socket!= null) { socket = null; }
                String otherPortStr = otherPortTxt.getText();
                String OtherIpStr = otherIpTxt.getText().trim();
                String localPortStr = localPortTxt.getText();
                otherPort = Integer.parseInt(otherPortStr);         //对方端口
                localPort = Integer.parseInt(localPortStr);         //本机端口
                if(localPort<1|| localPort>65535 ||otherPort<1||otherPort>65535){
```

```java
                    JOptionPane.showMessageDialog(null,"端口超出范围(1~65535)!");
                    return;
                }
                otherIp = InetAddress.getByName(OtherIpStr);        //对方 IP 地址对象
                socket = new DatagramSocket(localPort);             //收发套接字
                th = new Thread(new ReceiveRunnable());             //创建接收线程
                th.start();                                         //启动接收线程
                textArea.append("——连接对方……\n");
                sendBtn.setEnabled(true);
            } catch (Exception e) {
                sendBtn.setEnabled(false);
                String msg;
                if(e instanceof SocketException){
                    msg = "套接字异常!\n(例如本地端口在使用,重试或更换端口)\n";
                } else if(e instanceof UnknownHostException){
                    msg = "IP 地址异常!\n";
                } else if(e instanceof NumberFormatException){
                    msg = "端口格式有错!\n";
                } else {
                    msg = "异常!\n";
                }
                JOptionPane.showMessageDialog(null, msg + e);
            }
        }
    }

    //"发送"按钮的动作事件监听处理类(私有内部类):
    private class SendHandler implements ActionListener {
        public void actionPerformed(ActionEvent arg0) {
            String msg = sendMsgTxt.getText();
            byte[]buf = msg.getBytes();
            sendDp = new DatagramPacket(buf, buf.length, otherIp, otherPort);
            try {
                if(socket!= null){
                    socket.send(sendDp);
                    textArea.append("【发送】: " + msg + "\n");
                    sendMsgTxt.setText("");
                }
            } catch (IOException e) {
                JOptionPane.showMessageDialog(null, "发送异常!\n" + e);
                //e.printStackTrace();
            }
        }
    }

    //接受消息的线程关联类(私有内部类):
    private class ReceiveRunnable implements Runnable{
        public void run() {
            try {
                while(true) {
```

```
                socket.receive(rcvDp);
                String msg = new String(rcvDp.getData(),0,rcvDp.getLength());
                textArea.append("【接收】: " + msg + "\n");
            }
        } catch (Exception e) {
            return;
        }
        }
    }

    public static void main(String[]args) {                    //主方法
        new Ex2();
    }
}
```

图 22-4 是程序在一个局域网中两台不同计算机上的运行结果。可以看出,并不是每次发送消息对方都能收到,反映了基于 UDP 协议的通讯并不可靠。当然,该程序也可在同一台计算机中(测试性地)运行,这时要运行两次,出现两个运行界面,代表两个客户,如图 22-5 所示。这时要求每个界面的本机端口均要与另一界面的对方端口一致,而两个界面的对方 IP 地址都设为本机回送地址"127.0.0.1"或"localhost"。

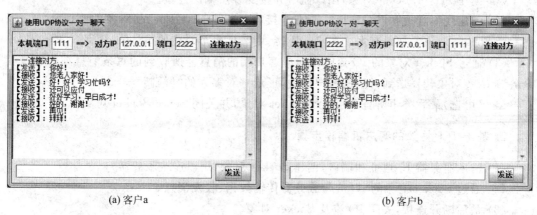

(a) 客户 a   (b) 客户 b

图 22-5   同一台计算机一对一聊天程序运行界面

注意:除了一对一通讯,还可编写基于 UDP 协议的一对多(多播)聊天程序。这时要使用多播数据报套接字 MulticastSocket,它具有加入多播组的 joinGroup 方法,可发送和接收 IP 多播包,当然,必须在数据包的生存时间范围内(用 setTimeToLive 方法设置生存时间)才能成功接收。多播包的 IP 地址是一个"组"。对于因特网协议第 4 版(Internet Protocol version 4,IPv4),多播 IP 地址范围在 224.0.0.0~239.255.255.255 之间。也可不用多播数据报套接字来编写一对多聊天程序,这时需要一个专门的服务器程序来转发多个客户端的消息。

22.3   基于 TCP 协议的网络通讯

编写网络通讯程序,除了使用 UDP 协议外,还可基于 TCP 协议编写,这时的网络通讯是有连接的。就是说,收发双方接通后,便建立了虚拟链路,发送方所发的数据都能到达接收方,因为这时虚拟链路一直处于连接状态,接收方收到数据要向发送方回复确认信息,发送方若收不到确认信息,则会重发之前的数据。这种通讯还能保证多个数据包按发送顺序依次接收。所以这种通讯也是可靠的。

基于 TCP 协议的通讯程序适用于各种网络环境,特别适合传输大批量的数据,其缺点是相比于 UDP 协议,需要占用较多的网络资源。

22.3.1 基于 TCP 协议网络编程步骤

TCP 通讯是客户机/服务器(Client/Server,C/S)模式,一个完整的应用程序分为两个部分:客户机(前端)和服务器(后台)。后台程序在服务器主机上运行,前端在客户终端机上运行。当然,调试程序时,一台电脑也可以同时充当服务器和(多个)客户机的角色。

TCP 编程采用 Socket 套接字作通讯对象。相比于 UDP 协议的 DatagramSocket,TCP 协议的 Socket 对象不直接收发消息,而是通过其输入输出(IO)流传递消息。其中服务器端还使用了专门的 ServerSocket 对象。

1. 基于 TCP 协议的服务器编程步骤

(1) 创建 ServerSocket 对象,用以监听并接受客户端的连接。

(2) 创建线程监听客户端连接。若有连接,则通过 ServerSocket 对象的 accept 方法返回一个 Socket 对象。如果有多个客户端连接,则产生多个对应的 Socket 对象。

(3) 通过 Socket 对象的 IO 流收发对应客户端的消息。所收到的每条消息都可通过其余各 Socket 对象转发送到对应的客户端中,形成一对多人的"群聊"。

(4) (可选)最后关闭所有 IO 流及 Socket 对象,并关闭 ServerSocket 对象。

2. 基于 TCP 协议的客户机编程步骤

(1) 输入服务器 IP 地址和端口,创建 Socket 对象,用以连接服务器。

(2) 通过 Socket 对象的 IO 流与服务器传输数据、收发消息。

(3) 最后断开连接,关闭 IO 流及 Socket 对象。

【**例 22-3**】 编写基于 TCP 协议的一对多群聊程序。运行结果如图 22-6 所示。

(1) 基于 TCP 协议的服务器程序如下(存放在文件 Ex3Server.java):

```
import javax.swing.*;
import javax.swing.border.TitledBorder;
import java.io.*;
import java.net.*;
import java.util.Vector;
import java.awt.*;
import java.awt.event.*;

public class Ex3Server extends JFrame {                         //服务器窗体类
    private static final long serialVersionUID = 1L;
    private JPanel panUp = new JPanel();                        //上方面板
    private JLabel lblLocalPort = new JLabel("本机服务器监听端口:");
    private JTextField tfLocalPort = new JTextField("8888",4);  //预设端口 8888
```

(a) 服务器

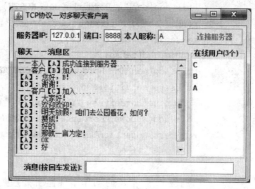
(b) 客户机A

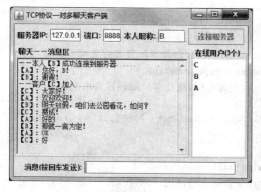
(c) 客户机B

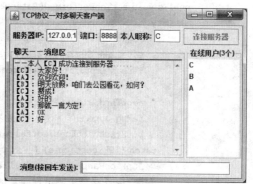
(d) 客户机C

图 22-6 一对多群聊程序运行界面

```java
    private JButton butStart = new JButton("启动服务器");
    private JPanel panMid = new JPanel(new BorderLayout());        //中间面板
    private TextArea taMsg = new TextArea();                        //监听消息文本区
    private JList<String> lstUsers = new JList<String>();           //在线用户列表框
    private JScrollPane spDown = new JScrollPane(lstUsers);         //下方滚动窗格
    private int localPort;                                          //本机端口
    private ServerSocket ss;                                        //服务器套接字
    private Vector<Client> clients = new Vector<Client>();          //在线客户端集合
    private Vector<String> clientNames = new Vector<String>();      //在线客户名集

    public Ex3Server(){                                             //构造方法
        this.setTitle("TCP 协议一对多群聊服务器");
        this.setDefaultCloseOperation(JFrame.EXIT_ON_CLOSE);
        this.setBounds(100, 100, 320, 300);
        init();                                                     //调用初始化方法
        this.setVisible(true);
    }

    private void init() {                                           //初始化方法
        panUp.add(lblLocalPort);
        panUp.add(tfLocalPort);
        panUp.add(butStart);
```

```java
            this.add(panUp, BorderLayout.NORTH);
            panMid.setBorder(new TitledBorder("监听消息"));          //中间面板设带标题边界
            taMsg.setEditable(false);
            panMid.add(taMsg);
            this.add(panMid, BorderLayout.CENTER);
            lstUsers.setVisibleRowCount(4);
            spDown.setBorder(new TitledBorder("在线用户"));          //下方滚动窗格设标题
            this.add(spDown, BorderLayout.SOUTH);
            butStart.addActionListener(new startServerHandler());
        }

        //"启动服务器"按钮的动作事件监听处理类(私有内部类):
        private class startServerHandler implements ActionListener {
            public void actionPerformed(ActionEvent ae) {
                try {
                    localPort = Integer.parseInt(tfLocalPort.getText());
                    ss = new ServerSocket(localPort);          //创建本机服务器套接字对象
                    Thread acptThrd = new Thread(new AcceptRunnable());
                                                               //创建监听、接受客户端连接请求的线程
                    acptThrd.start();                                    //启动线程
                    taMsg.append("**** 服务器(端口" + localPort + ")已启动 ****\n");
                    butStart.setEnabled(false);
                } catch (IOException e) {
                    JOptionPane.showMessageDialog(null,
                        "建立服务器套接字出现异常!\n(例如端口已使用,可更换端口重试。)");
                } catch (Exception e) {
                    JOptionPane.showMessageDialog(null, "异常:\n" + e);
                }
            }
        }

        //接受客户端连接请求的线程关联类(私有内部类)
        private class AcceptRunnable implements Runnable{
            public void run() {                                   //线程运行方法
                while(true) {                                     //连续不断
                    try {                                         //尝试
                        Socket socket = ss.accept();              //接受连接客户端套接字
                        Client client = new Client(socket);       //创建客户对象
                        taMsg.append("——客户【" + client.nickname + "】加入……\n");
                        Thread clientThread = new Thread(client); //创建客户线程
                        clientThread.start();                     //启动线程
                        clients.add(client);                      //添加客户端对象到集合
                        updateUsers();                            //调用更新在线用户方法
                    } catch (IOException e) {
                        taMsg.append("异常: 接受客户端不成功!\n");
                    } catch (Exception e) {
                        JOptionPane.showMessageDialog(null, "异常:\n" + e);
                    }
                }
            }
        }
```

```java
    public void updateUsers(){                              //更新用户表方法
        clientNames.removeAllElements();
        StringBuffer allname = new StringBuffer();          //存放所有竖线分隔的客户
        for(Client client:clients){
            clientNames.add(0, client.nickname);
            allname.insert(0, "|" + client.nickname);
        }
        for(Client client:clients){                         //把所有在线客户名发到各客户端
            client.ps.println(allname);
        }
        spDown.setBorder(new TitledBorder("在线用户(" +
            clientNames.size() + "个)"));                    //下方面板标题更新在线用户数
        lstUsers.setListData(clientNames);                  //更新在线用户列表框
    }

    //服务器端用来存放客户机端对象的客户类(私有内部类、线程关联类):
    private class Client implements Runnable {
        private Socket socket;                              //客户端套接字
        private BufferedReader br;                          //输入缓冲流
        private PrintStream ps;                             //数据输出流
        private String nickname;                            //客户名(昵称)

        public Client(Socket socket) throws IOException{    //构造方法
            this.socket = socket;
            InputStream is = socket.getInputStream();       //获取套接字输入流
            br = new BufferedReader(new InputStreamReader(is));//构建缓冲输入流
            OutputStream os = socket.getOutputStream();     //获取套接字输出流
            ps = new PrintStream(os);                       //构建 PrintStream 流
            nickname = br.readLine();                       //获取客户名
            for(Client c: clients){                         //把消息发给所有客户端
                c.ps.println("——客户【" + nickname + "】加入……");
            }
        }

        public void run() {                                 //客户类线程运行方法
            try{
                while(true){
                    String usermsg = br.readLine();         //读当前客户端发来消息
                    if(usermsg!= null && usermsg.length()>0){ //如果有消息
                        for(Client c: clients){             //把消息发给所有客户端
                            c.ps.println(usermsg);
                        }
                        if(usermsg.startsWith("……")){       //若是退出消息
                            taMsg.append(usermsg + "\n");
                            break;                          //终止当前线程运行
                        }
                    }
                }
            } catch (Exception e) {
                JOptionPane.showMessageDialog(null, "异常: \n" + e);
```

```java
        } finally {
            try {
                clients.remove(this);                    //移除当前已退出客户对象
                updateUsers();                           //调用更新在线用户方法
                if(br!= null) br.close();                //关闭输入流
                if(ps!= null) ps.close();                //关闭输出流
                if(socket!= null && !socket.isClosed()){
                    socket.close();                      //关闭套接字
                }
                socket = null;
            } catch (IOException e) { }
        }
    }
}

    public static void main(String[]args) {              //主方法
        new Ex3Server();
    }
}
```

在服务器程序中,有一个内部私有类 Client,专门用来存放各客户端的对象。该类也是线程关联类,表明一个服务器可以同时与多个客户机关联,实时收发各客户端的数据。

(2) 基于 TCP 协议的客户机程序如下(存放在文件 Ex3Client.java):

```java
import javax.swing.*;
import javax.swing.border.TitledBorder;
import java.io.*;
import java.net.*;
import java.awt.*;
import java.awt.event.*;

public class Ex3Client extends JFrame {                                         //客户机窗体类
    private static final long serialVersionUID = 2L;
    private JPanel panUp = new JPanel();                                        //上方面板
    private JLabel labServerIp = new JLabel("服务器 IP:");
    private JTextField tfServerIp = new JTextField("127.0.0.1");//预置 IP
    private JLabel labServerPort = new JLabel("端口:");
    private JTextField tfServerPort = new JTextField("8888");   //预置端口
    private JLabel labNickname = new JLabel("本人昵称:");
    private JTextField tfNickname = new JTextField("A",4);      //预置客户昵称
    private JButton butLink = new JButton("连接服务器");
    private JPanel panMid = new JPanel(new BorderLayout());     //中间面板
    private JPanel panMidLeft = new JPanel(new BorderLayout()); //消息区面板
    private TextArea taMsg = new TextArea();                    //消息文本区
    private JList<String> lstUsers = new JList<String>();       //在线用户列表框
    private JScrollPane spUsers = new JScrollPane(lstUsers);    //滚动窗格
    private JPanel panDown = new JPanel();                      //下方面板
    private JLabel labSend = new JLabel("消息(按回车发送):");
    private JTextField tfSendMsg = new JTextField(24);          //发送消息文本框
```

```java
    private InetAddress serverIp;                              //服务器 IP 地址
    private int serverPort;                                    //服务器端口
    private String nickname;                                   //客户名(昵称)
    private Socket socket;                                     //客户端套接字
    private Thread rcvThrd;                                    //接收服务器消息线程
    private BufferedReader br;                                 //输入缓冲流
    private PrintStream ps;                                    //输出流

    public Ex3Client(){                                        //构造方法
        this.setTitle("TCP 协议一对多聊天客户端");
        this.setBounds(500, 100, 430, 300);
        init();                                                //调用初始化方法
        this.setVisible(true);
    }

    private void init() {                                      //初始化方法
        panUp.add(labServerIp);
        panUp.add(tfServerIp);
        panUp.add(labServerPort);
        panUp.add(tfServerPort);
        panUp.add(labNickname);
        panUp.add(tfNickname);
        panUp.add(butLink);
        this.add(panUp, BorderLayout.NORTH);
        panMidLeft.setBorder(new TitledBorder("聊天——消息区"));
        taMsg.setEditable(false);
        panMidLeft.add(taMsg);
        panMid.add(panMidLeft, BorderLayout.CENTER);
        spUsers.setBorder(new TitledBorder("在线用户"));
        lstUsers.setFixedCellWidth(92);
        panMid.add(spUsers, BorderLayout.EAST);
        this.add(panMid, BorderLayout.CENTER);
        panDown.add(labSend);
        panDown.add(tfSendMsg);
        this.add(panDown, BorderLayout.SOUTH);
        butLink.addActionListener(new linkServerHandler());
        this.addWindowListener(new WindowHandler());
        tfSendMsg.addActionListener(new SendHandler());
    }

    //"连接服务器"按钮的动作事件监听处理类(私有内部类):
    private class linkServerHandler implements ActionListener {
        public void actionPerformed(ActionEvent ae) {
            linkServer();                                      //调用连接服务器方法
        }
    }

    public void linkServer(){                                  //连接服务器方法
```

```java
        try {
            serverIp = InetAddress.getByName(tfServerIp.getText());
            serverPort = Integer.parseInt(tfServerPort.getText());
            socket = new Socket(serverIp, serverPort);          //创建客户端套接字
            InputStream is = socket.getInputStream();            //由套接字获取字节输入流
            br = new BufferedReader(new InputStreamReader(is));  //构建缓冲输入流
            OutputStream os = socket.getOutputStream();          //套接字获取字节输出流
            ps = new PrintStream(os);                            //构建数据输出流
            nickname = tfNickname.getText().trim();
            ps.println(nickname);                                //发送用户名(昵称)
            rcvThrd = new Thread(new ReceiveRunnable());         //创建接收消息线程
            rcvThrd.start();                                     //启动线程
            taMsg.setText("——本人【" + nickname + "】成功连接到服务器……\n");
            butLink.setEnabled(false);                           //屏蔽"连通服务器"按钮
        } catch (UnknownHostException e) {
            JOptionPane.showMessageDialog(null, "服务器 IP 格式有错!\n" + e);
        } catch (IOException e) {
            JOptionPane.showMessageDialog(null,
                "连接失败。\n(服务器或未启动!)\n" + e);
        } catch (Exception e) {
            JOptionPane.showMessageDialog(null, "异常：\n" + e);
        }
    }

    //接收服务器消息的线程关联类(私有内部类)：
    private class ReceiveRunnable implements Runnable {
        public void run() {                                      //线程运行方法
            try{                                                 //尝试
                while(true){                                     //连续不断
                    String usermsg = br.readLine();              //接收消息
                    if(usermsg.startsWith("|")){                 //以"|"开头的为用户名
                        usermsg = usermsg.substring(1);          //去掉前面一个"|"
                        String[] users = usermsg.split("[|]");   //获取用户数组
                        lstUsers.setListData(users);             //更新在线用户列表框
                        int n = users.length;                    //在线用户数
                        spUsers.setBorder(
                            new TitledBorder("在线用户(" + n + "个)"));
                    } else {
                        taMsg.append(usermsg + "\n");
                    }
                }
            } catch(Exception e){                                //捕获到异常
                taMsg.setText("——已断开连接。\n");
                lstUsers.setListData(new String[0]);             //清空所有在线用户
                spUsers.setBorder(new TitledBorder("在线用户"));
                butLink.setEnabled(true);
            }
        }
```

```java
    }

    //发送消息文本框的动作事件监听处理类(私有内部类):
    private class SendHandler implements ActionListener {
        public void actionPerformed(ActionEvent ae) {
            String msg = tfSendMsg.getText();
            ps.println("【" + nickname + "】: " + msg);      //向服务器发送消息
            tfSendMsg.setText("");                            //清空消息文本框
        }
    }

    //窗口关闭的动作事件监听处理类(私有内部类):
    private class WindowHandler extends WindowAdapter {
        public void windowClosing(WindowEvent we) {
            cutServer();                                      //调用断开连接方法
            System.exit(0);                                   //退出客户机程序
        }
    }

    private void cutServer(){                                 //断开连接方法
        try {
            taMsg.setText("");                                //清空聊天区
            if(ps!= null) {
                ps.println("……【" + nickname + "】退出。");   //发送用户退出消息
            }
            lstUsers.setListData(new String[0]);              //清空所有在线用户
            if(br!= null) br.close();                         //关闭输入流
            if(ps!= null) ps.close();                         //关闭输出流
            if(socket!= null && !socket.isClosed()){
                socket.close();                               //关闭套接字
            }
            socket = null;
        } catch (IOException e) {
            JOptionPane.showMessageDialog(null, "客户端断开连接异常: \n" + e);
        } catch (Exception e) {
            return;
        }
    }

    public static void main(String[]args) {                   //主方法
        new Ex3Client();
    }
}
```

同一个客户机程序运行在不同的计算机上,便产生了多个客户端,形成多人聊天环境。

运行客户机程序后,出现窗体主界面,输入(远程)服务器的 IP 地址、端口及本人昵称后,便可单击"连接服务器"按钮。若服务器端程序已运行并成功启动(通过单击"启动服务器"按钮启动),则本客户机窗体将显示"——本人【xxx】成功连接到服务器……"的消息,服

务器和其他在线客户端则收到"——客户【xxx】加入……"的消息,同时服务器和所有在线客户端均自动更新在线用户名和人数;若服务器还没启动,则弹出异常消息。

客户端成功连接后,便可接收当前所有在线用户发出的消息,也可在窗体下面的文本框中输入内容后按回车键,把消息发给所有在线用户,形成"群聊"。若用户要退出聊天,则直接关闭程序即可,这时服务器和其他在线客户端均收到"……【xxx】退出"的消息,并同时更新在线用户名和人数。

注意:C/S 模式的应用程序,服务器必须先启动,客户端才能成功连接。

在服务器和客户机的程序中,均使用了 PrintStream 输出流,它能输出各种形式的数据,并且比其他输出流更加方便。该流的行输出方法 println 无须调用 flush 方法便能自动刷新,也不会抛出 IOException 异常。

基于 TCP 协议网络程序所使用的类主要有 ServerSocket、Socket 和 InetAddress,均位于 java.net 包。其中 InetAddress 类已在 22.2.1 节介绍过,下面仅介绍前两个类。

22.3.2 服务器套接字类 ServerSocket

ServerSocket 类是服务器端使用的套接字,专用于监听客户端的连接,其本身不能直接收发数据,因而在服务器端传输到客户端的数据也只能使用 Socket 的套接字。

ServerSocket 类常用方法如下:

(1) **ServerSocket**(int port):构造方法,构建绑定到本机指定端口的服务器套接字。

(2) Socket **accept**():监听并接受来自客户端的连接请求,连接成功,则返回 Socket 类套接字对象。该方法在成功连接之前一直处于阻塞(等待)状态。

(3) void **bind**(SocketAddress endpoint):将服务器套接字绑定到特定地址(IP 地址和端口)。

(4) void **close**():关闭服务器套接字,终止服务功能。

以上 4 个方法均会抛出 IOException 异常,因此调用时要作相应处理。

(5) InetAddress **getInetAddress**():获取服务器套接字所绑定的本地地址。若未绑定,则为 null。

(6) int **getLocalPort**():获取服务器套接字监听的端口。若尚未绑定则为-1。

(7) boolean **isBound**():获取服务器套接字的绑定状态。若成功绑定则为 true。

(8) boolean **isClosed**():获取服务器套接字的关闭状态。若已关闭则为 true。

22.3.3 套接字类 Socket

Socket 类是实现客户端通讯的套接字,与基于 UDP 协议的 DatagramSocket 类似,它用于收发通讯双方的数据,一个 Socket 对象相当于邮局的一名收发员。不过,基于 TCP 协议的 Socket 对象不直接收发数据,而是使用 IO 流进行收发,因而也称"流"套接字。

Socket 类常用方法如下:

(1) **Socket**(InetAddress address, int port):构造方法,构建一个套接字对象,并将其连接到指定的(远程)IP 地址和端口。

(2) **Socket**(String host, int port):构造方法,构建一个套接字对象,并将其连接到指定的(远程)主机和端口。

(3) **Socket**(InetAddress address, int port, InetAddress localAddr, int localPort)：构造方法，构建一个连接到指定远程 IP 地址及端口的套接字，并指定绑定的本地 IP 地址和端口。

(4) **Socket**(String host, int port, InetAddress localAddr, int localPort)：构造方法，构建一个连接到指定的远程主机及端口的套接字，并指定绑定的本地 IP 地址和端口。

(5) InputStream **getInputStream**()：获取套接字的输入流。

(6) OutputStream **getOutputStream**()：获取套接字的输出流。

(7) void **bind**(SocketAddress bindpoint)：将套接字绑定到本机地址。

(8) void **connect**(SocketAddress endpoint)：将套接字连接到服务器。

(9) void **connect**(SocketAddress endpoint, int timeout)：将套接字连接到服务器，并指定一个超时值。若超时值为零则表示无限时。在建立连接或者发生错误之前，将一直处于阻塞状态。

(10) void **close**()：关闭套接字。

注意：若关闭套接字 InputStream 或 OutputStream 流，则会关闭关联的套接字。

以上 10 个方法均会抛出 IOException 异常，调用时要作相应处理。

(11) InetAddress **getInetAddress**()：返回套接字连接的远程 IP 地址。未连接则为 null。

(12) int **getPort**()：返回套接字连接的远程端口。若未连接则返回 0。

(13) InetAddress **getLocalAddress**()：返回套接字绑定的本机 IP 地址。

(14) int **getLocalPort**()：返回套接字绑定到的本机端口。

(15) boolean **isBound**()：返回套接字绑定状态。若成功绑定本机地址则返回 true。

(16) boolean **isConnected**()：返回套接字连接状态。若成功连接到服务器则为 true。

(17) boolean **isClosed**()：返回套接字关闭状态。若已关闭则为 true。

至此，介绍完 Java 网络编程的基本知识。

22.3.4 TCP 协议和 UDP 协议通讯特征比较

为便于理解和对比，下面把基于 TCP 和基于 UDP 协议的网络通讯特征以表格形式列出，如表 22-1 所示。

表 22-1 UDP 协议和 TCP 协议通讯特征比较

特 征	TCP 协议	UDP 协议
是否连接	有连接	无连接
传输可靠否	可靠	不可靠(数据会丢失)
传输数据量	少量、大量数据均可	适用少量数据
速度	较慢	较快
占用资源	较多	较少
运行环境	局域网、因特网均可	适用于稳定的局域网

22.4 本章小结

本章学习如何基于 UDP 和 TCP 协议编写网络即时通讯程序，即俗称的"聊天"程序。其中 UDP 是用户数据报协议，传输特点是把数据和目的地地址（包括 IP 地址和端口）打成一个称为 DatagramPacket 的包，一次性地发送出去，至于是否送达目的地就不管了，因而是无连接、不可靠的传输。而传输控制协议 TCP 则不同，发送之前双方先建立好连接，然后再发送数据，数据到达接收方还要回复确认消息，因而是有连接、可靠的传输。因此，基于 UDP 的通讯只适用小范围、比较稳定的局域网，而在广域网、因特网上通讯一般使用 TCP 协议。

不管采用哪种协议，通讯过程均涉及到称为"套接字"的收发对象，每台上网的计算机均可创建很多个不同的套接字对象，犹如每个邮局或每个家庭都可以有多个收发员一样。套接字与 IP 地址和端口号绑定，一台计算机有多达 65536 个端口，因而理论上，每台计算机的套接字可多达 6 万多个。

在收发数据之前，必须先创建套接字对象。基于 UDP 协议的套接字是 DatagramSocket 对象，收发双方通讯时，直接调用套接字对象的收发方法，这时接收和发送的都是 DatagramPacket 包，包中含有对方的 IP 地址和端口。

对于基于 TCP 协议、C/S 模式的通讯，则服务器端首先创建 ServerSocket 对象，用以接受客户机的连接，并生成与客户机连接的 Socket 对象，然后使用该对象与对应的客户机进行通讯。而客户机端则首要知道服务器的 IP 地址和端口，才能构建与服务器通讯的 Socket 对象。基于 TCP 协议的通讯，无论是服务器还是客户机，都是采用 IO 流传输数据，这些 IO 流均是从 Socket 对象中取得，所以 Socket 也称"流"套接字。

本章的知识点归纳如表 22-2 所示。

表 22-2　本章知识点归纳

知 识 点	操作示例及说明
基于 UDP 协议网络编程步骤	(1) 构建本机数据报套接字对象。 (2) 启动接收线程，通过套接字接收消息存于数据报包，再提取显示。 (3) 不断输入发送消息，与对方 IP 地址和端口打成数据报包后发送。 (4) 最后关闭套接字，结束程序。
基于 UDP 协议的网络编程	… InetAddress otherIp;　　　　　　　　　　　　//对方 IP 地址 DatagramSocket socket;　　　　　　　　　　　//收发用 UDP 套接字 DatagramPacket sendDp; …　　　　　　　　　//发送数据报包 DatagramPacket rcvDp = new DatagramPacket(…);　//接收数据报包 … socket = new DatagramSocket(localPort);　　　//构建数据报套接字 rcvThrd = new Thread(new ReceiveRunnable());　//构建接收线程 rcvThrd.start();　　　　　　　　　　　　　　//启动线程 … socket.receive(rcvDp);　　　　　　　　　　//接收包 … sendDp = new DatagramPacket(buf,buf.length,otherIp,otherPort); socket.send(sendDp); …　　　　　　　　　　　//发送数据报包 socket.close(); …　　　　　　　　　　　　　//关闭数据报套接字

续表

知 识 点	操作示例及说明
基于 TCP 协议的服务器编程步骤	(1) 创建服务器套接字。 (2) 启动接受线程，接受(多个)客户端连接，获取各个套接字。 (3) 通过套接字 IO 流收发客户端消息，并转发到其余客户端(群聊)。 (4) (可选)最后关闭所有 IO 流、套接字，并关闭服务器套接字。

基于 TCP 协议的服务器编程	… ServerSocket ss;　　　　　　　　　　　　　　//服务器套接字
	Vector＜Client＞ clients = new Vector＜Client＞();//在线客户集
	…
	ss = new ServerSocket(localPort);　　　　　　//创建服务器套接字
	Thread acptThrd … acptThrd.start(); …　　　　//构建启动接受连接线程
	Socket socket = ss.accept();　　　　　　　　　//接受客户端连接
	Client client = new Client(socket);　　　　　　//创建客户对象
	…
	class Client implements Runnable {　　　　　　//内部客户类
	Socket socket; …　　　　　　　　　　　　　　//客户端套接字
	InputStream is = socket.getInputStream();　　　//获取字节输入流
	OutputStream os = socket.getOutputStream();　 //获取字节输出流
	… String usermsg = br.readLine();　　　　　　//读当前客户端发来消息
	… for(Client c: clients){ … } …　　　　　　　　//发送消息到所有客户端
	} …

基于 TCP 协议的客户机编程步骤	(1) 输入服务器 IP 地址和端口，创建连接服务器的套接字。 (2) 通过套接字的 IO 流与服务器传输数据(收发消息)。 (3) 最后断开连接，关闭 IO 流及套接字。

基于 TCP 协议的客户机编程	… InetAddress serverIp;　　　　　　　　　　　//服务器 IP 地址
	… Socket socket;　　　　　　　　　　　　　　//客户端套接字
	Thread rcvThrd;　　　　　　　　　　　　　　//接收线程
	…
	socket = new Socket(serverIp, serverPort);　　　//构建套接字
	InputStream is = socket.getInputStream(); …　　//获取字节输入流
	OutputStream os = socket.getOutputStream(); … //获取字节输出流
	rcvThrd = new Thread(new ReceiveRunnable());　//创建接收线程
	rcvThrd.start(); …　　　　　　　　　　　　　//启动线程
	String usermsg = br.readLine();　　　　　　　 //接收消息
	…
	ps.println("【" + nickname + "】: " + msg); …　　//发送消息
	if(!socket.isClosed()){ socket.close();}　　　　　//关闭套接字

TCP 协议和 UDP 协议通讯特征比较	TCP 协议通讯：有连接、可靠，能传输大量数据，但速度慢，占用资源多 UDP 协议通讯：无连接、不可靠，适用少量数据，但速度快，占用资源少

22.5　实训 22：编写网络聊天程序

(1) 使用客户机/服务器模式、基于 TCP 协议编写一对多"群聊"程序。运行界面如图 22-1 所示。其中客户机端单击"连接服务器"或"断开连接"按钮，均能即时更新服务器和所有客户机的在线人数和客户名。

提示：服务器、客户机程序请参考例22-3。客户机的"断开连接"按钮部分代码参考如下。

```java
//"断开连接"按钮的动作事件监听处理类(私有内部类):
private class CutHandler implements ActionListener {
    public void actionPerformed(ActionEvent ae) {
        butSend.setEnabled(false);        //禁用"发送"按钮
        butCut.setEnabled(false);         //禁用"断开连接"按钮
        cutServer();                      //调用断开连接方法
        butLink.setEnabled(true);         //启用"连接服务器"按钮
    }
}
```

（2）（选做）编写基于 UDP 协议的一对多群聊程序。运行界面参考图 22-1。

（3）（选做）采用数据库编写基于 TCP 协议的一对多群聊程序。要求使用数据库存放用户名，并且用户要经过注册，才能登录。

图书资源支持

感谢您一直以来对清华版图书的支持和爱护。为了配合本书的使用,本书提供配套的资源,有需求的读者请扫描下方的"书圈"微信公众号二维码,在图书专区下载,也可以拨打电话或发送电子邮件咨询。

如果您在使用本书的过程中遇到了什么问题,或者有相关图书出版计划,也请您发邮件告诉我们,以便我们更好地为您服务。

我们的联系方式:

地　　址: 北京海淀区双清路学研大厦A座707

邮　　编: 100084

电　　话: 010-62770175-4604

资源下载: http://www.tup.com.cn

电子邮件: weijj@tup.tsinghua.edu.cn

QQ: 883604(请写明您的单位和姓名)

用微信扫一扫右边的二维码,即可关注清华大学出版社公众号"书圈"。

书圈